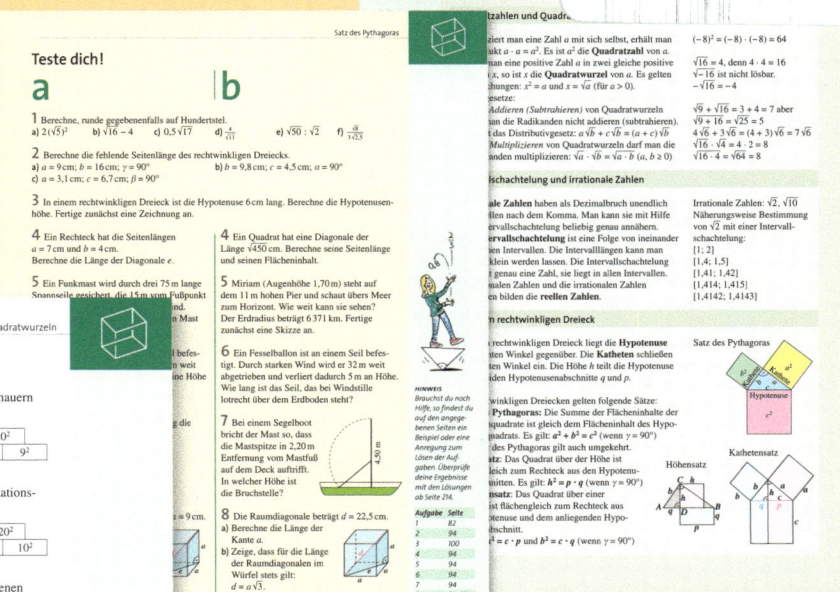

5 Mit der Seite **Teste dich!** am Ende jedes Kapitels kannst du dein Wissen selbstständig überprüfen. Dabei sind die Aufgaben in zwei Schwierigkeitsgrade unterteilt. Die Lösungen zu den Aufgaben stehen am Ende des Buches.

6 Die **Zusammenfassung** enthält kurz und knapp das Wichtigste aus dem Kapitel. Sie dient dem schnellen Nachschlagen des gelernten Stoffes.

Auf der Randspalte stehen beispielsweise interessante zusätzliche Informationen, Hinweise, Beispiele und Knobelaufgaben.

Die Farbe der Randspalte und die obere Buchecke stehen für einen bestimmten Bereich in der Mathematik: Arithmetik/Algebra (Blau), Funktionen (Rot), Geometrie (Grün), Stochastik (Gelb).

Was bietet das Buch noch?

Die **Themenseiten** enthalten Interessantes und Wissenswertes aus verschiedenen Lebensbereichen.

Auf den **Methodenseiten** lernst du z. B. den Umgang mit Werkzeugen oder Formen der Gruppenarbeit. Vielfach musst du Probleme lösen, Rechenwege erkunden und erklären, im Internet recherchieren oder eigene Arbeiten präsentieren.

In jedem Kapitel findest du unter den **Vermischten Übungen** weitere Aufgaben zu den Lerneinheiten des gesamten Kapitels.

081-1

Multimediales Zusatzangebot über Webcode im Internet:

1. Webseite **www.cornelsen.de/zahlen-und-groessen** aufrufen
2. Buch auswählen
3. Mediencode ergänzen: z. B. MZG001316-081-1

Zahlen und Größen 9

Gesamtschule Nordrhein-Westfalen
Erweiterungskurs

Herausgegeben von Reinhold Koullen
Udo Wennekers

unter Mitarbeit
der Verlagsredaktion

Herausgeber:
Reinhold Koullen †, Udo Wennekers

Erarbeitet von:
Ilona Gabriel, Vincent Hammel, Ines Knospe, Martina Verhoeven, Udo Wennekers

Unter Verwendung der Materialien von:
Dieter Aits, Ursula Aits, Helga Berkemeier, Henning Heske, Reinhold Koullen, Doris Ostrow, Hans-Helmut Paffen, Jutta Schäfer, Willi Schmitz, Herbert Strohmayer

Redaktion: Heike Schulz
Herstellung: Regine Schmidt
Illustration: Roland Beier
Technische Zeichnungen: Ulrich Sengebusch †, Christian Görke
Bildredaktion: Peter Hartmann
Layout und technische Umsetzung: Jürgen Brinckmann
Umschlag- und Vorsatzgestaltung: Hans Herschelmann, Wolfgang Lorenz

Begleitmaterialien zum Lehrwerk			
für Schülerinnen und Schüler		für Lehrerinnen und Lehrer	
Arbeitsheft 9	978-3-06-001345-6	Lösungsheft 9 EK	978-3-06-001374-6
Orientierungswissen kompakt 9 EK	978-3-06-001474-3	Kopiervorlagen 9	978-3-06-001334-0

www.cornelsen.de

Unter der folgenden Adresse befinden sich multimediale Zusatzangebote für die Arbeit mit dem Schülerbuch:
www.cornelsen.de/zahlen-und-groessen
Die Buchkennung ist **MZG001316**.

Die Webseiten Dritter, deren Internetadressen in diesem Lehrwerk angegeben sind, wurden vor Drucklegung sorgfältig geprüft. Der Verlag übernimmt keine Gewähr für die Aktualität und den Inhalt dieser Seiten oder solcher, die mit ihnen verlinkt sind.

1. Auflage, 5. Druck 2019

Alle Drucke dieser Auflage sind inhaltlich unverändert und können im Unterricht nebeneinander verwendet werden.

© 2009 Cornelsen Verlag, Berlin
© 2019 Cornelsen Verlag GmbH, Berlin

Das Werk und seine Teile sind urheberrechtlich geschützt. Jede Nutzung in anderen als den gesetzlich zugelassenen Fällen bedarf der vorherigen schriftlichen Einwilligung des Verlages.
Hinweis zu §§ 60a, 60b UrhG: Weder das Werk noch seine Teile dürfen ohne eine solche Einwilligung an Schulen oder in Unterrichts- und Lehrmedien (§ 60b Abs. 3 UrhG) vervielfältigt, insbesondere kopiert oder eingescannt, verbreitet oder in ein Netzwerk eingestellt oder sonst öffentlich zugänglich gemacht oder wiedergegeben werden. Dies gilt auch für Intranets von Schulen.

Druck und Bindung: Livonia Print, Riga

ISBN 978-3-06-001316-6

PEFC zertifiziert
Dieses Produkt stammt aus nachhaltig bewirtschafteten Wäldern und kontrollierten Quellen.
www.pefc.de

Inhalt

Zweistufige Zufallsexperimente

Noch fit?	6
Zweistufige Zufallsexperimente darstellen	7
Pfadregel und Summenregel	11
Thema: Das Ziegenproblem	16
Vermischte Übungen	18
Teste dich!	21
Zusammenfassung	22

Lineare Gleichungssysteme

Noch fit?	24
Lineare Gleichungen mit zwei Variablen	25
Lineare Funktionen zeichnen und untersuchen	29
Lineare Gleichungssysteme grafisch lösen	33
Lineare Gleichungssysteme algebraisch lösen	37
Lineare Gleichungssysteme mit dem Additionsverfahren lösen	41
Methode: Funktionen untersuchen mit einem Funktionenplotter	46
Vermischte Übungen	48
Teste dich!	53
Zusammenfassung	54

Ähnlichkeit

Noch fit?	56
Ähnlichkeit im geometrischen Sinn	57
Zentrische Streckung	61
Strahlensätze	67
Methode: Strecken teilen	70
Thema: Höhenbestimmung durch Anpeilen	71
Thema: Der Goldene Schnitt	72
Vermischte Übungen	74
Teste dich!	77
Zusammenfassung	78

Satz des Pythagoras

Noch fit?	80
Quadratzahlen und Quadratwurzeln	81
Intervallschachtelung und irrationale Zahlen	87
Methode: Direkte und indirekte Beweise	90
Thema: Aufbau des Zahlensystems	92
Der Satz des Pythagoras	93
Thema: Satz des Thales	98
Höhen- und Kathetensatz	99
Thema: Pythagoras gestern und heute	102
Vermischte Übungen	104
Teste dich!	107
Zusammenfassung	108

Vom Vieleck zum Kreis — 109

Noch fit?	110
Regelmäßige Vielecke	111
Kreisumfang	115
Flächeninhalt des Kreises	119
Thema: Annäherung an π mit einer Tabellenkalkulation	124
Thema: Rund ums Fahrrad	126
Vermischte Übungen	128
Teste dich!	131
Zusammenfassung	132

Pyramide, Kegel, Kugel* — 153

Noch fit?	154
Pyramiden und Kegel erkennen und zeichnen	155
Mantel und Oberfläche einer Pyramide	159
Mantel und Oberfläche eines Kegels	163
Volumen von Pyramide und Kegel	167
Volumen und Oberfläche einer Kugel	171
Thema: Die Pyramiden von Gizeh	176
Vermischte Übungen	178
Teste dich!	181
Zusammenfassung	182

Zylinder — 133

Noch fit?	134
Netze und Oberflächen von Zylindern	135
Schrägbilder und Volumen von Zylindern	139
Hohlzylinder	143
Thema: Modellbau	146
Vermischte Übungen	148
Teste dich!	151
Zusammenfassung	152

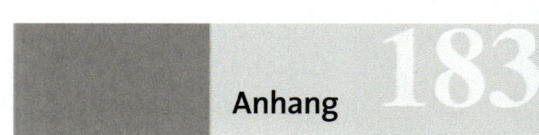

Anhang — 183

Optimierung	184
Technisches Zeichnen	186
Der Goldene Schnitt	190
Sportfest	192
Training	195
Auf dem Weg in die Berufswelt	202
Lösungen Teste dich!	214
Lösungen zum Training	221
Lösungen zu „Auf dem Weg in die Berufswelt"	225
Stichwortverzeichnis	230
Bildverzeichnis	232

* Dieses Kapitel ist auch im Buch der Klasse 10 zu finden und kann wahlweise dort unterrichtet werden.

Zweistufige Zufallsexperimente

Die gelben Kaugummis schmecken am besten. Aber es gibt auch blaue, grüne und rote Kaugummis. Wie kann man die Wahrscheinlichkeit dafür berechnen, bei zweimaligem Ziehen zwei gelbe Kaugummis zu erhalten?

Zweistufige Zufallsexperimente

Noch fit?

1 In einer Klassenarbeit wurden folgende Noten erteilt:
a) Gib die relative Häufigkeit für jede Note an.
b) Berechne die Durchschnittsnote.

Note	1	2	3	4	5	6
Anzahl	1	8	6	5	3	2

2 Berechne.
a) $\frac{2}{5} \cdot \frac{3}{7}$
b) $\frac{2}{3} \cdot \frac{5}{8}$
c) $\frac{3}{4} \cdot \frac{2}{9}$
d) $\frac{13}{14} \cdot \frac{7}{26}$
e) $\frac{5}{12} + \frac{1}{12}$
f) $\frac{7}{24} + \frac{1}{3}$
g) $\frac{4}{5} \cdot \frac{1}{4} + \frac{3}{5} \cdot \frac{1}{4}$
h) $\frac{5}{8} \cdot \frac{4}{5} + \frac{1}{2} \cdot \frac{1}{5}$

3 Rechne um. Übertrage die Tabelle in dein Heft und fülle sie aus.

Bruch	$\frac{37}{100}$		$\frac{7}{25}$		$\frac{43}{125}$	$\frac{1}{3}$
Dezimalbruch		0,07		0,625		
Prozent			25 %		5 %	

ZUM WEITERARBEITEN
Zeichne ein Glücksrad, bei dem Ergebnisse mit folgenden Wahrscheinlichkeiten eintreten können:
$\frac{1}{3}$, $\frac{1}{6}$, $\frac{5}{12}$, $\frac{1}{12}$

4 Bestimme die Wahrscheinlichkeit für die Ereignisse beim Glücksrad.
a) Es wird die 3 gedreht.
b) Es wird eine ungerade Zahl gedreht.
c) Der Pfeil bleibt auf einem gelben Feld stehen.
d) Es wird eine in einem grünen Feld stehende gerade Zahl gedreht.
e) Der Pfeil bleibt auf einem grünen Feld oder einer geraden Zahl stehen.

5 Aus einem Skatspiel (32 Karten) wird eine Karte gezogen.
Wie groß ist die Wahrscheinlichkeit, dass folgendes Ereignis eintritt?
a) Herz-Bube
b) eine rote Dame
c) ein König
d) eine „7" oder eine „8"
e) eine Herz-Karte
f) eine rote Karte

6 Betrachte den rechts abgebildeten Würfel.
a) Handelt es sich beim Werfen des abgebildeten Würfels um ein Laplace-Experiment?
b) Ist es beim Wurf mit diesem Würfel wahrscheinlicher, eine „5" oder eine „1" zu werfen? Begründe deine Meinung.
c) Wie lässt sich die Wahrscheinlichkeit, eine „5" zu werfen, näherungsweise bestimmen?
d) Ist es wahrscheinlicher, eine gerade oder eine ungerade Zahl zu würfeln?

Kurz und knapp

1. Nenne mindestens drei Beispiele für Laplace-Experimente und gib die Wahrscheinlichkeiten für alle möglichen Ergebnisse an.
2. Erkläre an einem Beispiel deiner Wahl das Distributivgesetz.
3. Warum ist $2 \cdot 3 + 4 \cdot 5$ nicht gleich 50?
4. Nenne je ein Beispiel für ein sicheres und ein unmögliches Ereignis.
5. Erkläre am Beispiel von Aufgabe 5 den Unterschied zwischen einem Ergebnis und einem Ereignis.
6. Was ist eine Funktion?

Zweistufige Zufallsexperimente darstellen

Erforschen und Entdecken

1 In der Klasse 9b soll der Klassensprecher gewählt werden. Murat, Sören, Fiona und Natalie stehen zur Wahl. Wer die meisten Stimmen erhält, soll Klassensprecher werden. Sein Stellvertreter wird der Schüler, der den zweiten Platz belegt hat.
a) Notiere alle möglichen Kombinationen. Schreibe z. B. (Murat/Fiona) oder (Natalie/Sören).
b) Warum muss zwischen den Kombinationen (Murat/Fiona) und (Fiona/Murat) unterschieden werden?
c) Bestimme die Anzahl der möglichen Kombinationen.
d) Wie viele Kombinationen gäbe es, wenn sich drei (fünf) Schülerinnen und Schüler wählen lassen möchten?

2 Die Mensa bietet Spitzbrötchen und Mehrkornbrötchen an. Sie sind mit Käse, Schinken oder Salami belegt.
a) Gülden meint, dass die Mensa sechs Varianten belegter Brötchen anbietet. Bist du der gleichen Ansicht? Begründe und schreibe alle möglichen Kombinationen zwischen Brötchenart und Belag auf, z. B. (Spitzbrötchen/Käse) oder (Mehrkorn/Schinken).
b) Neben den Spitz- und den Mehrkornbrötchen sollen noch Roggenbrötchen angeboten werden. Als Belag kommen Leberwurst und Frischkäse dazu. Wie viele Kombinationen gibt es nun? Lässt sich die Anzahl berechnen, ohne alle Möglichkeiten aufzuschreiben?

3 Beim Mittagessen gibt es mehrere Haupt- und Nachspeisen zur Auswahl.
a) Für eine Menübestellung gibt es zwei Vorschläge zum Ankreuzen: ein Baumdiagramm oder eine Tabelle. Nenne Vor- und Nachteile der beiden Darstellungen.
b) An einem Tag kann man zwischen drei Hauptgerichten und zwei Nachtischen wählen. Wie viele unterschiedliche Menübestellungen sind möglich?
c) Am anderen Tag gibt es Tomatensuppe oder Salat als Vorspeise und Lasagne oder Fischstäbchen als Hauptspeise. Als Nachtisch gibt es Quarkspeise, Banane oder Eis. Erstelle – wenn möglich – eine Tabelle und ein Baumdiagramm.

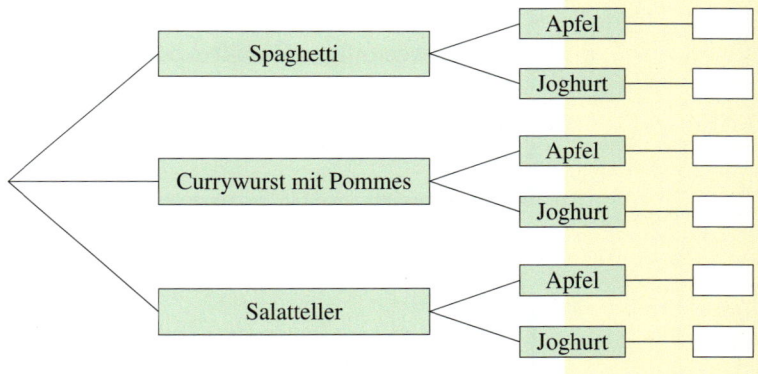

	Apfel	Joghurt
Spaghetti		
Currywurst mit Pommes		
Salatteller		

4 Lege fünf Gummibärchen mit unterschiedlicher Farbe in eine undurchsichtige Tüte.
a) Ziehe nacheinander zwei Gummibärchen aus der Tüte und notiere die Farbkombination. Schreibe zum Beispiel (Rot/Orange). Wirf die beiden Gummibärchen wieder in die Tüte und wiederhole das Zufallsexperiment mehrere Male.

b) Ergänze alle Farbkombinationen, die bisher nicht gezogen wurden.
c) Melissa ist der Meinung, dass es zwanzig unterschiedliche Farbkombinationen gibt, Chiara meint, es gibt nur zehn. Wer hat Recht?

Zweistufige Zufallsexperimente

Lesen und Verstehen

Auf einem Flug können die Passagiere zwischen drei Getränken (Kaffee, Tee oder Wasser) und zwei Sandwiches (Käse oder Schinken) wählen. Den Auswahlprozess kann man als **zweistufiges Zufallsexperiment** interpretieren.

Zur Veranschaulichung von zweistufigen Zufallsexperimenten verwendet man häufig **Baumdiagramme**.

BEISPIEL 1
Baumdiagramm

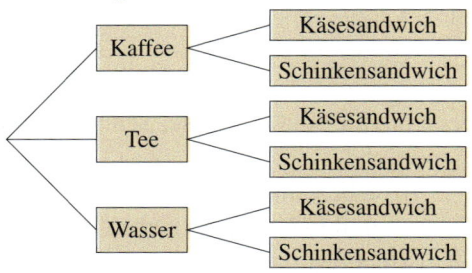

Ergebnisse (geordnete Paare)

(Kaffee/Käsesandwich)
(Kaffee/Schinkensandwich)

(Tee/Käsesandwich)
(Tee/Schinkensandwich)

(Wasser/Käsesandwich)
(Wasser/Schinkensandwich)

Die Ergebnisse zweistufiger Zufallsexperimente sind geordnete Paare.
Um die Anzahl der möglichen Ergebnisse eines zweistufigen Zufallsexperiments zu bestimmen, können die beiden Anzahlen der Ergebnisse der Teilexperimente multipliziert werden.

Die geordneten Paare kann man oben am Baumdiagramm ablesen. Es sind genau 6. Auf dem Flug werden drei Getränke und zwei Sandwiches zur Auswahl angeboten. Deshalb gibt es $3 \cdot 2 = 6$ mögliche Kombinationen aus Getränk und Sandwich.
Das zweistufige Zufallsexperiment hat also 6 Ergebnisse.

Man kann die Wahrscheinlichkeit für ein bestimmtes Ergebnis (geordnetes Paar) bestimmen.

Handelt es sich bei beiden Teilexperimenten eines zweistufigen Zufallsexperiments um Laplace-Experimente, gilt die bisher bekannte Formel $P(E) = \frac{\text{Anzahl der günstigen Ergebnisse}}{\text{Anzahl der möglichen Ergebnisse}}$.

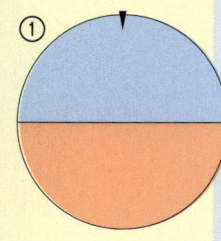

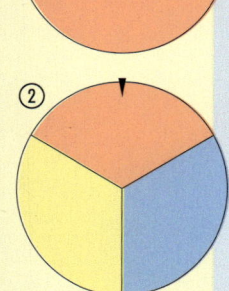

BEISPIEL 2
Ein zweistufiges Zufallsexperiment besteht aus den Teilexperimenten „Drehen von Glücksrad ①" und „Drehen von Glücksrad ②". Beide stellen Laplace-Experimente dar.
Zeigen beide Glücksräder auf „Rot", erhält man den Hauptpreis. Einen Trostpreis gibt es für einmal „Rot" und einmal „Blau", egal in welcher Reihenfolge.
Das zweistufige Zufallsexperiment hat $2 \cdot 3 = 6$ verschiedene Versuchsausgänge: (Rot/Rot); (Rot/Blau); (Rot/Gelb); (Blau/Rot); (Blau/Blau); (Blau/Gelb).
Die Wahrscheinlichkeit für jedes Ergebnis beträgt $\frac{1}{6}$.
Die Wahrscheinlichkeit für den Hauptpreis (Rot/Rot) ist $\frac{1}{6}$.
Die Wahrscheinlichkeit, den Trostpreis mit (Rot/Blau) oder (Blau/Rot) zu gewinnen, ist $\frac{1}{6} + \frac{1}{6} = \frac{2}{6} = \frac{1}{3}$.

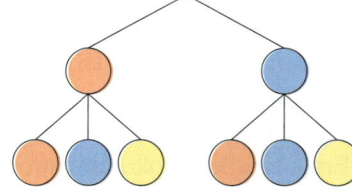

Zweistufige Zufallsexperimente darstellen

Üben und Anwenden

1 Die Mensa der Gesamtschule Mitte bietet zum Mittagessen vier Hauptgerichte (Nudeln, Salat, Pizza, Fisch) und zwei Nachspeisen (Birne, Quark) an.
a) Zeichne ein zugehöriges Baumdiagramm.
b) Aus wie vielen Kombinationsmöglichkeiten können die Schülerinnen und Schüler das Essen auswählen?
c) Notiere alle Kombinationsmöglichkeiten. Schreibe z. B. (Pizza/Birne).
d) Die Mensa erweitert die Speisekarte um ein Fleischgericht und Eis. Wie viele Kombinationsmöglichkeiten gibt es nun?

2 Wie viele Kombinationsmöglichkeiten gibt es jeweils?
a) Autoproduktion: 3 Ausführungen, 5 Farben
b) Kleiderschrank: 5 Hosen, 7 T-Shirts
c) Zweigangmenü: 4 Hauptspeisen, 6 Nachspeisen
d) Geldstück: 8 Münzen; 15 Länder

3 Max möchte einen Cocktail mit zwei unterschiedlichen Säften mixen. Er hat sechs verschiedene Fruchtsäfte im Haus. Max meint, dass er 30 verschiedene Cocktails mixen kann. Sein Vater ist der Ansicht, dass es nur 15 sind. Schließe dich begründet einer Meinung an.

4 Ein Restaurant bietet zwölf unterschiedliche Kombinationen von Zweigangmenüs an. Aus wie vielen Haupt- und Nachspeisen kann der Gast auswählen? Finde verschiedene Möglichkeiten.

5 Bei Pferderennen bieten Wettbüros die so genannte Zweierwette an. Die Zweierwette gewinnt, wer den Sieger und das zweitplatzierte Pferd eines Rennens in der richtigen Reihenfolge gewettet hat. Wie viele Kombinationsmöglichkeiten für die Zweierwette gibt es, wenn …
a) fünf Pferde am Rennen teilnehmen?
b) sechs Pferde am Rennen teilnehmen?
c) acht Pferde am Rennen teilnehmen?
d) zehn Pferde am Rennen teilnehmen?

6 Ein Tresor verfügt über zwei Drehknöpfe, die auf die Zahlen 1 bis 8 eingestellt werden können.
a) Wie viele Kombinationsmöglichkeiten gibt es?
b) Bei einem neuen Tresormodell soll es 96 Kombinationsmöglichkeiten geben. Wie ist das möglich?

7 Wie viele zweistellige Zahlen kann man aus den Ziffern 1, 3, 7, 8 und 9 bilden, wenn
a) jede Ziffer nur einmal vorkommen darf?
b) jede Ziffer auch mehrfach vorkommen kann?

8 In Jans Sockenkiste liegen ein roter und zwei blaue Strümpfe. Noch verschlafen nimmt er sich zwei Strümpfe aus der Kiste.
a) Erkläre das Baumdiagramm rechts.
b) Wie groß ist die Wahrscheinlichkeit, dass Jan passende Strümpfe anzieht?

9 Jakob wirft einen roten und einen grünen Würfel.
a) Wie viele mögliche Versuchsausgänge gibt es?
b) Wie groß ist die Wahrscheinlichkeit, das Ergebnis (6/6) zu erzielen?
c) Wie groß ist die Wahrscheinlichkeit, einen Pasch (beide Würfel zeigen die gleiche Zahl) zu erzielen?
d) Welche Ergebnisse haben die Augensumme 10?
e) Wie groß ist die Wahrscheinlichkeit, die Augensumme 10 zu erzielen?
f) Welche Augensummen können erreicht werden?
g) Ist die Wahrscheinlichkeit für alle Augensummen gleich groß? Begründe.
h) Wie groß ist die Wahrscheinlichkeit, eine Augensumme zu erreichen, die kleiner als 7 ist?

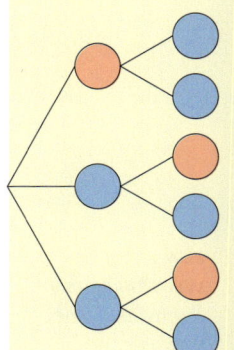

HINWEIS

Zwei Zufallsexperimente heißen abhängig, wenn die Wahrscheinlichkeiten der Ergebnisse des zweiten Zufallsexperiments vom Ausgang des ersten beeinflusst werden, z. B. zweimaliges Ziehen einer Socke aus einer Kiste. Ansonsten heißen die Zufallsexperimente unabhängig.

10 Ein Bube, eine Dame und ein König eines Skatspiels liegen verdeckt auf dem Tisch. Ein Spieler soll zweimal eine Karte ziehen, wobei die gezogene Karte immer wieder zurückgelegt wird und die Karten gemischt werden. Die Ergebnisse werden notiert.

a) Wie viele Kombinationsmöglichkeiten gibt es?
b) Gib die Wahrscheinlichkeit an, dass zweimal hintereinander eine Dame gezogen wird.
c) Wie groß ist die Wahrscheinlichkeit, dass die Dame mindestens einmal gezogen wird?
d) Mit welcher Wahrscheinlichkeit wird die Dame weder beim ersten noch beim zweiten Zug gezogen?

11 Caroline testet mit zwei Gläsern, ob sie Leitungswasser von Mineralwasser ohne Kohlensäure geschmacklich unterscheiden kann. Ein Münzwurf entscheidet, mit welchem Wasser das Glas gefüllt wird. Es ist also auch möglich, dass sich in beiden Gläsern die gleiche Sorte Wasser befindet.
a) Mit welcher Wahrscheinlichkeit wird Caroline durch Raten beide Gläser richtig zuordnen?
b) Halbiert sich die Wahrscheinlichkeit, wenn sie drei Gläser Wasser testen muss?

12 ▶ Familie Erlbach erwartet Zwillinge.
a) Welche Geschlechtskombinationen sind möglich?
b) Zeichne ein zugehöriges Baumdiagramm.
c) Sohn Leon von Familie Erlbach meint, dass die Wahrscheinlichkeit für zwei Schwestern bei $\frac{1}{3}$ liegt. Erkläre Leon, warum das falsch ist.

ZUM WEITERARBEITEN
Kannst du Mineralwasser geschmacklich von Leitungswasser unterscheiden? Überlege dir einen Versuchsaufbau und prüfe nach.

13 Wie viele dreistellige Zahlen kann man aus den Ziffern 1, 2, 3, 4, 5 und 6 bilden, wenn …
a) jede Ziffer nur einmal vorkommen darf?
b) jede Ziffer auch mehrfach vorkommen kann?

14 Ein Glücksspielautomat besteht aus zwei Rädern.

a) Wie viele Kombinationsmöglichkeiten gibt es?
b) Man gewinnt den Hauptpreis, wenn beide Räder das vierblättrige Kleeblatt anzeigen. Wie groß ist die Wahrscheinlichkeit, den Hauptpreis zu gewinnen?
c) Zeigen beide Räder das gleiche Symbol, aber nicht das Kleeblatt, so erhält man einen Trostpreis. Gib die Wahrscheinlichkeit für einen Trostpreis an.

15 Die Gesamtschule Süd verkauft T-Shirts und Poloshirts mit Schullogo. Sowohl die T-Shirts als auch die Poloshirts werden in den Größen S, M, L und XL angeboten. Als Farben stehen rot, schwarz, grün und blau zur Auswahl.
a) Zeichne ein zugehöriges Baumdiagramm.
b) Alle Produkte sollen vorrätig vorhanden sein. Wie viele Produktkombinationen gibt es?
c) Angenommen alle Produktkombinationen sind in gleicher Anzahl in einem Wäschekorb vorhanden. Wie groß ist die Wahrscheinlichkeit, dass man ohne hinzusehen
① ein Poloshirt,
② ein T-Shirt der Größe S,
③ ein blaues Poloshirt,
④ ein rotes T-Shirt der Größe XL
aus dem Korb zieht?

Pfadregel und Summenregel

Erforschen und Entdecken

1 Die beiden Glücksräder werden nacheinander gedreht.

a) Wie groß ist die Wahrscheinlichkeit, mit dem ersten Glücksrad „Rot" zu drehen? Gib die Wahrscheinlichkeit für das gleiche Ergebnis beim zweiten Glücksrad an.

b) Um die möglichen Versuchsausgänge des zweistufigen Zufallsexperiments zu veranschaulichen, hat Caterina das Baumdiagramm ① gezeichnet. Sie meint: „Es gibt vier unterschiedliche Versuchsausgänge. Also liegt die Wahrscheinlichkeit, mit beiden Glücksrädern „Rot" zu drehen, bei $\frac{1}{4}$." Nimm Stellung zu ihrer Aussage.

c) Mark und Eileen schlagen vor, die rechts abgebildeten Baumdiagramme zur Veranschaulichung des zweistufigen Zufallsexperiments zu verwenden. Nenne Vorzüge und Nachteile der drei Baumdiagramme.

d) Bestimme die Wahrscheinlichkeit, beide Male „Rot" zu drehen. Wie lässt sich die Wahrscheinlichkeit für dieses Ergebnis aus dem Baumdiagramm ③ bestimmen?

2 Erinnerst du dich noch an die „Wahrscheinlichkeitsrallye"?

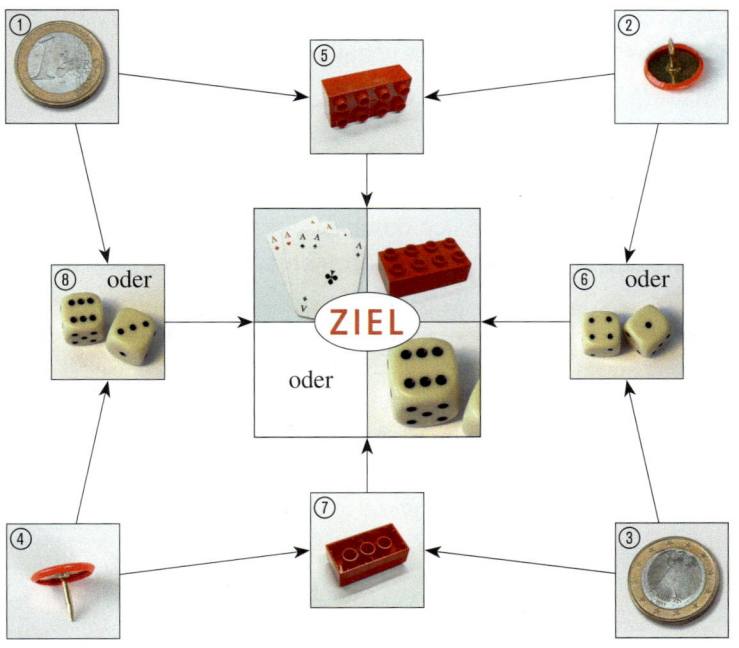

BEISPIEL
Ein Spieler wählt das Feld ① als Startfeld. Von dort aus kann er die Felder ⑤ oder ⑧ erreichen. Er wählt Feld ⑤. Von Feld ⑤ geht es zum Zielfeld.
Auf ein Feld darf er sich stellen, wenn er das dort gezeigte Ergebnis erhält. Um das Zielfeld zu erreichen, kann er wählen, ob er mit dem Legostein oder dem Würfel wirft oder aus einem vollständigen Skatblatt ein Ass zieht.

a) Ermittle die statistischen Wahrscheinlichkeiten für die Ereignisse der Felder ②, ④, ⑤ und ⑦.

b) Spielt das Spiel einige Male. Welcher Weg hat sich als besonders vorteilhaft herausgestellt?

c) Ergänze das Baumdiagramm rechts.

d) Diskutiert in eurer Gruppe, welcher Weg die höchste Erfolgswahrscheinlichkeit aufweist. Vergleicht die Gruppenergebnisse im Klassenverband.

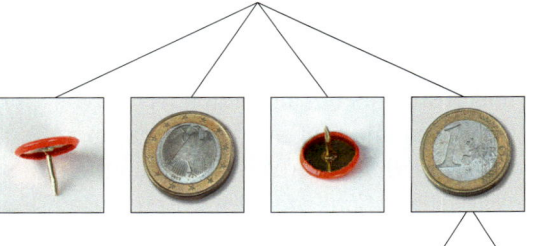

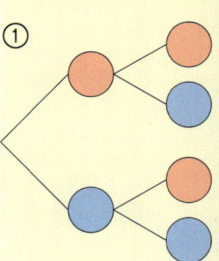

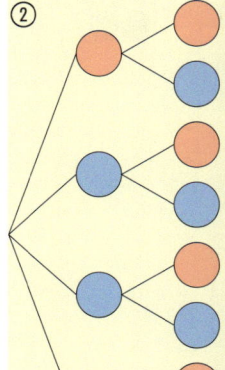

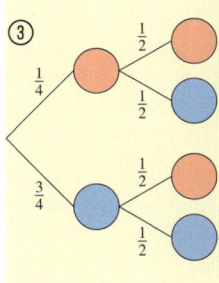

ZUR INFORMATION
Die Spielregeln für die Wahrscheinlichkeitsrallye gibt es unter diesem Webcode.

Zweistufige Zufallsexperimente

U1

U2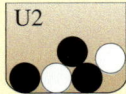

U3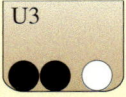

Lesen und Verstehen

Eine Lehrerin lässt jeden Schüler eine Kugel aus einer der drei Urnen ziehen. Bei einer schwarzen Kugel muss ein Referat gehalten werden, bei einer weißen nicht.

BEISPIEL 1 Wie groß ist die Wahrscheinlichkeit, kein Referat zu halten?

Wahrscheinlichkeit: Wahl der Urne	Wahrscheinlichkeit: Wahl der Kugel	Wahrscheinlichkeit: Kugelfarbe je Urne (Pfadregel)	Wahrscheinlichkeit: weiße Kugel (Summenregel)
U1, $\frac{1}{3}$	$\frac{1}{4}$ (weiß), $\frac{3}{4}$ (schwarz)	$\frac{1}{3} \cdot \frac{1}{4} = \frac{1}{12}$ $\frac{1}{3} \cdot \frac{3}{4} = \frac{1}{4}$	$\frac{1}{12}$ +
U2, $\frac{1}{3}$	$\frac{2}{5}$ (weiß), $\frac{3}{5}$ (schwarz)	$\frac{1}{3} \cdot \frac{2}{5} = \frac{2}{15}$ $\frac{1}{3} \cdot \frac{3}{5} = \frac{1}{5}$	$\frac{2}{15}$ +
U3, $\frac{1}{3}$	$\frac{1}{3}$ (weiß), $\frac{2}{3}$ (schwarz)	$\frac{1}{3} \cdot \frac{1}{3} = \frac{1}{9}$ $\frac{1}{3} \cdot \frac{2}{3} = \frac{2}{9}$	$\frac{1}{9}$ $= \frac{59}{180} \approx 32{,}8\,\%$

Mit einer Wahrscheinlichkeit von 32,8 % muss kein Referat gehalten werden.

HINWEIS
Die Pfadregel besagt, dass man die Wahrscheinlichkeiten entlang eines „Baumpfades" multipliziert.

Pfadregel
Bei zweistufigen Zufallsexperimenten ergibt sich die Wahrscheinlichkeit eines *Ergebnisses* aus dem Produkt der Wahrscheinlichkeiten der einzelnen Teilergebnisse.

Summenregel
Die Wahrscheinlichkeit eines *Ereignisses* ergibt sich durch Addition der Wahrscheinlichkeiten von Ergebnissen, die zu diesem Ereignis gehören.

Wahrscheinlichkeiten berechnen mit der Pfad- und Summenregel

1. Zerlege die Situation in Teilversuche.
2. Zeichne ein Baumdiagramm.
3. Notiere die Wahrscheinlichkeiten der Versuchsausgänge an den Ästen.
4. Markiere die relevanten Pfade. Berechne die Wahrscheinlichkeit mit der Pfadregel.
5. Berechne die Wahrscheinlichkeit des Ereignisses mit der Summenregel.

BEACHTE
Achte beim Zeichnen eines Baumdiagramms darauf, dass an jeder Verzweigung so viele Äste benötigt werden, wie der Teilversuch Ergebnisse hat.

BEISPIEL 2
Für die Klassenfahrt teilt der Lehrer die zehn Jungen zufällig auf zwei 5-Bett-Zimmer auf. Mit welcher Wahrscheinlichkeit schläft Lukas mit genau einem seiner Freunde Leon oder Mike zusammen?
Angenommen, Lukas kommt in Zimmer 1. Dann sind noch neun Betten frei, davon vier im ersten und fünf im zweiten Zimmer. Der Ausgang des 1. Teilversuchs beeinflusst die Wahrscheinlichkeiten des 2. Teilversuchs.

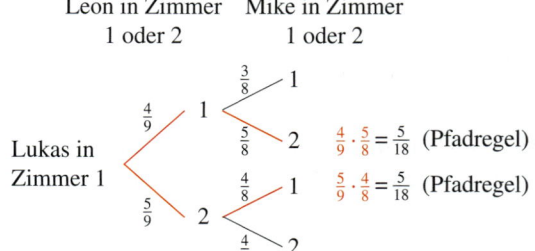

Summenregel: $\frac{5}{18} + \frac{5}{18} = \frac{5}{9} \approx 55{,}6\,\%$

Die Wahrscheinlichkeit beträgt 55,6 %.

Pfadregel und Summenregel

Üben und Anwenden

1 Aus jeder Urne wird eine Kugel gezogen.

a) Zeichne ein zugehöriges Baumdiagramm.
b) Wie groß ist die Wahrscheinlichkeit, dass beide Kugeln die Farbe „Weiß" haben?
c) Mit welcher Wahrscheinlichkeit sind beide Kugeln schwarz?
d) Yasin meint, dass die Wahrscheinlichkeit, zwei weiße Kugeln zu ziehen, ein Viertel beträgt. Welchen Fehler könnte Yasin gemacht haben?

2 Eine Münze wird zweimal hintereinander geworfen. Zeichne ein Baumdiagramm und notiere die Wahrscheinlichkeiten an den Ästen. Bestimme die Wahrscheinlichkeiten für die Ergebnisse (Wappen/Wappen) und (Wappen/Zahl).

3 Aus der Urne wird zweimal eine Kugel gezogen, wobei die Kugel nach dem ersten Ziehen wieder zurückgelegt wird.

a) Zeichne ein Baumdiagramm.
b) Bestimme die Wahrscheinlichkeit dafür, dass zwei grüne Kugeln gezogen werden.
c) Bestimme die Wahrscheinlichkeit dafür, dass mindestens eine weiße Kugel gezogen wird.
d) Charles behauptet, dass sich die Wahrscheinlichkeiten nicht verändern, wenn sich in der Urne drei grüne und eine weiße Kugel befinden. Überprüfe Charles' Meinung.
e) Stefan meint: „Es spielt keine Rolle, ob man die zuerst gezogene Kugel wieder zurücklegt oder nicht."
Hat Stefan Recht? Begründe. Sollte die Aussage falsch sein, dann zeichne ein neues Baumdiagramm und berechne die Wahrscheinlichkeiten aus Aufgabenteil b) und c) erneut.

4 Drei Buben, vier Könige und eine Dame liegen verdeckt auf dem Tisch. Es soll zweimal hintereinander gezogen werden. Die gezogene Karte wird wieder zurückgelegt.
a) Zeichne ein Baumdiagramm.
b) Gib die Wahrscheinlichkeiten für folgende Ergebnisse an. Gibt es mehrere Berechnungsmöglichkeiten?
– zwei Könige
– kein König
– zuerst ein Bube, dann eine Dame
– Bube und König; Reihenfolge egal
c) Findet weitere Fragestellungen und tauscht diese im Klassenverband aus.

5 Ein Kunde erhält zufällig zwei Kugeln Eis.

a) Zeichne ein Baumdiagramm.
b) Bestimme die Wahrscheinlichkeit, dass der Kunde zwei Kugeln Milcheis erhält.
c) Wie groß ist die Wahrscheinlichkeit, dass der Kunde eine Kugel Milch- und eine Kugel Fruchteis erhält?
d) Gib ein strukturgleiches Zufallsexperiment an (siehe Randspalte).

6 Die Erfahrung sagt, dass im E-Kurs das Mathebuch mit einer Wahrscheinlichkeit von 90% mitgebracht wird, ein Geodreieck aber nur mit 70%iger Wahrscheinlichkeit.
a) Zeichne ein zweistufiges Baumdiagramm und notiere an den Pfaden die Wahrscheinlichkeiten.
b) Berechne die Wahrscheinlichkeit des Ereignisses, dass entweder das Geodreieck oder das Buch fehlt.

ZUR INFORMATION
Zwei Zufallsexperimente heißen strukturgleich, wenn sich die Ergebnisse der beiden Zufallsexperimente eindeutig einander zuordnen lassen und ihre Ergebnisse gleichwahrscheinlich sind. Strukturgleich sind z. B. ein zweimaliger Münzwurf und das zweimalige Drehen des folgenden Glücksrades.

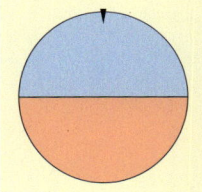

Zweistufige Zufallsexperimente

7 Die beiden Glücksräder werden gleichzeitig gedreht.

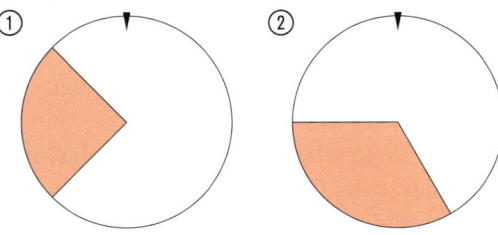

a) Zeichne ein Baumdiagramm.
b) Bestimme die Wahrscheinlichkeit dafür, dass beide Glücksräder auf „Rot" stehen bleiben.
c) Die Wahrscheinlichkeit für das Ergebnis (Rot/Rot) soll genau 5 % betragen. Wie groß muss der Winkel des roten Segments beim zweiten Glücksrad gewählt werden?

8 ➡ Ein Mathematiklehrer führt einen kurzen Multiple-Choice-Test durch.

> 1) Welches Gesetz wurde hier verwendet?
> $3(4a - 5) = 12a - 15$
> ❏ Assoziativgesetz
> ❏ Kommutativgesetz
> ❏ Distributivgesetz
>
> 2) Welchen Wert hat der Term $3(4a - 5)$ für $a = 0$?
> ❏ -3
> ❏ -15

a) Löse die Aufgaben des Multiple-Choice-Tests.
b) Ein Schüler rät die Lösungen. Zeichne ein Baumdiagramm und bestimme die Wahrscheinlichkeit dafür, dass er beide Aufgaben (eine, keine) richtig rät.
c) Mit welcher Wahrscheinlichkeit rät man beide Aufgaben richtig, wenn bei beiden Fragen eine Antwortmöglichkeit mehr angegeben wird?
d) Der Lehrer möchte, dass die Wahrscheinlichkeit, beide Lösungen richtig zu raten, kleiner als 2 % ist. Wie viele Antwortmöglichkeiten müsste er bei den Fragen vorgeben? Finde mehrere Möglichkeiten.

9 „Schere, Stein, Papier" spielt man zu zweit. Auf Drei zeigt jeder eine der Figuren.

Schere   Stein   Papier

Es gilt: Papier umwickelt Stein; Stein stumpft Schere; Schere schneidet Papier. Bei zwei gleichen Figuren ist es unentschieden.
a) Spielt fünf Runden. Notiert die Figuren. Schätzt die Gewinnwahrscheinlichkeit.
b) Wie wahrscheinlich ist „Unentschieden"?
c) ➡ Manche spielen noch mit „Brunnen". Stein und Schere fallen in den Brunnen. Papier deckt den Brunnen ab. Welche Figuren sollte man hierbei eher wählen?

10 Ein Hersteller von Laptops lässt alle produzierten Geräte von zwei unabhängigen Qualitätskontrolleuren untersuchen. Der erste Qualitätskontrolleur findet Fehler mit einer Wahrscheinlichkeit von 90 %. Der zweite Qualitätskontrolleur entdeckt 95 % aller Fehler.
a) Mit welcher Wahrscheinlichkeit geht ein defekter Laptop in den Verkauf?
b) Der Hersteller verkauft jährlich 25 000 Laptops. Wie viele dieser Laptops weisen vermutlich einen Produktionsfehler auf?

11 Zollbeamte wissen, dass 15 % aller aus einem Urlaubsland einreisenden Passagiere Zigaretten schmuggeln.
Mit welcher Wahrscheinlichkeit ist unter zwei zufällig kontrollierten Passagieren mindestens ein Schmuggler?

12 Zwei Fußballprofis schießen abwechselnd auf eine Torwand. Der erste Profi trifft mit einer Wahrscheinlichkeit von 25 %, der zweite mit einer Wahrscheinlichkeit von 30 %.
a) Wie groß ist die Wahrscheinlichkeit, dass beide Profis treffen?
b) Wie groß ist die Wahrscheinlichkeit, dass mindestens ein Profi trifft?
c) Wie groß ist die Wahrscheinlichkeit, dass keiner der beiden Profis trifft?

ZUM WEITERARBEITEN

Familie Erle wünscht sich zwei Kinder. Jungen werden mit einer Wahrscheinlichkeit von 51 %, Mädchen mit einer Wahrscheinlichkeit von 49 % geboren. Bestimme die Wahrscheinlichkeit dafür, dass die Kinder von Familie Erle verschiedenen Geschlechts sind.

Pfadregel und Summenregel

13 Aus einer Gruppe von 7 Männern und 3 Frauen werden zufällig zwei Personen ausgewählt.
a) Wie groß ist die Wahrscheinlichkeit, dass zwei Männer ausgewählt werden?
b) Mit welcher Wahrscheinlichkeit werden zwei Frauen ausgewählt?
c) Bestimme die Wahrscheinlichkeit dafür, dass ein Mann und eine Frau ausgewählt werden.
d) ▶ Ändern sich die Wahrscheinlichkeiten, wenn die Gruppe aus 14 Männern und sechs Frauen besteht? Begründe.
e) ▶ Was verändert sich, wenn lediglich bekannt ist, dass die Gruppe aus 70% Männern und 30% Frauen besteht?

14 ▶ Erfinde Aufgaben oder gib Zufallsexperimente an, die zu folgenden Baumdiagrammen passen.
a)
b)
c)
d)
e)
f)

15 Chantals Schulbus muss auf dem Weg von ihrer Haltestelle bis zur Schule drei Ampeln passieren. Jede Ampel arbeitet unabhängig von der anderen. Die Schaltzeit der Ampeln ist jedoch gleich. Mit 60%iger Wahrscheinlichkeit darf der Bus fahren.
a) In wie viel Prozent aller Fahrten ist zu erwarten, dass der Bus an keiner Ampel halten muss?
b) Chantal benutzt den Schulbus ca. 200-mal im Jahr. Wie oft kann sie sich wahrscheinlich über eine „grüne Welle" freuen?

16 Beim Spiel „Mensch ärgere dich nicht" muss man zum Start in höchstens drei Würfen eine „6" geworfen haben. Es soll die Wahrscheinlichkeit bestimmt werden, in drei Würfen keine „6" zu werfen.
Betrachte dazu das folgende Baumdiagramm.

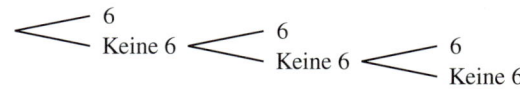

a) Hältst du die Darstellung im Baumdiagramm für sinnvoll? Begründe.
b) Übertrage das Baumdiagramm in dein Heft und vervollständige die Einzelwahrscheinlichkeiten entlang der Pfade.
c) Berechne die Wahrscheinlichkeit, in drei Würfen keine „6" zu würfeln.

17 Nach Angaben des Herstellers befinden sich in einer Tüte Gummibärchen durchschnittlich $\frac{1}{3}$ rote und je $\frac{1}{6}$ gelbe, weiße, grüne und orangefarbene Gummibärchen.
a) Zeichne ein „verkürztes" Baumdiagramm und berechne die Wahrscheinlichkeit dafür, dass unter drei zufällig gezogenen Gummibärchen keines grün ist.
b) Zeichne ein „verkürztes" Baumdiagramm und berechne die Wahrscheinlichkeit dafür, dass alle drei zufällig gezogenen Gummibärchen rot sind.

18 ▶ Finde das Ergebnis eines zweistufigen Zufallsexperiments, dessen Eintrittswahrscheinlichkeit 75% beträgt.

HINWEIS
Man muss in einem Baumdiagramm nicht immer alle möglichen Pfade darstellen. Es dürfen Pfade zusammengefasst werden, sofern dies für die Lösung der Aufgabe sinnvoll ist.

Das Ziegenproblem

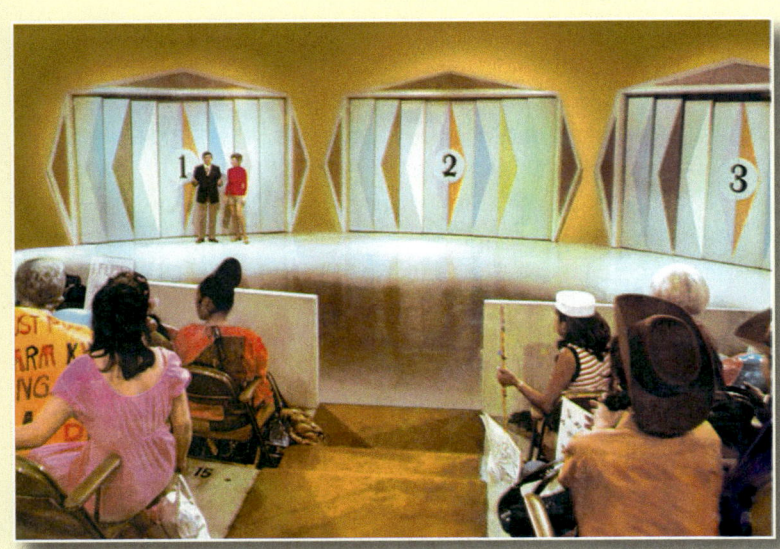

In der amerikanischen Fernsehshow „Let's make a deal" ist ein Auto der Hauptpreis. Es steht hinter einer von drei verschlossenen Türen. Um das Auto zu gewinnen, muss sich der Kandidat für die richtige der drei Türen entscheiden. Hinter einer Tür befindet sich das Auto, hinter den beiden anderen jeweils eine Ziege.
Die Moderatorin weiß, was sich hinter den Türen befindet.

Hat sich der Kandidat für eine der drei Türen entschieden, zum Beispiel für Tür 3, öffnet die Moderatorin eine der beiden anderen Türen, zum Beispiel Tür 1, und eine Ziege schaut ins Publikum.
Der Kandidat hat nun noch die Möglichkeit, seine Entscheidung zu überdenken und sich für die andere verschlossene Tür zu entscheiden, in diesem Beispiel Tür 2.
Soll er besser bei seiner ursprünglichen Wahl bleiben oder soll er die Tür wechseln?

www 016-1

BEACHTE
Unter dem Webcode befindet sich ein Arbeitsblatt mit zwei Ziegen, einem Auto und drei Türen zum Ausschneiden zur Versuchsdurchführung.

1 Beschreibe den Versuchaufbau bei der Fernsehshow mit eigenen Worten. Diskutiert über die Möglichkeiten, die der Moderatorin bleiben, wenn sich der Kandidat für eine Tür entschieden hat.

2 Bildet Kleingruppen und spielt die Fernsehshow nach. Führt mindestens dreißig Spiele durch und protokolliert eure Ergebnisse.
Wie häufig gewinnt man, wenn gewechselt wird?
Wie häufig gewinnt man, wenn man bei der ursprünglichen Wahl bleibt?

3 ▶ Die Frage, ob man die Gewinnwahrscheinlichkeit bei einem Wechsel erhöht, wurde der Journalistin *Marylin vos Savant* von einem Leser der Zeitschrift „Parade" gestellt.

In ihrer Kolumne „Ask Marylin" antwortete sie, dass der Kandidat auf jeden Fall wechseln sollte. Dieses Vorgehen würde seine Gewinnwahrscheinlichkeit verdoppeln, nämlich von $\frac{1}{3}$ auf $\frac{2}{3}$. Daraufhin erhielt sie etwa zehntausend Leserbriefe, die diese Strategie für falsch hielten.

Diskutiert die beiden unterschiedlichen Argumentationen.

Argumentation von Marylin vos Savant

Die Wahrscheinlichkeit, dass sich das Auto hinter Tür 1 befindet, ist $\frac{1}{3}$. Die Wahrscheinlichkeit, dass sich das Auto hinter einer der beiden anderen Türen befindet, ist somit $\frac{2}{3}$. Mindestens hinter einer dieser beiden Türen steht eine Ziege.
Öffnet der Moderator eine dieser Türen, so steht die Tür fest, hinter welcher das Auto mit der Wahrscheinlichkeit $\frac{2}{3}$ steht. Also empfiehlt es sich, die gewählte Tür zu wechseln. Die Chance auf den Hauptgewinn verdoppelt sich.

Argumentation der meisten Leser

Die Wahrscheinlichkeit, dass sich das Auto hinter Tür 1 befindet, ist $\frac{1}{3}$, genauso wie für jede der beiden anderen Türen.
Öffnet der Moderator eine der beiden anderen Türen, zum Beispiel Tür 3, so scheidet diese Tür als mögliche Auto-Tür aus.
Die Wahrscheinlichkeit, dass sich das Auto hinter Tür 1 befindet, beträgt jetzt $\frac{1}{2}$, genauso wie für Tür 2. Es gibt also keinen Grund, die Tür zu wechseln. Die Gewinnchance ist für beide Türen gleich.

4 ▶ Betrachte das Baumdiagramm.
a) Erkläre die an den Pfaden notierten Wahrscheinlichkeiten.
b) Der Kandidat hat sich für Tür 1 entschieden. Bestimme, bei welchen Pfaden ein Wechsel zum Erfolg führt.
c) Berechne die Wahrscheinlichkeiten für diese Ergebnisse und bestimme die Erfolgswahrscheinlichkeit für das Ereignis „Kandidat wechselt die Tür".
d) Zeichne je ein Baumdiagramm für den Fall, dass der Kandidat Tür 2 oder Tür 3 auswählt.

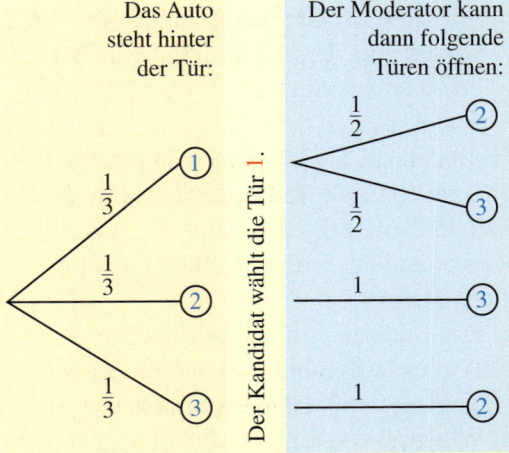

🌐 017-1

BEACHTE
Unter dem Webcode befindet sich eine Simulation des Ziegenproblems.

5 Überprüfe deine Überlegungen aus Aufgabe 3 und 4 mit einer Computer-Simulation (siehe Randspalte) zu den Gewinnwahrscheinlichkeiten beim Ziegenproblem für folgende Fälle.
a) Der Kandidat wechselt die Tür immer.
b) Der Kandidat wechselt die Tür nie.

Zweistufige Zufallsexperimente

Vermischte Übungen

HINWEIS
Steht in einer Aufgabe „Ziehe aus der Urne nacheinander zwei Kugeln mit Zurücklegen", dann bedeutet das, dass eine Kugel gezogen wird und diese vor dem zweiten Ziehen wieder in die Urne zurückgelegt werden soll.

1 Bei einem Sportfest treten die sechs schnellsten Schülerinnen der Jahrgangsstufe 9 beim 100-m-Lauf gegeneinander an. Wie viele Kombinationen für die Belegung der beiden ersten Plätze gibt es?

2 Smileys gibt es in den Farben gelb, grün, rot und violett. Sie lachen, sind traurig oder haben ein neutrales Gesicht. Wie viele verschiedene Smileys gibt es?

3 ▶ Ein Künstler arbeitet an seinem Werk „Zufällige Grundfarben". Dazu hat er je eine Flasche mit den Grundfarben Rot, Blau und Gelb in einen nicht einsehbaren Behälter gelegt. Der Künstler zieht nun zufällig eine Flasche und gibt einen Teil der Farbe in ein Behältnis. Die Flasche legt er in das Behältnis zurück, mischt die Flaschen durch und zieht erneut eine Flasche. Die beiden gezogenen Farben mischt er im gleichen Mengenverhältnis.
a) Wie viele unterschiedliche Farben können entstehen?
b) Zeichne ein Baumdiagramm.
c) Ist die Wahrscheinlichkeit dafür, dass das Farbgemisch blau bzw. orange ist, gleich?
d) Wie groß ist die Wahrscheinlichkeit dafür, wieder eine der drei Grundfarben Rot, Blau oder Gelb zu erhalten?

4 Bei einem Tierklappbuch ist jede Seite in drei gleich große Teile unterteilt. Der obere Teil der Seite zeigt den Kopf, der mittlere den Rumpf und der untere die Beine und Füße eines Tieres.
a) Das Buch zeigt fünf verschiedene Tiere. Wie viele Kombinationsmöglichkeiten von Kopf, Rumpf und Beinen gibt es?
b) Wie groß ist die Wahrscheinlichkeit, dass bei einer zufällig ausgewählten Kombination Kopf, Rumpf und Beine zum gleichen Tier gehören?
c) ▶ Wie viele Tiere müsste das Buch zeigen, damit es mehr als 500 Kombinationsmöglichkeiten gibt?

5 Aus der Urne sollen nacheinander zwei Kugeln mit Zurücklegen gezogen werden.
a) Wie viele Kombinationsmöglichkeiten gibt es? Notiere sie.
b) Wie groß ist die Wahrscheinlichkeit, dass zwei blaue Kugeln gezogen werden?
c) Mit welcher Wahrscheinlichkeit werden eine weiße und eine rote Kugel in beliebiger Reihenfolge gezogen?
d) Bestimme die Wahrscheinlichkeit, dass genau eine gelbe Kugel gezogen wird.

6 Das Glücksrad wird zweimal gedreht.
a) Zeichne ein Baumdiagramm.
b) Was ist wahrscheinlicher?
– Es wird zweimal „Weiß" gedreht.
– Das Rad zeigt in beliebiger Reihenfolge einmal auf „Weiß" und einmal auf „Schwarz".
Schätze zuerst und rechne dann.

7 Beim Basketball trifft Mike beim Freiwurf mit einer Wahrscheinlichkeit von 60 %. Dirk hat 38 der letzten 50 Freiwürfe verwandelt. Mike und Dirk werfen nacheinander je einmal auf den Korb.
Wie groß ist die Wahrscheinlichkeit, dass sie zusammen keinen Treffer (einen Treffer; zwei Treffer) erzielen?

8 Aus der Urne sollen nacheinander zwei Kugeln mit Zurücklegen gezogen werden. Bestimme die Wahrscheinlichkeit für folgende Ereignisse:
a) genau zwei weiße Kugeln
b) genau eine rote Kugel
c) mindestens eine blaue Kugel
d) keine blaue Kugel
e) eine rote und eine blaue Kugel in beliebiger Reihenfolge

18

Vermischte Übungen

9 Die Klasse 9 b möchte beim Schulfest einen Stand mit Glücksspielen betreiben. Es soll unter anderem ein Würfelspiel mit dem folgenden Quader stattfinden.

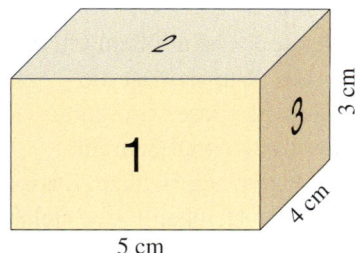

a) Handelt es sich um ein Laplace-Experiment? Begründe.
b) Mit welcher Wahrscheinlichkeit werden die einzelnen Zahlen geworfen? Um dies zu ermitteln, hat die Klasse eine Versuchsreihe durchgeführt und die Ergebnisse protokolliert.

1	2	3	4	5	6
187	409	150	153	402	199

Berechne die statistische Wahrscheinlichkeit für jeden möglichen Versuchsausgang.
c) Welche Würfelseiten liegen sich vermutlich gegenüber?
d) Alessandra schlägt vor, mit folgenden Wahrscheinlichkeiten zu arbeiten:

1	2	3	4	5	6
13 %	27 %	10 %	10 %	27 %	13 %

Hältst du Alessandras Vorgehen für sinnvoll?
e) Benjamin ist der Ansicht, dass die Wahrscheinlichkeiten proportional zur Größe der Seitenflächen sind.
Überprüfe, ob Benjamins Vermutung richtig ist.
f) Carina schlägt vor, dass ein Spieler gewinnt, wenn er bei zweimaligem Werfen einen Pasch erzielt. Zeichne ein (verkürztes) Baumdiagramm und berechne die Wahrscheinlichkeit.
g) Dominik meint, dass die Wahrscheinlichkeit für einen Pasch zu groß ist und möchte, dass die Spieler gewinnen, wenn sie in zwei Würfen genau sieben Augen werfen. Bewerte Dominiks Vorschlag.

10 In einer Urne befinden sich vier blaue und sechs rote Kugeln.
a) Zeichne ein Baumdiagramm für zweimaliges Ziehen mit Zurücklegen.
b) Bestimme die Wahrscheinlichkeiten für das Ziehen von …
  – genau zwei roten Kugeln,
  – mindestens einer roten Kugel,
  – einer blauen und einer roten Kugel.
c) Wie verändern sich die Wahrscheinlichkeiten, wenn ohne Zurücklegen gezogen wird?

11 Von den 30 Schülerinnen und Schülern der Klasse 9a waren sechs in den Ferien in Spanien, fünf in Griechenland, elf in Deutschland und drei in der Türkei. Die restlichen Schüler besuchten andere Länder. Zwei Schüler der Klasse werden zufällig ausgewählt.

a) Wie groß ist die Wahrscheinlichkeit, dass beide ihren Urlaub in Deutschland verbracht haben?
b) Mit welcher Wahrscheinlichkeit haben beide ihren Urlaub im gleichen Land verbracht?

12 Eine Region wird von zwei Kraftwerken mit Energie versorgt. Im Notfall genügt auch eines. Bei einem Gewitter schaltet sich jedes Kraftwerk mit einer Wahrscheinlichkeit von 5 % aus. Wie groß ist die Wahrscheinlichkeit, dass die Stromversorgung der Region zusammenbricht?

13 In Aachen kann man durchschnittlich alle zehn Jahre mit weißen Weihnachten rechnen.
a) Wie groß ist die Wahrscheinlichkeit, dass Aachen in zwei aufeinanderfolgenden Jahren weiße Weihnachten erlebt?
b) In den Jahren 2005, 2006 und 2007 lag in Aachen kein Schnee. Wie groß ist die Wahrscheinlichkeit, dass Aachen im Jahr 2008 weiße Weihnachten erlebt hat?

Zweistufige Zufallsexperimente

ZUM WEITERARBEITEN
Bestimme die Wahrscheinlichkeit dafür, dass man zwei Richtige beim Lotto (6 aus 49) hat.
Zeichne ein vereinfachtes Baumdiagramm.
Kannst du ermitteln, mit welcher Wahrscheinlichkeit man 6 Richtige im Lotto hat? Beachte, dass das ein sechsstufiges Zufallsexperiment ist.

HINWEIS
1 Promille = $\frac{1}{1000}$ = 0,001

14 Ein Test besteht aus drei Fragen, zu denen jeweils vier Antworten gegeben sind. Es ist immer genau eine Antwort richtig. Jemand kreuzt zufällig bei jeder Aufgabe eine Antwort an.
a) Wie groß ist die Wahrscheinlichkeit, alle Fragen richtig zu beantworten?
b) Mit welcher Wahrscheinlichkeit werden alle Fragen falsch beantwortet?
c) Bestimme die Wahrscheinlichkeit dafür, mehr richtige als falsche Antworten zu haben.
d) Wie ändern sich die Wahrscheinlichkeiten, wenn statt vier nur drei Antworten pro Aufgabe angeboten werden?
e) Die Wahrscheinlichkeit, drei Antworten richtig zu raten, soll bei maximal 1 Promille liegen. Wie viele Antwortmöglichkeiten pro Frage werden benötigt?

15 In einem Kreuzworträtselspiel werden die 26 Großbuchstaben des Alphabets (kein Ä, Ö, Ü) verwendet.
Die Buchstabenplättchen sind wie folgt vorhanden: A – 15-mal, E – 18-mal, I – 9-mal, jeder weitere Buchstabe des Alphabets 6-mal.
a) Zeige, dass es insgesamt 180 Buchstabenplättchen sind.
b) Wie groß ist die Wahrscheinlichkeit, bei einmaligem Ziehen aus allen Buchstabenplättchen ein A (ein E, ein I, ein K) zu ziehen?
c) Mit welcher Wahrscheinlichkeit bekommt man bei einmaligem Ziehen aus allen Buchstabenplättchen einen Vokal (einen Konsonanten)?
d) Ist es wahrscheinlicher, einen der ersten 13 Buchstaben des Alphabets oder einen der letzten 13 Buchstaben des Alphabets zu ziehen? Begründe deine Meinung.
e) Berechne die Wahrscheinlichkeit dafür, dass bei zweimaligem Ziehen eines Buchstabenplättchens ohne Zurücklegen
– zwei Vokale,
– zwei Konsonanten,
– das Wort DU
gezogen wird.

HINWEIS
Die Buchstaben A, E, I, O und U sind Vokale (Selbstlaute), alle anderen Buchstaben Konsonanten (Mitlaute).

16 Zeichne in dein Heft ein Glücksrad, bei dem die Wahrscheinlichkeit für „Rot" ein Viertel, für „Blau" ein Sechstel und für „Grün" ein Drittel beträgt.
a) Erkläre dein Vorgehen.
b) Die vierte und letzte Farbe auf dem Glücksrad soll „Gelb" sein. Wie groß ist die Wahrscheinlichkeit für dieses Ereignis?
c) Das Glücksrad wird zweimal gedreht. Wie groß ist die Wahrscheinlichkeit, dass es beide Male auf der gleichen Farbe stehen bleibt?

17 Erfinde eine Aufgabe, die zu dem folgenden Baumdiagramm passt.

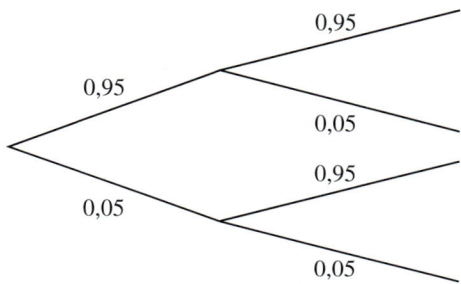

18 Erfinde ein eigenes zweistufiges Zufallsexperiment. Stelle es in der Klasse vor.

19 Wertet eine Verkehrszählung aus.
Durchführung:
Beobachtet an einer Straße die vorbeikommenden PKW. Notiert in einer Strichliste die Anzahl der Personen im Wagen.
Auswertung:
Fasst eure Beobachtungsergebnisse an der Tafel zusammen.
a) Wie groß ist die Wahrscheinlichkeit, dass in einem zufällig ausgewählten Wagen nur der Fahrer sitzt?
b) Zwei zufällig ausgewählte Wagen werden angehalten. Wie groß ist die Wahrscheinlichkeit, dass in beiden Wagen nur der Fahrer sitzt?
c) Wie groß ist die Wahrscheinlichkeit, dass sich in beiden angehaltenen Wagen mehr als zwei Personen befinden?
d) Stelle weitere Fragen und beantworte sie mit Hilfe eines Baumdiagramms.

Teste dich!

a

1 Ein Imbiss verkauft Würstchen, Schnitzel und Frikadellen. Als Beilage können die Kunden Kartoffelsalat oder Pommes wählen. Zwischen wie vielen Kombinationen können die Kunden sich entscheiden?

2 In einer Lostrommel befinden sich 80 % Nieten, 15 % Kleingewinne und 5 % Hauptgewinne. Emma kauft zwei Lose.
a) Zeichne ein Baumdiagramm.
b) Wie groß ist die Wahrscheinlichkeit, dass Emma zwei Nieten gezogen hat?
c) Wie groß ist die Wahrscheinlichkeit, dass Emma mindestens einen Hauptpreis gewonnen hat?

3 Eine Urne enthält drei gelbe und fünf grüne Kugeln. Es werden zwei Kugeln gezogen, wobei die gezogene Kugel jeweils wieder in die Urne zurückgelegt wird.
a) Zeichne ein Baumdiagramm.
b) Bestimme die Wahrscheinlichkeit dafür, dass zwei grüne Kugeln gezogen werden.
c) Mit welcher Wahrscheinlichkeit wird genau eine gelbe Kugel gezogen?
d) Wie groß ist die Wahrscheinlichkeit dafür, dass mindestens eine gelbe Kugel gezogen wird?

b

1 Der Lehrer sucht unter 30 Schülerinnen und Schülern nach dem Zufallsprinzip zwei aus, die eine Wandkarte holen sollen. Wie viele unterschiedliche Kombinationsmöglichkeiten gibt es?

3 Gib zu dem Baumdiagramm ein passendes Zufallsexperiment an. Berechne die Wahrscheinlichkeiten für alle möglichen Ergebnisse.

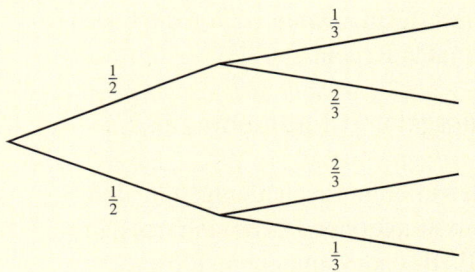

4 Die beiden Glücksräder werden gleichzeitig gedreht.

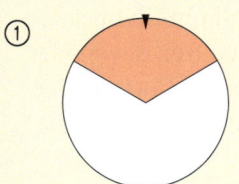 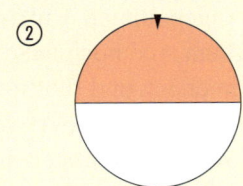

a) Zeichne ein Baumdiagramm.
b) Bestimme die Wahrscheinlichkeit dafür, dass beide Glücksräder auf „Rot" stehen bleiben.
c) Bestimme die Wahrscheinlichkeit dafür, dass mindestens ein Glücksrad auf „Weiß" stehen bleibt.
d) Die Wahrscheinlichkeit für das Ergebnis (Rot/Rot) soll genau 25 % betragen. Wie groß muss der Winkel des roten Segments beim zweiten Glücksrad gewählt werden?

HINWEIS
Brauchst du noch Hilfe, so findest du auf den angegebenen Seiten ein Beispiel oder eine Anregung zum Lösen der Aufgaben. Überprüfe deine Ergebnisse mit den Lösungen ab Seite 214.

Aufgabe	Seite
1	8
2	12
3	12
4	12

Zweistufige Zufallsexperimente

Zusammenfassung

Zweistufige Zufallsexperimente darstellen

Setzt sich ein Zufallsexperiment aus zwei Teilexperimenten zusammen, so nennt man es zweistufiges Zufallsexperiment.

Die Ergebnisse zweistufiger Zufallsexperimente sind geordnete Paare.
Um die Anzahl aller möglichen Ergebnisse eines zweistufigen Zufallsexperiments zu bestimmen, können die beiden Anzahlen der Ergebnisse der Teilexperimente multipliziert werden.

Baumdiagramme verwendet man zur Veranschaulichung von zweistufigen Zufallsexperimenten.

Handelt es sich bei den Teilexperimenten von zweistufigen Zufallsexperimenten um Laplace-Experimente, gelten die bisher bekannten Regeln.

Auf einem Flug werden als Getränke Kaffee, Tee oder Wasser und als Essen ein Sandwich mit Käse oder eines mit Schinken geboten. Mögliche Ergebnisse sind:
(Kaffee/Käse); (Kaffee/Schinken);
(Tee/Käse); (Tee/Schinken);
(Wasser/Käse); (Wasser/Schinken)
Insgesamt gibt es $3 \cdot 2 = 6$ mögliche Kombinationen.

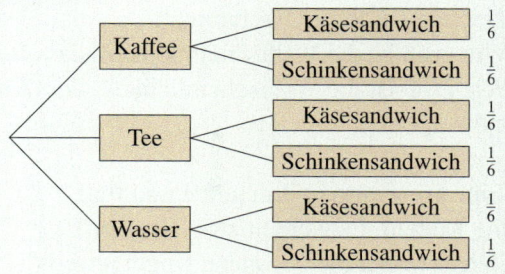

$P(\text{Kaffee/Käsesandwich}) = \frac{1}{6}$

$P(\text{Käsesandwich}) = \frac{1}{6} + \frac{1}{6} + \frac{1}{6} = \frac{3}{6} = \frac{1}{2}$

Pfadregel und Summenregel

Viele zufällige Erscheinungen in alltäglichen Situationen lassen sich mit Hilfe der Pfad- und Summenregel lösen.

Beim Notieren der Wahrscheinlichkeiten ist zu überlegen, ob das Ergebnis des ersten Teilversuchs die Wahrscheinlichkeiten beim zweiten Teilversuch beeinflusst.

Pfadregel
Bei zweistufigen Zufallsexperimenten ergibt sich die Wahrscheinlichkeit eines Ergebnisses aus dem Produkt der Wahrscheinlichkeiten der einzelnen Teilergebnisse.

Summenregel
Die Wahrscheinlichkeit eines Ereignisses ergibt sich durch Addition der Wahrscheinlichkeiten von Ergebnissen, die zu diesem Ereignis gehören.

Zehn Jungen werden zufällig auf zwei 5-Bett-Zimmer aufgeteilt. Mit welcher Wahrscheinlichkeit schläft Lukas mit genau einem seiner Freunde Leon oder Mike zusammen?
Angenommen, Lukas kommt in Zimmer 1. Dann sind noch neun Betten frei, davon vier im ersten und fünf im zweiten Zimmer. Der Ausgang des 1. Teilversuchs beeinflusst die Wahrscheinlichkeiten des 2. Teilversuchs.

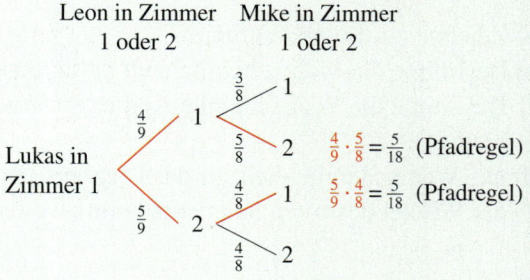

Summenregel: $\frac{5}{18} + \frac{5}{18} = \frac{5}{9} \approx 55{,}6\,\%$
Die Wahrscheinlichkeit beträgt 55,6 %.

Lineare Gleichungssysteme

Das Flugzeug hat eine Höhe von 3 000 Metern erreicht, als sich die Luke öffnet und die sechzehn mutigen Fallschirmspringer herausspringen. Im freien Fall haben sie eine Geschwindigkeit von 200 $\frac{km}{h}$. Mit jeder Sekunde rasen sie weiter auf die Erde zu, aber nach jahrelangem Training schaffen sie es tatsächlich, wie geplant eine Formation zu bilden.

Lineare Gleichungssysteme

Noch fit?

1 Berechne den Wert der Terme.
a) $6x + 5$ für $x = 1{,}5$
b) $10 - 2{,}5x$ für $x = 7$
c) $3a + 12b$ für $a = 2$ und $b = 4$
d) $3x + 5y$ für $x = 2$ und $y = 4$
e) $12 - 5x + y$ für $x = 3$ und $y = 1{,}5$
f) $4x - 9y$ für $x = 0{,}5$ und $y = 1$

2 Bestimme die Lösung der Gleichung.
a) $3x + 5 = -6x + 41$
b) $5x + 11 = 3x + 7$
c) $20x + 5 = 13x - 16$
d) $2(3x + 2) = 6x + 5$
e) $4(y + 3) = 3y - 12$
f) $26 - 2(x + 3) = 32$

3 Ergänze die Wertetabellen und zeichne die Funktionen in ein Koordinatensystem ein.

x	−3	−2	−1	0	1	2	3
$y = 4x - 2$	−14	−10					

x	−2	−1	0	1	2	3
$y = 0{,}5x + 1$	0					

4 Finde eine Gleichung der Form $y = f(x) = mx + n$, die den jeweiligen Sachverhalt beschreibt.
a) Ein Mietwagen kostet 35 € Grundgebühr. Pro gefahrenen Kilometer kommen 40 ct hinzu.
b) Der Wasserstand in einem Schwimmbecken beträgt 1,80 m. Pro Stunde verringert er sich um 6 cm.
c) Für 1 m³ Wasser zahlt man 1,15 €. Der Jahresfestpreis für den Wasserzähler beträgt 56 €.
d) Eine 20 cm hohe Kerze wird jede Stunde um 1,5 cm kürzer.
e) Die Einwohnerzahl einer Stadt stieg jährlich um 250. 2006 waren es 20 500 Einwohner.

5 Was trifft auf alle Graphen linearer Funktionen zu? Begründe.
a) Sie sind Geraden.
b) Sie verlaufen durch den Ursprung.
c) Sie schneiden die y-Achse.
d) Sie schneiden die x-Achse.
e) Erhöht man die x-Werte um 1, so verdoppeln sich die y-Werte.

6 Ein Mobilfunkanbieter bietet die folgenden Tarife an.
a) Wie hoch sind die Kosten, wenn man 4 h im Monat telefoniert?
b) Sarah hat im Tarif Relax 18,50 € bezahlt. Wie lange hat sie telefoniert?
c) Welchen Tarif sollte man wählen, wenn man ca. 5 h pro Monat telefoniert?

Tarif	Relax	Flatrate
Monatlicher Grundpreis	4,50 €	25 €
Preis pro min	0,08	−

Kurz und knapp

1. Für fünf Pfannkuchen benötigt man 120 g Mehl. Wie viel Mehl benötigt man für acht Pfannkuchen?
2. Die Kantenlängen eines Würfels werden verdoppelt. Um welches Vielfache steigt das Volumen? Wie verändert sich seine Oberfläche?
3. Was ist mehr? 35 % von 70 oder 70 % von 35? Begründe.
4. Wie viel Zinsen erhält man für 12 000 € bei 2,8 % für 150 Tage?
5. Wie hoch ist die Wahrscheinlichkeit, aus einem Skatspiel eine Dame zu ziehen?
6. Ergänze einen Wert, sodass das arithmetische Mittel 3 beträgt: 4, 1, 2, 3, 4
7. Wie viele quadratische Fliesen mit 50 cm Kantenlänge benötigt man für eine Terrasse, die 4,50 m lang und 2,5 m breit ist?

Lineare Gleichungen mit zwei Variablen

Erforschen und Entdecken

1 Um das Gefühl für Maße zu testen, lassen Metall verarbeitende Betriebe bei Einstellungstests für Auszubildende manchmal aus einem Draht ein Rechteck biegen.
Die Aufgabe an einen Bewerber lautet:
„Welche Rechtecke lassen sich aus einem 30 cm langen Draht biegen? Gib mögliche Lösungen an."

2 Rätsel mit Münzen
a) Leonie hat 10- und 20-Cent-Münzen im Wert von 2,50 € in der Tasche. Wie viele 10-Cent-Münzen und wie viele 20-Cent-Münzen kann sie haben? Gib alle Möglichkeiten an.
b) Maria hat zwei verschiedene Sorten Münzen in ihrem Portemonnaie. Es sind zehn kleinere Münzen und fünf größere Münzen. Welche Münzen könnten das sein, wenn Maria insgesamt 3 € besitzt?
c) Kevin spart 1-€- und 2-€-Münzen in einem Sparschwein. Er wiegt das Sparschwein regelmäßig, um festzustellen, wie viel Geld er bereits gespart hat. Die Waage zeigt 440 g an. Wie viel € könnte Kevin gespart haben, wenn das Schwein 40 g, eine 1-€-Münze 7,5 g und eine 2-€-Münze 8,5 g wiegt?

3 Arbeitet in Vierergruppen.

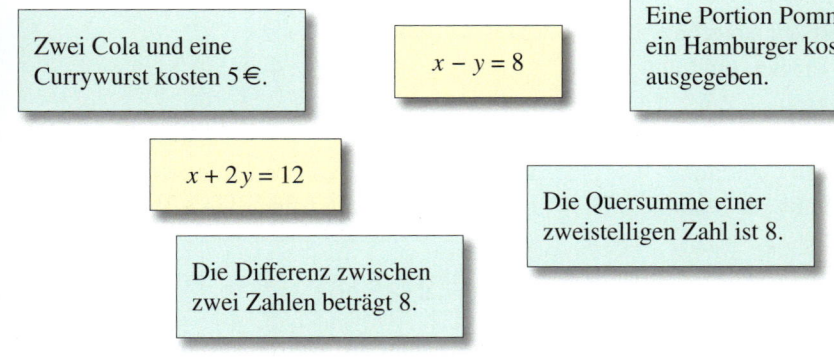

- Zwei Cola und eine Currywurst kosten 5 €.
- $x - y = 8$
- Eine Portion Pommes Frites kostet 1 €, ein Hamburger kostet 2 €. Tom hat 12 € ausgegeben.
- $x + 2y = 12$
- Die Quersumme einer zweistelligen Zahl ist 8.
- $x + y = 8$
- Die Differenz zwischen zwei Zahlen beträgt 8.

a) Ordnet den Gleichungen eine passende Situation zu.
b) Findet für jede Gleichung mindestens drei verschiedene Werte für x und y, die die Gleichung lösen. Erläutert, wie ihr vorgegangen seid.
c) Denkt euch fünf verschiedene Situationen mit den dazu passenden Gleichungen mit zwei Variablen aus.
Schreibt die Situation jeweils auf eine rote Karteikarte und die Gleichungen jeweils auf eine grüne Karteikarte.
Mögliche Lösungen werden auf weiße Karteikarten geschrieben.
d) Tauscht eure Karteikarten mit einer anderen Vierergruppe. Ordnet den Situationen die Gleichungen und die passenden Lösungen zu. Überprüft anschließend, ob eure Klassenkameraden die Karten richtig einander zugeordnet haben, und stellt eure Karteikarten geordnet in der Klasse vor.

Lineare Gleichungssysteme

Lesen und Verstehen

Für eine Jugendfreizeit haben sich 40 Teilnehmer angemeldet. Die Unterbringung soll in Doppel- und Vierbettzimmern erfolgen.
Wie viele Doppelzimmer und Vierbettzimmer müssen gebucht werden?

Das Problem lässt sich mit einer Gleichung mit zwei Variablen beschreiben. Steht die Variable x für die Anzahl der Doppelzimmer und die Variable y für die Anzahl der Vierbettzimmer, dann ergibt sich die Anzahl der benötigten Betten durch die Gleichung $2x + 4y = 40$.

> Eine Gleichung, die sich in die Form **$ax + by = c$** bringen lässt, heißt **lineare Gleichung mit zwei Variablen**.

Eine lineare Gleichung hat normalerweise viele Lösungen. Sie bestehen aus einem Wertepaar $(x|y)$.

Die Lösungen kann man z. B. durch Probieren finden.

BEACHTE
Nicht alle Lösungen einer Gleichung sind immer sinnvoll.

Die Lösungen lassen sich leichter finden, wenn man die Gleichung nach der Variable y auflöst.
Setzt man für x einen Wert ein, so erhält man den zugehörigen y-Wert, für den die Gleichung erfüllt ist.

Die Lösungen einer linearen Gleichung können in einer **Wertetabelle** dargestellt werden.

Veranschaulicht man die Lösungen in einem **Koordinatensystem**, so liegen alle zugehörigen Punkte auf einer Geraden.

ERINNERE DICH
Eine **Funktion** ist eine Zuordnung, bei der jedem x-Wert genau ein y-Wert zugeordnet wird.

> Eine lineare Gleichung der Form
> $ax + by = c$ ($a \neq 0$ und $b \neq 0$) kann durch Umformen in die Form $y = mx + n$ gebracht werden.
>
> Die Funktion mit der Funktionsgleichung
> $y = f(x) = mx + n$ heißt **lineare Funktion**.
> Ihr Graph ist eine Gerade.

BEISPIEL
Eine Lösung der Gleichung $2x + 4y = 40$ ist das Wertepaar $(6|7)$.
Man kann z. B. 6 Doppelzimmer und 7 Vierbettzimmer buchen.
Probe: $6 \cdot 2 + 7 \cdot 4 = 40$

Die Anzahl y der benötigten Vierbettzimmer lässt sich berechnen, wenn man die Anzahl x der Doppelzimmer kennt.
$$2x + 4y = 40 \quad | -2x$$
$$4y = 40 - 2x \quad | :4$$
$$y = 10 - 0{,}5x$$

Durch Einsetzen von verschiedenen x-Werten, erhält man die folgenden y-Werte:

x	0	2	4	6	8	10
$y = 10 - 0{,}5x$	10	9	8	7	6	5

Zeichnet man die Wertepaare in ein Diagramm ein, kann man sehen, dass die Punkte auf einer Geraden liegen.

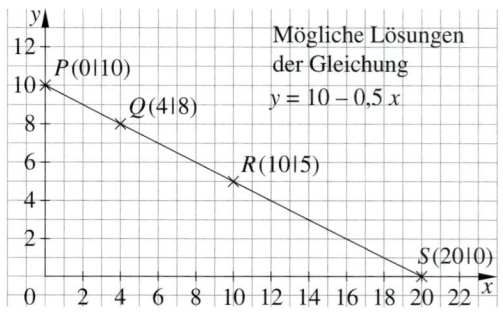

Üben und Anwenden

1 Welche der folgenden Gleichungen sind keine linearen Gleichungen? Begründe.
a) $2x + 7y = 14$
b) $y = 4x - 12$
c) $x \cdot y + 12 = 21$
d) $x^2 + y = 10$
e) $4x - 10 = 2y$
f) $3y = 12 - 4x$

2 Gib eine lineare Gleichung an, die zu der folgenden Situation passt.
a) Sabine kauft Rosen zu je 0,80 € und Anemonen zu je 0,50 €. Sie zahlt 7 €.
b) Drei Kugeln Eis und eine Portion Sahne kosten 2,30 €.
c) Die Summe aus dem Doppelten einer Zahl und dem Dreifachen einer anderen Zahl ergibt 48.
d) Der Umfang eines gleichschenkligen Dreiecks ist 20 cm.
e) Auf einer Weide sind Hühner und Schafe. Murat zählt insgesamt 60 Beine.
f) Ein 10-€-Schein wird in 1-€- und 2-€-Münzen gewechselt.

3 Prüfe, ob die angegebenen Wertepaare Lösungen der linearen Gleichung sind.
a) $3x + 5y = 42$; $P(4|6)$
b) $2x - y = 15$; $P(12|8)$
c) $-4x + 8y = -28$; $P(5|-1)$
d) $5y - 10 = 3x$; $P(9|11)$
e) $12x + 6y = 0$; $P(0,5|-1)$
f) $20x - 4y = 12$; $P(3|12)$

4 Erfinde eine Situation, die zu der folgenden Gleichung passt.
a) $2x + 4y = 20$
b) $x + y = 10$
c) $2x + 2y = 12$
d) $x + 2y = 24$
e) $8x + 4y = 100$

5 Nenne jeweils zwei Wertepaare, die Lösung der Gleichung sind.
a) $10x - 3y = 2$
b) $5x + 4y = 40$
c) $0,5x + 2y = 10$
d) $-4x + 8y = 12$
e) $9x = 6y - 3$
f) $-6y + 5x = -4$

6 Ergänze die Wertetabelle und zeichne die Gerade, auf der alle Lösungen der linearen Gleichung liegen.

a)
x	−2	−1	0	1	2
$y = 4x - 2$					

b)
x	−4	−2	0	2	4
$y = 2x + 1$					

c)
x	−3	−1	0	2	5
$y = 1,5x - 1$					

d)
x	−2	−1	0	1	2
$y = -2x + 6$					

7 Löse die lineare Gleichung nach y auf und erstelle eine Wertetabelle mit den x-Werten −2, −1, 0, 1, 2, 3. Zeichne die Gerade, auf der alle Lösungen der Gleichung liegen.
a) $4x + 2y = 10$
b) $5x - 10y = 20$
c) $-6x + 3y = 9$
d) $-4x + 2y = 2$

8 Frau Haibach möchte ihren Garten umgestalten. Die Umrandung ihres rechteckigen Blumenbeets (5 m lang, 3 m breit) möchte sie für eine Umrandung eines achteckigen Beets benutzen.

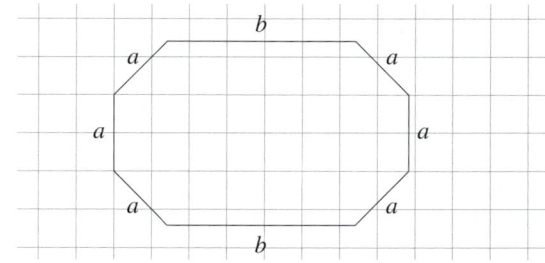

a) Sie überlegt, welche Längen für a und b möglich sind. Vervollständige die Tabelle.

a	1,5 m	2 m			2,5 m
b			5 m	4,4 m	

b) Gib eine lineare Gleichung für den Umfang des achteckigen Beets an.
c) Herr Haibach schlägt vor, $a = 2,75$ m zu wählen. Was meinst du dazu?
d) Wie groß darf a höchstens sein? Erläutere, welche Form das Beet dann hat.

ERINNERE DICH
An welcher Stelle schneiden die Geraden die y-Achse? Woran erkennt man das in der Tabelle und in der Funktionsgleichung?

9 Das Wertepaar (5|6) ist Lösung einer linearen Gleichung. Wie könnte diese Gleichung lauten? Gib eine passende Realsituation zu deiner Gleichung an.

10 Bestimme die fehlende Zahl so, dass das Wertepaar eine Lösung der linearen Gleichung $3x + 4y = 20$ ist.
a) (1 | ▇)   b) (▇ | 2)
c) (8 | ▇)   d) (▇ | 8)

11 Auf den abgebildeten Geraden liegen die Lösungen der linearen Gleichungen.
a) $-x + y = 1$ b) $2x + y = -1$
c) $-2x - 4y = -8$ d) $2x - y = 1$
Welche der Geraden passt zu welcher linearen Gleichung? Erläutere dein Vorgehen.

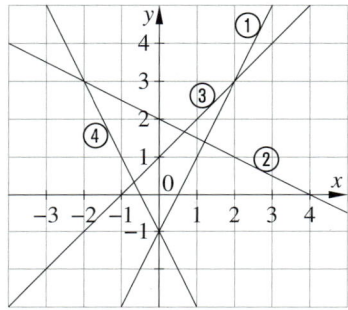

12 Tim hat drei Lösungen einer linearen Gleichung bestimmt:
$A(1|2)$, $B(3|3)$ und $C(4|5)$.
Marvin überlegt kurz, macht sich eine Skizze und behauptet dann, dass Tim einen Fehler gemacht hat.
a) Erkläre, woran Marvin erkannt hat, dass eine Lösung falsch sein muss.
b) Gib jeweils eine lineare Gleichung an, die zwei der oben genannten Wertepaare als Lösungen hat.

13 Kai hat für seine Geburtstagsparty für 20 € Saft und Limonade eingekauft. Eine Flasche Saft kostet 1,20 €. Eine Flasche Limonade kostet 1 €.
a) Wie viele Flaschen hat er jeweils gekauft?
b) Begründe, warum die zugehörige lineare Gleichung nur drei sinnvolle Lösungen hat.

14 Carina hat Lösungen der Gleichung $2x - 5y = -10$ durch eine Zeichnung bestimmt.

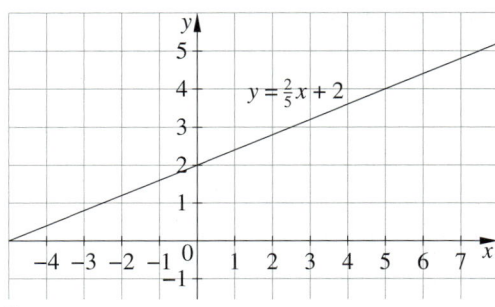

Überprüfe, ob ihre Lösungen richtig sind.
Lösungen: $A(0|2)$, $B(1|2,5)$, $C(2|2,8)$, $D(4|3,5)$, $E(5|4)$

15 Zeichne eine Gerade durch die Punkte. Finde eine zu der Gerade passende lineare Gleichung. Überprüfe durch Einsetzen der Lösungen, ob deine Gleichung richtig ist.
a) $P(2|1)$ und $Q(8|4)$
b) $P(2|6)$ und $Q(8|3)$
c) $P(1|3)$ und $Q(5|5)$
d) $P(0|8)$ und $Q(10|0)$

16 Herr Simonis hat 20 m Maschendrahtzaun zur Verfügung und möchte damit einen rechteckigen Auslauf für die Kaninchen einzäunen. Bearbeitet die Aufgabenteile in Gruppen. Bestimmt nur ganzzahlige Lösungen. Vergleicht anschließend eure Ergebnisse und bewertet sie.

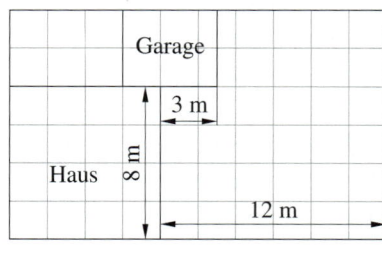

a) Welche Maße kann der Auslauf haben, wenn er sich mitten auf der Wiese befindet?
b) Welche Abmessungen kann der Auslauf haben, wenn er auf einer Seite an die Hauswand angrenzt?
c) Wie lang und wie breit kann der Auslauf sein, wenn er an die Hauswand und an die Garage angrenzen kann?
d) Welchen Flächeninhalt hat der größtmögliche Auslauf?

Lineare Funktionen zeichnen und untersuchen

Erforschen und Entdecken

1 Daniel hat verschiedene Geraden gezeichnet, ohne vorher eine Wertetabelle zu erstellen.

① $y = 3x - 1$ ② $y = -3x + 2$ ③ $y = \frac{3}{4}x - 2$ ④ $y = -\frac{2}{3}x + 1$

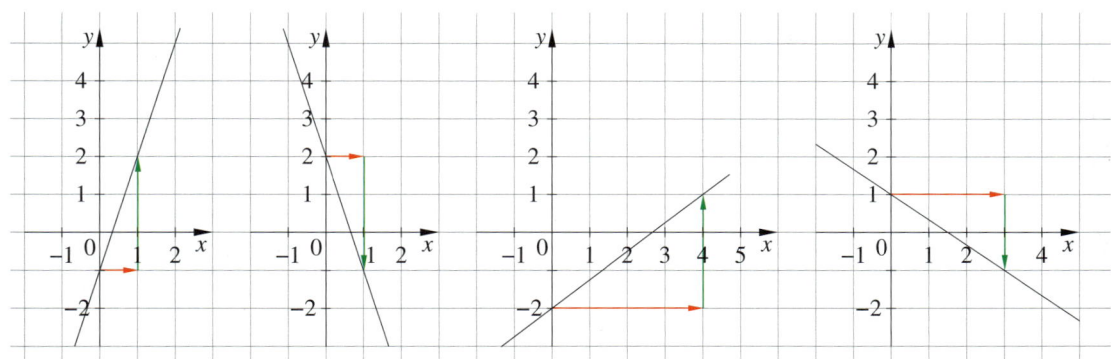

a) Daniel erklärt: „Ich bin immer von der Grundform $y = mx + n$ ausgegangen. Das n ist der y-Achsenabschnitt, also schneidet die Gerade der Gleichung $y = 3x - 1$ die y-Achse im Punkt __. Das m ist die Steigung, also …"
Führe seine Erklärung zu Beispiel ① fort. Erläutere auch sein Vorgehen in Beispiel ②.

b) Betrachte nun die Beispiele ③ und ④. Warum ist Daniel hier etwas anders vorgegangen?

2 Eine Kerze brennt ab. Erkläre, wie du die Informationen abliest.
a) Wie hoch war die Kerze zu Beginn?
b) Um wie viel cm brennt die Kerze in einer Stunde ab?
c) Nach wie vielen Stunden ist die Kerze abgebrannt?
d) Warum endet der Graph beim Schnittpunkt mit der x-Achse?

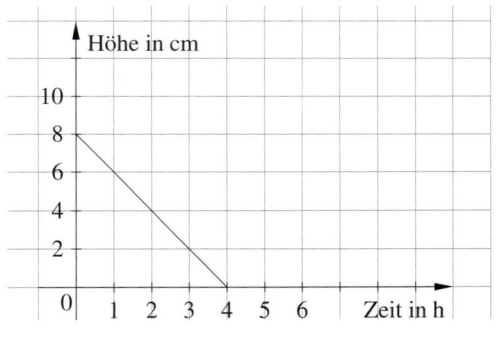

3 Die Schülerinnen und Schüler der 9a haben Funktionssteckbriefe erstellt.

① Für 50 Gesprächsminuten betrug die Monatsrechnung 17,40 €. Pro Gesprächsminute sind 0,15 € zu zahlen.

② Eine kWh Strom kostet 0,17 €. Der Grundpreis beträgt 56 €.

③ Ein Tank ist mit 120 ℓ Wasser gefüllt. Bei gleichmäßiger Wasserentnahme ist er nach 48 Tagen leer.

④ Für 3 000 kWh Strom fallen 525 € Kosten an, für 5 500 kWh sind 900 € zu zahlen.

⑤ Ein Taxiunternehmen hat Tages- und Nachtpreise. Tag: Grundpreis 2,50 €, Preis pro km 1,50 €; Nacht: Grundpreis 3,95 €, Preis pro km wie am Tag.

a) Überlege, welche Funktionsgleichungen die Funktionen haben.
b) Vergleicht zu zweit eure Ergebnisse und erklärt einander, wie ihr die Gleichungen bestimmt habt. Falls ihr nicht alle Gleichungen ermitteln konntet, informiert euch bei einer anderen Kleingruppe.
c) Erstellt ein Plakat oder eine Folie und notiert, wie man die Funktionsgleichungen in den verschiedenen Fällen bestimmen kann.

ZUM WEITERARBEITEN
Denkt euch selbst Steckbriefe aus und lasst eure Mitschülerinnen und Mitschüler die Funktionsgleichungen finden.

Lineare Gleichungssysteme

Lesen und Verstehen

Eine Bergstraße hat eine Steigung von 25 %, das heißt, dass sie auf 100 m horizontaler Strecke um 25 m bzw. auf 1 m horizontaler Strecke um 0,25 m ansteigt. Auch lineare Funktionen haben Steigungen. Die Funktionsgleichung $y = 0{,}25\,x + 1$ hat die Steigung 0,25. Das heißt, dass sich bei Erhöhung des x-Wertes um 1 der y-Wert um 0,25 erhöht.

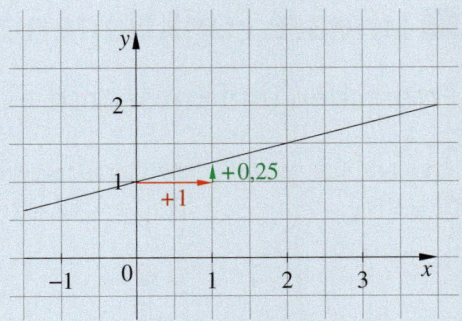

HINWEIS
Für $m > 0$ ist die Gerade steigend, für $m < 0$ ist sie fallend.
Ist $m = 0$, so verläuft die Gerade parallel zur x-Achse.

Eine lineare Funktion hat die Funktionsgleichung $y = f(x) = mx + n$. Dabei gibt m die Steigung der Funktion an und n ihren y-Achsenabschnitt.
Bei Erhöhung des x-Werts um 1 erhöht sich der y-Wert in einer linearen Funktion immer um den gleichen Wert m. Diese Änderungsrate nennt man die **Steigung** der Funktion.
Die Steigung lässt sich aus den Koordinaten zweier Punkte berechnen:

$$\text{Steigung} = \frac{\text{Differenz der } y\text{-Koordinaten}}{\text{Differenz der } x\text{-Koordinaten}}$$

Die Steigung lässt sich durch ein Steigungsdreieck veranschaulichen.

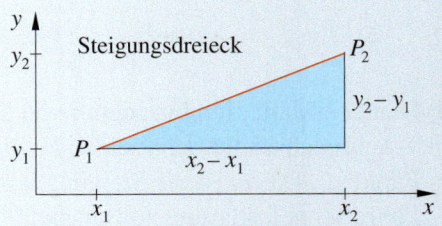

BEISPIEL 1

Graph I gehört zu der Funktionsgleichung $y = 1{,}5\,x + 1$.
Die Funktion hat die Steigung $m = 1{,}5$ und den y-Achsenabschnitt $n = 1$. Die Gerade schneidet die y-Achse bei $y = 1$ und die x-Achse bei $x \approx -0{,}7$.

Graph II geht durch den Punkt $P(0{,}5\,|\,4)$ und hat die Steigung $m = -2$. Da die Steigung negativ ist, ist die Gerade fallend.
Sie schneidet die y-Achse bei $y = 5$ und die x-Achse bei $x = 2{,}5$.
Die Funktionsgleichung ist $y = -2x + 5$.

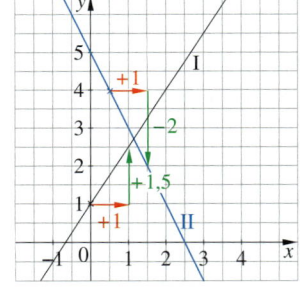

Die **Nullstelle** ist die x-Koordinate des Schnittpunkts des Graphen mit der x-Achse.
Die Nullstelle einer linearen Funktion erhält man, indem man $y = 0$ setzt, also die Lösung der Gleichung $0 = mx + n$ bestimmt.

BEISPIEL 2

Die Nullstelle der linearen Funktion $y = 1{,}5\,x + 1$ ist abgelesen ungefähr $-0{,}7$. Mit dem Gleichsetzen von y und 0 kann man die Nullstelle genau bestimmen.

$1{,}5\,x_0 + 1 = 0 \quad |-1$
$1{,}5\,x_0 = -1 \quad |:1{,}5$
$x_0 = -\tfrac{2}{3}$ \quad Die Nullstelle liegt bei $x_0 = -\tfrac{2}{3}$.

BEISPIEL 3

Die Nullstelle der Funktionsgleichung $y = -2x + 5$ wird ebenfalls durch Einsetzen von 0 für y bestimmt.

$-2x_0 + 5 = 0 \quad |-5$
$-2x_0 = -5 \quad |:(-2)$
$x_0 = 2{,}5$
Die Nullstelle liegt bei $x_0 = 2{,}5$.

Üben und Anwenden

1 Zeichne die folgenden Funktionen mit Hilfe eines Steigungsdreiecks.
a) $m = 2$; $n = 1$ b) $m = 4$; $n = 0{,}5$
c) $m = 0{,}5$; $n = 4$ d) $m = 2{,}5$; $n = -2$
e) $m = -2$; $n = 1$ f) $m = -3$; $n = 6$
g) $m = -1{,}5$; $n = 2\frac{1}{2}$ h) $m = -\frac{1}{2}$; $n = -1$

2 Lies aus der Funktionsgleichung die Steigung und den y-Achsenabschnitt ab und zeichne die Gerade.
a) $y = 4x - 1$ b) $y = 7x + 2$
c) $f(x) = -3x + 6$ d) $f(x) = -4x - 0{,}5$
e) $f(x) = -x + 3$ f) $y = \frac{1}{2}x - 1$
g) $y = 2x + 5$ h) $f(x) = -2x + 1$

3 ▶ Zeichne die drei Geraden in ein Koordinatensystem. Was fällt dir auf?
I $y = 1{,}5x + 3$; **II** $y = 1{,}5x + 1$; **III** $y = 1{,}5x - 1$

4 Zeichne eine Gerade, die durch den Punkt P geht und die Steigung m hat. Gib anschließend die Geradengleichung an.
a) $P(1|2)$; $m = 1$ b) $P(2|3)$; $m = 2$
c) $P(-1|3)$; $m = -4$ d) $P(-2|0)$; $m = 3$

5 Bestimme die Gleichung der Geraden.

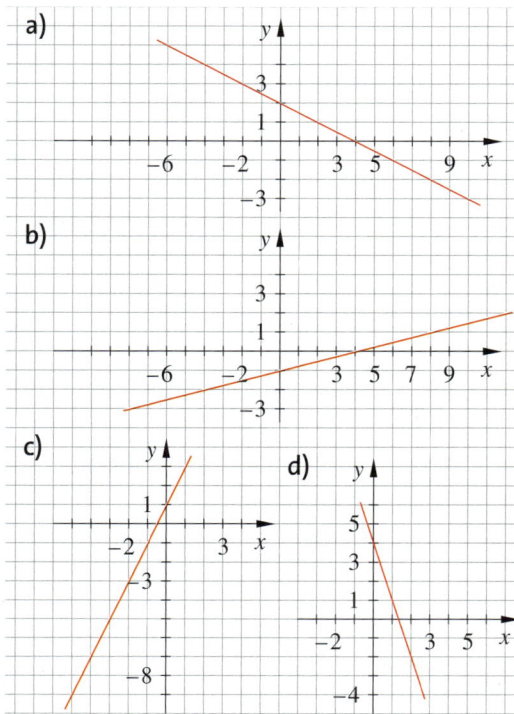

6 Kevin und Niklas haben die Funktion $f(x) = \frac{2}{5}x + 2$ gezeichnet.

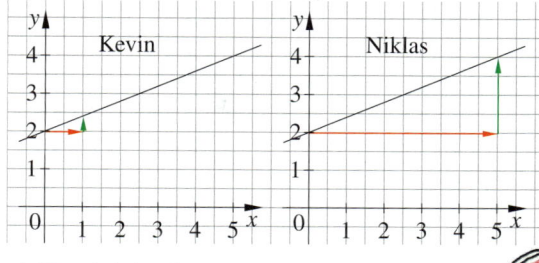

a) Vergleiche ihre Vorgehensweise. Lässt sich mit beiden Methoden die Steigung bestimmen?
b) Lassen sich mit beiden Methoden beliebige Brüche als Steigungen zeichnen? Welche ist genauer?

7 ▶ Alina meint: „Das mit den Steigungsdreiecken habe ich nicht ganz verstanden. m ist die Steigung. Bei Funktionen wie $y = 3x + 4$ ist auch alles klar, $m = 3$, da gehe ich eine Einheit nach rechts und drei Einheiten nach oben. Aber wie geht das bei $y = -3x + 4$? Und wie gehe ich vor, wenn m ein Bruch ist, zum Beispiel bei $y = \frac{2}{3}x + 2$?" Erkläre es an den Beispielen. Formuliere dazu einen Lerntagebucheintrag.

8 Zeichne die Graphen der linearen Funktionen und gib ihre Funktionsgleichungen an.
a) $m = \frac{1}{5}$; $n = 1$ b) $m = -\frac{5}{6}$; $n = 3$
c) $m = \frac{3}{4}$; $n = -2$ d) $m = -\frac{1}{3}$; $n = -1$

9 Eni und Anne möchten Sammelkarten ihrer Lieblingsbands kaufen. Das Heft kostet 3 €, eine Sammelkarte 0,3 €. Für den Kostenüberblick stellen sie die Gleichung $f(x) = 0{,}3x + 3$ sowie zwei Übersichten auf.

Eni

Anzahl der Karten	Kosten mit Heft
1	3,3 €
2	3,6 €
3	3,9 €
…	…

Anne

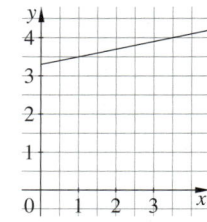

Welche Übersicht bevorzugst du? Begründe.

NACHGEDACHT
Wie lautet die Gleichung einer Geraden mit der Steigung m, die durch den Ursprung $(0|0)$ verläuft?

Lineare Gleichungssysteme

NACHGEDACHT
Welche der Funktionen in Aufgabe 10 und Aufgabe 13 sind steigend und welche sind fallend?

10 Berichtige mögliche Fehler in den Geradengleichungen.

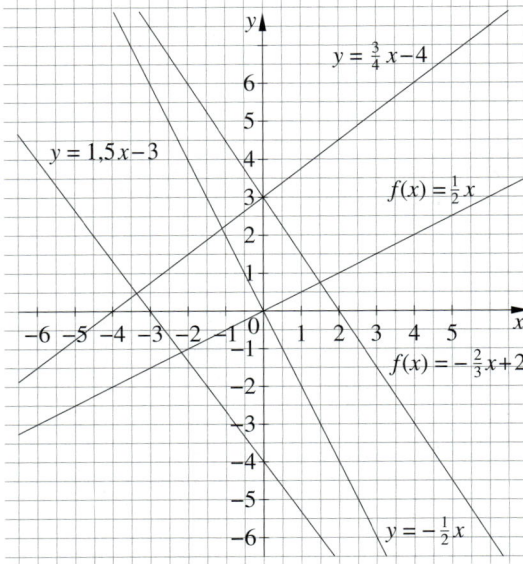

11 Eine Gerade verläuft durch die Punkte A und B. Zeichne die Gerade und bestimme ihre Gleichung. Lies auch die Nullstellen der Geraden ab.
a) $A(2|3)$; $B(6|5)$ b) $A(-1|4)$; $B(-2|6)$
c) $A(3|0)$; $B(5|1)$ d) $A(0|-2)$; $B(1|2)$
e) $A(0|0)$; $B(2|3)$ f) $A(1|2)$; $B(3|1)$

12 Der Graph einer Funktion verläuft parallel zur x-Achse und schneidet die y-Achse in $P(0|4)$. Wie lautet die Gleichung der Funktion? Ist die Funktion linear?

HINWEIS
Wenn jedem x-Wert derselbe y-Wert zugeordnet wird, spricht man auch von einer **konstanten Funktion**.

13 Gib die Funktionsgleichungen und die Nullstellen der Funktionen an.

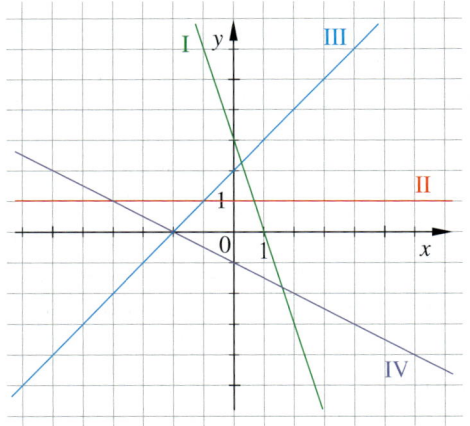

14 Gib mindestens fünf verschiedene Funktionen an, die durch den Punkt $P(1|1)$ gehen.

15 Gib zwei Funktionsgleichungen mit der gleichen Steigung, aber unterschiedlichem y-Achsenabschnitt an. Wie werden die Graphen der Funktionen zueinander verlaufen? Zeichne sie in ein Koordinatensystem.
Wie verhält es sich, wenn die beiden Funktionen unterschiedliche Steigungen, aber den gleichen y-Achsenabschnitt haben?
Erfinde zu beiden Varianten Realsituationen.

16 Bestimme rechnerisch die Nullstellen.
a) $f(x) = 4x - 5$ b) $y = 2{,}5x + 2$
c) $y = 2x + 4$ d) $f(x) = 3x - 4{,}5$
e) $f(x) = -3x + 4{,}5$ f) $f(x) = -0{,}5x + 2{,}2$
g) $y = 6x - 2{,}1$ h) $y = -\frac{3}{4}x + \frac{1}{2}$

17 Forme die Gleichung um und notiere sie in der Form $y = mx + n$. Gib die Steigung m an, den Schnittpunkt mit der y-Achse und berechne die Nullstelle.
a) $2x + y = 5$ b) $2x - y = 3$
c) $3y - x = 9$ d) $x - 2y = 6$
e) $2x + 3y = 0$ f) $4x - 3y = 12$
g) $5x = 2y$ h) $2x - 3y - 6 = 0$

18 Karina hat eine 22 cm lange Kerze angezündet. Nach 30 Minuten ist die Kerze nur noch 19,6 cm lang.
a) Bestimme eine Gleichung für die Berechnung der Kerzenlänge y nach x Minuten.
b) Berechne mit dem Funktionsterm die Kerzenlänge nach 75 Minuten, nach drei Stunden und nach 6 Stunden. Was fällt dir auf? Beurteile dein Ergebnis.
c) Wie lange brennt die Kerze insgesamt?

19 Ein 60-ℓ-Tank ist leicht beschädigt. Pro Minute tropfen 8 ml heraus.
a) Gib eine Funktionsgleichung an, mit der man den Restinhalt des Tanks berechnen kann.
b) Wann befinden sich noch fünf Liter im Tank?
c) Wann ist der Tank leer?

Lineare Gleichungssysteme grafisch lösen

Erforschen und Entdecken

1 Frau Arndt geht mit ihren vier Kindern ins Kino und bezahlt 44 €.
Familie Berndt (3 Erwachsene, 1 Kind) geht in den gleichen Film und bezahlt auch 44 €.
Wie viel kostet eine Kinokarte für Erwachsene bzw. für Kinder?

Annika löst die Aufgabe durch Probieren. Sie überlegt, dass eine Kinokarte für Erwachsene teurer ist als eine Kinokarte für Kinder. Sie stellt eine Tabelle auf. Zuerst nimmt sie an, dass eine Karte für Erwachsene 10 € kostet und eine Karte für Kinder 5 €.

	Kinokarte Erw.	Kinokarte Kind	1 · Erw. + 4 · Kind (soll 44 ergeben)	3 · Erw. + 1 · Kind (soll 44 ergeben)
1. Versuch	10 €	5 €	1 · 10 € + 4 · 5 € = 30 €	3 · 10 € + 1 · 5 € = 35 €

Tatsächlich wurden aber beide Male 44 € bezahlt. Wie könnte Annika weiter vorgehen?

2 Jette und Marvin verkaufen ihre alten Spielsachen auf verschiedenen Flohmärkten. Jette zahlt 4 € Standgebühr und verkauft jedes Spielzeug für 1,00 €. Marvin zahlt 8 € Standgebühr und verkauft jedes Spielzeug für 1,50 €.
a) Ordne Jette und Marvin jeweils eine der Funktionsgleichungen zu, die die Einnahmen je nach Anzahl der verkauften Spielsachen bestimmen.
b) Beschreibe das Diagramm und interpretiere den Schnittpunkt der beiden Graphen.
c) Wer hat mehr Geld eingenommen, wenn er 10 Spielzeuge verkauft?
d) Was bedeuten die Schnittpunkte der Graphen mit der x-Achse.

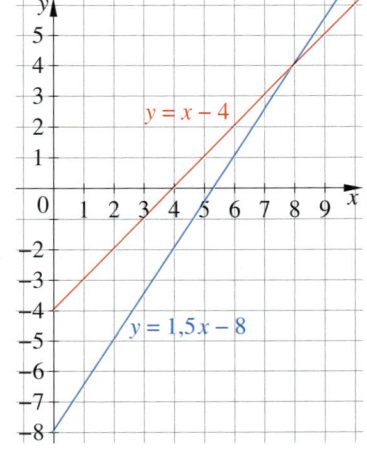

3 Ben möchte sich im Winterurlaub einen Helm zum Snowboardfahren leihen.

① **Helmverleih „Be Prepared"**
Leihgebühr pro Tag: 2 €
Versicherung einmalig: 12 €

② **Helmverleih „Helmet"**
Leihgebühr pro Tag: 3 €
Versicherung einmalig: 7 €

a) Vergleiche die beiden Angebote. Wie gehst du vor?
b) Stelle die Kosten beider Helmverleihe in einer Grafik dar.
c) Bei welcher Leihdauer spielt es keine Rolle, welchen Anbieter Ben wählt?
d) Für welchen Anbieter sollte sich Ben entscheiden? Notiert mehrere Einflussmöglichkeiten, von denen die Entscheidung abhängig sein kann.

Lineare Gleichungssysteme

Lesen und Verstehen

Clara und Justin sammeln Autogrammkarten. Clara meint: „Zusammen haben wir schon 42 Autogrammkarten." Justin sagt: „Ich habe doppelt so viele Karten wie du."
Zu dieser Aufgabe gibt es zwei Gleichungen.
x ist die Anzahl von Claras Karten, y ist die Anzahl von Justins Karten.

I $x + y = 42$
II $2x = y$

> Wenn mehrere lineare Gleichungen zum selben Problem bzw. zu einer Aufgabe gehören, so spricht man von einem **linearen Gleichungssystem**.
> Jede Lösung eines linearen Gleichungssystems muss alle Gleichungen des Systems erfüllen.

Lineare Gleichungssysteme kann man durch **systematisches Probieren** mit Hilfe einer Tabelle lösen.

BEACHTE
Zur Probe sollte man die Lösung noch einmal in beide Gleichungen einsetzen. Nur wenn beide Gleichungen wahr sind, also erfüllt sind, ist die Lösung richtig.

BEISPIEL 1

	Anzahl von Claras Karten	Anzahl von Justins Karten (doppelt so viele wie Claras) $2x = y$	Anzahl von Claras und Justins Karten (soll 42 sein) $x + y = 42$
1. Versuch	1	$2 \cdot 1 = 2$	$1 + 2 = 3$

Die Zahlen sind viel zu niedrig.
Im nächsten Versuch wird eine viel höhere Zahl für Claras Karten genommen.

2. Versuch	15	$2 \cdot 15 = 30$	$15 + 30 = 45$

Die Zahl ist etwas zu hoch.
Im nächsten Versuch wird eine etwas niedrigere Anzahl für Claras Karten angenommen.

3. Versuch	14	$2 \cdot 14 = 28$	$14 + 28 = 42$

HINWEIS
Die Probe mit $x = 14, y = 28$ ergibt:
I $14 + 28 = 42$
II $2 \cdot 14 = 28$
Beide Gleichungen sind erfüllt.

$x = 14$ und $y = 28$ sind Lösungen beider Gleichungen. Damit ist das Gleichungssystem gelöst.

Lineare Gleichungssysteme mit zwei Variablen kann man durch Zeichnen lösen.

> Zur **grafischen Lösung** eines Gleichungssystems mit zwei Variablen zeichnet man die Graphen zu den Gleichungen in dasselbe Koordinatensystem. Die Koordinaten des Schnittpunkts beider Graphen sind die Lösungen des Gleichungssystems.

HINWEIS
Die Probe mit $x = 1, y = 1,5$ ergibt:
I $2 \cdot 1,5 = 1 + 2$
    $3 = 3$
II $1,5 - 3 = -1,5 \cdot 1$
    $-1,5 = -1,5$
Beide Gleichungen sind erfüllt.

BEISPIEL 2
I $2y = x + 2$; **II** $y - 3 = -1,5x$
Beide Gleichungen werden so umgeformt,
dass y allein steht: **I** $y = 0,5x + 1$
                           II $y = -1,5x + 3$
Die beiden Graphen werden in dasselbe Koordinatensystem eingetragen. Aus ihrem Schnittpunkt $S(1 | 1,5)$ ergeben sich die Lösungen des Gleichungssystems. Der x-Wert ist 1; der y-Wert ist 1,5.

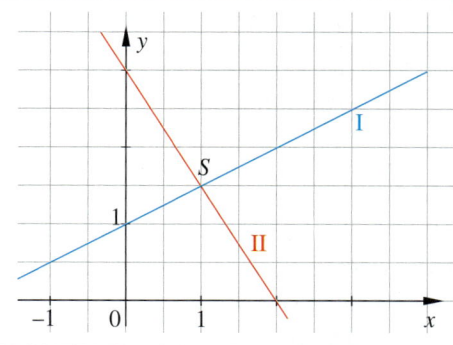

Üben und Anwenden

1 Lea möchte das Gleichungssystem
I $y = 2x$; **II** $x + y = 15$ durch Probieren mit einer Tabelle lösen. Wie könnte sie fortfahren?

x	$y = 2x$	$x + y = 15$
1	$y = 2$	$1 + 2 = 3$

2 Das Gleichungssystem
I $3x + 1 = y$; **II** $y - x = 7$
wird durch Probieren gelöst. Fahre fort.

x	$y = 3x + 1$	$y - x = 7$
1	$y = 4$	$4 - 1 = 3$
2	$y = 7$	...

3 Löse die Gleichungssysteme durch systematisches Probieren mit einer Tabelle.
a) **I** $x + y = 19$; **II** $2x = y + 5$

x	y	$x + y = 19$	$2x = y + 5$
1	18	$1 + 18 = 19$	$2 \cdot 1 = 18 + 5$

b) **I** $3x + y = 15$; **II** $8x + 2y = 38$

4 Löse die Gleichungssysteme durch systematisches Probieren.
a) **I** $2x + y = 23$; **II** $3x + 3y = 39$
b) **I** $3x - y = 11$; **II** $2x + y = 14$
c) **I** $5x + 2y = 24$; **II** $3x - y = 10$
d) **I** $7x - 2y = 15$; **II** $5x + y = 18$

5 Stelle jeweils zwei Gleichungen auf und löse sie durch systematisches Probieren.
a) Leon sagt: „Zusammen haben wir 117 Aufkleber." Marie sagt: „Ich habe doppelt so viele Aufkleber wie du." Wie viele Aufkleber hat jeder?
b) Frau Blüte ist Klassenlehrerin der 9a. Sie sagt zu ihrer Kollegin aus der 9b: „Zusammen haben wir 52 Schülerinnen und Schüler. In der 9a sind zwei Schüler mehr als in der 9b." Wie viele Schüler sind jeweils in Klasse 9a und Klasse 9b?
c) Zwei Bauern treffen sich. Der erste sagt: „Zusammen haben wir 84 Kühe." Der andere sagt: „Wenn du mir zwei Kühe abgeben würdest, hätten wir gleich viele." Wie viele Kühe hat jeder der beiden?

6 Zwei Kerzen werden zugleich angezündet. Die rote Kerze ist 8 cm hoch und brennt pro Stunde 1 cm herunter. Die blaue Kerze ist 5 cm hoch und brennt pro Stunde 0,5 cm ab.
a) Ordne die Gleichungen **I** $y = -\frac{1}{2}x + 5$ und **II** $y = -x + 8$ den Kerzen zu.
b) Nach welcher Zeit sind beide Kerzen gleich hoch? Bestimme die Höhe.
c) Welche Kerze ist zuerst abgebrannt?

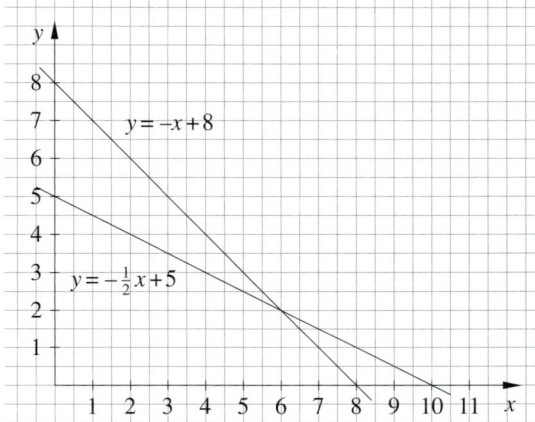

7 Übertrage die Gerade zur Gleichung $y = 0{,}25x + 3$ auf Millimeterpapier.

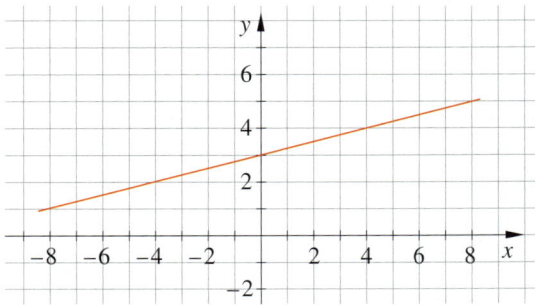

Zeichne die gegebene Gerade in dasselbe Koordinatensystem. Bestimme aus der Zeichnung die Koordinaten des Schnittpunkts.
a) $y = x$ b) $y = 2x$ c) $y = x + 2$

8 Löse das lineare Gleichungssystem, indem du die Geraden in ein Koordinatensystem einzeichnest und ihren Schnittpunkt abliest.
a) **I** $y = 10 - x$; **II** $y = 2x + 1$
b) **I** $y = -2x - 5$; **II** $y = x + 4$
c) **I** $y = 3x + 1$; **II** $y = x - 3$
d) **I** $y = 2x - 2$; **II** $y = -2x + 2$
e) **I** $y = x - 3$; **II** $y = 2x - 8$

ZUM WEITERARBEITEN
Kannst du auch dieses Gleichungssystem durch systematisches Probieren lösen?
I $2{,}2x + y = 4{,}6$
II $x + y = 1$

Lineare Gleichungssysteme

Kundenzieher
Kosten pro Geschenk 0,5 €; Versandkosten 10 €.

Clientfriend
Kosten pro Geschenk 0,7 €; Versandkosten inklusive.

9 Eine Firma kann bei zwei Anbietern Werbegeschenke bestellen (siehe Randspalte).
a) Stelle pro Anbieter eine Gleichung auf.
b) Zeichne die zugehörigen Graphen in ein Koordinatensystem.
c) Welchen Anbieter sollte die Firma wählen? Wovon kann die Wahl abhängen?

10 Herr Wendt möchte für einen Tagesausflug ein Auto mieten. Er kann wählen zwischen:
A) Funnycar: pro Tag 33 €, 1,60 € pro km
B) Suncar: pro Tag 26 €, 1,80 € pro km
Bei welcher Fahrstrecke würde man das Funnycar (Suncar) anmieten?

11 Löse die Gleichungen nach y auf und zeichne die zugehörigen Graphen in ein Koordinatensystem ein. Bestimme die Lösung des Gleichungssystems und überprüfe durch eine Probe.
a) I $x + 2y = 10$; II $x + y = 8$
b) I $2x - y = -5$; II $5x + y = -2$
c) I $x - y = 1$; II $x + y = 3$
d) I $6x + 3y = -9$; II $2x - 4y = -8$
e) I $3x + 3y = 6$; II $4x - 2y = 2$

12 Anna kauft auf einem Volksfest Wertmarken für Getränke. Es gibt Wertmarken zu 0,80 € und Wertmarken zu 1 €. Sie bezahlt 14 € für insgesamt 15 Marken. Wie viele Marken hat sie gekauft?
Hinweis:
Stelle zwei Gleichungen mit den Variablen x und y auf. Die Anzahl der Marken zu 0,80 € sei x und die Anzahl der Marken zu 1 € sei y. Löse das Gleichungssystem grafisch.

13 Sarah kauft 12 Briefmarken und bezahlt 10,20 €. Wie viele Briefmarken zu 55 ct und zu 145 ct hat sie gekauft?

14 Familie Schneider (2 Erwachsene, 1 Kind) zahlt im Schwimmbad 11,50 € Eintritt. Familie Lehmann (2 Erwachsene, 2 Kinder) zahlt 14 € Eintritt.
Wie viel kostet der Eintritt für einen Erwachsenen, wie viel für ein Kind?

15 ▶ Gegeben sind die Gleichungssysteme
① I $x + y = 2$; II $2y = -2x + 6$
② I $2x + y = 4$; II $3x + 1,5y = 6$
a) Versuche, diese Gleichungssysteme grafisch zu lösen. Was stellst du fest?
b) Erkläre, woran es liegt, dass diese Gleichungssysteme keine eindeutige Lösung haben.

16 Vervollständige den Lerntagebucheintrag:

> Man kann die Lösungen von einem linearen Gleichungssystem finden, indem man zwei Geraden zeichnet. Dabei können drei Fälle auftreten:
> 1. Die Geraden schneiden sich, dann hat das Gleichungssystem genau eine Lösung.
> 2. ...

17 Untersuche, ob das Gleichungssystem keine oder unendlich viele Lösungen hat.
a) I $2x + 2y = 2$; II $x = 1 - y$
b) I $x - y = 3$; II $15 + 5y = 5x$
c) I $y = -x + 4$; II $3x + 3y = 12$
d) I $y = 2x + 4$; II $y - 2x = 3$
e) I $x + 2y = 2$; II $4y + 2x = 4$

18 ▶ Ergänze die Platzhalter so, dass das Gleichungssystem
I $y = 4x + 2$; II $y = \blacksquare x + \blacktriangle$
a) keine Lösung hat.
b) unendlich viele Lösungen hat.
c) genau eine Lösung hat.

ZUM KNOBELN
Finde ein Gleichungssystem mit zwei Variablen, das die Lösung $x = 3$; $y = 4,5$ hat.

Lineare Gleichungssysteme algebraisch lösen

Erforschen und Entdecken

1 Im Sommer war Nora in einem Zeltlager. Dort gab es Zelte für 2 Personen und Zelte für 3 Personen. Insgesamt waren 30 Jugendliche im Ferienlager und es gab 13 Zelte.
Wie viele Zelte für 2 Personen und wie viele Zelte für 3 Personen gab es?
Sprecht zu zweit über mögliche Lösungswege und vergleicht eure Ideen. Einigt euch auf einen Lösungsweg, den ihr gemeinsam der Klasse vorstellt. Gestaltet dazu ein Plakat oder eine Folie und präsentiert eure Vorgehensweise zur Lösung der Aufgabe.

2 Auf einem Bauernhof gibt es Hühner und Kühe. Es sind doppelt so viele Kühe wie Hühner. Sie haben alle zusammen 30 Beine. Wie viele Hühner und wie viele Kühe gibt es auf dem Bauernhof?
Drei Schülerinnen und Schüler haben diese Aufgabe auf unterschiedliche Weise bearbeitet.

Marietta:

	Anzahl Hühner	Anzahl Kühe	Anzahl Hühner mal zwei gleich Anzahl Kühe	Anzahl Hühner mal zwei Beine plus Anzahl Kühe mal vier Beine (soll 30 sein)
1. Versuch	1	2	$2 \cdot 1 = 2$	$2 \cdot 1 + 4 \cdot 2 = 10$
2. Versuch	2	4	$2 \cdot 2 = 4$	$2 \cdot 2 + 4 \cdot 4 = 20$
3. Versuch	3	6	$2 \cdot 3 = 6$	$2 \cdot 3 + 4 \cdot 6 = 30$
allgemein:	x	y	$2x = y$	$2x + 4y = 30$

Özlem:

x = Anzahl der Hühner, y = Anzahl der Kühe
I $y = 2x$
II $2x + 4y = 30$

I in II $2x + 4(2x) = 30$
$2x + 8x = 30$
$10x = 30 \qquad |:10$
$x = 3$
x in I $y = 2 \cdot 3$
$y = 6$

Hannes:

x = Anzahl der Hühner, y = Anzahl der Kühe
I $y = 2x$
II $2x + 4y = 30 \qquad |-2x \quad |:4$
I $y = 2x$
II' $y = -0{,}5x + 7{,}5$

I = II' $2x = -0{,}5x + 7{,}5 \qquad |+0{,}5x$
$2{,}5x = 7{,}5 \qquad |:2{,}5$
$x = 3$
x in I $y = 2 \cdot 3$
$y = 6$

TIPP

Özlem zu I in II: „Weil $y = 2x$ ist, darf man in II statt y auch $2x$ schreiben."

Hannes zu I = II': „Wenn beide Gleichungen nach y aufgelöst sind, dann haben beide Terme hinter dem Gleichheitszeichen den gleichen Wert und man kann sie gleichsetzen."

Arbeitet in Gruppen.
a) Wie muss der Antwortsatz jeweils lauten?
b) Klärt gemeinsam jeden Schritt in den Rechnungen von Marietta, Özlem und Hannes, sodass ihr sie mit eigenen Worten erklären könnt. Beachtet den Tipp in der Randspalte.
c) Wie wurde jeweils der Wert von y berechnet?
d) Welcher Lösungsweg gefällt dir besonders gut? Begründe.
e) Ermittelt das Ergebnis grafisch. Erklärt den Zusammenhang zum algebraischen Ergebnis.

Lesen und Verstehen

Frau Jähring und Herr Klein bepflanzen ihre Balkone. Frau Jähring kauft 3 Geranien und 1 Blumenkasten und zahlt dafür 9 €. Herr Klein kauft 8 Geranien und 2 Blumenkästen und bezahlt 22 €. Wie viel kostet eine Geranie und wie viel ein Blumenkasten?

Aus Aufgaben wie dieser kann man zwei Gleichungen mit zwei Variablen erstellen. Die Variable x sei der Preis einer Geranie, y sei der Preis eines Blumenkastens.
Für Frau Jährings Einkauf gilt die Gleichung $3x + y = 9$.
Für Herrn Kleins Einkauf gilt die Gleichung $8x + 2y = 22$.

Gleichungssysteme zeichnerisch zu lösen ist oft aufwändig und ungenau. Die Koordinaten des Schnittpunkts der beiden Graphen können auch rechnerisch bestimmt werden. Dazu kann man beide Geradengleichungen **gleichsetzen** oder eine in die andere **einsetzen**.

BEACHTE
Denke daran, zur Probe die Lösung noch einmal in beide Ursprungsgleichungen einzusetzen. Wenn beide Gleichungen erfüllt sind, ist die Lösung richtig.

Um ein lineares Gleichungssystem mit zwei Gleichungen und zwei Variablen zu lösen, kann man das **Gleichsetzungsverfahren** anwenden:
1. Beide Gleichungen nach der gleichen Variable auflösen.
2. Die rechten Terme gleichsetzen. Man erhält eine Gleichung mit einer Variable. Den Wert dieser Variable berechnen.
3. Den berechneten Wert der Variable in eine der beiden Gleichungen einsetzen. Den Wert der anderen Variable berechnen.

BEISPIEL 1
I $3x + y = 9 \quad |-3x;$ **II** $8x + 2y = 22 \quad |-8x$
1. Beide Gleichungen nach y auflösen.
$$2y = -8x + 22 \quad |:2$$
I' $y = 9 - 3x;$ **II'** $y = -4x + 11$
2. Beide rechte Terme gleichsetzen.
$9 - 3x = 11 - 4x \quad |+4x$
$9 + x = 11 \quad |-9$
$x = 2$
3. Wert für x in **I** oder **II** einsetzen.
$3 \cdot 2 + y = 9 \quad |-6$
$y = 3$
Eine Geranie kostet 2 €, ein Blumenkasten kostet 3 €.

ZUR INFORMATION
Beim algebraischen Lösen linearer Gleichungssysteme erhält man ein exaktes Ergebnis. Beim grafischen Lösen können Ungenauigkeiten beim Zeichnen und beim Ablesen des Schnittpunkts auftreten. Außer, man verwendet einen Funktionenplotter (siehe Seite 46).

Gleichungssysteme kann man auch durch Umstellen und Einsetzen lösen.

Um ein lineares Gleichungssystem mit zwei Gleichungen und zwei Variablen zu lösen, kann man das **Einsetzungsverfahren** anwenden:
1. Man löst eine der Gleichungen nach einer Variable hin auf.
2. Den entstehenden Term in die andere Gleichung einsetzen. Die Gleichung nach der anderen Variable auflösen.
3. Den Wert der zweiten Variable durch Einsetzen der Lösung in eine der Gleichungen ermitteln.

BEISPIEL 2
I $3x + y = 9 \quad |-3x;$ **II** $8x + 2y = 22$
1. Eine Gleichung (hier **I**) nach y auflösen.
I' $y = 9 - 3x$
2. Term in die andere Gleichung einsetzen und die Gleichung lösen.
$8x + 2(9 - 3x) = 22$, also $x = 2$
3. Wert für x in die andere Gleichung einsetzen.
$3 \cdot 2 + y = 9$, also $y = 3$
Eine Geranie kostet 2 €, ein Blumenkasten kostet 3 €.

Üben und Anwenden

1 Das Gleichungssystem
I $x = 2y - 5$; **II** $x + y = 1$
soll mit dem Gleichsetzungsverfahren gelöst werden. Vervollständige die Lösung und rechne auch die Probe.
1. Gleichung **I** ist schon nach x aufgelöst, Gleichung **II** wird umgeformt zu $x = 1 - y$.
2. Die beiden Terme, die gleichwertig zu x sind, werden gleichgesetzt und aufgelöst.
$2y - 5 = 1 - y$

2 Johanna löst das Gleichungssystem
I $y = 5x - 2$; **II** $y + x = 16$
mit dem Gleichsetzungsverfahren. Bringe ihre Rechenschritte in die richtige Reihenfolge.
① $y = 5 \cdot 3 - 2 = 13$
② **I** $y = 5x - 2$; **II** $y = 16 - x$
③ $5x - 2 = 16 - x$ | $+ x$
  $6x - 2 = 16$ | $+ 2$
  $6x = 18$ | $: 6$
  $x = 3$

3 Löse die Gleichungssysteme mit dem Gleichsetzungsverfahren.
a) **I** $y = 4x - 2$; **II** $y = 2x$
b) **I** $y = 3x - 5$; **II** $y = 2x - 3$
c) **I** $y = 7x - 21$; **II** $y = 4x - 12$
d) **I** $y = 8x - 11$; **II** $y = 5x - 5$
e) **I** $y = 6x + 4$; **II** $y = -x - 3$
f) **I** $y = 2x + 3$; **II** $y = 3x + 5$
g) **I** $x = 2y - 3$; **II** $x = 3y - 5$
h) **I** $x = 4y - 11$; **II** $x = 13y - 29$
i) **I** $x = -4y - 3$; **II** $x = -3y - 2$
j) **I** $x = 5y - 12$; **II** $x = -5y + 8$

4 Sind die angegebenen Werte Lösungen des Gleichungssystems? Überprüfe mit der Probe.
a) **I** $3x + 2y = 19$; **II** $4x = y + 7$
  Lösungen $x = 3$ und $y = 5$
b) **I** $2x + y = 12$; **II** $x + 2y = 11{,}5$
  Lösungen $x = 4{,}5$ und $y = 3$
c) **I** $3x + 2y = 34$; **II** $5x - y = 35$
  Lösungen $x = 8$ und $y = 5$
d) **I** $7x + 3y = 70{,}5$; **II** $2x - 4y = 8$
  Lösungen $x = 9$ und $y = 2$

5 Auf einer Farm gibt es dreimal so viele Schweine wie Gänse. Beide Tierarten haben zusammen 420 Beine. Wie viele Schweine und wie viele Gänse leben auf der Farm?

6 Ein Farmerjunge hat alle Käfer und Spinnen in seinem Badezimmer gezählt. Es sind fünfmal so viele Käfer wie Spinnen. Zusammen hat er 342 Beine berechnet. Wie viele Spinnen und Käfer halten sich im Badezimmer auf? Beachte dabei die Anzahl der Beine von Spinnen und Käfern.

7 Familie Leuven (2 Erwachsene, 2 Kinder) geht in den Zoo und zahlt 32 €.
Familie Fischer (1 Erwachsene, 3 Kinder) zahlt 28 € Eintritt.
– Stelle zu der Aufgabe zwei Gleichungen auf. Bezeichne den Eintrittspreis für einen Erwachsenen mit x, für ein Kind mit y.
– Löse beide Gleichungen nach x auf.
– Setze die beiden Terme, die gleichwertig zu x sind, gleich und löse die entstandene Gleichung.
– Setze den Wert von y in eine Gleichung ein, um x zu berechnen.
– Wie viel kostet der Eintritt für Erwachsene, wie viel für Kinder?
– Mache die Probe, indem du die Lösungen in die Ursprungsgleichungen einsetzt.

8 Die 25 Schülerinnen und Schüler der Klasse 9b gehen mit ihrem Lehrer ins Kino. Es kostet insgesamt 133 €.
Klasse 9c zahlt für 26 Schülerinnen und Schüler sowie 2 Lehrkräfte 146 €.
Wie viel kostet der Eintritt für einen Schüler bzw. für eine Lehrkraft? Lege die Variablen fest. Stelle ein Gleichungssystem auf und löse es.

9 Frau Kröger zahlt für sich und ihre beiden Kinder für eine Busfahrt 4,80 €. Familie Lehmann zahlt für die gleiche Busfahrt mit zwei Erwachsenen und zwei Kindern 6,60 €. Wie viel kostet ein Fahrschein für Erwachsene bzw. für Kinder?

HINWEIS
Unter diesen Beträgen sind die Ergebnisse aus Aufgabe 7:
1 €; 1,50 €; 1,80 €; 2,50 €; 4 €; 6 €; 6,50 €; 8 €; 10 €.

Lineare Gleichungssysteme

10 Dominik löst das Gleichungssystem
I $4x + y = 21$; II $9x + 2y = 46$
mit dem Einsetzungsverfahren. Bringe seine Rechenschritte in die richtige Reihenfolge.

① $4 \cdot 4 + y = 21$
$16 + y = 21$ $\quad | -16$
$y = 5$

② $4x + y = 21$ $\quad | -4x$
$y = 21 - 4x$

③ $9x + 2(21 - 4x) = 46$
$9x + 42 - 8x = 46$ $\quad | -42$
$x = 4$

11 Vervollständige die Lösung des linearen Gleichungssystems.
I $2x + y = 8$; II $6x + 2y = 22$
1. $2x + y = 8$ $\quad | -2x$
$y = 8 - 2x$
2. $6x + 2(8 - 2x) = 22$
$6x + 16 - 4x = 22$ $\quad | -16$
$2x = 6$ $\quad | :2$
$x = 3$

12 Löse die linearen Gleichungssysteme mit dem Einsetzungsverfahren.
a) I $2x + y = 20$; II $8x + 2y = 68$
b) I $3x + y = 17$; II $14x + 3y = 76$
c) I $2x + y = 21$; II $5x + 2y = 48$
d) I $4a + b = 33$; II $9a + 2b = 73$
e) I $x + 3y = 26$; II $2x + 7y = 60$
f) I $r + 2s = 39$; II $2r + 5s = 93$
g) I $a + 4b = 22$; II $3a + 14b = 74$

13 Lena hat das Einsetzungsverfahren noch nicht ganz verstanden. Finde und berichtige ihre Fehler.

I $2x + y = 25$ II $5x + 2y = 61$
1. $2x + y = 25$ $\quad | -2x$
$y = 25 - 2x$
2. $5x + 25 - 2x = 61$
3. $3x + 25 = 61$ $\quad | -25$
$3x = 36$ $\quad | :3$
$x = 12$
4. $2 \cdot 12 + y = 25$
$24 + y = 25$ $\quad | -24$
$y = 1$

14 Anna kauft drei Rosen und eine Nelke und bezahlt dafür 7 €. Jonas kauft neun Rosen und zwei Nelken und bezahlt 20 €. Wie viel kostet eine Rose, wie viel kostet eine Nelke?
Tipp: Bezeichne den Preis für eine Rose mit x und für eine Nelke mit y. Stelle zwei Gleichungen auf.

15 Judith kauft für ihre Inlineskates 3 Ersatzrollen und für sich 1 Gelenkschützer. Sie zahlt dafür 27 €. Jan kauft 2 Ersatzrollen und 2 Gelenkschützer und bezahlt 38 €. Berechne die Preise für einen Gelenkschützer und eine Ersatzrolle.

16 Herr Wolff kauft 12 Flaschen Mineralwasser und 1 Flasche Saft und bezahlt insgesamt 20 €. Frau Fuchs kauft 10 Flaschen Mineralwasser und 5 Flaschen Saft und bezahlt dafür 25 €. Berechne die Preise pro Flasche.

17 Jana und Erik sind Eis essen. Jana zahlt für 3 Kugeln Eis und 1 Portion Sahne 2,30 €, Erik zahlt für 2 Kugeln Eis und 2 Portionen Sahne 2,20 €. Was kostet eine Kugel Eis und was eine Portion Sahne?

18 Eine Gesamtschule besuchen 50 Jungen mehr als Mädchen. 20 % der Jungen und 30 % der Mädchen nehmen an einer AG teil. Es sind insgesamt 295 AG-Teilnehmer.
Wie viele Schülerinnen und Schüler gehen auf die Schule?

19 Berechne die Lösungen der linearen Gleichungssysteme.
a) I $3x + y = 24$; II $10x + 2y = 68$
b) I $2s + t = 19$; II $5s + 2t = 45$
c) I $a + 4b = 26$; II $3a + 15b = 93$
d) I $15c + 5d = 120$; II $2c + d = 17$

20 Löse das Gleichungssystem mit Hilfe des Einsetzungsverfahrens.
a) I $4a - 2b = -6$; II $2a + b = 9$
b) I $0,5x - 3y = -3$; II $-x + 4y = -4$
c) I $-2,5k + 3y = 6$; II $5k - 6y = -12$
d) I $2,4x + 3y = 0$; II $3,6x + 5y = 0,8$

Lineare Gleichungssysteme mit dem Additionsverfahren lösen

Erforschen und Entdecken

1 Wie viel wiegen drei Hasen und drei Meerschweinchen zusammen? Erkläre, wie du zu einer Lösung kommst.

2 Wie viel wiegt ein Hase und wie viel ein Meerschweinchen? Arbeitet zu zweit.
a) Zum Lösen der Aufgabe benötigt ihr das Bild dieser Aufgabe sowie ein Bild aus Aufgabe 1. Welches Bild könnte das sein?
b) Wie könnt ihr die beiden Waagen in Verbindung bringen, um das Gewicht des Hasen bzw. des Meerschweinchens zu ermitteln?
c) Schreibt zu jeder Waage eine Gleichung auf. Wählt h = Masse des Hasen, m = Masse des Meerschweinchens. Überlegt anhand eurer Gleichungen, wie ihr die Massen berechnen könnt.

3 Arbeitet zu zweit.
a) Löst das Gleichungssystem
   I $2x + y = 10$; II $5x - y = 11$
   mit einer Methode eurer Wahl.
b) Schaut euch die rechts stehende Lösung des Gleichungssystems an. Erklärt euch die Vorgehensweise. Welches Verfahren ist einfacher?

I	$2x + y$	$= 10$	
II	$5x - y$	$= 11$	
I + II	$7x$	$= 21$	$\mid : 7$
	x	$= 3$	
	$2 \cdot 3 + y$	$= 10$	$\mid -6$
	y	$= 4$	

4 Betrachte das Gleichungssystem.
I $2x + 3y = 9$; II $4x - 3y = 3$
a) Addiere die Terme auf den linken und die Terme auf den rechten Seiten der beiden Gleichungen. Was geschieht?
b) Warum heißt diese Verfahrensweise Additionsverfahren? Welche Gemeinsamkeiten und Unterschiede gibt es zu den anderen dir bekannten Lösungsverfahren?
c) Das Gleichungssystem I $5x + 2y = 18$; II $2x + 2y = 12$ kann man durch Subtraktion lösen. Wie könnte es funktionieren? Probiere es aus.

5 Löse das Gleichungssystem I $3x + y = 7$; II $6x + 2y = 14$ und das Gleichungssystem I $y = x + 2$; II $y = x + 1$ mit dem Gleichsetzungsverfahren oder Einsetzungsverfahren.
a) Was stellst du fest?
b) Löse die Gleichungssysteme nun auch grafisch. Was beobachtest du?

NACHGEDACHT
Haben die beiden Gleichungssysteme in Aufgabe 5 Lösungen?

$\frac{x+y}{2}$ Lineare Gleichungssysteme

Lesen und Verstehen

Nele ist die ältere Schwester von Lukas. Zusammen sind die Geschwister 30 Jahre alt. Die Differenz zwischen dem Alter von Nele und Lukas beträgt 4 Jahre.
Aus der Aufgabe lassen sich zwei Gleichungen aufstellen. Das Alter von Nele wird mit x bezeichnet, das Alter von Lukas mit y.
I $x + y = 30$; **II** $x - y = 4$

Dieses Gleichungssystem lässt sich durch Addition der beiden Gleichungen lösen.

$$\begin{array}{lll} \text{I} & x + y = 30 & \\ \text{II} & x - y = 4 & \\ \hline \text{I + II} & 2x = 34 & |:2 \\ & x = 17 & \end{array}$$

Einsetzen in eine Gleichung, um y zu erhalten: $17 - y = 4$, also $y = 13$
Nele ist also 17, Lukas ist 13 Jahre alt.

Beim Additionsverfahren werden die Gleichungen so umgeformt, dass eine Variable beim Addieren der beiden Gleichungen wegfällt. Wie bei den anderen Lösungsverfahren entsteht dadurch eine Gleichung mit nur noch einer Variable.

BEACHTE
Damit die Variable herausfällt, können die beiden Gleichungen statt addiert auch subtrahiert werden. Es ist also ein Additions- und Subtraktionsverfahren.

Das **Additionsverfahren**
1. Beide Gleichungssysteme werden so umgeformt, dass eine der Variablen beim Addieren wegfällt.
2. Die Gleichungen werden addiert. Daraus ergibt sich eine Gleichung mit einer Variable, die gelöst werden kann.
3. Um den Wert der anderen Variable zu bestimmen, wird der gefundene Wert in eine der beiden Gleichungen **I** oder **II** eingesetzt und berechnet.

BEISPIEL 1
I $4x + 2y = 24$; **II** $3x - 2y = 11$
1. Gleichung **I** wird mit 2 multipliziert.
   $\begin{array}{lll} \text{I} & 2x + y = 12 & |\cdot 2 \\ \text{I'} & 4x + 2y = 24 & \end{array}$
2. Die Gleichungen werden addiert.
   $\begin{array}{ll} \text{I'} & 4x + 2y = 24 \\ \text{II} & 3x - 2y = 11 \\ \hline \text{I' + II} & 7x = 35, \text{ also } x = 5 \end{array}$
3. $x = 5$ in Gleichung **I** einsetzen:
   $2 \cdot 5 + y = 12$, also $y = 2$

Beim Lösen linearer Gleichungssysteme kann auch der Fall auftreten, dass es **keine Lösung** gibt oder **unendlich viele Lösungen**. Man kann sehen, dass die Graphen in diesen Fällen zueinander parallel verlaufen und keinen Berührungspunkt haben bzw. zusammenfallen.

HINWEIS
In Beispiel 2 ergibt sich nach der Addition beider Gleichungen eine falsche Aussage (0 = 3). In Beispiel 3 stellt sich nach Umformungen heraus, dass die Gleichungen identisch sind.

BEISPIEL 2
I $x + 3y = 6$; **II** $x + 3y = -3$

BEISPIEL 3
I $x = 2y + 4$; **II** $y = \frac{1}{2}x - 2$

Lineare Gleichungssysteme mit dem Additionsverfahren lösen

$\dfrac{x+y}{2}$

Üben und Anwenden

1 Das folgende Gleichungssystem wurde mit dem Additionsverfahren gelöst:
I $\quad 2x + 4y = 14$
II $\quad 5x - 4y = 7$
I + II $\quad 7x = 21$
$\quad\quad\quad x = 3$
in I einsetzen: $2 \cdot 3 + 4y = 14 \quad | -6$
$\quad\quad\quad\quad\quad\quad\; 4y = 8 \quad\quad | :4$
$\quad\quad\quad\quad\quad\quad\;\; y = 2$
Lösung: $x = 3$ und $y = 2$
a) Erläutere die einzelnen Schritte.
b) Begründe, warum sich das Additionsverfahren hier besonders eignet.
c) Bestätige durch eine Probe, dass die Lösung richtig ist.

2 Löse die Gleichungssysteme mit Hilfe des Additionsverfahrens.
a) I $3x + y = 25$; II $4x - y = 17$
b) I $3x + y = 11$; II $7x - y = 9$
c) I $6x - 3y = 6$; II $15x + 3y = 57$
d) I $2x - 3y = 4$; II $x + 3y = 11$
e) I $14x + 2y = 24$; II $-2x - 2y = 0$
f) I $7x - y = 30$; II $12x + y = 65$
g) I $3x - 7y = 19$; II $5x + 7y = 13$
h) I $4x - 5y = 27$; II $2x + 5y = 21$

3 Antonia hat noch Probleme mit dem Additionsverfahren. Was hat sie falsch gemacht? Gib die richtige Lösung an.

I $\quad x + 4y = 9$
II $\quad 3x - 4y = 1$
I+II $\quad 4x = 9 \quad |:4$
$\quad\quad\quad x = 2{,}25$

4 Wie könnte man das Gleichungssystem am einfachsten lösen?
I $5x + 2y = 26$; II $2x + 2y = 14$

5 Löse die Gleichungssysteme durch Subtraktion.
a) I $5x + y = 22$; II $2x + y = 10$
b) I $2x + 4y = 22$; II $2x + 2y = 16$
c) I $x + 7y = 50$; II $x + 3y = 26$
d) I $9x + 7y = 23$; II $4x + 7y = 11$
e) I $3x + 2y = 25$; II $x + 2y = 10$

6 Sara ist die ältere Schwester von Lea. Zusammen sind Sara und Lea 26 Jahre alt. Die Differenz zwischen Saras und Leas Alter beträgt 2 Jahre. Wie alt sind die beiden?

7 Löse die Zahlenrätsel.
a) Die Summe zweier Zahlen ist 40, ihre Differenz ist 6.
b) Die Summe zweier Zahlen ist 28, ihre Differenz ist 2.
c) Die Summe zweier Zahlen ist 50, ihre Differenz ist 42.
d) Die Summe zweier Zahlen ist 128, ihre Differenz ist 24.

8 Stelle selbst Gleichungssysteme auf.
a) Denk dir drei verschiedene lineare Gleichungssysteme aus, die sich einfach mit dem Additionsverfahren lösen lassen.
b) Löse deine Gleichungssysteme und tausche sie mit deinem Nachbarn aus.

9 Das Gleichungssystem
I $5x + 6y = 37$; II $3x - 2y = 11$ ist gegeben.
a) Mit welcher Zahl müsste man die Gleichung II multiplizieren, damit beim Additionsverfahren die Variable y wegfällt?
b) Löse das Gleichungssystem.

10 Forme eine der Gleichungen um und löse mit dem Additionsverfahren.
a) I $3x - 7y = -15$; II $x + 14y = 44$
b) I $2a + 8b = 48$; II $3a - 2b = 30$
c) I $-4k - 5y = -18$; II $2k - 3y = -2$
d) I $2x + 2y = 8$; II $-4x + 6y = 22$

NACHGEDACHT
Sara erzählt: „Gestern habe ich auf dem Jahrmarkt 10 Lose gekauft. Ich hatte doppelt so viele Nieten wie Gewinne." Kann das sein?

NACHGEDACHT
Ben meint: „Die Zahlenrätsel aus Aufgabe 7 muss ich gar nicht berechnen. Ich teile die Summe durch 2 und ziehe dann die Hälfte der angegebenen Differenz ab, dann habe ich eine der Ergebniszahlen." Funktioniert Bens Vorgehensweise? Wenn ja, warum?

HINWEIS
In der Türkei nennt man das Additionsverfahren yok etme metodu, das heißt Auslöschungsverfahren. Es bezeichnet anschaulich den Zweck des Verfahrens.

Lineare Gleichungssysteme

11 Zum Renovieren ihrer Wohngemeinschaft kaufen Marisa und Steffi Farbe und Farbrollen ein. Marisa kauft zwei Eimer Farbe und drei Malerrollen und zahlt 60,40 €. Steffi zahlt einen Tag später im gleichen Geschäft für zwei Eimer Farbe und zwei Farbrollen 59,90 €. Wie viel kosten jeweils ein Farbeimer und eine Farbrolle?

12 Ein Kunde kauft beim Bäcker vier Brötchen und drei Croissants für 3,70 €. Ein anderer Kunde zahlt für sechs Brötchen und vier Croissants 5,10 €. Wie viel kostet ein Brötchen und wie viel ein Croissant?

13 Ein Multiple-Choice-Test hat insgesamt 30 Fragen. Für eine richtig beantwortete Aufgabe werden entweder drei oder vier Punkte vergeben. 96 Punkte kann man maximal erreichen. Wie viele Drei- und Vierpunktefragen gibt es jeweils?

14 Simon und Tim machen zusammen Hausaufgaben. Sie sollen das Gleichungssystem **I** $2x + 4y = 30$; **II** $-6x - 2y = -50$ lösen.
a) Simon multipliziert die Gleichung **I** mit 3, damit bei der Addition der beiden Gleichungen x herausfällt. Löse das Gleichungssystem wie Simon.
b) Tim multipliziert Gleichung **II** mit 2, damit bei der Addition der beiden Gleichungen y herausfällt. Löse das Gleichungssystem wie Tim.
c) ➡ Warum funktionieren in diesem Gleichungssystem beide Vorgehensweisen?

15 Manchmal muss man beide Gleichungen umformen, um ein Gleichungssystem mit dem Additionsverfahren lösen zu können.
a) **I** $2x + 5y = 6$; **II** $3x - 2y = -10$
b) **I** $2x + 3y = 12$; **II** $3x - 2y = 5$
c) **I** $4x + 6y = 54$; **II** $-8x - 2y = -38$
d) **I** $4x + 12y = 10$; **II** $3x - 8y = -26,5$
e) **I** $2x + 3y = 37$; **II** $-5x - 5y = -80$
f) **I** $3x + y = 7$; **II** $4x - 2y = 6$
g) **I** $5x - 3y = 6$; **II** $2x + 4y = -8$
h) **I** $5x + 4y = 2$; **II** $8x + 9y = 24$

16 Würfelt zu zweit viermal mit einem Würfel und tragt die Ergebnisse der Reihe nach in die leeren Felder ein.
Formt dann die Gleichungen so um, dass ihr das Gleichungssystem lösen könnt.
I ▢x + ▢y = 12
II ▢x + ▢y = 60

17 Forme die Gleichungen um und löse die Gleichungssysteme mit dem Additionsverfahren.
a) **I** $8a + 2b = 58$; **II** $3a + b = 24$
b) **I** $2x + 10y = 122$; **II** $x + 4y = 50$
c) **I** $2c + d = 18$; **II** $11c + 2d = 85$
d) **I** $-7k - 2y = -25$; **II** $-2k + 5y = 4$
e) **I** $-3x - 5y = -8$; **II** $-4x - 2y = -20$

18 Löse das Gleichungssystem
I $4x = y$; **II** $4 - x = y$
mit einem Verfahren deiner Wahl.

19 Lisa zahlt für ihren Einkauf von 10 Dosen Cola und 4 Packungen Pizza 20,50 €. Jan kauft im gleichen Geschäft Cola und Pizza.

Wie viel kostet eine Dose Cola und wie viel eine Pizza?

20 ➡ Stelle jeweils ein Gleichungssystem auf und löse es mit einem Verfahren deiner Wahl. Begründe die Wahl des Verfahrens.
a) Ein Kaninchen und ein Käfig kosten zusammen 43,50 €. Der Käfig kostet doppelt so viel wie das Kaninchen.
b) Ein Stempel und ein Stempelkissen kosten zusammen 7,80 €.
Das Stempelkissen kostet dreimal so viel wie der Stempel. Wie viel haben die beiden Gegenstände gekostet?

ZUM WEITERARBEITEN
Erstelle ein Gleichungssystem, bei dem ähnlich wie in Aufgabe 12 entweder die Variable x oder die Variable y durch Umformen und anschließendes Addieren herausfällt.

Lineare Gleichungssysteme mit dem Additionsverfahren lösen

21 Wie alt sind die Personen?
a) Thomas ist halb so alt wie seine Mutter. Zusammen sind sie 75 Jahre alt.
b) Jürgen ist zwei Jahre älter als Monika. Zusammen sind sie 100 Jahre alt.
c) Sabine ist 16 Jahre älter als Tim. Zusammen sind beide 38 Jahre alt.

22 Löse die Gleichungssysteme nach einem der Verfahren deiner Wahl. Begründe, warum sich das Gleichungssystem besonders dafür eignet.
a) I $4x + y = 27$; II $3x + 4y = 43$
b) I $3x + y = 20$; II $5x + 3y = 36$
c) I $2a - b = 2$; II $6a + 5b = 38$
d) I $x + 3y = 13$; II $3x - 2y = 6$
e) I $x = 2y - 1$; II $x - \frac{2}{3}y = 3$

23 Eine Jugendherberge hat insgesamt 80 Vier- und Sechsbettzimmer. Den Gästen stehen damit 390 Betten zur Verfügung. Wie viele Vier- und Sechsbettzimmer gibt es?

24 Jannis und Eike haben beide ein Gleichungssystem gelöst.

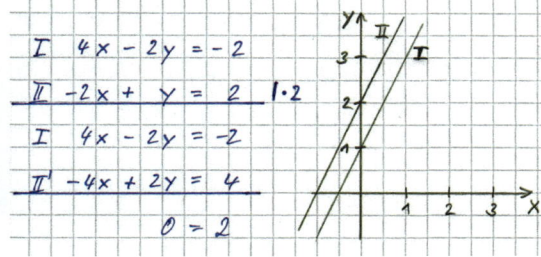

a) Begründe, warum beide Lösungen zum gleichen Gleichungssystem gehören.
b) Welche Lösungsmenge hat das Gleichungssystem? Begründe.
c) Wie könnte die Gleichung II aussehen, wenn das Gleichungssystem unendlich viele Lösungen hätte?

25 Hat das Gleichungssystem Lösungen oder nicht? Wenn ja, gib drei mögliche Lösungen an.
a) I $x - 2y = 4$; II $3x - 6y = 12$
b) I $4x + 12y = 6$; II $x + 3y = -3$
c) I $y = -x + 4$; II $3x + 3y = 12$
d) I $3y + 15 = 3x$; II $2x = 2y + 12$

26 Zum Beispiel mit dem Additionsverfahren lassen sich auch Gleichungssysteme mit mehr als zwei Variablen und Gleichungen lösen.
I $\quad x + 3y + z = 8$
II $\qquad 2y + z = 5$
III $\qquad\quad 4z = 12$
a) Erkläre, wie man die Lösungen dieses Gleichungssystems finden kann.
b) Berechne die Lösung und überprüfe sie durch eine Probe.

27 Das Gleichungssystem in Aufgabe 26 befindet sich in einer Dreiecksgestalt. Überführe die folgenden Gleichungssysteme in Dreiecksgestalt und löse sie.
a) I $\quad 3x - y + 2z = 13$
II $\qquad 4y + 4z = 8$
III $\qquad 4y + z = -1$
b) I $\quad 4x + 3y + z = 18$
II $\qquad 4y - z = 4$
III $\qquad y + 3z = 14$
c) I $\quad 2x + 4y + z = 5$
II $\ x + 3y + 2z = 7$
III $\qquad 5y + z = 3$

28 Löse die Gleichungssysteme. Beschreibe deine Vorgehensweise.
a) I $\quad 4x + 3y + 2z = 48$
II $\quad 2x - 3y + 3z = -8$
III $\quad 2x + 4y - 2z = 38$
b) I $\quad 3x + 2y - 4z = 9$
II $\quad\ x + 5y + 3z = 16$
III $\quad 2x + 6y + z = 19$
c) I $\quad\ x + 2y - 3z = -7$
II $\quad 4x - 3y + 5z = 24$
III $\quad 3x - 5y + 4z = 11$

29 In einer Familie sind die Großmutter, die Mutter und die Tochter zusammen 129 Jahre alt. Das Alter der Großmutter und das der Mutter ergeben zusammen 113 Jahre. Dagegen sind Großmutter und Enkelin zusammen 88 Jahre alt.
a) Berechne das Alter der drei Frauen. Vergleicht eure Lösungswege in der Klasse.
b) Denk dir selbst ein ähnliches Rätsel aus und tausche dieses mit deinem Nachbarn aus.

BEACHTE
Hat ein Gleichungssystem die folgende Form, spricht man von Dreiecksgestalt:

$x + 3y + z$
$2y + z$
$4z$

HINWEIS
Das Verfahren zur Lösung solcher Gleichungssysteme nennt man auch **Gaußsches Eliminationsverfahren**, da diese Lösungsstrategie auf den Mathematiker **Carl Friedrich Gauß** (1777–1855) zurückgeht.

Methode: Funktionen untersuchen mit einem Funktionenplotter

Ein **Funktionenplotter** ist ein Computerprogramm, das Graphen von Funktionen zeichnen kann. Muss man viele Funktionsgraphen zeichnen, ermöglicht einem ein Funktionenplotter einen schnellen Überblick über den Verlauf der Graphen. Einige Plotter geben auch direkt die Nullstellen von Funktionen oder die Schnittpunkte der Funktionsgraphen an.

Im Internet gibt es kostenlose dynamische Mathematik-Software. Darunter sind auch Programme, mit denen man sowohl geometrische Objekte als auch Funktionen zeichnen kann.

Im **Eingabefenster** werden Objekte wie z. B. Funktionen in der Form $f(x) = mx + n$ eingegeben. Es ist auch möglich, eine Gerade zu definieren als $g: y = mx + n$.
Die eingegebenen Objekte werden als Terme angezeigt und in einem **Grafikfenster**, in dem die Objekte (z. B. die Funktionen) gezeichnet werden.

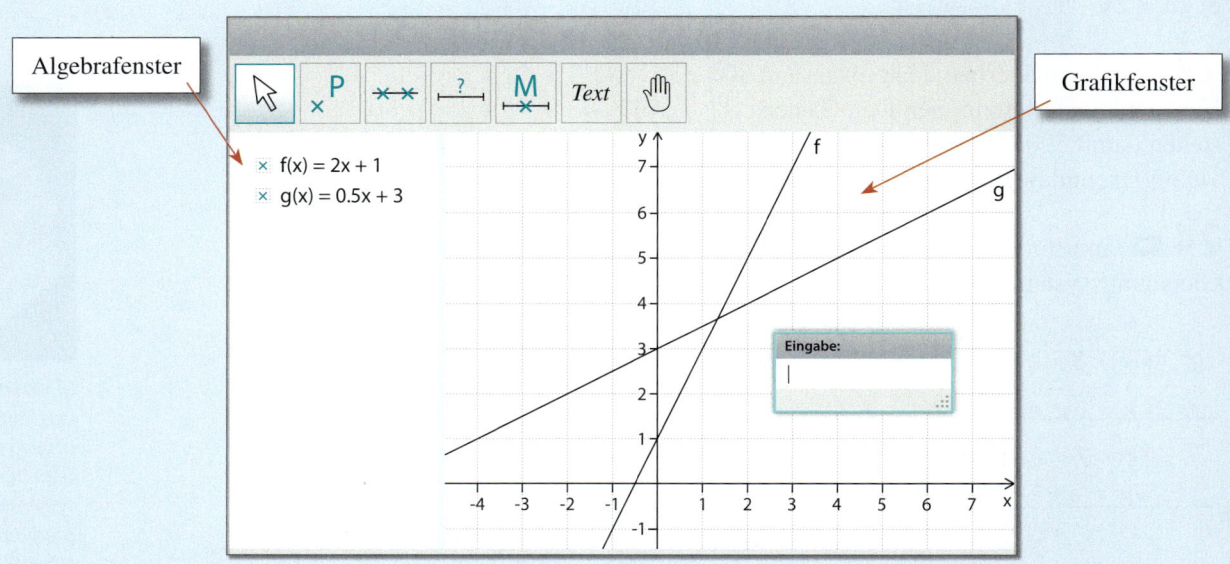

BEACHTE
Das Komma bei einer Dezimalzahl gibt man häufig als Punkt ein, z. B. 0.5.

1 Zeichne die Funktionen mit einem Funktionenplotter.
a) $f(x) = 3x + 4$ b) $g(x) = -2x + 5$ c) $h(x) = \frac{1}{3}x - 2$

2 Gib je eine Gleichung einer linearen Funktion an, die durch die angegebenen Punkte geht. Überprüfe mit Hilfe des Funktionenplotters, ob die Funktionsgleichung richtig ist.
a) $P(0|3)$, $Q(6|0)$ b) $R(1|2)$, $S(3|6)$
c) $A(-2|0)$, $B(4|-3)$

3 Zeichne das abgebildete Bild mit einem Funktionenplotter nach.

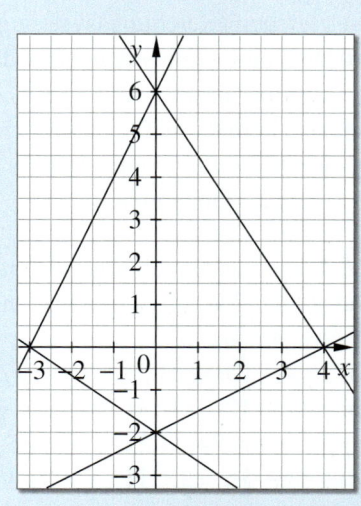

Die Nullstellen oder Schnittpunkte von Funktionen kann man aus der Zeichnung ablesen. Es gibt aber auch die Möglichkeit, sie durch entsprechende Befehle bestimmen zu lassen.

Bei vielen Funktionsplottern kann man in einem Menü entsprechende Befehle auswählen, z. B. **Nullstelle**[*Funktion*] oder **Schneide**[*Funktion1, Funktion2*].
Die Koordinaten der Nullstelle der Funktion bzw. des Schnittpunkts der beiden Graphen werden dann angezeigt.
Durch einen Doppelklick kann man die Funktionsterme verändern. Die Nullstellen und Schnittpunkte ändern sich dann ebenfalls.

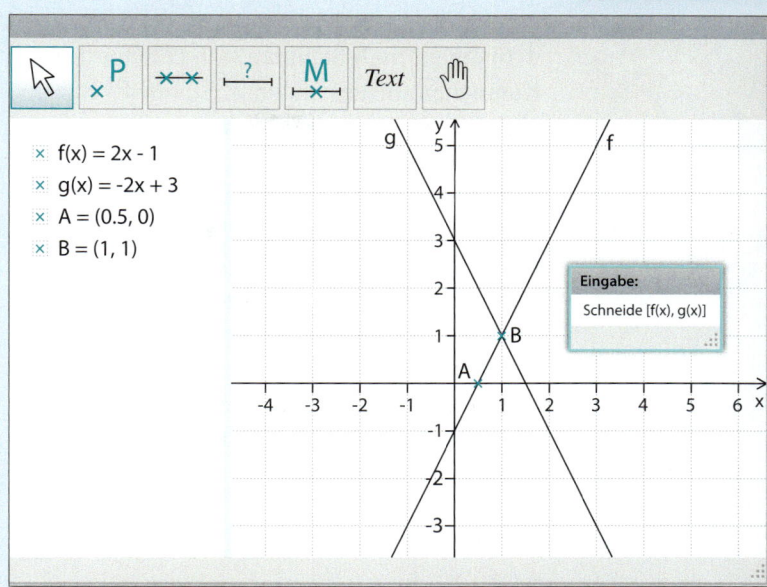

4 Bestimme die Nullstellen der Funktionen.
a) $f(x) = 2x - 5$
b) $g(x) = -0{,}5x - 3$
c) $h(x) = \frac{3}{4}x + 4$

5 Bestimme den Schnittpunkt der beiden Funktionen.
a) $f(x) = 11 - 3x;\ g(x) = 7x - 9$
b) $f(x) = 3x + 5{,}4;\ g(x) = -5{,}5x + 2$

Mit einem Funktionenplotter kann man lineare Gleichungssysteme bequem lösen. Gibt man eine beliebige lineare Gleichung in der Eingabezeile ein, wird sie als Gerade dargestellt.
Die eingegebene Gleichung kann man nach *y* auflösen lassen. Dazu wählt man nach einem Rechtsklick auf die Gleichung „Gleichung $y = kx + d$" aus.

Gibt man eine zweite Gleichung ein, so erhält man die Lösung des Gleichungssystems, indem man den Schnittpunkt der Geraden bestimmen lässt.

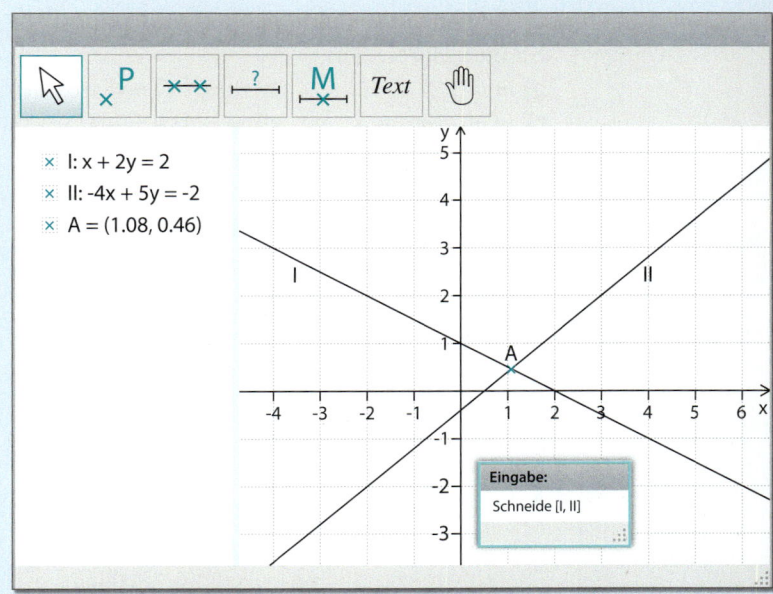

6 Stelle beide Gleichungen mit dem Funktionenplotter dar.
I $x + 2y = 2$; **II** $4x + 5y = -2$
a) Verändere die Werte in der ersten Gleichung so, dass der Schnittpunkt bei $(-3 | 2)$ liegt.
b) Verändere die Werte in Gleichung **I** so, dass sich die Geraden auf der *y*-Achse schneiden.
c) Verändere Gleichung **I** so, dass sich die Geraden nicht schneiden.
d) Verändere Gleichung **I** so, dass die Geraden übereinander liegen.

Vermische Übungen

1 In einem Stall befinden sich Hühner und Kaninchen. Insgesamt zählt Stefan 40 Beine.
a) Stelle eine lineare Gleichung auf, die den Sachverhalt beschreibt.
b) Können sich 15 Hühner in dem Stall befinden?
c) Gib alle möglichen Lösungen an.
d) Zeichne in ein Koordinatensystem die Gerade ein, auf der sich alle Lösungen befinden.
e) Wie viele Hühner und Kaninchen sind in dem Stall, wenn sich dort insgesamt 12 Tiere befinden?

2 Gegeben ist die lineare Gleichung $4x + 2y = 6$.
a) Ergänze die Werte der Lösungspaare $(4|\_)$; $(\_|11)$; $(0{,}5|\_)$; $(\_|0)$.
b) Überprüfe, ob das Wertepaar $(-5|12)$ Lösung der linearen Gleichung ist.
c) Zeichne die Lösungen der Gleichung in ein Koordinatensystem ein.

3 Zeichne die Funktionen mit Hilfe eines Steigungsdreiecks.
a) $m = 3$; $n = -2$
b) $m = -1$; $n = 1$
c) $m = 2$; $n = -3$
d) $m = 4$; $n = -3$
e) $m = \frac{1}{2}$; $n = 4$
f) $m = -\frac{2}{3}$; $n = 3$

4 Lies aus den Geradengleichungen die Steigung und den y-Achsenabschnitt ab und zeichne die Geraden.
a) $y = 2x + 1$
b) $y = 4x - 3$
c) $y = -x - 1$
d) $f(x) = -2x + 1$
e) $y = \frac{3}{4}x - 2$
f) $f(x) = -\frac{1}{3}x - 1$
g) $y = -\frac{4}{5}x + 2$
h) $y = -\frac{2}{5}x + \frac{1}{2}$

5 Bestimme die Gleichungen der Geraden.

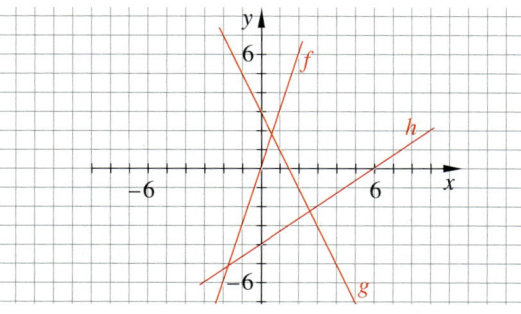

6 Gegeben ist die Funktion $f(x) = -4x + 5$.
a) Zeichne die Funktion.
b) Liegt der Punkt $A(2{,}5|15)$ auf dem Graphen?
c) Bestimme die Nullstelle der Funktion.
d) Zeichne parallel zum Graphen von f eine Gerade g durch $B(0|3)$.
e) Gib die Gleichung der Funktion g an.

7 Zeichne die beiden Punkte $A(2|2)$ und $B(4|3)$ in ein Koordinatensystem ein.
a) Zeichne eine Gerade durch die Punkte und gib die Geradengleichung an.
b) Bestimme die Nullstelle.
c) Gib die Gleichung einer parallelen Geraden an, deren Nullstelle bei $x_0 = 1$ liegt.

8 Eine Kerze hat eine Höhe von 14 cm. Nachdem sie 5 Stunden gebrannt hat, ist sie noch 10 cm lang. Welche Brenndauer hat die Kerze insgesamt?

9 Ein Wassertank soll leer gepumpt werden. Nach 5 h befinden sich noch 54 m³ Wasser im Tank. Nach 15 h sind es noch 42 m³.
a) Wie viel m³ Wasser waren ursprünglich im Tank?
b) Nach welcher Zeit ist der Tank leer?

10 Ein Fallschirm wird in der Regel in einer Höhe von 1 500 m bis 700 m über dem Erdboden geöffnet. Die Fallgeschwindigkeit beträgt dann noch $5\frac{m}{s}$. Ein Fallschirmspringer befindet sich 90 s nach dem Öffnen des Fallschirms noch in einer Höhe von 650 m.
a) In welcher Höhe öffnete er den Schirm?
b) Wann wird er auf dem Boden landen?

11 Gib die Gleichungen der linearen Funktionen an. Berechne ihren Schnittpunkt.

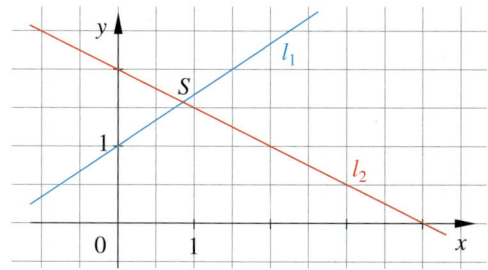

12
Ein Rollerfahrer fährt um 11 Uhr ab mit einer Geschwindigkeit von 40 $\frac{km}{h}$. Um 12:30 Uhr fährt ein Motorradfahrer den gleichen Weg mit 60 $\frac{km}{h}$.

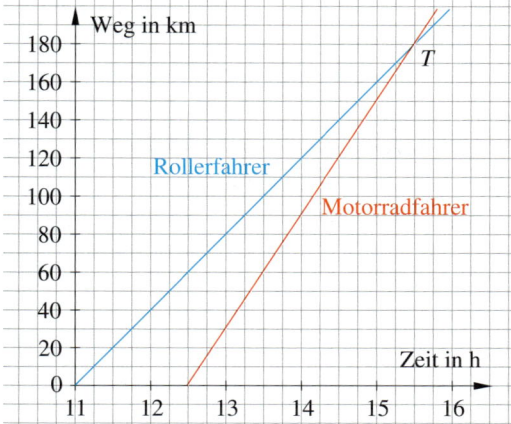

a) Wann holt der Motorradfahrer den Rollerfahrer ein?
b) Wie viel Kilometer hat am Treffpunkt T jeder Fahrer zurückgelegt?
c) Wie viel Kilometer hat der Motorradfahrer um 14:30 Uhr zurückgelegt?
d) Wie weit sind der Rollerfahrer und der Motorradfahrer um 14:30 Uhr voneinander entfernt?
e) Denk dir selbst eine ähnliche Aufgabe aus und löse diese. Tausche die Aufgabe mit deinem Nachbarn aus.

13
Sofie fährt um 16 Uhr mit dem Fahrrad mit 30 $\frac{km}{h}$ von A nach B.
Lukas bricht zum gleichen Zeitpunkt vom 100 km entfernten B nach A auf. Er fährt mit dem Mofa 50 $\frac{km}{h}$.
Wann und in welcher Entfernung von A treffen sich die beiden?

14
▶ Erfinde zu der folgenden Darstellung eine Aufgabe, in der es um ein Treffen geht, und löse sie. Präsentiere die Aufgabe in deiner Klasse.

Anja — Start 10:00 Uhr
Gabi — Start 10:15 Uhr

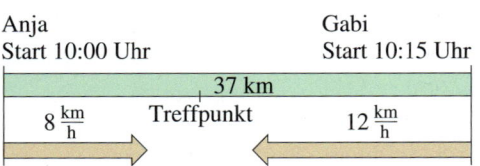

15
Michael und Thomas wohnen 39 km voneinander entfernt. Um 9 Uhr laufen sie einander entgegen. Michael legt in der Stunde im Schnitt 3 km zurück, Thomas 3,5 km. Wann werden sie sich treffen und wie viele Kilometer hat dann jeder Junge zurückgelegt?

16
Betrachte das folgende Diagramm.

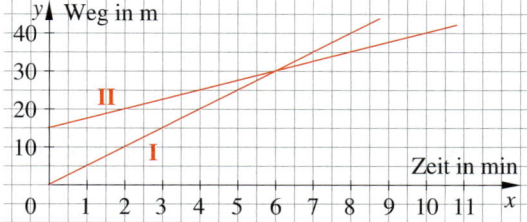

a) Erfinde zu dem Diagramm eine „Verfolgungsgeschichte".
b) Welche Geschwindigkeit müsste der „Verfolger I" haben, um II bereits nach vier Minuten einzuholen?
c) Löse die Verfolgungsaufgabe, wenn der Verfolgte nur 10 m Vorsprung hat, aber gleich schnell ist.

17
Ein Motorboot fährt 48,27 km in 3 h den Strom abwärts. Für den Rückweg braucht es bei gleicher Eigengeschwindigkeit 5 h. Wie schnell würde das Boot in stillem Wasser fahren und welche Strömungsgeschwindigkeit hat der Fluss?

18
Zwei Kühlschränke und zwei Lampen wurden miteinander verglichen.

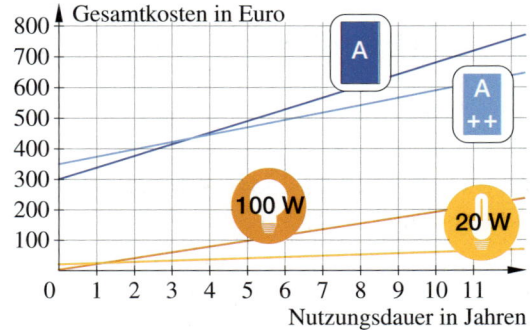

a) Nach wie vielen Jahren hat sich die Anschaffung des stromsparenden Kühlschranks gelohnt?
b) Stelle selbst mindestens drei Fragen zu der Grafik und beantworte sie.

HINWEIS
Der Stromverbrauch und damit die Stromkosten sind bei Kühlschränken der Energieeffizienzklasse A++ deutlich geringer als in der Klasse A. Ebenso sind die Stromkosten bei einer Energiesparlampe deutlich geringer als bei einer Glühbirne.

Lineare Gleichungssysteme

19 Bestimme zeichnerisch die Lösung des Gleichungssystems.
a) **I** $y = -3x - 5$; **II** $y = x + 5$
b) **I** $y = 3x + 1$; **II** $y = 3x - 4$
c) **I** $y = 0{,}25x + 1{,}5$; **II** $y = 2x + 5$
d) **I** $y = 1{,}5x - 3$; **II** $y = \frac{2}{3}x + 2$

20 Die A-Bank bietet ein Konto für 3,50 € im Monat an. Für jede Buchung kommen 0,50 € dazu. Bei der B-Bank kostet ein Konto 5 € monatlich, dafür kostet eine Buchung nur 0,25 €.
Ermittle, ab welcher Anzahl von Buchungen sich Angebot B lohnt.

21 Löse mit dem Gleichsetzungsverfahren.
a) **I** $y = -3x - 11$; **II** $y = x - 3$
b) **I** $x = -2y + 4$; **II** $x = 2y$
c) **I** $y = \frac{1}{2}x$; **II** $y = \frac{1}{2}x + 4$

22 Verwende das Einsetzungsverfahren.
a) **I** $y + 6 = 2x$; **II** $y + x = 3$
b) **I** $2{,}5x - y - 1{,}8 = 0$; **II** $y = -0{,}5x + 1{,}2$
c) **I** $2y + 6{,}4x = 16$; **II** $3y - 4{,}8x = -19{,}2$

23 Löse mit dem Additionsverfahren.
a) **I** $3x - 2y = 30$; **II** $x + 2y = 2$
b) **I** $3{,}5x - y = -12$; **II** $1{,}5x + y + 3 = 5$
c) **I** $-5x + 2y = 3$; **II** $5x - 8y = -57$

NACHGEDACHT
Welches Gleichungssystem hat keine Lösung, welches hat unendlich viele Lösungen?

24 Entscheide, mit welchem Verfahren du das Gleichungssystem löst. Begründe.
a) **I** $y = \frac{1}{2}x - 1$; **II** $y = -2{,}5x + 2$
b) **I** $-2x + 2y = -3$; **II** $2x + 12y = 24$
c) **I** $y = -0{,}5x + 2{,}5$; **II** $1{,}5x - y = 1{,}5$
d) **I** $3x + 3 = -12y$; **II** $2x = 5y - 15$
e) **I** $-4x + 3y = 29$; **II** $3x - 3y = -27$
f) **I** $-3 = 1{,}5x - y$; **II** $y = \frac{1}{4}x - 2$
g) **I** $3x + 6y = 12$; **II** $2x = -4y + 8$
h) **I** $4x - 2y = 6$; **II** $4y - 8x = 10$

25 Anna vergleicht zwei Angebote für Handytarife.
Angebot A: Grundgebühr 5,95 €, Minutenpreis 12 ct. Angebot B: Grundgebühr 9,95 €, Minutenpreis 8 ct.
Ermittle, ab welcher Minutenzahl sich Angebot B lohnt.

26 Ehepaar Glomp zahlt für die Übernachtungen im Urlaub insgesamt 930 €. Sie verbringen 5 Tage in einem Hotel für 95 € pro Tag. Die restlichen Tage verbringen sie in einer Pension für 65 € pro Tag. Wie lange sind sie in der Pension?

27 In einer Tierhandlung gibt es Kaninchen und Vögel. Die Tiere haben zusammen 35 Köpfe und 94 Füße.
Wie viele Tiere sind es jeweils?

28 Ein Rechteck hat einen Umfang von 50 cm. Die eine Seite ist 5 cm länger als die andere. Gib die Maße des Rechtecks an.

29 Ein Fahrradhändler bietet ein Herrenfahrrad und ein Damenfahrrad für zusammen 980 € an. Das Damenfahrrad ist 80 € teurer als das Herrenfahrrad. Was kosten die beiden Fahrräder einzeln?

30 Auf einem Parkplatz stehen Pkw und Motorräder. Zusammen sind es 55 Fahrzeuge mit 190 Rädern. Wie viele Fahrzeuge von jeder Sorte stehen auf dem Hof?

31 Für eine Reisegruppe mit 56 Personen wurden 10 Tische in einem Restaurant gebucht. Wie viele Vierertische und Sechsertische wurden von der Gruppe benötigt?

32 Zwei Schwestern wollen sich zusammen ein Mountainbike für 990 € kaufen. Die ältere Schwester zahlt 20 % mehr als die jüngere. Wie viel Euro zahlt jede Schwester?

33 Katharina hat für ihren Urlaub eine bestimmte Summe Geld gespart. Gibt sie täglich 12 € aus, reicht ihr Geld neun Tage länger als geplant. Gibt sie aber täglich 17 € aus, muss sie ihren Urlaub um einen Tag verkürzen.
Wie lange sollte ihre Urlaubsreise dauern und wie viel Geld hatte Katharina gespart?

34 Bei der Sparkasse wurden für eine Kontoführung monatlich 3,25 € erhoben und jede Buchung mit 20 Cent in Rechnung gestellt. Bei der VR-Bank betrugen bei einem entsprechenden Konto die Kontoführungsgebühren monatlich 2,75 €, jede Buchung kostete 30 Cent.
a) Vergleiche beide Kontoführungsgebühren mit Hilfe eines Diagramms und gib an, welche Bank bei welchen zu erwartenden Buchungen die bessere Wahl wäre.
b) Berechne die Buchungssituation, bei der beide Geldinstitute gleiche Monatsgebühren erheben würden.
c) Die Sparkasse bot auch ein „Komfortkonto" an, das monatlich 7,25 € kostete und bei dem keine weiteren Zusatzkosten entstanden.
• Ab wie vielen monatlichen Buchungen würde dieses Kontoführungsmodell günstiger sein als das oben beschriebene Modell der Sparkasse?
• Vergleiche dieses Modell auch mit dem oben beschriebenen Modell der VR-Bank.

35 Für den Bau ihres Einfamilienhauses benötigt Familie Schneider 250 000 €. Es werden zwei Darlehen aufgenommen. Für das erste Darlehen sind jährlich 4,5 % Zinsen zu zahlen, für das zweite Darlehen 5 %. Insgesamt zahlt Familie Schneider 11 800 € Zinsen. Wie hoch ist jedes Darlehen?

36 Herr Nitsche hat 36 000 € geerbt. Er legt das Geld in Sparbriefen zu 3,8 % und in Bundesschatzbriefen zu 4,2 % an. Nach einem Jahr erhält er 1 448 € Zinsen.
a) Wie hoch ist der Betrag, den er in Sparbriefen angelegt hat?
b) Wie viel Prozent seiner Erbschaft hat er in Bundesschatzbriefen angelegt?

37 Die Quersumme einer dreistelligen natürlichen Zahl ist 20. Die dritte Ziffer ist das Dreifache der zweiten. Die Differenz aus der ersten und der zweiten Ziffer ist 5. Wie heißt diese Zahl?

38 Ein Busunternehmer kaufte einen Reisebus für 375 000 €. Der Unternehmer rechnet pro Kilometer mit 0,27 € Betriebskosten. Er berechnet seinen Kunden im Durchschnitt für jeden gefahrenen Kilometer 1,10 €. Nach welcher Fahrtstrecke haben sich Kosten und Einnahmen ausgeglichen? Welche Kosten sind bis dahin entstanden?

39 Die neunten Klassen einer Schule in Wuppertal planen für 30 Personen eine Tagestour nach Brüssel. Es liegen von zwei Busunternehmen Preisangebote vor.

	Angebot 1	Angebot 2
Wuppertal–Brüssel und zurück pro Person	9,20 €	9,30 €
Sonderfahrt pro km	1,43 €	1,32 €

Mit dem Einverständnis der Eltern wurde beschlossen, auch die alte belgische Stadt Brügge und ihren Seehafen Zeebrügge zu besuchen.

a) Bestimme mit Hilfe der Karte, wie viele Kilometer der Bus insgesamt auf dem Ausflug nach Brügge und Zeebrügge fährt. Berechne die zusätzlichen Kosten pro Person, die jedes Unternehmen für diese Sonderfahrt anrechnet.
b) Welches Angebot ist günstiger?
c) Ist es nötig, zum Vergleich der Angebote ein Gleichungssystem aus den Gleichungen für die Kosten zu lösen?

ZUM WEITERARBEITEN
Plane selbst einen Ausflug für deine Klasse. Hole zunächst zwei Angebote bei Busunternehmen ein.

Lineare Gleichungssysteme

40 Bevor ein Buch gedruckt ist und in den Buchhandlungen verkauft werden kann, sind beim Verlag hohe Anfangskosten entstanden. Zusätzlich entstehen für jedes Buch Druckkosten von ca. 5 €.
Mit dem Verkauf der Bücher erzielt der Verlag für jedes verkaufte Buch einen Erlös von 15 €.
Die Grafik veranschaulicht die Kosten und den Erlös in Abhängigkeit von den verkauften Büchern.

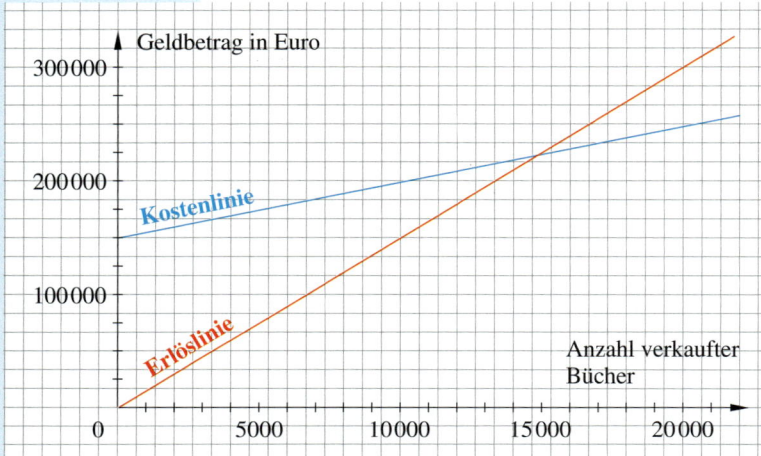

a) Lies aus der Grafik ab, wie hoch die Anfangskosten für die Herstellung des Buches waren.
b) Wie hoch ist der Verlust, wenn 6 000 Bücher verkauft werden?
c) Erläutere, ab welcher Stückzahl der Verlag mit dem Buch einen Gewinn erzielt.
d) Gib für die Kostenfunktion und die Erlösfunktion jeweils eine Funktionsgleichung an.
e) Bestimme rechnerisch, wie hoch die Anzahl der verkauften Bücher sein muss, um einen Gewinn zu erzielen.

41 Weil der Verlag glaubt, die Verkaufszahlen steigern zu können, entschließt er sich, zusätzlich noch 30 000 € für eine Werbekampagne zu investieren.
a) Wie viele Exemplare müssen mindestens verkauft werden, damit die Kosten ausgeglichen werden?
b) Mit welcher Steigerung der Verkaufszahlen rechnet der Verlag mindestens?

42 Eine 30 000 € kostende Werbekampagne wurde gestartet. Allerdings lagen die Druckkosten durch eine Papierverteuerung bei diesem Buch pro Exemplar bei 5,20 €.
a) Berechne die Anzahl der Exemplare, die verkauft werden müssen, um die Kosten zu decken.
b) Wie hoch muss der Erlös sein, um die Kosten zu decken?

43 Der Verlag rechnet damit, maximal 40 000 Exemplare des Schulbuchs verkaufen zu können. Um keine Verluste zu machen, muss der Verlag die Kosten durch den Erlös der verkauften Bücher decken.
a) Berechne die Kosten für 40 000 Exemplare des Schulbuchs.
b) Reicht ein Erlös von 12,50 € pro Buch aus, um die Kosten zu decken?
c) Welchen Erlös muss der Verlag für ein Buch mindestens erreichen?

44 Die Schülervertretung einer Gesamtschule hat eine Maschine zur Herstellung von Buttons zum Preis von 615 € angeschafft. Für die Herstellung eines Buttons müssen ca. 25 Cent Materialkosten gerechnet werden. Die SV möchte die Buttons für 1,20 € verkaufen.

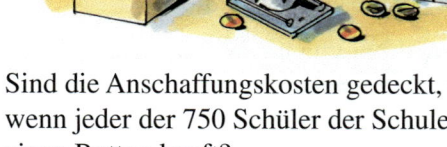

a) Sind die Anschaffungskosten gedeckt, wenn jeder der 750 Schüler der Schule einen Button kauft?
b) Wie viele Buttons müssen mindestens verkauft werden, damit die Kosten gedeckt sind?
c) Der Förderverein der Schule will der Schülervertretung zur Anschaffung der Buttonstanzmaschine 225 € stiften. Der Preis für die Buttons soll dann aber auf 90 Cent reduziert werden. Wie viele Buttons müssen dann zur Kostendeckung verkauft werden?

Teste dich!

a

1 Gegeben sind die Geraden g und h.
$g: y = 2x - 3$; $h: y = -x + 5$
a) Die Punkte $P(-1\,|\,\Box)$ und $Q(\Box\,|\,2)$ liegen auf der Geraden g. Vervollständige ihre Koordinaten.
b) Zeichne die beiden Geraden in ein Koordinatensystem ein.
c) Bestimme rechnerisch den Schnittpunkt der beiden Geraden.

2 Löse das Gleichungssystem grafisch.
I $y = -3x - 2{,}5$; **II** $2x - y = -1{,}5$

3 Löse die Gleichungssysteme mit einem geeigneten Verfahren. Begründe deine Wahl.
a) **I** $2x - y = 20$
   II $5x + 3y = 61$
b) **I** $15x + 2y = 126$
   II $3x - 4y = 12$
c) **I** $x + 3y = 11$
   II $x = 9 - 2y$
d) **I** $2y + 25x = 79$
   II $5x - 11y = -7$

4 Ein Hotel kann in 24 Zimmern Gäste unterbringen. In den Einzel- und Doppelzimmern stehen insgesamt 40 Betten. Wie viele Einzel- und Doppelzimmer hat dieses Hotel?

5 Im Stall eines Bauernhofs sind Gänse und Schweine untergebracht. Sie haben zusammen 38 Köpfe und 100 Beine. Wie viele Gänse und wie viele Schweine befinden sich in diesem Stall?

6 Für ein Schulkonzert wurden 350 Karten für insgesamt 1 380 € verkauft. Der Eintritt betrug für Schüler 3 € und für Erwachsene 5 €.
a) Wie viele Karten jeder Sorte wurden verkauft?
b) Um wie viel Euro hätten sich die Einnahmen erhöht, wenn man die Preise für Erwachsene um 20 % erhöht hätte?

b

1 Gegeben sind die Geraden g und h.
$g: y = 2x + 1$; $h: y = -\frac{2}{3}x - 1$
a) Bestimme die Schnittpunkte der beiden Geraden mit der x-Achse.
b) Zeichne die beiden Geraden in ein Koordinatensystem ein.
c) Bestimme rechnerisch den Schnittpunkt der beiden Geraden.

2 Bestimme den Schnittpunkt der beiden Geraden.

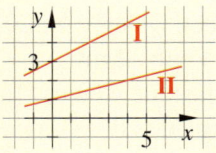

3 (siehe oben)

4 Ein Sporthotel verfügt über 18 Doppel- und Einzelzimmer mit 30 Betten.
a) Berechne die Anzahl der Zimmer.
b) Zu dem Hotel gehören 6 Tennisplätze. 18 Personen haben sich angemeldet. Wie viele Doppel- und Einzelspiele können gleichzeitig durchgeführt werden?

5 Der Flächeninhalt eines Trapezes beträgt 100 cm², seine Höhe beträgt 10 cm. Die kürzere der zwei parallelen Seiten ist 2 cm kürzer als die andere Seite. Wie lang sind diese Seiten?

6 Bevor ein Buch verkauft werden kann, entstehen einem Verlag ca. 40 000 € Kosten. Hinzu kommen 5 € Druckkosten pro Buch. Durch den Verkauf erzielt der Verlag einen Erlös von 18 € pro Buch.
a) Berechne die Kosten für 2 500 Exemplare.
b) Ab welcher Stückzahl erzielt der Verlag einen Gewinn?
c) Wie viele Bücher müssen verkauft werden, damit ein Gewinn von 5 500 € erzielt wird?

HINWEIS
Brauchst du noch Hilfe, so findest du auf den angegebenen Seiten ein Beispiel oder eine Anregung zum Lösen der Aufgaben. Überprüfe deine Ergebnisse mit den Lösungen ab Seite 214.

Aufgabe	Seite
1	38, 42
2	34, 38
3	38, 42
4	38, 42
5	38, 42
6	38, 42

Zusammenfassung

Lineare Gleichungen mit zwei Variablen

→ Seite 26

Um Sachprobleme zu lösen, kann man sie in die Sprache der Mathematik übersetzen. Sind zwei Größen *x* und *y* gesucht, so entsteht eine **lineare Gleichung** der Form $ax + by = c$. Durch Umformen kann jede lineare Gleichung in die Form $y = mx + n$ gebracht werden.

Lineare Funktionen zeichnen und untersuchen

→ Seite 30

Eine Funktion mit der Funktionsgleichung $y = f(x) = mx + n$ heißt **lineare Funktion**.
m ist die **Steigung der Funktion**.
Der Graph einer linearen Funktion ist eine Gerade, die die *y*-Achse im Punkt $P(0|n)$ schneidet. Daher nennt man *n* auch den **y-Achsenabschnitt**.
Die Nullstelle ist die *x*-Koordinate des Schnittpunkts des Graphen mit der *x*-Achse.

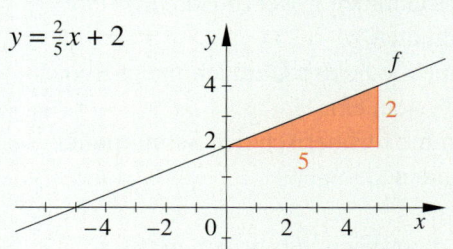

$y = \frac{2}{5}x + 2$

Die Steigung ist $m = \frac{4-2}{5-0} = \frac{2}{5}$.
Die Nullstelle ist $x_0 = -5$.

Lineare Gleichungssysteme lösen

→ Seite 34, 38, 42

Gehören mehrere lineare Gleichungen zum selben Problem, so spricht man von einem linearen Gleichungssystem. Lineare Gleichungssysteme kann man durch Probieren, grafisch oder rechnerisch lösen. Bei der grafischen Lösung rechts ist der Schnittpunkt beider Graphen die Lösung.

grafische Lösung:

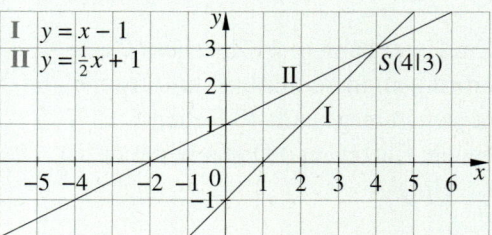

Rechnerische Lösungsverfahren:

Gleichsetzungsverfahren
Beide Gleichungen werden nach der gleichen Variable aufgelöst und dann gleichgesetzt.

I $-x + y = -1$; II $y = 0{,}5x + 1$
I' $y = x - 1$

I' = II: $x - 1 = 0{,}5x + 1$
$0{,}5x = 2 \quad |:0{,}5$
$x = 4$
x in I: $-4 + y = -1 \quad |+4$
$y = 3$

Lösung: $x = 4$ und $y = 3$

Einsetzungsverfahren
Eine Gleichung wird nach einer Variable aufgelöst und dieser Term wird in die andere Gleichung eingesetzt.

I $x = y + 1$; II $2y = x + 2$

I in II: $2y = (y + 1) + 2$
$2y = y + 3 \quad |-y$
$y = 3$

y in I: $x = 3 + 1$
$x = 4$

Lösung: $x = 4$ und $y = 3$

Additionsverfahren
Beide Gleichungen werden so addiert, dass eine Gleichung entsteht, die nur eine Variable enthält.

I $-x + y = -1 \quad |\cdot(-1)$
II $-0{,}5x + y = 1$
I' $x - y = 1$
II $-0{,}5x + y = 1$
I' + II: $0{,}5x = 2 \quad |:0{,}5$
$x = 4$
x in I: $-4 + y = -1 \quad |+4$
$y = 3$

Lösung: $x = 4$ und $y = 3$

Ähnlichkeit

Fische einer Art haben alle die gleiche Form und die gleiche Färbung. Es gibt aber Unterschiede in der Größe. Vergrößerungen und Verkleinerungen treten auf. Die Fische sind ähnlich. Sind sie auch ähnlich im Sinne der Geometrie?

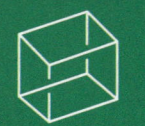

Ähnlichkeit

Noch fit?

ZUM WEITERARBEITEN
In welchem Maßstab wurden die Rechtecke gezeichnet?

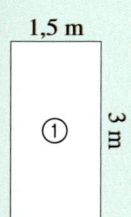
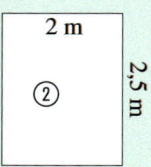
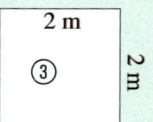

1 Zeichne folgende Quadrate bzw. Rechtecke in einem geeigneten Maßstab. Gib den gewählten Maßstab an.
a) $a = 300$ m
b) $a = 4,5$ km
c) $a = 3$ mm
d) $a = 5$ m; $b = 13$ m
e) $a = 16$ km; $b = 30$ km
f) $a = 2$ mm; $b = 1,5$ mm

2 Zeichne zum Flächeninhalt die Quadrate im geeigneten Maßstab. Gib den Maßstab an.
a) $A = 36$ m^2
b) $A = 144$ ha
c) $A = 400$ km^2

3 Ergänze die Sätze. In welchem Bereich wird jeweils mit diesem Maßstab gearbeitet?
a) Bei einem Maßstab von 1 : 100 000 entsprechen 2 cm auf dem Papier …
b) Bei einem Maßstab von 1 : 250 000 entsprechen 50 km in Wirklichkeit …
c) Bei einem Maßstab von 18 : 1 entsprechen 11,5 cm im Modell …
d) Bei einem Maßstab von 1 : 20 entsprechen 55,4 cm auf dem Papier …

4 Konstruiere die folgenden Dreiecke.
a) $a = 3$ cm; $b = 4,5$ cm; $c = 7,3$ cm
b) $a = 4,3$ cm; $b = 4,8$ cm; $\gamma = 84°$
c) $c = 6,5$ cm; $\alpha = 32°$; $\gamma = 68°$
d) $\alpha = 40°$; $\beta = 15°$; $\gamma = 125°$
e) $c = 4,8$ cm; $\alpha = 70°$; $\beta = 45°$
f) $a = 5,8$ cm; $b = 4,3$ cm; $\beta = 50°$

5 Zeichne Kreise mit dem jeweils angegebenen Radius.
a) $r = 4$ cm
b) $r = 3,7$ cm
c) $r = 6,2$ cm

6 Zeichne das Schrägbild eines Würfels bzw. Quaders mit den angegebenen Kantenlängen.
a) $a = 3$ cm
b) $a = 6$ cm; $b = 4$ cm; $c = 2$ cm
c) $a = b = 5,6$ cm; $c = 1,4$ cm
d) $a = 3,7$ cm; $b = 2,8$ cm; $c = 8,5$ cm

7 Berechne.
a) $3,5 + 4,8 \cdot 2$
b) $7,6 \cdot \frac{1}{2} \cdot \frac{3}{8}$
c) $(1,7 - 0,3) : 7$
d) $\frac{1}{4} \cdot (-\frac{3}{7}) + 12 \cdot 0,2$
e) $\frac{3}{7} + \frac{2}{6} - \frac{2}{5}$
f) $-(1,6 + \frac{2}{3}) \cdot 324$

8 Entnimm aus den Zeichnungen die benötigten Größen und berechne den Umfang u und den Flächeninhalt A.

a)
b)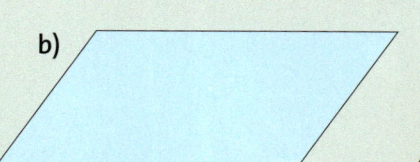
c)

KURZ UND KNAPP
1. Erkläre den Begriff „Radius".
2. Erkläre den Zusammenhang zwischen Radius und Durchmesser. Schreibe als Formel.
3. Das Distributivgesetz lautet: …
4. Bei einem Schrägbild wird die Strecke, die senkrecht zur Zeichenebene steht, …
5. Wie verhalten sich die Flächeninhalte von Rechtecken, wenn die Seitenlängen verdoppelt werden?

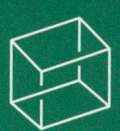

Ähnlichkeit im geometrischen Sinn

Erforschen und Entdecken

1 Das links abgebildete Originalfoto hat das Format 4 cm mal 6 cm. Alle anderen Fotos sind dazu in gewisser Weise ähnlich. Aber nur eines davon ist zum Original auch geometrisch ähnlich, stellt also eine Verkleinerung dar.

a) Welches Foto ist im geometrischen Sinn ähnlich zum Original? Begründe.
b) Warum gehören die anderen nicht dazu?
c) Beschreibe, was Ähnlichkeit im geometrischen Sinn alles bedeuten kann.

2 Konstruiere die angegebenen fünf Dreiecke auf einem extra Blatt Papier so, dass sie sich nicht überschneiden. Nummeriere sie und schneide sie aus.

① $a = 3$ cm
$c = 5$ cm
$\beta = 70°$

② $a = 5$ cm
$b = 3$ cm
$c = 4$ cm

③ $a = 1,5$ cm
$c = 2$ cm
$\beta = 90°$

④ $a = 6$ cm
$c = 10$ cm
$\beta = 70°$

⑤ $a = 3$ cm
$b = 5$ cm
$c = 4$ cm

a) Sortiere die Dreiecke nach ihrer Ähnlichkeit. Vergleicht eure Ergebnisse in der Klasse.
b) Worin besteht ihre Ähnlichkeit? Was ist gleich, was verschieden? Beschreibe die einzelnen Merkmale.
c) Zeichne Dreiecke, die zu den ausgeschnittenen Dreiecken ähnlich sind.
   Wie bist du vorgegangen?
d) Du möchtest ein Dreieck vergrößern. Welche Werte musst du verändern und welche Angaben bleiben gleich?
e) Formuliere folgenden Satz zu Ende: „Stimmen zwei Dreiecke in zwei Winkeln überein, so …"

3 Versuche die Eiswaffeln größer zu zeichnen, ohne dass ein verzerrtes Bild entsteht. Wie gehst du dabei vor?

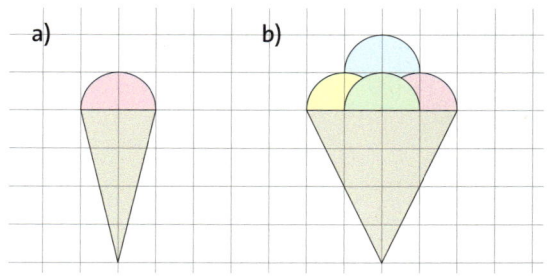

Ähnlichkeit

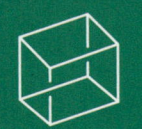

BEACHTE
Vereinfachte Darstellung des Holzpuzzles rechts

ERINNERE DICH
Zwei Figuren heißen zueinander kongruent oder deckungsgleich, wenn es eine Bewegung gibt, bei der die eine Figur das Bild der anderen Figur ist.

HINWEIS
Die ähnlichen Figuren in den Beispielen sind im Holzpuzzle enthalten.

Lesen und Verstehen

Lisas Hausaufgabe ist es, zu Hause geometrisch ähnliche Figuren zu suchen und sie in die Schule mitzubringen.
Lisa muss lange suchen. Sie findet erst nur Dinge, die nur im allgemeinen Sprachgebrauch ähnlich sind, wie z. B. Schlüssel oder Schuhe. Bei ihrem kleinen Bruder im Zimmer entdeckt sie schließlich das Holzpuzzle rechts und bringt es mit zur Schule.

Im geometrischen Sinn hat das Wort „ähnlich" eine ganz präzise Bedeutung:

> Zwei Figuren heißen zueinander **ähnlich**, wenn sie durch maßstäbliches Vergrößern oder Verkleinern auseinander hervorgehen. Auch kongruente Figuren sind zueinander ähnlich.

BEISPIEL 1 ähnliche Trapeze

Beim maßstäblichen Vergrößern oder Verkleinern bleibt die Form erhalten.
Für die Ähnlichkeit ohne Bedeutung sind Farbe, Lage und auch Größe.

Bei Dreiecken gilt folgender Satz:

> **Hauptähnlichkeitssatz**
> Zwei Dreiecke sind zueinander ähnlich, wenn sie in der Größe von zwei Winkeln übereinstimmen.

BEISPIEL 2 ähnliche Dreiecke

$\alpha = \beta = 60°$

Üben und Anwenden

1 Im geometrischen Sinn sind nur einige Buchstaben unseres Alphabets (Groß- und Kleinbuchstaben) zueinander ähnlich. Welche Buchstaben sind das? Begründe.

2 Welche Dreiecke sind zueinander ähnlich? Begründe.

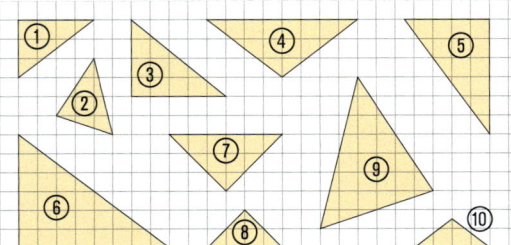

3 Welche Vierecke sind zueinander ähnlich? Begründe.

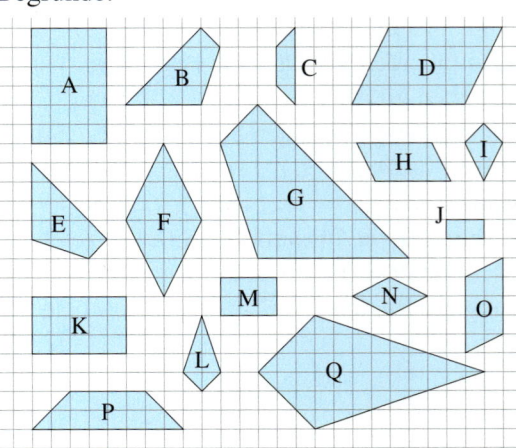

Ähnlichkeit im geometrischen Sinn

4 ➡ Beschreibe in deinen Worten, wie zwei zueinander ähnliche Dreiecke aussehen müssen.

5 ➡ Zeichne auf Karopapier ein Quadrat. Vergrößere und verkleinere es dann. Was fällt dir auf? Formuliere dazu einen Satz.

6 Welche zwei Figuren sind ähnlich?

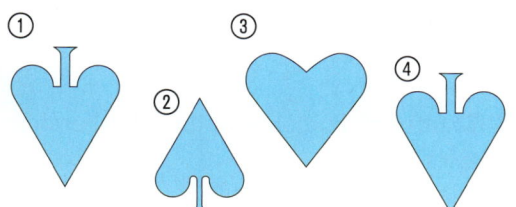

7 Beschreibe in deinen Worten, wie zwei zueinander ähnliche Kreisausschnitte aussehen müssten. Betrachte dazu die folgende Abbildung.

8 Zeichne den Anfangsbuchstaben deines Namens auf Karopapier und vergrößere ihn mit Hilfe der Kästchen.
a) Lass von deinem Nachbarn kontrollieren, ob deine Buchstaben wirklich ähnlich zueinander sind oder ob du verzerrt gezeichnet hast.
b) Woran kann man eine Verzerrung erkennen? Beschreibe.

9 Nimm dir ein Geobrett und spann ein beliebiges Rechteck. Zeichne es in dein Heft (1 LE soll 1 cm betragen und entspricht dem Abstand von Nagel zu Nagel).
a) Vergrößere das Rechteck am Geobrett einige Male, sodass die Bilder dem ersten Rechteck (Original) ähnlich sind. Zeichne deine jeweiligen Vergrößerungen in dein Heft.
b) Verkleinere das Rechteck ebenfalls mehrmals maßstabsgerecht. Zeichne die verkleinerten Rechtecke in dein Heft.
c) Worauf muss man beim Vergrößern und Verkleinern achten?
d) Paula behauptet, dass alle Rechtecke zueinander ähnlich sind, da sie in vier Winkeln übereinstimmen. Kannst du das mit Hilfe der Tabelle belegen?

	a	b
Original	4 cm	6 cm
1. Bild	6 cm	
2. Bild		
3. Bild		
…		

10 Beschreibe in deinen Worten, wie zwei zueinander ähnliche Rechtecke aussehen müssen.

11 Spanne auf dem Geobrett Dreiecke, die zueinander ähnlich sind.
a) Zeichne die jeweiligen Dreiecke ins Heft.
b) Sind die entstandenen Dreiecke wirklich ähnlich? Überprüfe das, indem du ihre Winkel misst.

12 ➡ Tom behauptet: „Wenn ich bei einem Rechteck die Länge und die Breite um die gleiche Streckenlänge verkürze oder verlängere, dann entsteht ein ähnliches Rechteck."
a) Überprüfe an mehreren Beispielen, ob Toms Behauptung richtig ist.
b) Bei welchen geometrischen Figuren würde Toms Behauptung stimmen? Überprüfe deine Vermutungen mit Hilfe von Zeichnungen. Begründe anschließend, warum die Behauptung hier stimmt.

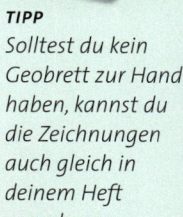

TIPP
Solltest du kein Geobrett zur Hand haben, kannst du die Zeichnungen auch gleich in deinem Heft vornehmen.

 059-1

HINWEIS
Eine Bauanleitung für ein Geobrett findest du unter dem Webcode.

Ähnlichkeit

13 Übertrage die folgende Abbildung in dein Heft. Zeichne eine Vergrößerung und eine Verkleinerung davon. Notiere, welche Teile einfach und welche schwierig zu vergrößern bzw. zu verkleinern sind.

14 Aus dem Kunstunterricht kennst du vielleicht die weiter unten beschriebene Methode zur Vergrößerung eines Bildes. Führe folgende Arbeitsschritte durch:
1. Nimm ein Foto von dir oder ein anderes Bild und belege es mit einem Raster.
2. Zeichne auf ein Blatt Papier ein größeres Raster, dessen Zeilen- und Spaltenanzahl deiner Vorgabe entsprechen.
3. Übertrage nun Kästchen für Kästchen in das große Raster.

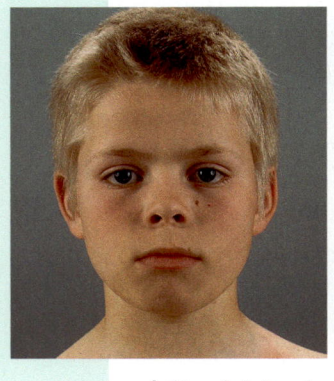
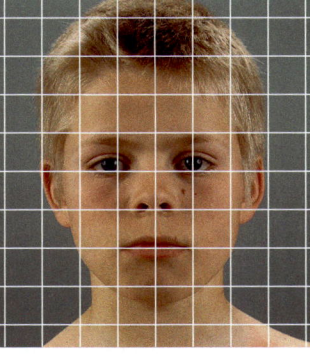

a) Vergleiche das Ergebnis mit dem Original. Sieht die Zeichnung von dir deinem Foto bzw. dem Bild ähnlich?
b) Wie könntest du vorgehen, um ein noch besseres Ergebnis zu erhalten?

15 Eine Landkarte und das auf der Landkarte dargestellte Gebiet sind zueinander ähnlich.
a) Handelt es sich um eine Ähnlichkeit im geometrischen Sinn? Diskutiert darüber in eurem Kurs.
b) Informiere dich darüber, wie solche Landkarten entstehen.
c) Suche eine Luftaufnahme und eine Karte, die dein Wohngebiet oder das Gebiet um deine Schule zeigen.

16 Informiere dich über die DIN-Formate für Papier.
a) Welche Formate kennst du?
b) Welches ist das ursprüngliche Format, aus dem die anderen entstehen?
c) Miss die jeweiligen Seitenlängen eines Papiers in den Größen DIN A3 (Zeichenblock), DIN A4 (großes Heft) und DIN A5 (kleines Heft) und trage sie in eine Tabelle ein.

	lange Seite	kurze Seite
DIN A0		
DIN A1		
DIN A2		
DIN A3		
DIN A4		
DIN A5		
DIN A6		

d) Untersuche die Gesetzmäßigkeit, die den DIN-Formaten zugrunde liegt und ergänze so die restlichen Felder.
e) Wie entstehen die einzelnen Formate? Beschreibe in deinen eigenen Worten.
f) Ein Kopierer verkleinert mit dem Faktor 0,707, wenn ein DIN-A3-Blatt auf DIN-A4-Größe gebracht werden soll. Warum ist der Faktor nicht 0,5, obwohl das Blatt nur noch halb so groß ist?

17 Wahr oder falsch? Begründe.
Immer zueinander ähnlich sind zwei …
a) Rechtecke. b) Kreise.
c) gleichschenklige Dreiecke. d) Rauten.
e) Parallelogramme. f) Trapeze.
g) gleichseitige Dreiecke. h) Würfel.

Zentrische Streckung

Erforschen und Entdecken

1 Zeichne ein schlichtes Haus auf Pappe und schneide es aus. Halte das Haus zwischen eine Lichtquelle (am besten eignet sich ein Halogenstrahler) und eine Wand und experimentiere mit dem Schatten des Hauses.

a) Wie verändert sich der Schatten, wenn das Haus näher an der Lichtquelle bzw. weiter von ihr entfernt ist?
b) Was passiert mit dem Schatten, wenn du die Lichtquelle auf die Wand zu bzw. von ihr weg bewegst?
c) Versuche deine Anordnung so zu stellen, dass die Seitenlängen deines Schattenhauses genau doppelt (dreifach, vierfach, ...) so groß sind wie dein Originalhaus.
d) Skizziere den Versuchsaufbau von der Seite und versuche den Weg der Lichtstrahlen zu zeichnen. Es soll erkennbar sein, wie der Schatten entsteht und wie es zu der Veränderung der Größe kommt.

2 Vergrößere eine Figur mit einem Gummiband. Dazu benötigst du ein etwa 20 cm langes Stück Gummiband und eine Reißzwecke. An das eine Ende knotest du einen Bleistift und genau in die Mitte steckst du eine Reißzwecke, sodass du die Nadelspitze gut sehen kannst.

a) Wo steckt die Zwecke, wenn du das Gummiband streckst?
b) Zeichne eine einfache Figur in dein Heft. Markiere links (als Linkshänder rechts) daneben ein Zentrum Z und halte das eine Ende des Gummis dort fest. Spanne und bewege das Gummi so, dass die Zwecke genau den Linien deiner Figur folgt und zeichne eine vergrößerte Figur.
c) Experimentiere mit schwierigeren Figuren oder Bildern.
d) Stich die Zwecke bei einem Drittel des Gummis ein. Wie verändert sich die Bildgröße?

3 Zeichne einen Punkt Z in dein Heft. Zeichne von Z ausgehend fünf Strahlen in unterschiedliche Richtungen. Markiere auf jedem Strahl hintereinander mehrere Punkte im Abstand von 0,5 cm. Verbinde jeweils die fünf Punkte, die den gleichen Abstand zu Z haben.

a) Beschreibe, was entsteht.
b) Was kannst du über die jeweils entstandenen Fünfecke sagen?

4 Zeichne ein beliebiges Fünfeck.

a) In einem Eckpunkt soll Z liegen. Zeichne mehrere Male ein größeres und kleineres Fünfeck nach der gleichen Methode wie in Aufgabe 3.
b) Lege Z außerhalb des Fünfecks und vergrößere und verkleinere wieder.
c) Vergleiche die entstandenen Bilder mit denen aus Aufgabe 3. Beschreibe mit eigenen Worten die Unterschiede zu Aufgabe 3. Wurden alle Fünfecke maßstäblich vergrößert?

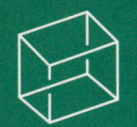

Ähnlichkeit

Zentrische Streckung mit der DGS

1 Zu den Vierecken ABCD und EFGH sind die Bildvierecke A'B'C'D' bzw. E'F'G'H' dargestellt.

a) Ziehe an Z und an den Eckpunkten des Vierecks ABCD. Beobachte die Auswirkungen auf das Bildviereck A'B'C'D'. Nutze die Messwerkzeuge zum Messen einer Strecke und eines Winkels. Welche Eigenschaften hat die Abbildung?

b) Sind die beiden Vierecke ABCD und EFGH zueinander kongruent? Prüfe nach.

c) Das blaue Viereck E'F'G'H' ist das Bild des Vierecks EFGH. Untersuche wie in Aufgabenteil a) mit dem Zugmodus auch die Eigenschaften dieser Abbildung. Welche Wirkungen hat die Anwendung des Zugmodus auf das rote bzw. auf das blaue Viereck? Was ist unterschiedlich, was ist gleich?

BEACHTE
Du kannst an den grünen Punkten Z, A, B, C und D ziehen.

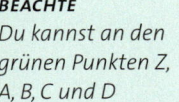

2 Gegeben sind die Vierecke ABCD und A'B'C'D'. Die grünen Punkte sind beweglich.

a) Ziehe nacheinander an den Punkten A, B, C und D. Was stellst du fest?

b) Verschiebe A' und B' so, dass die Vierecke zueinander ähnlich sind. Ziehst du nun an Z oder an dem Schieberegler, wird diese Ähnlichkeit aber wieder zerstört.

c) Konstruiere A' und B' des Vierecks neu, sodass die Ähnlichkeit der beiden Vierecke auch im Zugmodus erhalten bleibt. Beschreibe deine Konstruktion.

d) Miss die Abstände von Z zu D und von Z zu D', die Abstände von Z zu C und von Z zu C'. Welche Zusammenhänge kannst du hier feststellen? Überprüfe deine Konstruktion von A' und B' mit Hilfe der gefundenen Zusammenhänge.

3 Zum Dreieck ABC wurde mit einer zentrischen Streckung das ähnliche Dreieck A'B'C' konstruiert.

a) Beschreibe die Lage der Punkte A, B, C und A', B', C', wenn sich Z außerhalb, innerhalb oder auf den Eckpunkten des Dreiecks ABC befindet.

b) Der Schieberegler zeigt den jeweils aktuellen Wert des zu der zentrischen Streckung gehörenden Streckungsfaktors an. Was passiert, wenn du diesen veränderst? Beschreibe die besondere Lage der Eckpunkte der Dreiecke. Was passiert, wenn der Streckungsfaktor negativ ist?

Zentrische Streckung

4 Was ist eine zentrische Streckung mit dem Streckungszentrum Z und dem Streckungsfaktor *k*? Versucht gemeinsam, anhand eurer Beobachtungen eine Definition zu formulieren. Besprecht diese Definition in der Klasse und mit eurer Lehrerin oder eurem Lehrer. Korrigiert und ergänzt eure Definition nötigenfalls.

5 Rückblick auf die Aufgaben 1 und 2
a) Untersuche noch einmal deine Konstruktionsvorschrift aus Aufgabe 2 b).
   Handelt es sich um eine zentrische Streckung?
b) Handelt es sich bei den Abbildungen aus Aufgabe 1 um zentrische Streckungen?

6 Die Quadrate *ABCD* und *A'B'C'D'* sind zueinander ähnlich.
a) Ermittle den Flächeninhalt von *ABCD* und des Bildvierecks *A'B'C'D'* durch verschiedene Verfahren (z. B. Schätzen, Ausmessen der Figuren, Verwendung eines Termobjektes, …).
b) Ziehe an *B* und verändere den Streckungsfaktor der zentrischen Streckung. Wie ändern sich die Flächeninhalte der Figuren? Welcher Zusammenhang besteht zwischen beiden Flächeninhalten?
c) Konstruiere mit der DGS und einer zentrischen Streckung (Symbol: 🗝) zu anderen Figuren (Rechteck, Dreieck, …) die Bildfiguren.
   Lässt sich der bei b) entdeckte Zusammenhang auch auf diese Figuren übertragen?
   Schreibe diesen Zusammenhang allgemein auf.

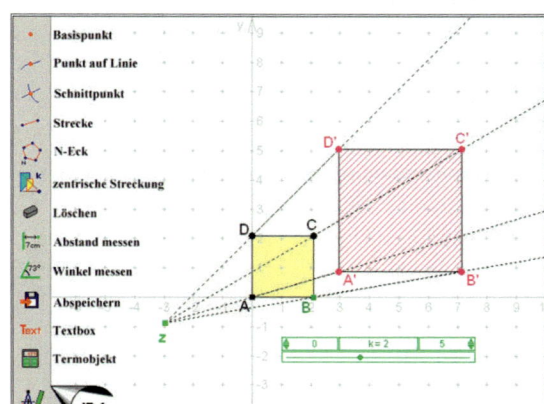

www 063-1

HINWEIS
Konstruktion einer Bildfigur durch zentrische Streckung: Klicke nacheinander auf das Symbol 🗝 der zentrischen Streckung, die Figur, Z und das Zahlobjekt.

7 Der Pantograph (auch Storchenschnabel genannt) ist ein Instrument zum Übertragen von Zeichnungen im gleichen, größeren oder kleineren Maßstab. Experimentiere mit einem echten Pantographen bzw. mit dem Pantographen aus der Datei zu dieser Aufgabe und beschreibe seine Funktionsweise.
a) Mit dem Werkzeug Ortslinie 📈 wurde zu einem Dreieck durch den DGS-Pantographen eine Ortslinie erzeugt. Welches Bild des gelben Dreiecks ergibt sich, wenn du die Ortslinie vervollständigst?
b) Welche Zusammenhänge erkennst du zwischen dem gelben Ausgangsdreieck und seiner Bildfigur?
c) Experimentierecke: Nutze für die folgenden Aufträge die im Onlineangebot unter dem Webcode 063-3 angegebenen Weblinks.
   • Bastele selbst einen Pantographen.
   • Experimentiere mit einem dynamischen Pantographen.
   • Erkundige dich durch eine Internetrecherche, wozu ein Pantograph früher gebraucht wurde.

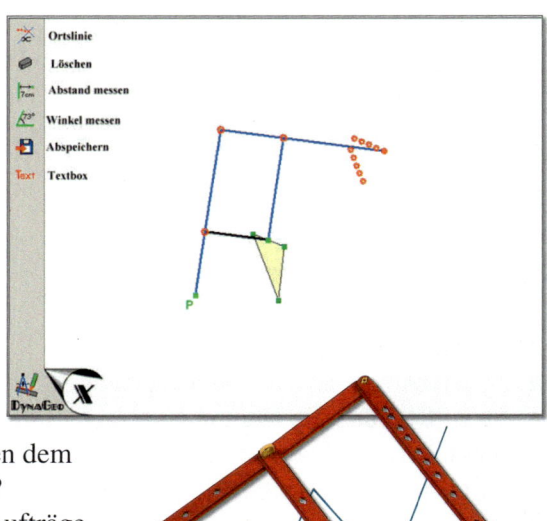

HINWEIS
„Pantograph" (griech.) bedeutet wörtlich übersetzt „Alleschreiber".

www 063-2

www 063-3

63

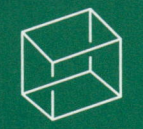

Ähnlichkeit

Lesen und Verstehen

Marie möchte verschieden große Drachen basteln. Sie hat eine Drachenschablone aus Papier, deren Form sie als Vorlage nimmt. Sie möchte die Drachenvorlage vergrößern und verkleinern und so verschieden große Drachen herstellen.
Die ursprüngliche Figur wird als **Original** bezeichnet. Die bei einer Vergrößerung oder Verkleinerung entstehende Figur ist das **Bild**.

HINWEIS
Für die Vergrößerung oder Verkleinerung mit dem Streckungsfaktor k kann man auch den Maßstab angeben. Bei einer Vergrößerung mit z. B. $k = 3$ ergibt sich der Maßstab 3 : 1 (Bildlänge : Originallänge)
Bei einer Verkleinerung mit z. B. $k = \frac{1}{2}$ ergibt sich der Maßstab 1 : 2 (Bildlänge : Originallänge), da die Originallänge doppelt so lang ist wie die Bildlänge.

Eine maßstäbliche Vergrößerung oder Verkleinerung einer Figur kann man mit Hilfe einer **zentrischen Streckung** durchführen.
Der **Streckungsfaktor** wird hierbei mit k bezeichnet, das **Streckungszentrum** mit Z.
Ist $k > 1$, spricht man von einer maßstäblichen Vergrößerung.
Ist $k = 1$, sind Original und Bild identisch.
Ist $0 < k < 1$, handelt es sich um eine maßstäbliche Verkleinerung.

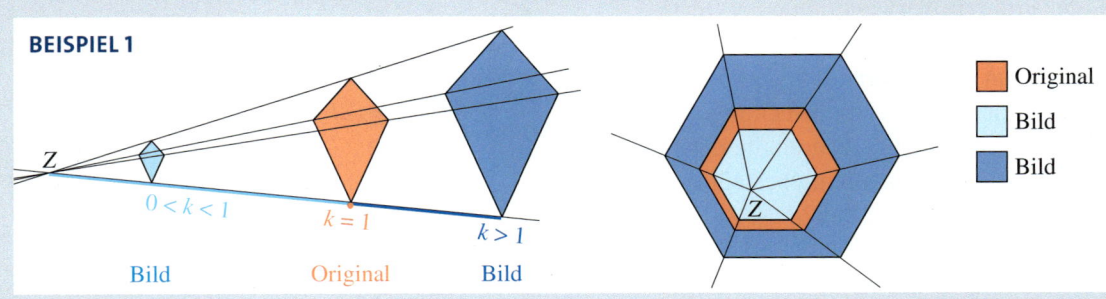

Geometrische Figuren kann man ohne Streckungszentrum maßstäblich vergrößern oder verkleinern. Dazu multipliziert man die Seitenlängen mit dem Streckungsfaktor k und zeichnet das Bild mit den neu entstehenden Werten. Die Winkelgrößen ändern sich nicht.

Üben und Anwenden

1 Zeichne ein Quadrat mit der Seitenlänge $a = 3$ cm. Gib die neuen Seitenlängen an.
a) Vergrößere das Quadrat mit $k = 2$.
b) Vergrößere das Quadrat mit $k = 3$.
c) Verkleinere das Quadrat mit $k = \frac{1}{2}$.
d) Verkleinere das Quadrat mit $k = \frac{1}{3}$.

2 Verändere ein Rechteck mit $a = 2$ cm, $b = 3$ cm mit folgendem Streckungsfaktor.
a) $k = 2$ b) $k = 3$ c) $k = 1{,}5$
d) $k = \frac{1}{2}$ e) $k = \frac{1}{4}$ f) $k = 0{,}6$

3 Zeichne ein gleichseitiges Dreieck mit $a = 6$ cm. Verkleinere es maßstäblich.
a) $k = \frac{1}{2}$ b) $k = \frac{1}{3}$ c) $k = \frac{2}{5}$

4 Mit welchem Streckungsfaktor wurden die Dreiecke vergrößert bzw. verkleinert, wenn einmal I bzw. einmal II das Original ist? Gib den Maßstab an.

64

Zentrische Streckung

5 Zeichne ein Dreieck mit $a = 3$ cm, $c = 5$ cm und $\beta = 80°$.
a) Vergrößere das Dreieck mit $k = 2$.
b) Vergrößere das Dreieck mit $k = 2{,}2$.
c) Vergrößere das Dreieck mit $k = 1{,}5$.
d) Verkleinere das Dreieck mit $k = \frac{1}{2}$.
e) Vergrößere das Dreieck so, dass $a' = 5{,}1$ cm lang ist. Wie groß ist dann k?

6 Zeichne ein beliebiges Dreieck ins Heft. Vergrößere und verkleinere das Dreieck mit Hilfe einer zentrischen Streckung.
a) Wähle Z innerhalb des Dreiecks.
b) Wähle Z außerhalb des Dreiecks.
c) Z liegt auf dem Punkt A des Dreiecks.

7 Übertrage die folgenden Zeichnungen und das Streckungszentrum Z in dein Heft und vergrößere die Zeichnungen mit $k = 2$.

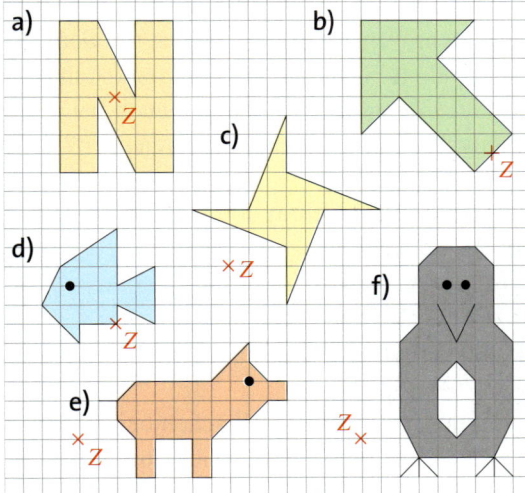

8 Zeichne mit Hilfe eines Kreises ein regelmäßiges Sechseck mit der Seitenlänge $a = 4$ cm. Lege das Streckungszentrum Z auf den Kreismittelpunkt.
a) Welchen Radius musst du wählen?
b) Verkleinere die Seiten des Sechsecks mit einer zentrischen Streckung mit $k = \frac{1}{2}$.
c) Vergrößere die Seiten des Sechsecks mit $k = 1{,}5$.
d) Warum ist es in diesem Fall sinnvoll, wie auf Seite 64 in Beispiel 1 und nicht wie in Beispiel 2 zu vergrößern? Begründe.

9 Wenn du die Größe eines Kreises verändern möchtest, wie gehst du dabei vor?
a) Zeichne einen Kreis und vergrößere und verkleinere ihn mit $k = 2$ und $k = \frac{1}{2}$.
b) Beschreibe, wie du vorgegangen bist.

10 Vergrößere die folgenden Figuren mit $k = 3$.

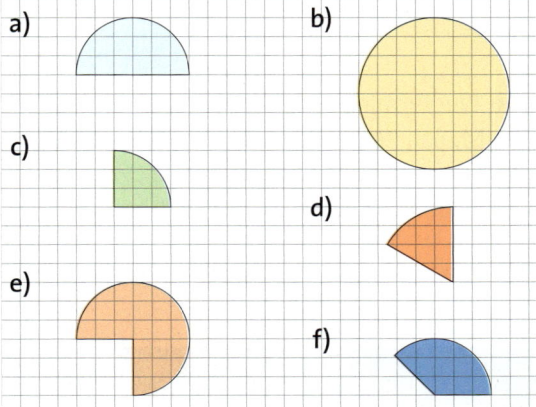

11 Übertrage die Buchstaben in dein Heft. Wähle ein geeignetes Streckungszentrum und vergrößere die Buchstaben mit $k = 2$.

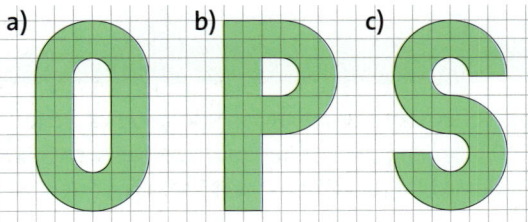

12 Bestimme den Faktor k. Wähle einmal die rote Figur als Original und einmal die blaue.

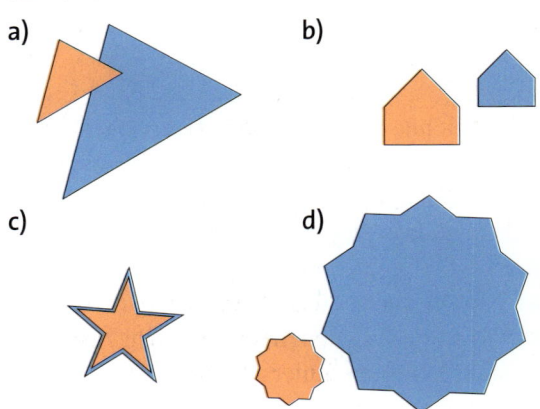

HINWEIS
Überlege dir vor dem Zeichnen immer genau, wie viel Platz die neue Figur benötigen wird, und platziere dementsprechend deine Originalfigur im Heft.

TIPP
Bei etwas komplexeren Figuren (z. B. Buchstaben) empfiehlt es sich, mit Hilfe der zentrischen Streckung zu vergrößern bzw. zu verkleinern.

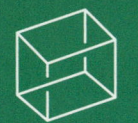

Ähnlichkeit

ZUM WEITERARBEITEN
In Aufgabe 18 hast du dich über den Begriff Fluchtpunkt informiert. Kannst du dein Zimmer in Fluchtpunktperspektive zeichnen?

13 Vergrößere die Figur im Heft, sodass sie im Maßstab 4:1 (3:1) vorliegt.

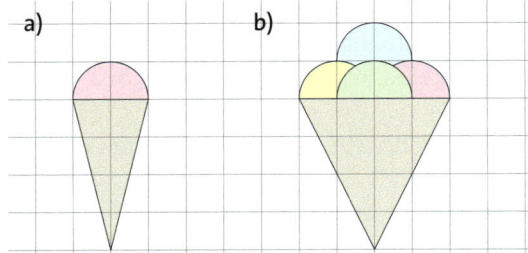

14 Die Firma Loewe stellt eine Fahne mit den Maßen 56 cm × 40 cm her. Welche Maße hat eine vergrößerte (verkleinerte) Fahne, wenn der Maßstab 3:2 (1:4) beträgt?

15 Von diesem Dia soll ein Fotogeschäft Fotoabzüge herstellen.

a) Bei einem Fotoabzug ist die längere Seite 15 cm lang. Wie lang kann die kürzere Seite des Abzugs werden? Vergleiche mit den gebräuchlichen Fotoformaten.
b) Das Fotogeschäft bietet auch Fotoabzüge in den Formaten 9×13, 13×18, 30×45 und 50×75 (Angaben in cm) an. Untersuche, ob diese Bildformate maßstabsgerechte Vergrößerungen des Dias sind.

066-1

HINWEIS
Unter diesem Webcode befindet sich ein DGS-Arbeitsblatt zur zentrischen Streckung.

16 Zeichne mit Hilfe einer zentrischen Streckung Kreise, die immer größer werden und alle den gleichen Abstand voneinander haben, sodass es aussieht wie ein „3-D-Tunnel".
a) Worauf musst du achten?
b) Wo sollte Z liegen, damit es „echt" aussieht? Probiere unterschiedliche Möglichkeiten und entscheide dann.

17 Zeichne einen „3-D-Tunnel" wie in Aufgabe 16 aus anderen geometrischen Formen.

18 Informiere dich über den Begriff „Fluchtpunkt".
a) Beschreibe, wie und wo er eingesetzt wird.
b) Was hat dieser Begriff mit einer zentrischen Streckung zu tun? Erkläre.

19 Gegeben sind zwei Landkarten im Maßstab 1:20 000 und 1:5000. Wie groß ist bei den Karten jeweils der Streckungsfaktor k?

20 Zeichne ein Quadrat und vergrößere es mit dem Streckungsfaktor $k = 2$.
a) Wie verändert sich der Flächeninhalt?
b) Mit welchem Streckungsfaktor erhält man den neunfachen Flächeninhalt?
c) Welchen Streckungsfaktor muss man wählen, wenn man ein Quadrat mit dem doppelten Flächeninhalt erhalten möchte?
d) Gelten deine Beobachtungen auch bei anderen Vierecken und bei Dreiecken?

21 Zeichne das Schrägbild eines Würfels mit der Kantenlänge $a = 3$ cm.
a) Vergrößere den Würfel mit $k = 3,5$.
b) Verkleinere den Würfel mit $k = 0,5$.
c) Wie verhält sich das Volumen?

22 Die Beziehung von Flächen bei zueinander ähnlichen Figuren lässt sich durch folgende Formel angeben: $A' = k^2 \cdot A$.
a) Überprüfe die Formel zeichnerisch an verschiedenen einfachen Figuren und verschiedenen Streckungsfaktoren.
b) Untersuche die Zusammenhänge mit der DGS (s. Randspalte).
c) Zeige durch Umformungen, warum in der Formel k^2 steht.

23 Für ähnliche Körper gilt die Formel $V' = k^3 \cdot V$.
a) Überprüfe die Formel, indem du einen Quader ($a = 4$ cm, $b = 2,8$ cm, $c = 3$ cm) mit $k = 3$ vergrößerst.
b) Begründe, warum in der Formel k^3 steht.

Strahlensätze

Erforschen und Entdecken

1 Diese zwei Dreiecke sind ähnlich zueinander.

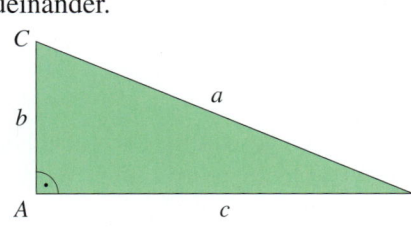
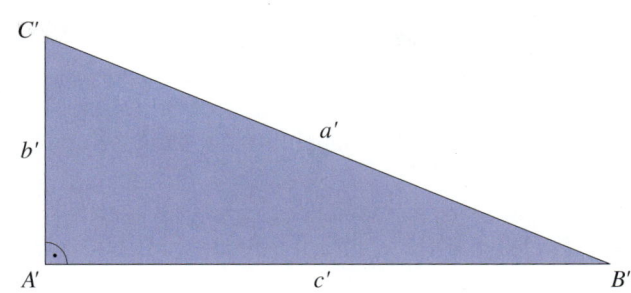

a) Ermittle den Streckungsfaktor k. Entnimm die Maße der Zeichnung. Notiere alle Möglichkeiten, k zu ermitteln. Wie bist du dabei vorgegangen?
b) Teile a durch b und anschließend a' durch b'. Kombiniere genauso andere Strecken und Bildstrecken miteinander. Was fällt dir auf?
c) Schreibe alle Kombinationen aus den Teilaufgaben a) und b), bei denen dies möglich ist, mit Gleichheitszeichen auf.

2 Julian ist auf Klassenfahrt in Paris. Damit die Klasse die Stadt und ihre Sehenswürdigkeiten besser kennenlernt, hat die Lehrerin eine Stadtrallye entworfen. Nun steht Julian mit seiner Gruppe vor der Glaspyramide des Louvre und soll folgende Aufgabe lösen:

Wie lang ist eine Seitenkante der Glaspyramide? Benutzt für eure Berechnungen die Ähnlichkeit.
Tipp: Die Streben verlaufen parallel. Entnehmt notwendige Längenangaben aus der Information in der Randspalte sowie aus der Zeichnung.

ZUR INFORMATION
*Die **Glaspyramide im Innenhof des Louvre** wurde im Jahr 1989 vom Architekten Ieoh Ming Pei aus New York erbaut. Sie besteht aus 603 rautenförmigen und 70 dreieckigen Glassegmenten. Die Pyramide weist eine Höhe von 21,65 m auf, hat eine Basislänge von 35 m und einen Neigungswinkel von knapp 52 Grad. Insgesamt beträgt das Gesamtgewicht ca. 180 Tonnen. Als Vorbild diente die Pyramide von Gizeh.*

a) Vergleicht eure Ergebnisse und Vorgehensweisen in der Klasse.
b) Bestimmt auf anderen Wegen die Seitenlänge. Kontrolliert damit eure vorherige Lösung.

3 Zeichne zwei zueinander ähnliche Dreiecke ABC und $A'B'C'$ auf Papier und schneide sie aus. Lege sie so aufeinander, dass A auf A', b auf b' und c auf c' liegt.

a) Vergleiche sie mit Zeichnung ①. Was findest du wieder? Welche Seiten entsprechen sich jeweils?
b) Drehe nun dein kleines Dreieck um 180° um A, sodass A' wieder auf A liegt und die Seiten vom kleinen und vom großen Dreieck eine gerade Linie bilden. Vergleiche mit Zeichnung ②. Welche Seiten entsprechen sich nun?
c) Notiere jeweils alle Kombinationen, die du in Aufgabe 1 gefunden hast (z. B. $\frac{a}{b} = \frac{a'}{b'}$), sodass sie für diese beiden Zeichnungen gültig sind.

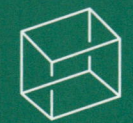

Ähnlichkeit

Lesen und Verstehen

In der Umwelt lassen sich viele Strecken nicht messen. Vielfach ist das Gelände schwer zugänglich, zum Beispiel bei Flüssen und Schluchten, oder die Gebäude sind zu hoch.
Die Breite einer Bucht kann ermittelt werden, indem man eine Vergleichsstrecke misst und damit die Breite der Bucht berechnet. Dabei hilft der Strahlensatz.

Werden zwei sich schneidende Geraden von zwei parallelen Geraden geschnitten, so entstehen zwei Dreiecke. Diese sind zueinander ähnlich, da sie in zwei Winkeln übereinstimmen. Man nennt die sich bildende Figur **Strahlensatzfigur**.

HINWEIS
Da die Dreiecke ZAB und ZA'B' ähnlich zueinander sind, unterscheiden sich die entsprechenden Seiten um den Streckungsfaktor k und es gilt:
$\overline{ZA'} = k \cdot \overline{ZA}$
$\overline{ZB'} = k \cdot \overline{ZB}$
$\overline{A'B'} = k \cdot \overline{AB}$

Strahlensätze
Werden zwei sich schneidende Geraden von zwei Parallelen geschnitten, entstehen zueinander ähnliche Dreiecke ZAB und ZA'B'. Ihre entsprechenden Seitenlängen stehen im gleichen Verhältnis zueinander, das heißt, sie haben den gleichen Ähnlichkeitsfaktor k.

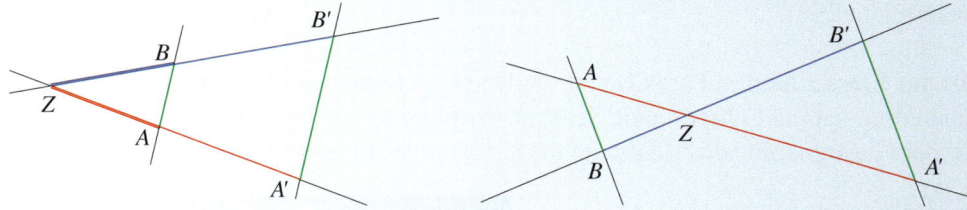

Es gilt: $\frac{\overline{ZA'}}{\overline{ZA}} = \frac{\overline{ZB'}}{\overline{ZB}} = \frac{\overline{A'B'}}{\overline{AB}} = k$, ebenfalls gilt: $\frac{\overline{ZA}}{\overline{AA'}} = \frac{\overline{ZB}}{\overline{BB'}}$ und $\frac{\overline{ZA'}}{\overline{AA'}} = \frac{\overline{ZB'}}{\overline{BB'}}$.

BEISPIEL
Die Dreiecke ZAB und ZA'B' sind ähnlich. Berechne die Länge der vierten Strecke x. (Maße in cm)

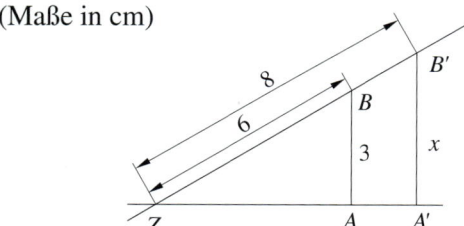
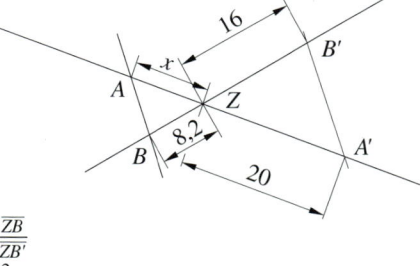

$\frac{\overline{ZB'}}{\overline{ZB}} = \frac{\overline{A'B'}}{\overline{AB}}$

$\frac{8}{6} = \frac{x}{3}$ $\quad | \cdot 3$

$\frac{24}{6} = x$

$x = 4$

Die Strecke $\overline{A'B'}$ ist 4 cm lang.

$\frac{\overline{ZA}}{\overline{ZA'}} = \frac{\overline{ZB}}{\overline{ZB'}}$

$\frac{x}{20} = \frac{8{,}2}{16}$ $\quad | \cdot 20$

$x = \frac{164}{16} = 10{,}25$

Die Strecke $\overline{ZA}$ ist 10,25 cm lang.

Alle weiteren Beziehungen, die du auf der vorherigen Seite herausgefunden hast, bleiben gültig und können ebenfalls zur Berechnung von fehlenden Strecken genutzt werden (z. B. $\frac{\overline{ZA}}{\overline{AB}} = \frac{\overline{ZA'}}{\overline{A'B'}}$).

Sie gehen durch Umformulierung aus den oben genannten Verhältnissen hervor.

Üben und Anwenden

1 Zeichne fünf Strahlensatzfiguren in dein Heft. Markiere wie beim Strahlensatz unter Lesen und Verstehen alle Streckenverhältnisse, die du zusätzlich gefunden hast.

2 Zeige durch Umformung der im Merksatz angegebenen Gleichungen, dass folgende Beziehungen ebenfalls gültig sind:

a) $\dfrac{\overline{ZA}}{\overline{AB}} = \dfrac{\overline{ZA'}}{\overline{A'B'}}$

b) $\dfrac{\overline{ZA}}{\overline{ZB}} = \dfrac{\overline{ZA'}}{\overline{ZB'}}$

c) $\dfrac{\overline{ZA}}{\overline{ZA'}} = \dfrac{\overline{ZB}}{\overline{ZB'}} = \dfrac{\overline{AB}}{\overline{A'B'}}$

d) Markiere die Verhältnisse ebenfalls an verschiedenen Strahlensatzfiguren.

3 Gib verschiedene Wege an, die Strecke $\overline{AB}$ ($\overline{ZA}$; $\overline{ZB'}$) zu berechnen. Nutze dazu die Strahlensatzfigur sowie die bekannten Sätze.

4 Berechne die Länge der Strecke x. (Maße in cm)

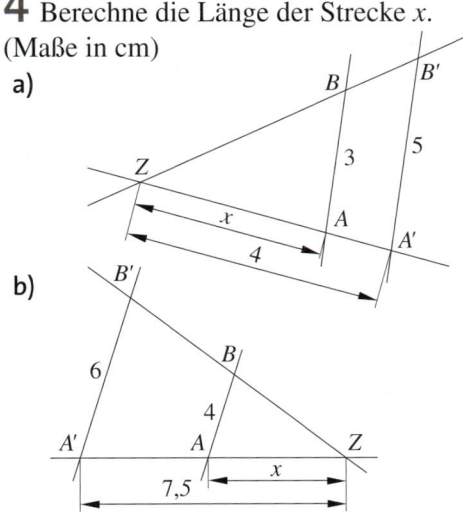

5 Berechne x (Angaben in m).

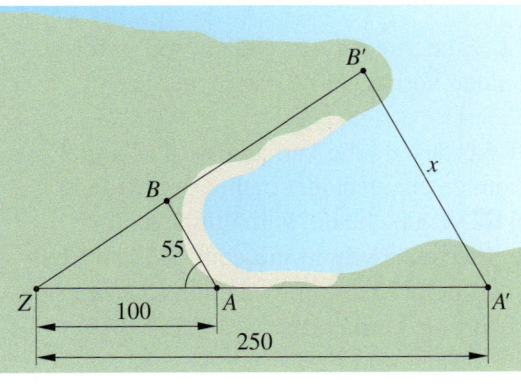

6 Berechne die fehlende Streckenlänge. (Maße in cm)

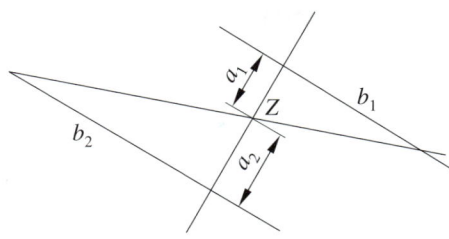

	a_1	a_2	b_1	b_2
a)	1,5	2		7
b)		2	2,5	4
c)	2	3	4	
d)	3,2		5	9,6

7 Die Höhe eines Strommastes lässt sich bei Sonnenschein einfach ermitteln. Dazu wird direkt neben den Mast ein Stab gesteckt, der wie der Strommast einen Schatten wirft. Zum gleichen Zeitpunkt hängt die Länge des jeweiligen Schattens nur von der Höhe des Gegenstandes ab. Berechne die Höhe des Strommastes.

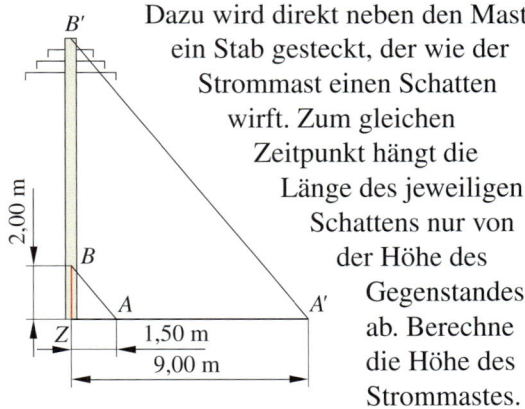

8 Man kann die Flussbreite bestimmen, wenn die drei Strecken a, b und c bekannt sind (siehe Zeichnung).

c ist parallel zum Ufer, an dem b verläuft. Berechne die Flussbreite x.

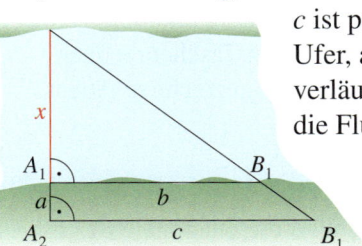

a) $a = 17\,\text{m}$; $b = 75\,\text{m}$; $c = 125\,\text{m}$
b) $a = 20\,\text{m}$; $b = 65\,\text{m}$; $c = 100\,\text{m}$
c) $a = 22\,\text{m}$; $b = 83\,\text{m}$; $c = 100\,\text{m}$
d) $a = 14\,\text{m}$; $b = 90\,\text{m}$; $c = 120\,\text{m}$
e) $a = 19,5\,\text{m}$; $b = 80\,\text{m}$; $c = 136,5\,\text{m}$

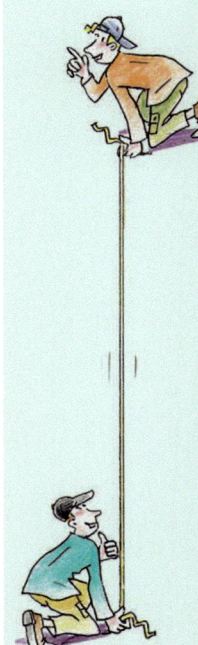

Ähnlichkeit

Methode: Strecken teilen

Unter Verwendung einer Strahlensatzfigur lässt sich mit Zirkel und Lineal eine Strecke in beliebig viele gleich lange Teilstrecken oder in beliebige Streckenverhältnisse exakt unterteilen.

1. Fall: Eine Strecke $\overline{AB}$ = 5,3 cm soll in 5 gleiche Streckenabschnitte unterteilt werden.

Konstruktionsbeschreibung:

HINWEIS
Gleich lange Strecken kann man mit dem Zirkel sauber abtragen.

1. Zeichne $\overline{AB}$ = 5,3 cm.
2. Zeichne von A aus einen Hilfsstrahl.
3. Trage von A aus auf dem Hilfsstrahl fünf gleich lange Strecken mit den Endpunkten T_1, T_2, T_3, T_4, T_5 ab.
4. Verbinde T_5 mit dem Endpunkt der Strecke $\overline{AB}$.
5. Zeichne durch T_1, T_2, T_3 und T_4 Parallelen zu $\overline{T_5B}$.

Die Punkte C, D, E, F teilen die Strecke $\overline{AB}$ in 5 gleiche Teile.

2. Fall: Eine Strecke $\overline{AB}$ = 5,5 cm soll im Verhältnis 1:2 geteilt werden.

Konstruktionsbeschreibung:

1. Zeichne $\overline{AB}$ = 5,5 cm.
2. Zeichne von A aus einen Hilfsstrahl.
3. Trage auf dem Hilfsstrahl die Strecken $\overline{AT_1}$ = 1 cm und $\overline{T_1T_2}$ = 2 cm ab.
4. Verbinde T_2 mit dem Endpunkt der Strecke $\overline{AB}$.
5. Zeichne durch T_1 die Parallele zu $\overline{T_2B}$.

Der Punkt C teilt die Strecke $\overline{AB}$ im Verhältnis 1:2.

9 Gegeben ist die Strecke $\overline{AB}$ = 13 cm.
a) Teile $\overline{AB}$ mit Hilfe des 1. Falls oben in drei gleich große Abschnitte.
b) Wäre deine Streckeneinteilung genauer, wenn du sie mit dem Taschenrechner berechnet und dann gezeichnet hättest? Begründe.

10 Konstruiere ein Trapez, dessen Diagonalenschnittpunkt S die Diagonale $\overline{BD}$ im Verhältnis 5:3 teilt. Beschreibe, wie du vorgegangen bist.

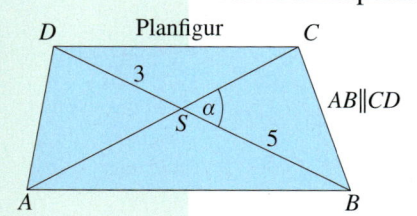

11 Teile die gegebenen Strecken.
a) Teile $\overline{AB}$ = 10 cm in 7 gleiche Teile.
b) Teile $\overline{CD}$ = 8 cm in 11 gleiche Teile.
c) Teile $\overline{EF}$ = 5,7 cm in 4 gleiche Teile.
d) Teile $\overline{ZB}$ = 7,5 cm in 9 gleiche Teile.

12 Eine Strecke $\overline{AB}$ = 11 cm soll in folgenden Verhältnissen geteilt werden:
① 3:1   ② 1:3
a) Würdest du die Verhältnisse 1:3 und 3:1 unterscheiden oder nicht? Begründe.
b) Vergleiche die Verhältnisse beim Streckenabschnitt mit dem Größenverhältnis beim Maßstab. Wie unterscheiden sich dort die Verhältnisse 1:3 und 3:1?

Thema: Höhenbestimmung durch Anpeilen

Mit einfachen Mitteln und mit Hilfe des Strahlensatzes kann man die Höhe von Gebäuden, Masten, Bäumen, ... ermitteln. Dazu benötigt ihr Folgendes.

Material:
Stäbe unterschiedlicher Länge (mindestens 30 cm lang), farbiges Klebeband, Zollstock, Meterschnur oder Maßband.

Bauanleitung und Vorgehensweise:
Wie auf dem Foto peilt ihr mit dem Stab in der Hand aus einem bestimmten Abstand ein Gebäude an.
Vor dem Einsatz solltet ihr noch einige Fragen klären. Diese beziehen sich auch darauf, wie ihr den Stab richtig vorbereitet:

1. In welchem Winkel sollte der Arm ausgestreckt werden und warum?
2. Wieso befindet sich die rote Markierung von der Hand gemessen auf Augenhöhe?
3. Welchen Abstand habt ihr zum Gebäude?
4. Welche Maße werden benötigt?
5. Welche Maße sind nach einem Mal Messen bekannt und welche müssen immer wieder neu ermittelt werden?

Findet euch in Gruppen zusammen und geht mit eurem Material auf den Schulhof.
Baut eure Stäbe in den Maßen, die zu euch passen und mit denen ihr auf dem Schulhof die Höhe der Schulgebäude gut messen könnt. Probiert durch Anpeilen erst einmal mit verschieden langen Stäben ohne Markierung aus, welche Stablängen günstig sind.

ZUR INFORMATION
Auch heute noch werden solche Peilmethoden angewendet. Zum Beispiel bestimmt der Förster so die Höhe von Bäumen.

1 Schaut euch die Zeichnung genau an. Überlegt gemeinsam.
a) Wie wird die Höhe des Baums bestimmt? Worauf muss geachtet werden?
b) Erklärt, warum nicht der Boden angepeilt wird.

2 Fertigt eine Skizze mit einer Strahlensatzfigur an, sodass erkennbar wird, wie ihr die Höhe berechnen wollt.

3 Entwerft eine Tabelle, in der ihr die für die Höhenbestimmung benötigten Maße eintragen könnt. Peilt verschiedene Gebäude oder Bäume an.
Tragt alle ermittelten Maße in einer Tabelle zusammen. Berechnet daraus die noch fehlenden Höhen.

4 ➡ Ein Gebäude wurde mit einem Stab angepeilt und die Höhe mit Hilfe des Strahlensatzes berechnet. Die Höhe betrug nach den Berechnungen 10,80 m. Die tatsächliche Höhe betrug 12,30 m.
Erkläre den möglichen Fehler.

5 ➡ Fasst sämtliche Ergebnisse aus den Aufgaben 1 bis 4 zusammen. Stellt sie im Kurs vor.

HINWEIS
*Aufgabe 3 kannst du auch mit einem Tabellenkalkulationsprogramm lösen. Erstelle eine geeignete Tabelle, die auch eine Spalte für die ermittelten Gebäudehöhen enthält. Wenn du dort in der obersten Zelle die Formel für die Berechnung der Höhe eingibst und diese auf die anderen Zellen überträgst, rechnet der Computer.
Drucke für die Arbeit auf dem Hof die Tabelle aus und übertrage später die ermittelten Höhen in dein Programm.*

Der Goldene Schnitt

Der Goldene Schnitt gibt ein Verhältnis an, in dem eine bestimmte Strecke geteilt wird. Alle Strecken, die nach dem Goldenen Schnitt geteilt sind, sind zueinander ähnlich.
Dieses Verhältnis taucht in ganz unterschiedlichen Bereichen auf: in der Malerei und Architektur, aber auch in der Natur, zum Beispiel am menschlichen Körper oder an Blütenblättern.

Was ist der Goldene Schnitt für ein Verhältnis?

Wenn eine Strecke c so geteilt wird, dass sich der kleinere Streckenabschnitt a zum größeren Streckenabschnitt b so verhält wie der größere Streckenabschnitt b zur ganzen Strecke c, kurz: $a : b = b : c$ (lies: a zu b wie b zu c), dann sagt man, die Strecke $\overline{AB}$ sei nach dem Goldenen Schnitt geteilt.

Dieses Verhältnis beträgt ungefähr 1 zu 1,618. Es wird oft als besonders ausgewogen, harmonisch und schön empfunden.

1 Miss die Längen der eingezeichneten Strecken an der Sonnenblume. Gib ihr Verhältnis als Dezimalzahl an. Ist das Verhältnis ungefähr im Goldenen Schnitt?

2 Näherungsweise kann man sagen, dass das Streckenverhältnis im Goldenen Schnitt wie $3:5$; $5:8$, $13:21$ oder $31:50$ ist.
a) Gib das jeweilige Zahlenverhältnis als Dezimalzahl an.
b) Finde weitere Verhältnisse.

3 In der nebenstehenden Abbildung wird gezeigt, wie man mit Hilfe von zwei Kreisen eine Strecke a im Goldenen Schnitt teilen kann.

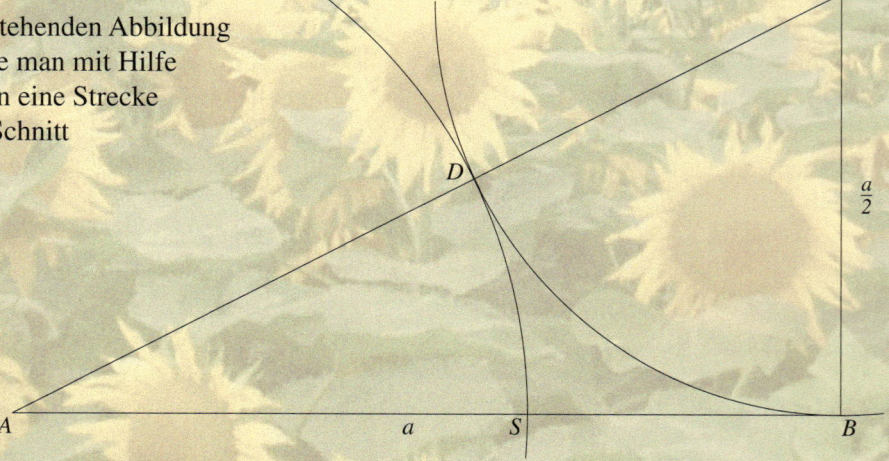

a) Beschreibe die dargestellte Vorgehensweise.
b) Teile diese Strecken im Goldenen Schnitt: $\overline{AB} = 1{,}25\,\text{cm}$; $\overline{CD} = 2{,}5\,\text{cm}$; $\overline{EF} = 5\,\text{cm}$; $\overline{GH} = 7\,\text{cm}$; $\overline{IJ} = 10\,\text{cm}$.

Wendet man den Goldenen Schnitt auf die Seitenverhältnisse von Rechtecken und Dreiecken an, ergeben sich so genannte goldene Rechtecke und goldene Dreiecke.

4 Im goldenen Rechteck entspricht das Verhältnis von Breite zu Länge genau dem Goldenen Schnitt.
a) Erkläre die Konstruktion des goldenen Rechtecks mit Hilfe der Zeichnung.
b) Zeichne eine Strecke von 5 cm Länge. Ergänze die Strecke mit Hilfe eines Zirkels zu einem goldenen Rechteck.

5 Zeichne mit Hilfe der Konstruktionsanleitung rechts ein goldenes Rechteck. Teile jetzt an einer Seite ein möglichst großes Quadrat von dem Rechteck ab.
Ein Rechteck bleibt übrig. Was fällt dir an den Seitenverhältnissen in diesem Rechteck auf?
Diskutiert zu zweit darüber und stellt eure Ergebnisse der Klasse vor.

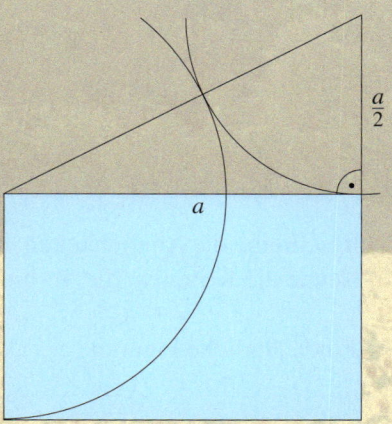

Der goldene Schnitt in der Malerei

6 Der Kupferstich „Adam und Eva" wurde von dem deutschen Maler Albrecht Dürer im Jahr 1504 entworfen.
Arbeitet in kleinen Gruppen. Beantwortet folgende Fragen und stellt eure Entdeckungen auf einem Plakat zusammen.
a) Die meisten Menschen sehen beim Betrachten des Bildes zuerst auf die beiden Feigenblätter. Die wichtigste Stelle des Bildes ist allerdings durch den Goldenen Schnitt festgelegt. Welche Stelle ist gemeint?
b) Recherchiert die Geschichte, die auf dem Bild dargestellt ist. Warum wird der Blick des Betrachters mit Hilfe des Goldenen Schnitts auf genau diese Stelle geführt?
c) Ist bei den Proportionen der Körper der Goldene Schnitt beachtet worden? Untersucht verschiedene Verhältnisse.

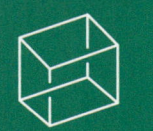

Ähnlichkeit

Vermischte Übungen

1 Zwei amerikanischen Forschern zufolge sind sich Hund und Besitzer tatsächlich ähnlich. Jedoch werden sich Mensch und Hund nicht immer ähnlicher, sondern der Mensch sucht sich einen ihm ähnlichen Hund aus.

a) Beschreibe die Ähnlichkeiten, die du jeweils feststellen kannst.
b) Nenne die Kriterien, die für die Ähnlichkeit im geometrischen Sinn gelten.

2 Finde ähnliche Figuren.

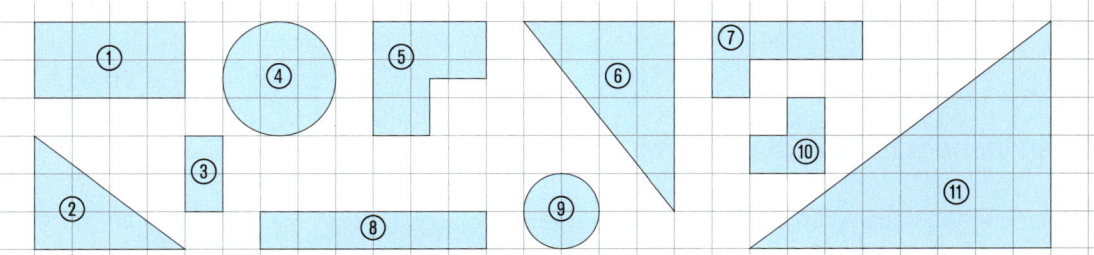

3 ▶ Zeichne ein Rechteck mit $a = 4{,}2$ cm und $b = 5{,}4$ cm in dein Heft.
a) Vergrößere das Rechteck mit $k = 2$ und verkleinere anschließend das Bild mit $k = \frac{1}{3}$.
b) Verkleinere das Rechteck mit $k = \frac{1}{2}$ und vergrößere das Bild anschließend mit $k = 4$.
c) Vergrößere zunächst mit $k = 1{,}5$ und anschließend das Bild wieder mit $k = 1{,}5$.
d) Führe die Schritte bei a) bis c) in umgekehrter Reihenfolge durch. Erhältst du das gleiche zweite Bild? Begründe.
e) Zeichne direkt das zweite Bild. Welchen Faktor k musst du wählen?
f) Formuliere eine Regel, wie das zweite Bild direkt entstehen kann.

4 ▶ „Die Kongruenz ist ein Spezialfall der Ähnlichkeit."
Nimm Stellung zu der Aussage. Zeige deine Ergebnisse anhand einer Zeichnung und verfasse eventuell einen Eintrag darüber in deinem Lerntagebuch.

5 Beschreibe Fehlerquellen, die beim Anpeilen mit dem Stab und anschließendem Berechnen der Gebäudehöhe auftauchen können, und wie man diese vermeiden kann.

6 Vergrößere ein Original mehrmals hintereinander mit immer dem gleichen Faktor, sodass das jeweils entstandene Bild immer wieder vergrößert wird.
a) Gib den Faktor k vom Original bis zum letzten Bild nach 2 (3; 4; 5) Schritten an.
b) Der Faktor k sei a. Wie groß ist der Faktor k vom Original zum 2. (3.; 4.; 5.; n-ten) Bild?

7 Ein Modellauto ist im Maßstab 1 : 18 gebaut.
a) Die Höhe des Modellautos beträgt 7,9 cm. Wie hoch ist das Original?
b) Das Original ist 1,62 m breit. Wie breit ist das Modell?
c) Zeichne ein vereinfachtes Auto und vergrößere es mit $k = 3{,}5$.

Vermischte Übungen

8 Aus dem Physikunterricht kennst du die Bildentstehung bei der Lochkamera. Vielleicht hast du eine solche schon selbst gebastelt. Die Bilder erscheinen dabei auf dem Kopf.

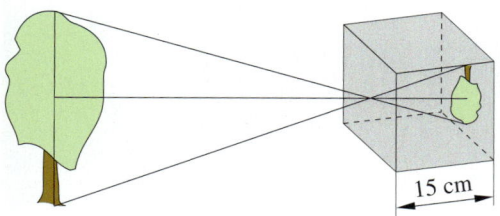

a) Bei einer Lochkamera ist die Mattscheibe 15 cm vom Loch entfernt. Auf der Mattscheibe sieht man ein 10 cm großes Bild eines Baums, der 25 m von der Lochblende entfernt ist. Wie hoch ist der Baum?
b) Wie weit muss ein 9 m hoher Baum mindestens von der Lochblende entfernt sein, damit du ihn auf der Mattscheibe der Lochkamera ganz sehen kannst?
c) Wie groß wird das Bild eines 7 m hohen Hauses auf der Mattscheibe, wenn es aus 20 m Entfernung von der Lochblende aufgenommen wird?

9 Aus der Physik weißt du, dass Sammellinsen Bilder von Gegenständen G erzeugen. Die Skizze zeigt die Versuchsanordnung mit den verschiedenen Linienverläufen und Längen. Suche zunächst eine Strahlensatzfigur.

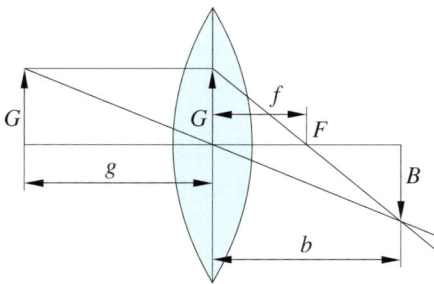

a) Stelle eine Gleichung auf, aus der du die Bildgröße B berechnen kannst, wenn $G = 5$ cm, $g = 20$ cm, $b = 15$ cm sind.
b) Wie weit ist das Bild von der Linse entfernt, wenn es 4 cm groß ist?
c) Erkläre die Gleichung $\frac{G}{B} = \frac{f}{b-f}$.

10 Ein Overhead-Projektor arbeitet nach dem Prinzip des Strahlensatzes.
a) Probiert die unterschiedlichen Einstellungen aus (scharf stellen, näher zur Wand etc.) und beobachtet, was passiert.
b) Projiziert eine Folie mit einer anderen Lichtquelle an die Wand. Vergleicht die Vorgehensweise und das Ergebnis mit der Projektion des Overhead-Projektors.
c) Fertigt eine beschriftete Skizze von der Arbeitsweise des Overhead-Projektors an.
d) Was entspricht welchem Teil der Strahlensatzfigur? Was ist hier anders?
e) Erklärt die Funktionsweise des Projektors schriftlich.
f) Tragt eure Ergebnisse im Kurs vor.

11 Mit einfachen Möglichkeiten kann man ein Schattentheater aufführen. Dabei kann man wie im Bild vor einer Wand oder auch hinter einer Leinwand – für den Zuschauer also nur als Schatten sichtbar – agieren.

a) Experimentiert mit einer Wand, einer Lichtquelle (am besten eignet sich ein Halogenstrahler) und eurem Schatten.
b) Lasst einen „Zwerg" und einen „Riesen" miteinander agieren.
c) Verfasst eine kleine Szene und spielt diese eurem Kurs vor.

HINWEIS
Löst bei Aufgabe Nr. 10 die Aufgabenteile a) und b) gemeinsam in der Klasse.
Arbeitet danach zu zweit oder in kleinen Gruppen weiter.

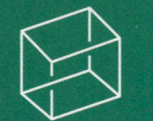

Ähnlichkeit

12 ➡ Kennst du auch den Spruch „Über den Daumen peilen"?
Versuche, den Durchmesser des Mondes mit Hilfe deines Daumens zu ermitteln. Die mittlere Entfernung von der Erde zum Mond beträgt 384 400 km.

a) Informiere dich darüber, warum die Entfernung von der Erde zum Mond als „mittlere" Entfernung angegeben wird.
b) Plane, wie du den Durchmesser mit dem Daumen ermitteln möchtest, und fertige eine Zeichnung an.
c) Ermittle den Durchmesser des Mondes mit diesen einfachen Mitteln. Vergleiche deinen Wert mit einem Wert aus dem Internet oder einem Lexikon.
d) Wie groß war deine Abweichung in Prozent?
e) Wie erklärst du dir die Abweichung?

13 ➡ „Die Sonne ist 400-mal so weit weg von der Erde wie der Mond.
Der Durchmesser der Sonne ist 400-mal so groß wie der des Mondes."
a) Übersetze diesen Text in eine (nicht maßstabsgerechte) Strahlensatzfigur.
b) Wie lang müsste das Papier sein, wenn der Mond mit 2 mm Durchmesser gezeichnet würde und die Zeichnung maßstabsgerecht sein sollte?
c) Der Monddurchmesser beträgt 3 476 km und die mittlere Entfernung (recherchiere den Begriff im Internet) von der Erde zum Mond beträgt 384 400 km.
Berechne den Durchmesser der Sonne sowie ihre Entfernung zur Erde.

14 ➡ Der Monddurchmesser beträgt 3 476 km.

a) Wie kann man mit Hilfe des Monddurchmessers den Durchmesser der Sonne ermitteln? Welche Daten werden dazu noch benötigt? Eine Hilfe gibt dir das abgebildete Foto.
b) Informiere dich im Internet über die fehlenden Daten.
c) Fertige eine Skizze an, die du deiner Berechnung zugrunde legst, und ermittle den Sonnendurchmesser.

15 ➡ Informiere dich über die Durchmesser der Planeten und ihren Abstand zur Sonne. Trage die Werte wie folgt in einer Zeichnung zusammen:
1. Beginne auf einer Strecke von mindestens 31 cm Länge links mit der Sonne. Zeichne dann jeden Planeten auf der Strecke mit dem entsprechenden Abstand ein (Maßstab: 1 AE [Astronomische Einheit = der Abstand von der Erde zur Sonne] entspricht 1 cm).
2. Trage die Durchmesser der einzelnen Planeten als Senkrechte ein (1 000 km sollen 1 mm entsprechen).
a) Gibt es Planeten, die annähernd das gleiche Verhältnis von Abstand zur Sonne zu Durchmesser bzw. Radius haben? Überprüfe mit der Strahlensatzfigur. Lege dazu einen Faden als zweiten Strahl im Mittelpunkt der Sonne an.
b) Ist die Größe der Planeten auf dem Foto links maßstabsgerecht? Vergleiche mit deiner Zeichnung.
c) Wieso wird sich oft für eine nicht maßstabsgerechte Darstellung entschieden? Nenne mehrere Gründe.

Ähnlichkeit

Teste dich!

a | b

1 Ergänze die Sätze.
a) Zwei Figuren heißen zueinander ähnlich, …
b) Zwei Dreiecke sind zueinander ähnlich, … (Hauptähnlichkeitssatz).

2 Vergrößere und verkleinere das jeweilige Rechteck.
a) $a = 2\,\text{cm}$; $b = 3\,\text{cm}$; $k = 2$ a) $a = 4\,\text{cm}$; $b = 3\,\text{cm}$; $k = 1{,}5$
b) $a = 4{,}5\,\text{cm}$; $b = 3\,\text{cm}$; $k = \frac{1}{3}$ b) $a = 9{,}6\,\text{cm}$; $b = 6{,}4\,\text{cm}$; $k = \frac{1}{4}$

3 Berechne die Strecke x.   **3** Berechne die Strecke x.

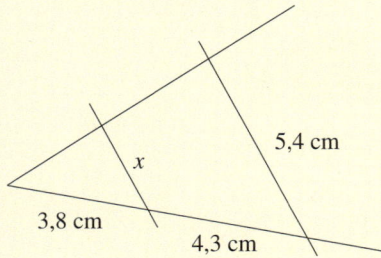
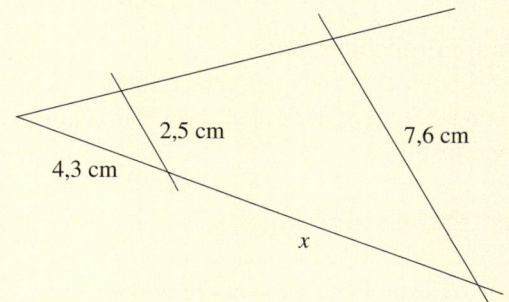

4 Die Höhe eines Gebäudes soll berechnet werden und wird dazu angepeilt. Die Entfernung des Betrachters zum Gebäude beträgt 33 m, die Armlänge 60 cm. Gemessen wird in einer Höhe von 1,50 m und die Länge des Stabes beträgt von der Markierung zur Spitze 40 cm.
a) Fertige mit den Daten eine Skizze an.
b) Berechne die Höhe des Gebäudes.

5 Ein Fachwerkträger hat die gegebene Form. Die Stäbe b und c sind Füllstäbe.

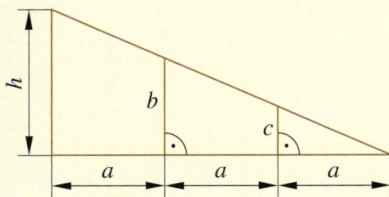

Die Längen $a = 2{,}4\,\text{m}$ und $h = 3{,}4\,\text{m}$ sind bekannt.
a) Berechne die Längen b und c.
b) Gib b und c prozentual in Abhängigkeit von h an.
c) Welche Länge hat der schräge Balken des Fachwerkträgers?

5 Das Wahrzeichen eines Vergnügungsparks in Virginia (USA) ist das Modell des Eiffelturms in Paris. Das Modell ist im Maßstab 1 : 3 gebaut.

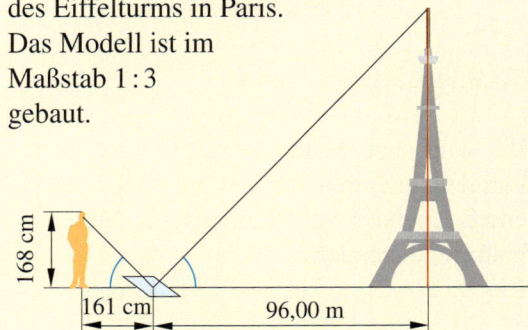

Man kann die Höhe des Modells mit Hilfe eines Spiegels bestimmen. Dazu legt man diesen auf den Boden und stellt sich so, dass man die Spitze des Turms sehen kann.
a) Wie hoch ist das Modell?
b) Gib die reale Höhe des Eiffelturms an.

HINWEIS
Brauchst du noch Hilfe, so findest du auf den angegebenen Seiten ein Beispiel oder eine Anregung zum Lösen der Aufgaben. Überprüfe deine Ergebnisse mit den Lösungen ab Seite 214.

Aufgabe	Seite
1	58
2	64
3	68
4	68
5	68

Ähnlichkeit

Zusammenfassung

→ Seite 58

Ähnlichkeit im geometrischen Sinn

Zwei Figuren heißen zueinander **ähnlich**, wenn sie durch maßstäbliches Vergrößern oder Verkleinern auseinander hervorgehen. Auch kongruente Figuren sind zueinander ähnlich.

ähnliche Trapeze:

Beim maßstäblichen Vergrößern oder Verkleinern bleibt die Form erhalten. Für die Ähnlichkeit ohne Bedeutung sind Farbe, Lage und auch Größe.

ähnliche Dreiecke:

Hauptähnlichkeitssatz
Zwei Dreiecke sind zueinander ähnlich, wenn sie in der Größe von zwei Winkeln übereinstimmen.

 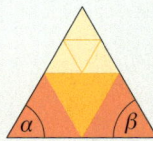

$\alpha = \beta = 60°$

→ Seite 64

Zentrische Streckung

Eine maßstäbliche Vergrößerung oder Verkleinerung einer Figur kann man mit Hilfe einer **zentrischen Streckung** durchführen.
Das **Streckungszentrum** wird mit **Z** bezeichnet, der **Streckungsfaktor** mit **k**.
$k > 1$: Es handelt sich um eine maßstäbliche Vergrößerung.
$k = 1$: Original und Bild sind identisch.
$0 < k < 1$: Es handelt sich um eine maßstäbliche Verkleinerung.

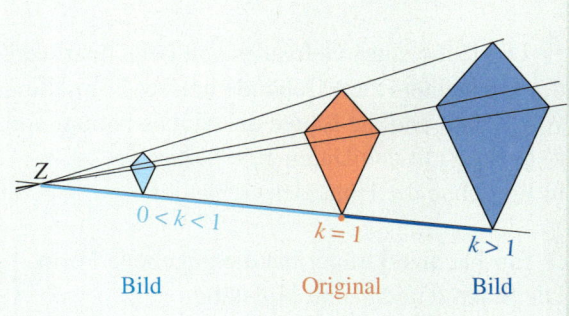

→ Seite 68

Strahlensätze

Bei sich schneidenden Geraden, die von Parallelen geschnitten werden, stehen alle entsprechenden Seiten im gleichen Verhältnis zueinander.
Es gilt:

$\frac{\overline{ZA'}}{\overline{ZA}} = \frac{\overline{ZB'}}{\overline{ZB}} = \frac{\overline{A'B'}}{\overline{AB}} = k,$

ebenfalls gilt:

$\frac{\overline{ZA}}{\overline{AA'}} = \frac{\overline{ZB}}{\overline{BB'}}$ und
$\frac{\overline{ZA'}}{\overline{AA'}} = \frac{\overline{ZB'}}{\overline{BB'}}$.

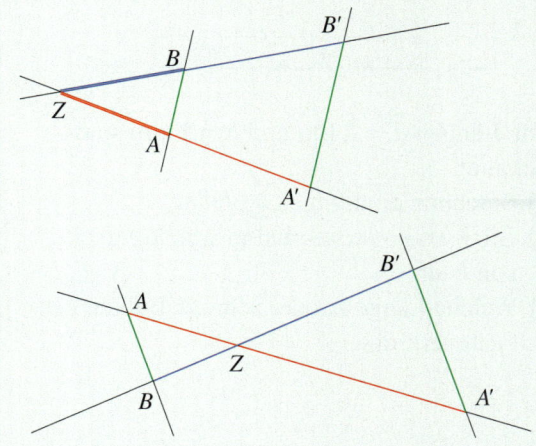

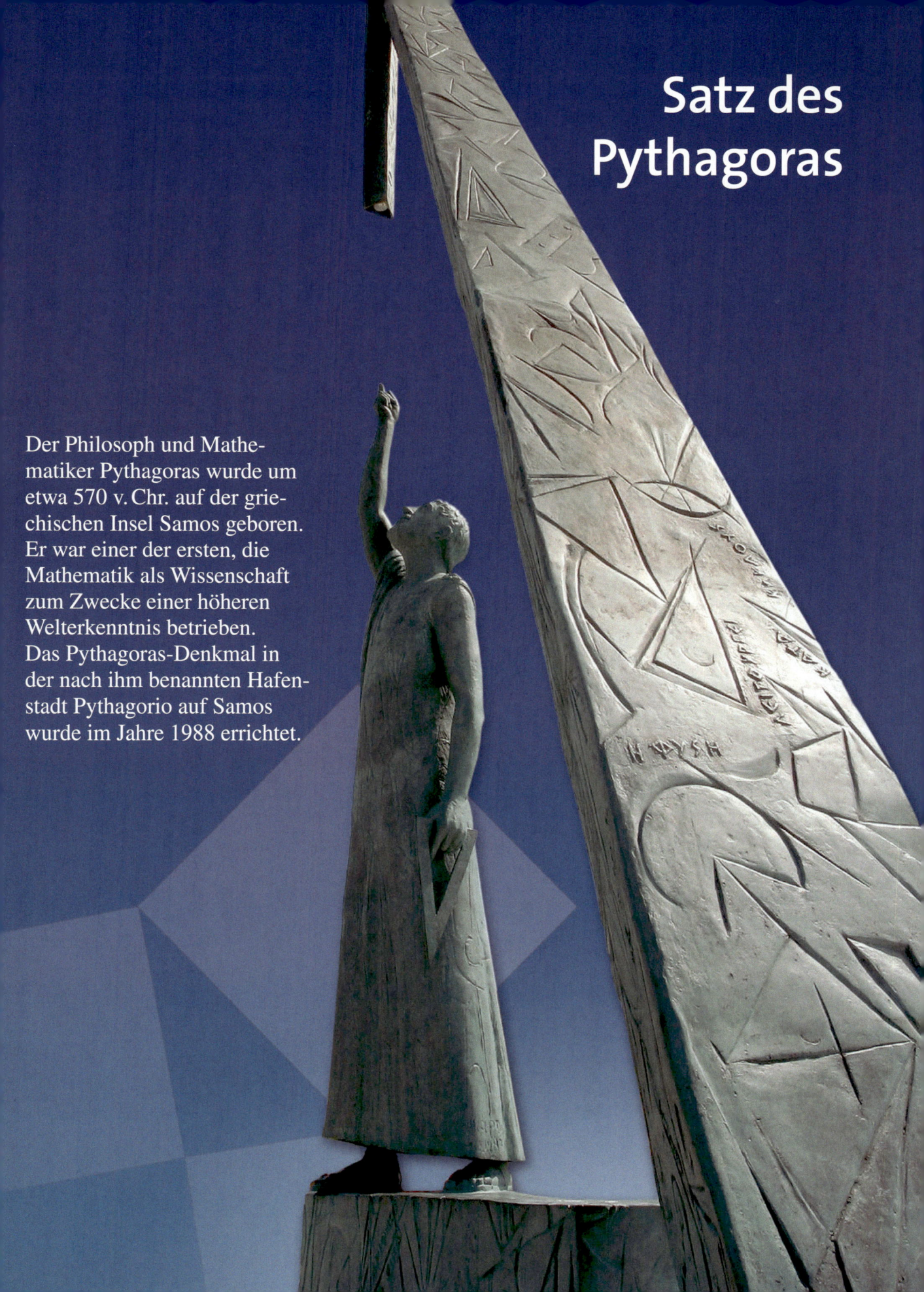

Satz des Pythagoras

Der Philosoph und Mathematiker Pythagoras wurde um etwa 570 v. Chr. auf der griechischen Insel Samos geboren. Er war einer der ersten, die Mathematik als Wissenschaft zum Zwecke einer höheren Welterkenntnis betrieben. Das Pythagoras-Denkmal in der nach ihm benannten Hafenstadt Pythagorio auf Samos wurde im Jahre 1988 errichtet.

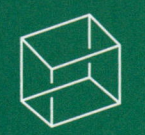

Satz des Pythagoras

Noch fit?

1 Unterscheide folgende Dreiecke einmal nach ihren Seiten und einmal nach ihren Winkeln.

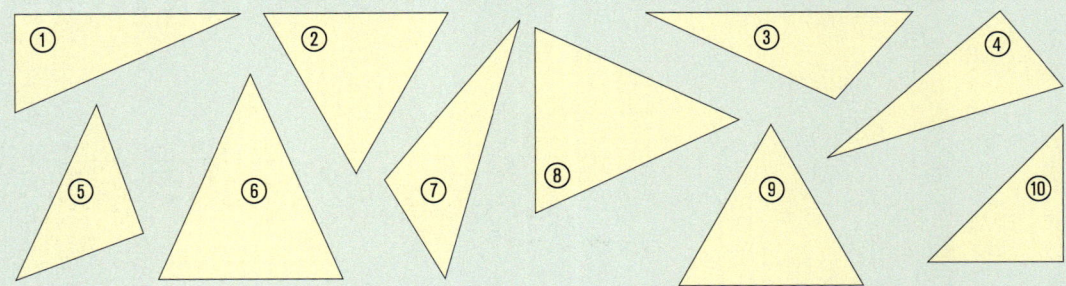

2 Fülle die Tabelle aus und gib das Ergebnis, wenn erforderlich, in der kleineren Einheit an.

a)

+	6 000 km	45 cm	36 dm
3 m			
0,098 km			
825,5 m			
$\frac{2}{5}$ km			
906,1 dm			

b)

+	45 cm²	5,1 dm²	7,2 m²
1,5 dm²			
400 cm²			
1,2 m²			
$\frac{1}{4}$ m²			
3,5 m²			

ZUR INFORMATION
Das Produkt aus zwei Summen berechnet man wie folgt:

$(a+b) \cdot (c+d)$
$= ac+ad+bc+bd$

Binomische Formeln:
$(a+b)^2$
$= a^2 + 2ab + b^2$

$(a-b)^2$
$= a^2 - 2ab + b^2$

$(a+b)(a-b)$
$= a^2 - b^2$

3 Konstruiere folgende Dreiecke. Gib die fehlenden Größen an. Entscheide, welche Dreiecksart jeweils konstruiert wurde.

a) gegeben: $a = 4$ cm, $b = 7,5$ cm, $c = 8,5$ cm
b) gegeben: $a = 7,3$ cm, $\beta = 45°$, $\gamma = 62°$
c) gegeben: $h_c = 3,9$ cm, $c = 8,9$ cm, $\beta = 47°$

4 Löse die Klammern auf.

a) $(a+b)^2$
b) $(x+y)^2$
c) $(x-4)^2$
d) $(2a+2b)^2$
e) $(5a-4b)(5a+4b)$
f) $(2x+3y)(2x-3y)$

5 Löse folgende Gleichungen.

a) $8,5 + x = 13$
b) $x - 2,7 = 5$
c) $5x + 4 = 49$
d) $6x - 5 = 43$
e) $4x + 3 = 2x + 19$
f) $11x - 5 = 7x + 47$
g) $\frac{x}{3} = 7,5$
h) $8 + \frac{x}{5} = 18$

6 Gib die Seitenlänge des Quadrats mit dem gegebenen Flächeninhalt an.

a) $A = 4$ cm²
b) $A = 1$ mm²
c) $A = 25$ km²
d) $A = 81$ cm²
e) $A = 36$ dm²
f) $A = 10 000$ cm²
g) $A = 196$ m²
h) $A = 0,09$ cm²

KURZ UND KNAPP

1. Setze die Klammern so, dass das Ergebnis 3 192 ist: $45 + 12 \cdot 16 - 8 \cdot 7$
2. Eine Miete wird von 419 € um 9 % erhöht. Wie viel Euro beträgt die Erhöhung?
3. Wie lang ist die Seite eines Quadrats, das einen Flächeninhalt von 169 cm² besitzt?
4. Das Dreifache und das Fünffache einer Zahl ergeben zusammen 184. Wie heißt die Zahl?
5. Wenn man die Seite eines Quadrats um 6 cm verlängert, so wird der Flächeninhalt um 312 cm² größer. Welche Länge hat die Seite des Quadrats?
6. Nenne alle Vierecksarten, die auch Trapeze sind.

Quadratzahlen und Quadratwurzeln

Erforschen und Entdecken

1 Die Zahlen in der Tabelle wurden immer nach der gleichen Vorschrift gebildet.
a) Formuliere mit eigenen Worten, durch welche Rechenvorschrift diese Zahlen entstehen.
b) Die Zahlen wurden bewusst so dargestellt. Was fällt dir in den Zeilen und Spalten auf?
c) Kannst du noch andere Rechenvorschriften entdecken?
d) Führt ein Schreibgespräch zu den Fragen.

1	4	9	16	25	36	49	64	81	100
121	144	169	196	225	256	289	324	361	400
441	484	529	576	625	676	729	784	841	900
961	1024	1089	1156	1225	1296	1369	1444	1521	1600
1681	1764	1849	1936	2025	2116	2209	2304	2401	2500
2601	2704	2809	2916	3025	3136	3249	3364	3481	3600
3721	3844	3969	4096	4225	4356	4489	4624	4761	4900
5041	5184	5329	5476	5625	5776	5929	6084	6241	6400
6561	6724	6889	7056	7225	7396	7569	7744	7921	8100
8281	8464	8649	8836	9025	9216	9409	9604	9801	10000

2 Arbeitet zu viert. Schaut euch die Quadrate genau an. Ihr Flächeninhalt ist angegeben.
a) Gebt jeweils die Seitenlänge der Quadrate an.
b) Es sei $c = a_1 + a_2$ und $A_c = A_1 + A_2$.
Gehört dann auch zum Quadrat mit dem Flächeninhalt A_c die Seitenlänge c? Begründe dies oder erläutere, warum es nicht so sein kann.
c) Gib zu Aufgabenteil b) zum Quadrat mit der Seitenlänge c den zugehörigen Flächeninhalt sowie zum Quadrat mit dem Flächeninhalt A_c die zugehörige Seitenlänge an. Stelle beide Lösungen zeichnerisch dar. Nimm dazu das blaue und das gelbe Quadrat zu Hilfe.
d) Nils fragt sich: „$(-3) \cdot (-3)$ ist ja auch 9 und $(-4) \cdot (-4)$ ist auch 16. Gibt es dann auch Quadrate mit einer Seitenlänge von -3 cm oder -4 cm?"
Begründe deine Antwort.

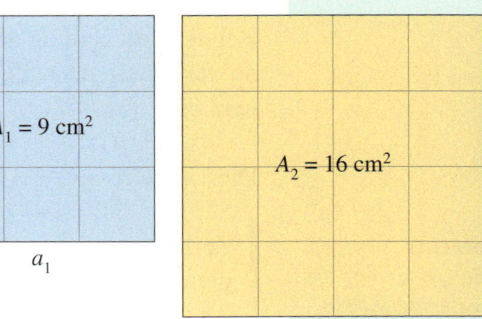

081-1

BEACHTE
Unter dem obigen Webcode wird die Methode „Schreibgespräch" erklärt.

3 Familie Hubertus möchte ihr Bad neu fliesen. Im Baumarkt wählen sie eine quadratische Fliese mit einer Kantenlänge von 15 cm.
a) Wie groß ist der Flächeninhalt von einer Fliese?
b) Wie viele Fliesen benötigen sie mindestens, wenn ihr quadratisches Bad einen Flächeninhalt von $9\,m^2$ hat?
c) Hätten sie halb so viele Fliesen benötigt, wenn sie eine Fliese mit doppelt so langer Kantenlänge gewählt hätten?

4 Ordne die Zahlen der gelben und blauen Tafel nach einer gleich bleibenden Vorschrift einander zu und notiere deine Zuordnung. Beschreibe, wie du dabei vorgehst.
Welche Zahlen kannst du nicht zuordnen? Begründe. Gib eventuell fehlende Zahlen an.

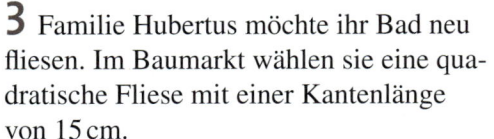

Satz des Pythagoras

Lesen und Verstehen

CD-Cover sind quadratisch. Sie sind 12 cm lang und 12 cm breit. Julia und ihre Schwester Mia wollen ihre CD-Cover in einem Riesenquadrat an ihrer Zimmerwand befestigen.

HINWEIS
Eine Zahl mit sich selbst zu multiplizieren nennt man auch „quadrieren".

Multipliziert man eine Zahl a mit sich selbst, erhält man das Produkt $a \cdot a = a^2$. Es ist a^2 die **Quadratzahl** von a.

BEISPIEL 1
Julia hat 49 CD-Cover. Sie könnte ein Quadrat aus $7 \cdot 7 = 49$ CD-Covern legen.
Man schreibt: $7^2 = 49$
Man liest: 7 hoch 2 gleich 49
Im Taschenrechner tippt man z. B.:
[7] [x²] [=]

Bei der Berechnung der Quadratzahlen kannst du die Quadrattaste [x²] deines Taschenrechners benutzen.

Die Umkehrung des Quadrierens nennt man Quadratwurzelziehen bzw. Wurzelziehen.

BEACHTE
Berechnet man die Seitenlänge eines Quadrats mit $A = 64\,cm^2$, so ist die Lösung nur 8. Obwohl $(-8) \cdot (-8)$ auch 64 ist, wird -8 als Lösung von $\sqrt{64}$ nicht zugelassen, da es keine negative Seitenlänge eines Quadrats gibt.

Zerlegt man eine positive Zahl a in zwei gleiche positive Faktoren x, so erhält man die Gleichung: $a = x \cdot x = x^2$.

Man nennt x die **Quadratwurzel** von a. Für die Quadratwurzel x von a schreibt man auch $\sqrt{a}$.
Es gilt: $x = \sqrt{a}$

Den Term unter der Wurzel nennt man **Radikand**, er darf nicht negativ sein.

BEISPIEL 2
Mia gibt 15 Cover dazu. Mit 64 Covern legen sie ein Quadrat. Wie viele Cover liegen in einer Reihe? $x^2 = 64$
Man schreibt: $x = \sqrt{64}$
Man rechnet: $\sqrt{64} = 8$
Man liest: Wurzel aus 64 ist 8
Probe: $8 \cdot 8 = 64$

Quadratwurzel
$\sqrt{64} = 8$ ← Wert der Quadratwurzel
Radikand (darf nicht negativ sein)
Im Taschenrechner tippt man z. B.:
[√] [6] [4] [=]

Quadratwurzeln berechnet man im Taschenrechner mit der Taste [√].

HINWEIS
Man sagt: 8 ist die Quadratwurzel aus 64, da $8 \cdot 8 = 64$ ist, kurz $8^2 = 64$. Wir sagen auch: Die Quadratwurzel aus 64 ist 8, also die Zahl, die mit sich selbst multipliziert 64 ergibt.

Rechnen mit Quadratwurzeln
- Beim *Addieren (Subtrahieren)* von Quadratwurzeln darf man die Radikanden nicht addieren (subtrahieren).
- Gleiche Radikanden dürfen mit dem Distributivgesetz zusammengefasst werden.
- Beim *Multiplizieren* von Quadratwurzeln darf man die Radikanden multiplizieren.

BEISPIEL 3
$\sqrt{9} + \sqrt{36} = 3 + 6 = 9$ [√][9][+][√][3][6][=]
aber:
$\sqrt{9 + 36} = \sqrt{45} \approx 6{,}7$ [√][(][9][+][3][6][)][=]
$5\sqrt{6} - 2\sqrt{6} = (5 - 2)\sqrt{6} = 3\sqrt{6} \approx 7{,}35$
 [3][×][√][6][=]
$\sqrt{a} \cdot \sqrt{a} = \sqrt{a \cdot a} = \sqrt{a^2} = a$
$\sqrt{a} \cdot \sqrt{b} = \sqrt{a \cdot b}$
$\sqrt{3} \cdot \sqrt{12} = \sqrt{3 \cdot 12} = \sqrt{36} = 6$
 [√][(][3][×][1][2][)][=]

Quadratzahlen und Quadratwurzeln

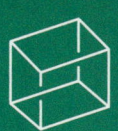

Üben und Anwenden

1 Quadriere die Zahlen von 0 bis 25 und präge dir die Ergebnisse ein. Lass dich von deinem Tischnachbarn abfragen.

2 Bestimme die Quadratwurzel.
a) 16   b) 49   c) 169   d) 361
e) 625   f) 441   g) 900   h) 2 500

3 Ergänze die Tabelle im Heft.

a)
Quadratzahl	64	81	324	529	625
Quadratwurzel					

b)
Quadratzahl					
Quadratwurzel	11	17	21	32	40

c)
Quadratzahl	169		484		361
Quadratwurzel		26		50	

4 Berechne. Was stellst du fest?
a) $11^2 = \blacksquare$; $1{,}1^2 = \blacksquare$; $0{,}11^2 = \blacksquare$
b) $17^2 = \blacksquare$; $1{,}7^2 = \blacksquare$; $0{,}17^2 = \blacksquare$
c) $21^2 = \blacksquare$; $2{,}1^2 = \blacksquare$; $0{,}21^2 = \blacksquare$
d) $6^2 = \blacksquare$; $0{,}6^2 = \blacksquare$; $0{,}06^2 = \blacksquare$

5 Berechne im Kopf.
a) $\sqrt{0{,}04}$ b) $\sqrt{0{,}25}$ c) $\sqrt{0{,}09}$ d) $\sqrt{0{,}49}$
e) $\sqrt{1{,}21}$ f) $\sqrt{0{,}009}$ g) $\sqrt{0{,}0036}$ h) $\sqrt{0{,}0144}$

6 Bestimme die Quadratwurzel.
a) 1,44   b) 1,69   c) 2,25   d) 2,89
e) 0,01   f) 0,04   g) 0,25   h) 0,09

7 Berechne. Beachte die Randspalte.
a) 1^2; 10^2; 100^2; 1000^2; 10000^2
b) $(-2)^2$; $(-7)^2$; $(-12)^2$; $(-21)^2$; 0^2
c) $(\frac{3}{4})^2$; $\frac{3^2}{4}$; $\frac{3}{4^2}$; $(-\frac{3}{4})^2$; $-(\frac{3}{4})^2$
d) $(-11)^2$; -11^2; $-(-11)^2$; $\frac{19^2}{13}$

8 Berechne im Kopf. Welche Aufgaben haben keine Lösung? Beachte die Randspalte.
a) $\sqrt{16}$; $\sqrt{36}$; $\sqrt{361}$; $\sqrt{225}$; $\sqrt{81}$
b) $\sqrt{0}$; $\sqrt{1}$; $\sqrt{\frac{4}{9}}$; $\frac{\sqrt{4}}{9}$; $\frac{4}{\sqrt{9}}$
c) $\sqrt{25}$; $\sqrt{-25}$; $-\sqrt{25}$; $-\sqrt{-25}$; $\sqrt{-(-25)}$
d) $\sqrt{0{,}16}$; $\sqrt{\frac{4}{81}}$; $\sqrt{\frac{9}{625}}$; $\sqrt{\frac{81}{400}}$; $\sqrt{\frac{324}{361}}$
e) $\sqrt{1600}$; $\frac{\sqrt{-1}}{9}$; $\sqrt{0{,}01}$; $\frac{\sqrt{-4}}{81}$; $\frac{-\sqrt{4}}{81}$

9 Überprüfe, ob die Additionsmauern richtig ausgefüllt sind.

a)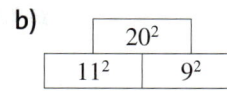
b) Mauer mit 20^2 oben, 11^2 und 9^2 unten.

10 Überprüfe, ob die Multiplikationsmauern richtig ausgefüllt sind.

a)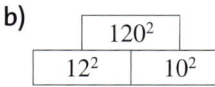
Mauer mit 80^2 oben, 16^2 und 5^2 unten.
b) Mauer mit 120^2 oben, 12^2 und 10^2 unten.

11 Vervollständige die angegebenen Zahlenmauern mit Quadratzahlen.
Additionsmauern
a) Mauer mit 5^2 und 12^2 unten.
b) Mauer mit 3^2 unten.
c) leere Mauer

Multiplikationsmauern
d) Mauer mit 8^2 und 14^2 unten.
e) Mauer mit 16^2 unten.
f) leere Mauer

12 Eine Zahl wie 703 hat besondere Eigenschaften. Quadriert man die Zahl $703^2 = 494\,209$ und teilt die Quadratzahl in 494 und 209 auf, so ist die Summe $494 + 209$ wieder 703. Überprüfe, ob diese Regel für die folgenden Zahlen gilt:
1; 9; 45; 55; 99; 297; 999; 2223; 2728; 4879; 4950; 5050; 5292; 7272; 7777 und 9999

13 Eine quadratische Fliese hat eine Kantenlänge von 12,5 cm.
a) Wie groß ist ihr Flächeninhalt?
b) Wie viele Fliesen benötigt man für eine quadratische Terrasse von 6,25 m²?

14 Wie verändert sich die Fläche eines Quadrates, wenn seine Seitenlänge verdoppelt (verdreifacht) wird?

15 Eine 1 m² große Fläche wird mit 2 500 quadratischen Steinen ausgelegt.
a) Welche Kantenlänge hat ein Stein?
b) Wie viele Steine benötigt man für eine Fläche von 72,75 m²?

AUFGEPASST

Quadriert man den Bruch $\frac{a}{b}$, so gilt: $(\frac{a}{b})^2 = \frac{a}{b} \cdot \frac{a}{b} = \frac{a^2}{b^2}$

BEISPIEL
$(\frac{4}{5})^2 = \frac{4^2}{5^2} = \frac{16}{25}$

AUFGEPASST

Bei der Division von Quadratwurzeln gilt folgende Regel:
$\frac{\sqrt{a}}{\sqrt{b}} = \sqrt{\frac{a}{b}}$

BEISPIEL
$\frac{\sqrt{4}}{\sqrt{16}} = \sqrt{\frac{4}{16}}$

Satz des Pythagoras

16 Korrigiere den Fehler. Erkläre, was falsch gemacht wurde.
a) $6{,}8^2 = 46{,}25$
b) $-71^2 = 5041$
c) $2{,}7^2 = 2{,}79$
d) $435^2 = 1925$
e) $0{,}8^2 = 6{,}4$
f) $1{,}2^2 = 14{,}4$

17 Finde Beispiele und begründe. Formuliere dann eine Regel.
a) Bei welchen Zahlen erhält man beim Wurzelziehen eine kleinere Zahl?
b) Bei welchen Zahlen erhält man beim Wurzelziehen eine größere Zahl?

18 Gibt es Zahlen, aus denen man die Wurzel zieht und das Ergebnis wieder die gleiche Zahl ergibt?

19 Finde Begründungen, warum einige Zahlen die gleiche Endziffer haben wie ihre Quadratwurzeln. Beispielsweise hat das Ergebnis der Quadratwurzel von 625 auch die Endziffer 5.

20 Ordne die Endziffern zu.

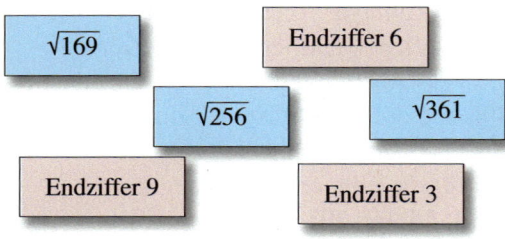

21 Begründe oder widerlege folgende Aussagen.
a) Die Summe des Quadrats zweier Zahlen ergibt den gleichen Wert wie das Quadrat der Summe dieser beiden Zahlen.
b) Das Produkt des Quadrats zweier Zahlen ergibt den gleichen Wert wie das Quadrat des Produkts dieser beiden Zahlen.

AUFGEPASST
Quadriert man ein Produkt, so wird jeder Faktor quadriert.

BEISPIEL
$(ab)^2 = a^2 b^2$
$(2 \cdot 3)^2 = 2^2 \cdot 3^2$

22 Berechne mit dem Taschenrechner.
a) $-11{,}45^2$
b) $(-265{,}11)^2$
c) $-(-3{,}045)^2$
d) $-0{,}0022^2$
e) $7{,}43^2 \cdot 6$
f) $2{,}8 \cdot 5{,}6^2$
g) $2{,}4^2 \cdot 5{,}6^2$
h) $(2{,}3 \cdot 8{,}7)^2$
i) $23{,}8^2 + 12{,}89$
j) $22{,}3^2 - 12{,}5^2$
k) $(15{,}1 + 67{,}9)^2$
l) $(3{,}7^2 - 1{,}2^2) \cdot 4{,}5$

23 Berechne mit dem Taschenrechner. Runde auf zwei Stellen nach dem Komma.
a) $\sqrt{3{,}1}$
b) $\sqrt{21}$
c) $\sqrt{0{,}045}$
d) $\sqrt{300}$
e) $\sqrt{3{,}69} \cdot 1{,}45$
f) $7{,}59 \cdot \sqrt{2{,}67}$
g) $431{,}9 + \sqrt{7394{,}1}$
h) $\sqrt{8{,}9} - \sqrt{1{,}8}$
i) $\sqrt{2{,}9} \cdot \sqrt{3{,}1}$
j) $\sqrt{0{,}3} + \sqrt{1{,}8}$
k) $\sqrt{8{,}4} - \sqrt{2{,}3}$
l) $\sqrt{1{,}94} + 2{,}6$

24 Viele Taschenrechner verfügen über ein „Natural display". Damit werden z. B. Brüche und Quadratwurzeln auf die gleiche Weise eingegeben und angezeigt, wie sie in einem Mathematikbuch stehen.

a) Gibt man $\sqrt{75}$ ein, zeigt der Rechner $5\sqrt{3}$ an. Finde eine mathematische Erklärung, warum der Taschenrechner die Eingabe wie im Bild umwandelt.
b) Überprüfe, ob $2\sqrt{6} = \sqrt{24}$ ist. Finde eine Erklärung.
c) Erfinde weitere Aufgaben dieser Art. Lass dir deine Aufgaben von deinem Partner erklären und umgekehrt.

25 Was fällt dir auf?
a) Berechne.
$(\sqrt{9})^2$; $\sqrt{9^2}$; $\sqrt{14^2}$; $(\sqrt{14})^2$
b) Vergleiche.
$(\sqrt{6})^2$; $\sqrt{6^2}$; $(\sqrt{-6})^2$; $\sqrt{(-6)^2}$
c) Wie würdest du vorgehen, um $(\sqrt{5})^2$ zu berechnen?

26 Berechne, ohne den Taschenrechner zu benutzen. Beachte die Randspalte.
a) $(\sqrt{64})^2$
b) $(-\sqrt{37})^2$
c) $\sqrt{8{,}5^2}$
d) $(\sqrt{0{,}00125})^2$
e) $(2\sqrt{7})^2$
f) $4\sqrt{0{,}5^2}$

27 Warum ist $\sqrt{9} + \sqrt{16}$ nicht gleich $\sqrt{9+16}$? Begründe.
Finde eine ähnliche Aufgabe, die dann dein Tischnachbar begründen soll.

Quadratzahlen und Quadratwurzeln

28 ▶ Im Buch „Konrad oder das Kind aus der Konservenbüchse" von Christine Nöstlinger erklärt Konrad seiner Mutter Berti Bartolotti das Wurzelziehen. Sie hat allerdings von der Wurzel einer Zahl überhaupt keine Ahnung.

> Berti Bartolotti: „Bäume haben Wurzeln, Blumen haben Wurzeln. Und aus der Wurzel vom gelben Enzian macht man Enzianschnaps. [...] Und eine Hundertvierundvierzigerwurzel soll es auch geben? Macht man aus der auch Schnaps?"
> „Die Wurzel aus vier ist zwei" erklärte ihr der Konrad, „und die Wurzel aus neun ist drei, und die Wurzel aus sechzehn ist vier."
> „Dann sind also zwei und drei und vier unter der Erde!" rief die Frau Bartolotti fröhlich.
> Der Konrad wollte die Wurzeln weiter erklären, doch da klingelte es an der Wohnungstür.

a) Lest den Auszug aus dem Roman mit verteilten Rollen laut vor.
b) Wie hätte Konrad die Wurzeln noch erklären können? Schreibt einen kurzen Text.
c) Stellt eure Texte der Klasse vor. Diskutiert über die korrekte Verwendung mathematischer Begriffe und korrigiert die Texte gegebenenfalls.

29 ▶ Eine Zahl quadrieren heißt, die Zahl mit sich selbst zu multiplizieren.
Begründe durch das Finden von Beispielen bzw. Gegenbeispielen.
a) Bei welchen Zahlen ergibt das Quadrieren eine größere Zahl?
b) Bei welchen Zahlen ergibt das Quadrieren eine kleinere Zahl?
c) Gibt es Zahlen, die sich beim Quadrieren nicht ändern?
d) Kann man beim Quadrieren negative Zahlen erhalten?

30 Ein Rechteck soll in ein flächengleiches Quadrat umgewandelt werden.
Welche Seitenlänge hat das Quadrat?
a) $a = 24\,\text{m}$; $b = 6\,\text{m}$
b) $A = 90{,}25\,\text{m}^2$; $b = 50\,\text{cm}$
c) $a = 700\,\text{cm}$; $b = 28\,\text{m}$
d) $a = 0{,}27\,\text{m}$; $A = 8100\,\text{cm}^2$
e) $a = 30{,}25\,\text{cm}$; $b = 1{,}6\,\text{dm}$

31 ▶ Berechne im Kopf.
Was fällt dir auf? Formuliere anschließend eine allgemeine Regel in Bezug auf die Nachkommastellen.
a) 13^2; $1{,}3^2$; $0{,}13^2$; $0{,}013^2$
b) $0{,}2^2$; $0{,}02^2$; $0{,}002^2$; $0{,}0002^2$
c) 15^2; $1{,}5^2$; $0{,}15^2$; $0{,}015^2$
d) $\sqrt{400}$; $\sqrt{4}$; $\sqrt{0{,}04}$; $\sqrt{0{,}0004}$
e) $\sqrt{900}$; $\sqrt{9}$; $\sqrt{0{,}09}$; $\sqrt{0{,}0009}$
f) $\sqrt{1600}$; $\sqrt{16}$; $\sqrt{0{,}16}$; $\sqrt{0{,}0016}$

32 Ein Wohnzimmer von 5,5 m Länge und 4,8 m Breite wird mit quadratischen Fliesen ausgelegt, die eine Kantenlänge von 30 cm (25 cm) haben.
a) Wie viele Fliesen sind nötig?
b) Begründe, warum die berechnete Anzahl eine Mindestzahl angibt.

33 In einem Partyraum soll eine quadratische Fläche mit 144 kleinen Spiegelkacheln der Größe 15 cm × 15 cm beklebt werden.

a) Wie viele Spiegelkacheln bilden den Rand der beklebten quadratischen Fläche?
b) Wie lang ist die Seitenlänge der beklebten quadratischen Fläche?
c) Wie groß ist der Flächeninhalt der beklebten quadratischen Fläche?

34 ▶ Welches Zeichen (= oder ≠) musst du einsetzen, wenn a, $b > 0$ sind? Gib jeweils ein Beispiel oder ein Gegenbeispiel an.
a) $(\sqrt{a})^2$ ■ $\sqrt{a^2}$
b) $(-\sqrt{b})^2$ ■ $\sqrt{b^2}$
c) $(-\sqrt{a})^2$ ■ $-a$
d) $((\sqrt{a})^2)^2$ ■ a^2

HINWEIS
Christine Nöstlinger: „Konrad oder das Kind aus der Konservenbüchse"; 1975, Oetinger, Hamburg.

ZUM KNOBELN
Ein Mann sagte: „Ich bin x Jahre alt im Jahre x^2 des 20. Jahrhunderts." Wann wurde der Mann geboren? Haben Menschen im 21. Jahrhundert die Chance, einen ähnlichen Satz zu sagen?

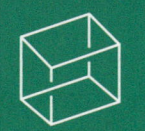

Satz des Pythagoras

ZUR INFORMATION
Das Wurzelzeichen ist aus einem kleinen „r" entstanden. Das war die Abkürzung für „radix" (lateinisch: Wurzel).
Im 13. Jahrhundert schrieb Leonardo Fibonacci noch für die Quadratwurzel einer Zahl folgendes Zeichen, in dem ein großes „R" und ein „x" erkennbar sind.

Die heutige Schreibweise stammt aus dem 16. Jahrhundert.

35 Im Thronsaal des Schlosses Neuschwanstein ist der Fußboden mit einem Mosaik geschmückt, das das Leben der Tiere auf unserer Erde darstellt.

a) Wie viele quadratische Steinchen mit 1,2 cm Kantenlänge werden benötigt, wenn der Thronsaal 20 m breit und 23 m lang ist?
b) Wie ändert sich die Anzahl der Steinchen pro m², wenn die Kantenlänge eines Steinchens verdoppelt wird?

36 Es gibt Quadratzahlen, die kleiner als ihre Quadratwurzel sind.
a) Nenne fünf Beispiele.
b) Formuliere eine allgemeine Regel.

37 In den Taschenrechner mit „Natural Display" wird in die obere Zeile die Aufgabe eingetippt. Unten rechts erscheint das Ergebnis.
a) Erkläre, wie der Taschenrechner zu diesen Ergebnissen kommt.

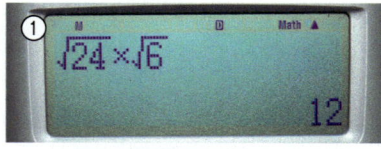

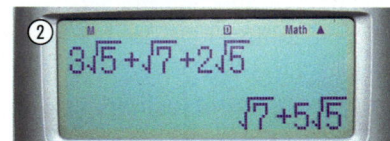

b) Finde einen Rechenweg. Beschreibe ihn.

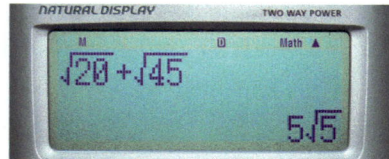

38 Zahlenmauern
a) Überprüfe, ob die Zahlenmauern richtig ausgefüllt sind. Korrigiere, wenn nötig, und vervollständige sie im Heft.

① Additionsmauer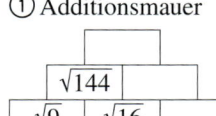

② Multiplikationsmauer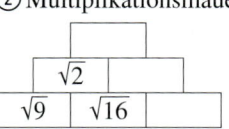

b) Erstelle zu ① und zu ② jeweils zwei weitere Zahlenmauern mit Wurzelzeichen.
c) Beschreibt, wie ihr vorgegangen seid. Notiert eure Ergebnisse und Vermutungen auf einem Plakat oder einer Folie.

39 Man kann 400 geschickt quadrieren, indem man erst 4 und dann 100 quadriert. Berechne wie im Beispiel.
BEISPIEL $400^2 = (4 \cdot 100)^2 = 4^2 \cdot 100^2$
$= 16 \cdot 10\,000 = 160\,000$
a) 30^2 b) 80^2 c) 600^2 d) 700^2 e) 130^2

40 Rechne vorteilhaft.
BEISPIEL $\sqrt{2} \cdot \sqrt{8} = \sqrt{2 \cdot 8} = \sqrt{16} = 4$
a) $\sqrt{5} \cdot \sqrt{20}$ b) $\sqrt{6} \cdot \sqrt{24}$ c) $\sqrt{8} \cdot \sqrt{32}$
d) $\sqrt{5} \cdot \sqrt{45}$ e) $\sqrt{6} \cdot \sqrt{54}$ f) $\sqrt{8} \cdot \sqrt{98}$

41 Aus einem Produkt kann man die Wurzel ziehen, indem man aus jedem Faktor die Wurzel zieht.
Berechne wie im Beispiel.
BEISPIEL $\sqrt{400} = \sqrt{4 \cdot 100} = \sqrt{4} \cdot \sqrt{100}$
$= 2 \cdot 10 = 20$
a) $\sqrt{900}$ b) $\sqrt{8100}$ c) $\sqrt{62\,500}$
d) $\sqrt{0{,}09}$ e) $\sqrt{0{,}36}$ f) $\sqrt{1{,}21}$

42 Lässt man einen Stein von einem Turm fallen, so kann man anhand der Zeit, die der Stein benötigt, die Turmhöhe mit der Faustformel $s = 5t^2$ (s = Höhe in m, t = Zeit in s) bestimmen. Berechne die Turmhöhe.
a) $t = 3$ s b) $t = 6{,}5$ s c) $t = 11$ s

43 Weiß man die Höhe eines Turms, so kann man berechnen, wie lange ein Stein fällt. Berechne mit der Faustformel die Fallzeit.
$t^2 = \frac{s}{5}$ (t = Zeit in s, s = Höhe in m)
a) $s = 20$ m b) $s = 85$ m c) $s = 250$ m

Intervallschachtelung und irrationale Zahlen

Erforschen und Entdecken

1 Tische sind oft auch Gegenstände der Kunst. Der italienische Designer Emilio Bergamin fertigte zum Beispiel modern-avantgardistische Klapptische an. Neben der interessanten Form bieten solche Tische zusätzlich viel Platz.
Bildet 3er-Gruppen und untersucht, wie sich die Tischfläche verändert, wenn man die Tischplattenteile ausklappt. Stellt dazu aus Papier (Tapete) ein Tischmodell her.
a) Welche Fläche hat die Tischplatte vorher bzw. nachher?
b) Wie lang ist die Seite k des ausgeklappten Tisches ungefähr? (*Tipp*: Zwischen welchen beiden natürlichen Zahlen liegt die Seitenlänge des ausgeklappten Tisches?)
c) Versucht, die Seitenlänge auf eine Nachkommastelle genau abzuschätzen. Prüft nach.
d) Gebt die Seitenlänge in den Taschenrechner ein. Was rechnet der Taschenrechner aus? Prüft mit Hilfe der Umkehroperation.

BEACHTE
Nutze zum Lösen der Aufgabe die beiden Zeichnungen zum Tisch.

2 Im Buch „Der Zahlenteufel" erklärt dieser, dass „unvernünftige Zahlen" „hinter ihrem Komma völlig verrückt spielen" (S. 75). Lest den Text mit verteilten Rollen. Führt ein Unterrichtsgespräch über den Traum. Findet in Partnerarbeit Antworten auf die Fragen.

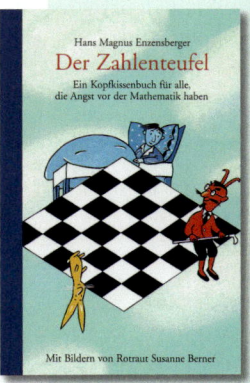

HINWEIS
Quelle: H. M. Enzensberger: „Der Zahlenteufel"; Hanser, 1997, dtv, 1999.

a) Worum geht es im Dialog?
b) Was habt ihr verstanden und was ist noch unklar?
c) Welche weiteren Fragen ergeben sich?
d) Kann man $\sqrt{2}$ als Bruch schreiben?
e) Woran erkennt man, ob der „Rettich" einer Zahl „unvernünftig" ist?
f) Gibt es auch „unvernünftige" Brüche?

Satz des Pythagoras

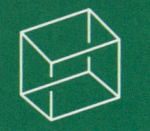

Lesen und Verstehen

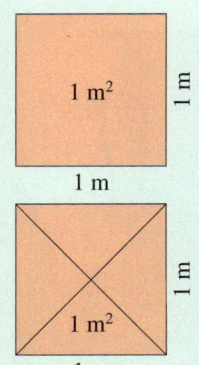

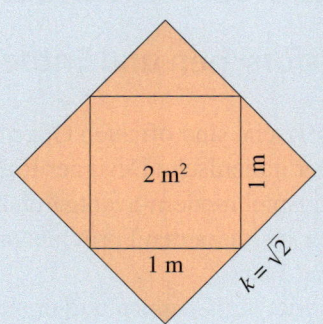

Alicia soll ein Quadrat mit dem Flächeninhalt von $2\,m^2$ herstellen und die Seitenlänge k möglichst genau angeben.
Alicia bastelt dieses Quadrat aus zwei Quadraten mit einem Flächeninhalt von $1\,m^2$. Die Seitenlänge des großen Quadrates muss $k = \sqrt{2}$ sein, da $k \cdot k = \sqrt{2} \cdot \sqrt{2} = 2$ ist.
Mit dem Zollstock misst Alicia eine Länge zwischen $1{,}41\,m$ und $1{,}42\,m$.
Aber durch welchen Dezimalbruch wird $\sqrt{2}$ genau dargestellt?

Gesucht ist die Zahl k, die quadriert 2,0 ergibt. Das heißt, für k^2 muss gelten, dass die letzte Ziffer eine 0 ist. Die letzte Ziffer von k kann aber nur 1, 2, …, 9 sein und keine dieser Ziffern ergibt beim Quadrieren eine 0 an letzter Stelle. k^2 kann an die Zahl 2,0 nur angenähert werden.

HINWEIS
Eine Zahl ist rational, wenn sie sich als Bruch (und somit als endlicher oder periodischer Dezimalbruch) schreiben lässt. Eine Zahl ist irrational, wenn sie sich nicht als Bruch darstellen lässt.

> $\sqrt{2}$ kann nicht durch einen endlichen oder periodischen Dezimalbruch dargestellt werden.
> $\sqrt{2}$ ist demnach keine rationale Zahl. $\sqrt{2}$ ist eine von vielen **irrationalen Zahlen**.
> Irrationale Zahlen haben als Dezimalbruch unendlich viele Stellen nach dem Komma.

Mit einer **Intervallschachtelung** können Quadratwurzeln aus Zahlen, die keine Quadratzahlen sind, wie z. B. $\sqrt{2}$ oder $\sqrt{3}$, beliebig genau angenähert werden.

BEACHTE
Gesucht ist eine Zahl, die mit sich selbst multipliziert 2 ergibt. Also muss $\sqrt{2}$ zwischen 1 und 2 liegen.
$1^2 = 1$ und $2^2 = 4$. Daher wird zunächst das Intervall von 1 bis 2 untersucht. Schrittweise wird die Intervalllänge verkleinert, um die gesuchte Zahl genauer einzugrenzen.

	A	B	C	D	E	F	G	H	I	J K L	M	N	O
1	Intervallschachtelung				Wie groß ist	$\sqrt{2}$?							
2													
3	Intervalllänge			$\sqrt{2}$ liegt zwischen			Begründung						
4	1		1	und	2	weil	1^2	=	1	< 2 <	4	=	2^2
5	0,1		1,4	und	1,5	weil	$1{,}4^2$	=	1,96	< 2 <	2,25	=	$1{,}5^2$
6	0,01		1,41	und	1,42	weil	$1{,}41^2$	=	1,9881	< 2 <	2,0164	=	$1{,}42^2$
7	0,001		1,414	und	1,415	weil	$1{,}414^2$	=	1,999396	< 2 <	2,002225	=	$1{,}415^2$
8	0,0001		1,4142	und	1,4143	weil	$1{,}4142^2$	=	1,999962	< 2 <	2,0002445	=	$1{,}4143^2$
9	…		…	…	…	…	…		…		…		…

> Eine **Intervallschachtelung** ist eine Folge von ineinander enthaltenen Intervallen.
> Die Intervalllängen kann man beliebig klein machen. Die Intervallschachtelung bestimmt genau eine Zahl, sie liegt in allen Intervallen.

Lassen sich irrationale Zahlen auch auf der Zahlengeraden finden?
Alicias Quadrat kann an die Zahlengerade angelegt werden.
Aus der Zeichnung erkennt man, dass auch die Diagonalenlänge des Ausgangsquadrats $\sqrt{2}$ ist. Durch Abtragen dieser Länge auf der Zahlengeraden erhalten wir den Punkt für $\sqrt{2}$.

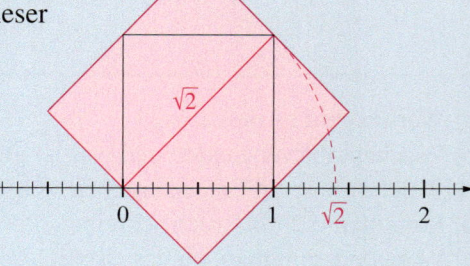

> Auf der Zahlengeraden gibt es Punkte für rationale Zahlen und für irrationale Zahlen.
> Rationale Zahlen und irrationale Zahlen bilden zusammen die **reellen Zahlen**.

Intervallschachtelung und irrationale Zahlen

Üben und Anwenden

1 Ist die Zahl rational oder irrational?
a) $\sqrt{3}$ b) $\sqrt{4}$ c) $\sqrt{5}$
d) $\sqrt{\frac{1}{16}}$ e) $\sqrt{\frac{1}{10}}$ f) $\sqrt{1+10}$

2 Welche Wurzeln lassen sich genau und welche nur näherungsweise bestimmen?
a) $\sqrt{144}$ b) $\sqrt{5{,}5}$ c) $\sqrt{0{,}09}$
d) $\sqrt{0{,}064}$ e) $\sqrt{625}$ f) $\sqrt{6{,}25}$

3 ▶ Begründe. Welche Zahlen sind rational, welche sind irrational?
a) $1{,}4916253649\ldots$ b) $0{,}567676\ldots$
c) $3{,}839223839223\ldots$ d) $0{,}666666\ldots$

4 Setze *nie*, *immer* oder *manchmal* ein.
a) Irrationale Zahlen sind ▢ reelle Zahlen.
b) Reelle Zahlen sind ▢ rationale Zahlen.
c) Natürliche Zahlen sind ▢ reelle Zahlen.
d) Quadratwurzeln aus Zahlen sind ▢ irrationale Zahlen.

5 Gib die ersten fünf Intervalle einer Intervallschachtelung für $\sqrt{17} = 4{,}123105\ldots$ an.

6 Bestimme $\sqrt{3}$ ($\sqrt{11}$) mit einer Intervallschachtelung. Runde an der vierten Nachkommastelle. Notiere jedes Intervall.
BEISPIEL $1{,}7 < \sqrt{3} < 1{,}8$, denn
$1{,}7^2 = 2{,}89 < 3 < 1{,}8^2 = 3{,}24 \ldots$

7 ▶ Erkläre mit eigenen Worten, wie und warum man eine Intervallschachtelung durchführt.

8 Welche Quadratwurzeln gehören zu den Intervallschachtelungen?
a) [2; 3], [2,6; 2,7], [2,64; 2,65] …
b) [3; 4], [3,7; 3,8], [3,74; 3,75] …
c) [8; 9], [8,3; 8,4], [8,30; 8,31] …

9 Der Flächeninhalt eines Quadrats mit einer Seitenlänge $a = 5\,\text{m}$ wurde verdoppelt.
a) Gib den neuen Flächeninhalt an.
b) Zeichne im Maßstab 1 : 100. Miss die neue Seitenlänge. Kontrolliere die Messgenauigkeit mit Hilfe einer Rechnung.
c) Konstruiere ein Quadrat mit $a = \sqrt{2}$ ($\sqrt{32}$).

5 m

10 ▶ Zeichne auf einer Zahlengeraden $\sqrt{8}$ exakt ein. Präsentiert eure Vorgehensweisen in der Klasse. Vergleicht sie miteinander.

11 ▶ Papierformate.
a) Miss die Größe eines DIN-A4-Blattes.
b) Stimmen die folgenden Aussagen?
  • Von DIN An zu DIN A$(n+1)$ gelangt man durch Halbieren des Blattes.
  • Das Verhältnis von langer Seite zu kurzer Seite ist für alle Formate gleich.
c) Teile für jedes Papierformat die Höhe durch die Breite. Zeige, dass $\sqrt{2} : 1$ als Seitenverhältnis folgt.
d) Quadriere den Wert für das Höhe-Breite-Verhältnis. Was fällt dir auf?
e) Welchen Flächeninhalt hat ein DIN-A4-Blatt? Wie groß ist dann der Flächeninhalt eines A0-Blattes? Was fällt dir auf?

089-1

BEACHTE
Hinter dem Webcode verbirgt sich eine Linkliste zu Papierformaten.

12 ▶ Erläutere die Intervallschachtelung mit einem Tabellenkalkulationsprogramm.
a) Erstelle folgendes Tabellenblatt für $\sqrt{3}$.   b) Berechne mit dem Tabellenblatt $\sqrt{12}$.

	A	B	C	D	E	F	G
1	**Bestimmung der Quadratwurzel durch Intervallschachtelung**						
2				Verfahren		Exakt	
3	Quadratwurzel aus	3		ist gleich	1,73205080756452	1,7320508075689	
4							
5	Näherungswert unten	quadriert	quadriert	Näherungswert oben		Mittelwert	Quadrat des
6	a_l	a_l^2	a_r^2	a_r		von a_l und a_r	Mittelwertes
7	1	1	9	3		2	4
8	1	1	4	2		1,5	2,25
9	1,5	2,25	4	2		1,75	3,0625
10	1,5	2,25	3,0625	1,75		1,625	2,640625
11	1,625	2,640625	3,0625	1,75		1,6875	2,84765625
12	1,6875	2,84765625	3,0625	1,75		1,71875	2,95410156250000

TIPP
Das Quadrat des Mittelwertes wird mit dem Wert in B3 verglichen. Ist es größer bzw. kleiner, wird der Mittelwert als obere bzw. untere Grenze eingesetzt.

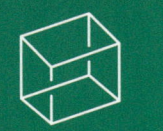

Satz des Pythagoras

Methode: Direkte und indirekte Beweise

Wie in der Kriminalistik spielen Beweise auch in der Mathematik eine entscheidende Rolle. Ein Ziel der Mathematik ist es, **wahre Aussagen** über Zahlen, Variablen, Funktionen, geometrische und andere mathematische Objekte zu formulieren. Solche Aussagen, die immer nur unter bestimmten Voraussetzungen gelten, nennt man **mathematische Sätze**.

BEISPIELE
① In jedem Dreieck beträgt die Innenwinkelsumme 180°.
② Für alle rationalen Zahlen a und b gilt: $(a + b)^2 = a^2 + 2ab + b^2$.

Die allgemeine Gültigkeit von Sätzen muss man beweisen. Man unterscheidet je nach Art der Beweisführung zwischen dem **direkten Beweis** und dem **indirekten Beweis**.

Beweise werden in der Algebra häufig geführt, indem geeignete Terme oder Gleichungen aufgestellt werden und dann durch Termumformungen die Behauptung bewiesen oder widerlegt wird.

Der direkte Beweis

Der direkte Beweis wird durch logische Schlussfolgerungen unter Benutzung bekannter Sachverhalte so geführt, dass die Aussage des Satzes direkt bestätigt wird.
Das Verfahren beim direkten Beweis wird an einem Beispiel vorgestellt.

HINWEIS
Ist ein Satz bewiesen, so kennzeichnet man das mit q.e.d. Dies ist die Abkürzung für die lateinischen Wörter „quod erat demonstrandum", was so viel heißt wie „was zu beweisen war".

Behauptung: Das Quadrat einer ungeraden Zahl ist ungerade.
Beweis: a sei eine ungerade Zahl.
Es gilt: $a = 2n + 1$ | quadrieren
$a^2 = (2n + 1)^2$
$a^2 = \underbrace{4n^2 + 4n}_{\text{gerade Zahlen}} + 1$ 1 ist eine ungerade Zahl.

Die Summanden $4n^2$ und $4n$ sind gerade Zahlen, da sie beide durch 2 teilbar sind.
Da die Summe aus zwei geraden und einer ungeraden Zahl ungerade ist, folgt:

a^2 ist eine ungerade Zahl. q.e.d.

1 Finde für die folgende Beweisführung die richtige Reihenfolge.

- Da $\sqrt{a}$ und $\sqrt{b}$ nicht negativ sind, ist auch das Produkt $\sqrt{a} \cdot \sqrt{b}$ nicht negativ.
- $= (\sqrt{a} \cdot \sqrt{b}) \cdot (\sqrt{a} \cdot \sqrt{b})$
- $(\sqrt{a} \cdot \sqrt{b})^2$
- $= \sqrt{a}^2 \cdot \sqrt{b}^2$
- $= \sqrt{a} \cdot \sqrt{a} \cdot \sqrt{b} \cdot \sqrt{b}$
- $= a \cdot b$
- **Behauptung**: Man kann zwei Wurzeln multiplizieren, indem man die Radikanden multipliziert und dann die Wurzel zieht. $\sqrt{a} \cdot \sqrt{b} = \sqrt{a \cdot b}$ bedeutet $\sqrt{a} \cdot \sqrt{b}$ ist die Wurzel aus dem Produkt $a \cdot b$.

2 Beweise, dass das Quadrat einer geraden Zahl gerade ist.

3 Beweise: Das Produkt einer geraden und einer ungeraden Zahl ist gerade.

4 Beweise den Satz:
Eine Zahl z, die durch 6 teilbar ist, ist auch durch 2 teilbar.

5 Beweise: Sind zwei Zahlen a und b durch eine Zahl c teilbar, ist auch ihre Summe durch c teilbar.

Methode: Direkte und indirekte Beweise

Der indirekte Beweis oder Widerspruchsbeweis

Der indirekte Beweis geht von der Annahme aus, die das Gegenteil des zu beweisenden Satzes ist. Durch logische Schlussfolgerungen erzeugt man einen Widerspruch zur Annahme. Dadurch wird der Satz bestätigt.

An einem Beispiel aus der Lebenswirklichkeit wird die Vorgehensweise verdeutlicht:

1 Erkläre die folgenden Schritte des indirekten Beweises.

Behauptung: $\sqrt{2}$ ist irrational.
Annahme: $\sqrt{2}$ ist eine rationale Zahl, also gilt $\sqrt{2} = \frac{p}{q}$, wobei p, q teilerfremd.

Folgerungen	Erklärungen
1) $\sqrt{2} = \frac{p}{q}$	quadrieren
2) $2 = \frac{p^2}{q^2}$	$\mid \cdot q^2$
3) $2q^2 = p^2$	
4) p^2 ist gerade	(da Zweifaches von q^2)
5) p ist gerade	
6) $p = 2n$	
7) $p^2 = 4n^2$	
8) $4n^2 = 2q^2$	
9) $2n^2 = q^2$	
10) q^2 ist gerade	
11) q ist gerade	
12) $q = 2m$	
13) $\frac{p}{q}$ ist nicht vollständig gekürzt	Widerspruch zur Annahme, da p und q durch 2 teilbar

2 Notiere den Beweis für den Satz „Die Zahl 2 ist die einzige gerade Primzahl." richtig.

Damit ist diese Zahl keine Primzahl.
Die Zahl hat also außer 1 und sich selbst noch einen dritten Teiler, nämlich 2.
Das steht im Widerspruch zur Annahme.
Dann muss diese Zahl größer sein als 2.
Der Satz wurde bewiesen.
Es gibt also außer 2 keine weitere gerade Primzahl.
Jede gerade Zahl ist durch 2 teilbar.
Deswegen ist die Annahme falsch.
Annahme: Es gibt außer 2 noch eine gerade Primzahl.
Da diese Zahl außerdem gerade ist, ist sie durch 2 teilbar.

3 Erfinde selbst eine Geschichte zum indirekten Beweis.

4 Zeige, dass $\sqrt{8}$ irrational ist. Warum funktioniert der Beweis für $\sqrt{4}$ nicht?

Satz des Pythagoras

Thema: Aufbau des Zahlensystems

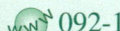 092-1

ZUM WEITERARBEITEN
Unter dem Webcode findest du eine Linkliste zu Zahlensystemen.

Der Aufbau unseres heutigen Zahlensystems durch die Mathematik hat einige hundert Jahre gedauert.

Im Bereich der *natürlichen Zahlen* sind zwar Gleichungen der Form $x + 4 = 7$ lösbar, nicht aber solche der Form $x + 8 = 5$.
Dies führt auf die *negativen Zahlen*.

Im Bereich der *ganzen Zahlen* sind Gleichungen der Form $5x = 2$ nicht lösbar.
Dies führt auf die *rationalen Zahlen*.

Im Bereich der *rationalen Zahlen* sind Gleichungen der Form $x^2 = 2$ nicht lösbar.
Dies macht die Erweiterung des Zahlensystems auf die *irrationalen Zahlen* nötig.

Die rationalen Zahlen ergeben zusammen mit den irrationalen Zahlen die *reellen Zahlen*.
Im Bereich der reellen Zahlen ist jedoch die Gleichung $x^2 = -1$ nicht lösbar.
Dies macht die Erweiterung des Zahlensystems auf die *imaginären Zahlen* nötig.
Die reellen Zahlen ergeben zusammen mit den imaginären Zahlen die *komplexen Zahlen*.

092-2

BEACHTE
Unter dem Webcode ist ein Auszug eines Dialogs zu Zahlen aus „Fräulein Smillas Gespür für Schnee" (Peter Høeg; Aus dem Dänischen von Monika Wesemann © 1994 Carl Hanser Verlag, München – Wien) nachzulesen.

Komplexe Zahlen $\mathbb{C}$			
Reelle Zahlen $\mathbb{R}$			Imaginäre Zahlen
Rationale Zahlen $\mathbb{Q}$		Irrationale Zahlen $\mathbb{I}$ (unendliche, nicht periodische Dezimalbrüche)	
Ganze Zahlen $\mathbb{Z}$	Bruchzahlen B (abbrechende oder periodische Dezimalbrüche)		
Natürliche Zahlen $\mathbb{N}$	Negative Zahlen			

1 Erläutere die Darstellung des Zahlensystems. Notiere Aussagen wie z. B.: „Ganze Zahlen sind immer auch reelle Zahlen, aber nicht jede reelle Zahl ist ein ganze Zahl." Vergleicht und überprüft eure Aussagen untereinander.

2 Schreibe bis zu den reellen Zahlen zu jedem Zahlbereich Zahlenbeispiele auf.

3 Finde weitere Beispiele für Gleichungen, die man in dem jeweiligen Zahlbereich nicht lösen konnte.
Vergleicht und überprüft eure Gleichungen gegenseitig.

4 Welche der Aussagen sind wahr, welche sind falsch? Begründe.
a) Jede rationale Zahl ist auch eine reelle Zahl.
b) Reelle Zahlen sind irrationale Zahlen.
c) Es gibt rationale Zahlen, die keine reellen Zahlen sind.
d) Es gibt keine irrationale Zahl, die eine natürliche Zahl ist.
e) Einige reelle Zahlen sind auch natürliche Zahlen.

5 Begründe, warum eine Zahlbereichserweiterung auf **imaginäre Zahlen** nötig wurde. Was sind komplexe Zahlen?

Der Satz des Pythagoras

Erforschen und Entdecken

1 Der Künstler Max Bill verwendete für dieses Kunstwerk „Thema 3:4:5" einen mathematischen Zusammenhang aus der Geometrie. Arbeitet zu zweit.
a) Betrachtet das Bild und beschreibt es.
b) Was meint der Künstler mit „Thema 3:4:5"?
c) Kann man ein solches Bild aus Quadraten auch zum Thema 4:5:6 oder 5:12:13 finden?
d) Findet andere geeignete Zahlenkombinationen und erklärt, wie sie aufgebaut sind. Begründet.
e) Sucht in dem Bild des Künstlers Max Bill verschieden große Quadrate und vergleicht sie miteinander.
f) Findet Möglichkeiten, die Größe (den Flächeninhalt) der verschiedenen Quadrate miteinander zu vergleichen. Versucht herauszufinden, wie viele der kleinen bunten Quadrate jeweils auf die größeren Quadrate passen. Könnt ihr auch herausfinden, wie viele der kleinen bunten Quadrate auf eines der schwarzen Dreiecke passen?

BEACHTE
Über den Webcode kann mit einer DGS erkundet werden, ob Max Bill das innere Quadrat auch anders in das äußere hätte einbauen können.

Pythagoras

2 Teilt euch in drei Gruppen ein. Jede Gruppe bearbeitet ein Thema. Erstellt zum Thema eine Präsentation. Tragt diese anschließend in der Klasse vor.

Thema 1: Bringt ein langes Seil mit. Die Länge sollte sich durch 12 teilen lassen, z. B. 6 m, 2,40 m, 1,80 m. Stellt euch vor, ihr befindet euch im alten Ägypten. Jährlich nach der großen Nilüberschwemmung war das Problem zu lösen, rechtwinklige Felder neu zu vermessen und neu zu konstruieren. Das gelang mit einem sogenannten Harpedonaptenseil. Stellt dieses Seil selbst her.
- Stellt eine Knotenschnur mit 12 Längeneinheiten (z. B. 1 LE = 6 cm) her. Spannt verschiedene Dreiecke auf.
- Findet heraus, wie sich mit Hilfe des Seils rechte Winkel konstruieren lassen. Welches rechtwinklige Dreieck entsteht? Wie lang sind die Seiten dieses Dreiecks?
- Funktioniert dies auch mit Seilen, die andere Knotenanzahlen besitzen?

Thema 2: Konstruiert rechtwinklige Dreiecke mit Hilfe einer dynamischen Geometrie-Software. Messt jeweils die Seitenlängen. Konstruiert auch rechtwinklige Dreiecke mit nur ganzzahligen Seitenlängen.

Thema 3: Bereitet ein Quadratpuzzle vor, das die Entdeckung des Satzes des Pythagoras ermöglicht. Recherchiert dazu nach Beweisen in Büchern oder im Internet.

BEACHTE
Unter dem Webcode ist eine Linkliste zu den Puzzle-Beweisen zum Satz des Pythagoras hinterlegt.

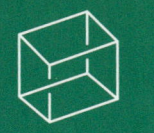

Satz des Pythagoras

Lesen und Verstehen

In der „Mitmach-Welt" im Potsdamer Exploratorium ist ein drehbares Ausstellungsstück zum Satz des Pythagoras zu sehen. Im Zentrum befindet sich ein rechtwinkliges Dreieck. In Bild ① ist das größte Quadrat mit Sand gefüllt. Dreht man die Konstruktion um 180°, rieselt der gesamte Sand in die beiden anderen Quadrate (Bild ②), bis sie vollständig gefüllt sind (Bild ③).

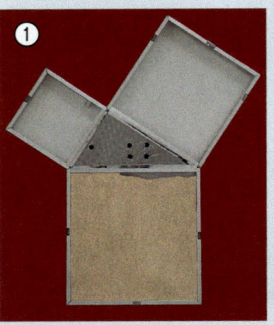

HINWEIS
Dreht man nach Bild 3 die Konstruktion wieder um, so füllt sich wieder das Hypotenusenquadrat.

Für die Seiten eines rechtwinkligen Dreiecks gilt Folgendes:

> In einem rechtwinkligen Dreieck wird die Seite, die dem rechten Winkel gegenüberliegt, Hypotenuse genannt.
> Sie ist die längste Seite im Dreieck.
> Die beiden Seiten, die den rechten Winkel einschließen, heißen Katheten. Sie sind die beiden kürzeren Seiten im Dreieck.

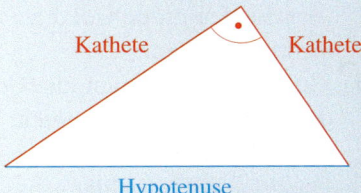

> **Satz des Pythagoras**
> Bei allen rechtwinkligen Dreiecken ist die Summe der Flächeninhalte der Kathetenquadrate gleich dem Flächeninhalt des Hypotenusenquadrats.
> Ist das Dreieck wie im Bild bezeichnet, gilt:
> $a^2 + b^2 = c^2$
> Umgekehrt gilt: Wenn in einem Dreieck mit den Seiten a, b, c die Beziehung $a^2 + b^2 = c^2$ besteht, dann ist das Dreieck rechtwinklig. Die Hypotenuse ist c.

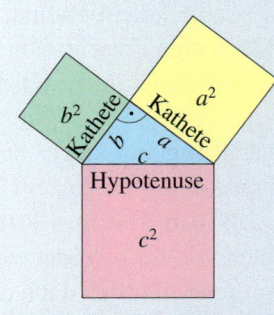

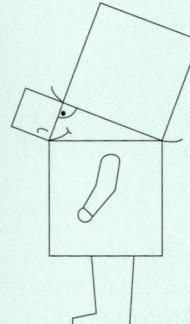

ZUM WEITERARBEITEN
Zeichne selbst so ein Pythagorasmännchen.

Mit dem Satz des Pythagoras lässt sich eine fehlende Seitenlänge berechnen.

BEISPIEL
In einem Dreieck sind $a = 3\,\text{cm}$, $b = 4\,\text{cm}$, $\gamma = 90°$ gegeben. Berechne c.
Lösung: $c^2 = a^2 + b^2$
$c^2 = (3\,\text{cm})^2 + (4\,\text{cm})^2$
$c^2 = 9\,\text{cm}^2 + 16\,\text{cm}^2$
$c^2 = 25\,\text{cm}^2 \qquad |\sqrt{}$
$c = \sqrt{25\,\text{cm}^2}$
$c = 5\,\text{cm}$

Planfigur
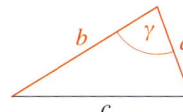

Berechne die fehlende Kathete b.
gegeben: $a = 9\,\text{cm}$, $c = 15\,\text{cm}$, $\gamma = 90°$
Lösung: $a^2 + b^2 = c^2 \qquad |-a^2$
$b^2 = c^2 - a^2$
$b^2 = (15\,\text{cm})^2 - (9\,\text{cm})^2$
$b^2 = 225\,\text{cm}^2 - 81\,\text{cm}^2$
$b^2 = 144\,\text{cm}^2 \qquad |\sqrt{}$
$b^2 = \sqrt{144\,\text{cm}^2}$
$b = 12\,\text{cm}$

Planfigur
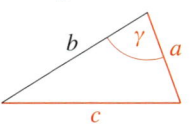

Üben und Anwenden

1 Übertrage das „Pythagoraspuzzle" auf ein Blatt Papier. Schneide die farbigen Teile aus und lege sie zum Hypotenusenquadrat zusammen. Präsentiere dein Ergebnis in geeigneter Form der Klasse.

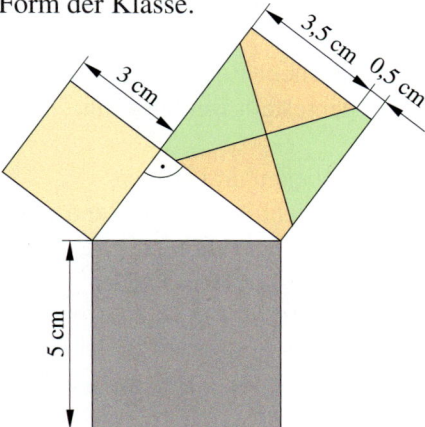

2 Der Satz des Pythagoras kann mit Hilfe einer dynamischen Geometrie-Software erkundet werden. Nutze den Webcode.

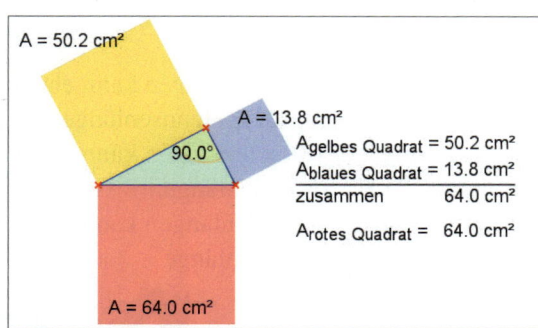

3 Gib die Katheten und die Hypotenuse an. Notiere die Gleichung, die sich nach dem Satz des Pythagoras ergibt.

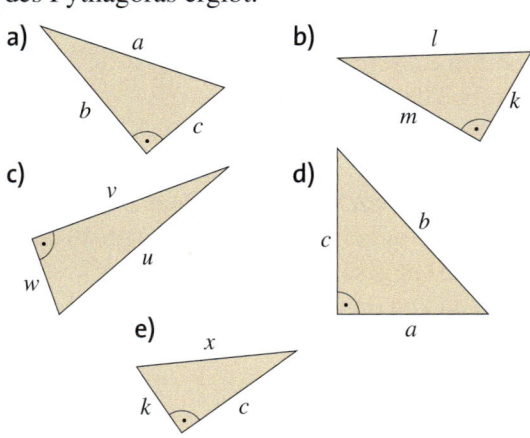

4 Zeichne das Dreieck. Ist die längste Seite die Hypotenuse eines rechtwinkligen Dreiecks? Überprüfe durch eine Rechnung.
a) $a = 5\,\text{cm}$; $b = 6,5\,\text{cm}$; $c = 9\,\text{cm}$
b) $a = 3,5\,\text{cm}$; $b = 6,5\,\text{cm}$; $c = 4,5\,\text{cm}$
c) $a = 4\,\text{cm}$; $b = 3,4\,\text{cm}$; $c = 2,4\,\text{cm}$

5 Gib die Katheten und die Hypotenuse an. Berechne die fehlende Seitenlänge des rechtwinkligen Dreiecks.

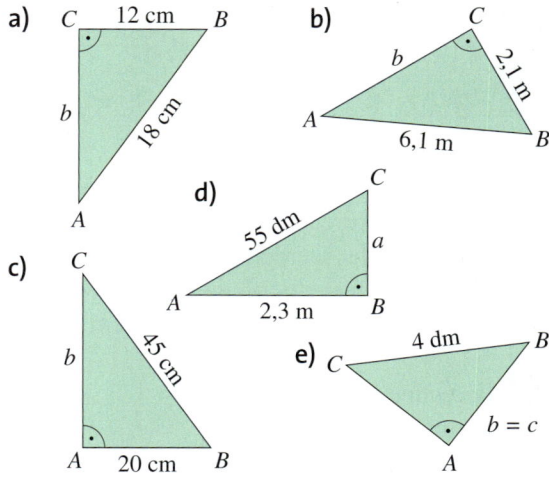

6 Suche rechtwinklige Dreiecke. Schreibe alle Gleichungen auf, die sich nach dem Satz des Pythagoras ergeben.

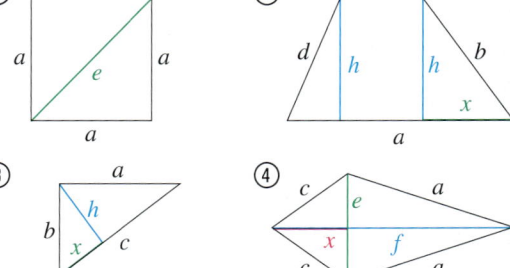

7 Berechne im Dreieck ABC mit $\gamma = 90°$ …
a) die fehlende Hypotenuse c.
① $a = 1,5\,\text{cm}$, $b = 2\,\text{cm}$
② $a = 1,5\,\text{cm}$, $b = 3,6\,\text{cm}$
③ $a = 2,5\,\text{cm}$, $b = 6\,\text{cm}$
b) die fehlende Kathete.
① $a = 1,2\,\text{cm}$, $c = 2\,\text{cm}$
② $b = 12\,\text{cm}$, $c = 37\,\text{cm}$
③ $a = 8\,\text{cm}$, $c = 17\,\text{cm}$

🌐 **095-1**

BEACHTE
Unter dem Webcode gibt es das Puzzle zu Aufgabe 1 zum Ausdrucken und Ausschneiden.

AUFGEPASST
Mit einer beschrifteten Planfigur, in der die gegebenen Stücke farbig eingezeichnet sind, ist es leichter, die Pythagoras-Gleichung aufzustellen.

Satz des Pythagoras

HINWEIS
Pythagoräische Zahlentripel, wie z.B. (3, 4, 5), bestehen aus drei natürlichen Zahlen, die als Seitenlängen ein rechtwinkliges Dreieck ergeben. Nenne weitere solcher Zahlentripel, mit denen ein rechter Winkel hergestellt werden kann.

8 Ist das Dreieck rechtwinklig?
a) $a = 3{,}2$ cm; $b = 2{,}4$ cm; $c = 4$ cm
b) $a = 2{,}5$ cm; $b = 6{,}5$ cm; $c = 6$ cm
c) $a = 5{,}2$ cm; $b = 2$ cm; $c = 4{,}8$ cm

9 Der rechte Winkel des Dreiecks ABC liegt im gegebenen Eckpunkt. Berechne die fehlende Seite.

	90° bei	Seite a	Seite b	Seite c
a)	A		3 cm	4 cm
b)	B	8 cm		18 cm
c)	C		4,5 cm	8,5 cm
d)	A	1 dm	6 cm	
e)	B		15 cm	128 mm

10 „Rasenlatscher" sind Fußgänger, die gerne Wege abkürzen (siehe Randspalte).
a) Wie viel Meter werden gespart?
b) Wie viele Schritte benötigt man für jeden der beiden Wege (Schrittlänge 80 cm)?

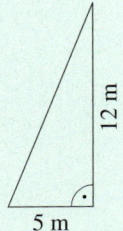

11 Berechne Umfang und Flächeninhalt der Raute mit $e = 1{,}4$ cm und $c = 1{,}5$ cm.

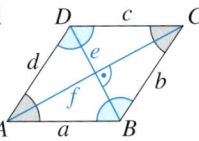

12 Wie weit steht eine 4 m lange Leiter von einer senkrechten Wand ab, wenn das obere Ende der Leiter 3,90 m hoch liegen soll?

13 Wie hoch reicht eine 5 m lange Leiter, die 1,71 m von der Wand entfernt steht, wenn der Winkel $\alpha = 70°$ betragen soll?

14 Die als Pylon bezeichneten rot-weißen Kegel haben in der Standardgröße eine 51 cm lange Seitenlinie s und am Fuß einen Durchmesser von 19 cm. Berechne ihre Höhe.

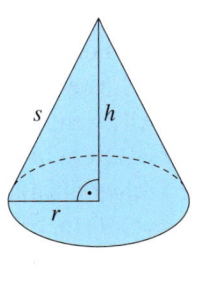

15 In einigen handwerklichen Berufen muss man aus Latten ein Maßwerkzeug für rechte Winkel herstellen können.

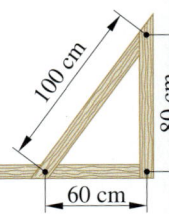

Finde weitere natürliche Zahlen, mit denen ein rechter Winkel hergestellt werden kann.

16 Sind die gegebenen drei Zahlen Pythagoräische Zahlentripel (siehe Randspalte)? Erkläre, wie man das herausfindet.
a) 20, 21, 29   b) 19, 180, 181
c) 20, 100, 101 d) 20, 99, 101

17 Wenn $a^2 + b^2 = c^2$ ist, ist dann $a + b = c$? Erkläre.

18 Welche der folgenden Aussagen ist zutreffend? Begründe.
a) Die Summe der Kathetenlängen kann nicht genauso groß sein wie die Hypotenusenlänge.
b) Die Summe der Kathetenlängen kann ebenso groß sein wie die Hypotenusenlänge.
c) Die Summe der Kathetenlängen kann größer sein als die Hypotenusenlänge.
d) Die Summe der Kathetenlängen kann kleiner sein als die Hypotenusenlänge.

19 Bei einem Herbststurm wurde ein Baum abgeknickt. Die Höhe des noch stehenden Stamms beträgt 4,8 m. Die Baumkrone liegt in 5,5 m Entfernung zum Fuß des Baumes. Wie hoch war der Baum?

20 Aus einem kreisrunden Baumstamm soll ein Balken mit einem Querschnitt von 14 cm mal 22,5 cm gesägt werden. Welchen Durchmesser muss der Baumstamm dafür mindestens haben? Fertige eine Skizze an.

Der Satz des Pythagoras

21 Nils möchte mit seinem Mountainbike den Berg hinunterfahren. Zur Bergstation gelangt er mit der Gondel.

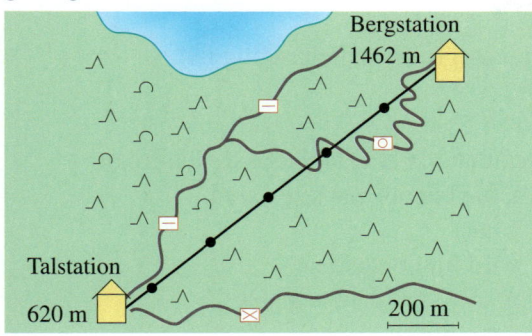

a) Welche Strecke legt die Gondel in Wirklichkeit zurück?
b) Welche Steigung hat die Gondel durchschnittlich?
c) Welche Strecke legt Nils ungefähr mit dem Mountainbike zurück?

22 Die Fluggesellschaft Martin Air hat einen besonderen Kaffeelöffel herstellen lassen. Er ragt genau bis zum Tassenrand.
Die Tasse hat einen Durchmesser von 7,3 cm und eine Höhe von 4,3 cm.
Wie lang ist der Löffel?

23 Ein Einfamilienhaus hat ein Satteldach.

a) Wie lang sind die Dachsparren s, wenn die Dachhöhe $h = 6$ m und dessen Breite $b = 11$ m betragen?
b) Wie hoch ist ein Dach mit der Dachsparrenlänge 7,50 m und der Breite 9,40 m?
c) Wie breit ist das Haus, wenn 6 m lange Sparren eine Höhe von 4,8 m ergeben?

24 Passt der 23 cm lange Stift in die Verpackung mit den Kantenlängen $a = 18$ cm, $b = 14$ cm und $c = 6$ cm?
Tipp: Gesucht ist d. Zur Berechnung von d fehlt die Länge von e.

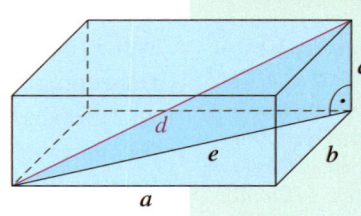

25 Passt ein 1,20 m langer Stab in einen Quader mit den Maßen 1 m; 80 cm; 60 cm? Fertige zunächst eine Skizze an.

26 Anna schaut vom Strand aufs Meer. Wie weit könnte sie bis zum Horizont sehen? Ihre Augenhöhe beträgt 1,60 m.
Die Erde hat einen mittleren Erdradius von 6371 km.

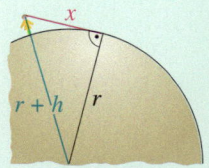

x Sichtweite
r Erdradius
h Augenhöhe

27 Reiseflugzeuge haben eine durchschnittliche Flughöhe von 10 km. Wie weit könnte man bei klarer Sicht aus dieser Höhe bis zum Horizont schauen?

28 Ein Schilfrohr ragt 5 m vom Ufer eines Sees entfernt 1 m über die Wasseroberfläche. Zieht man die Spitze ans Ufer, berührt sie gerade den Wasserspiegel. Wie tief ist der Teich? Fertige eine Skizze an.

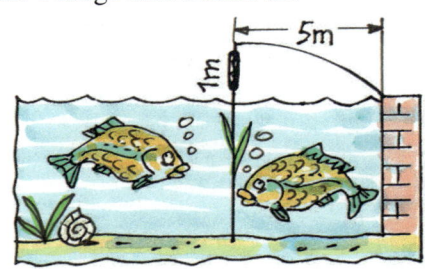

29 Zwei Radfahrer fahren an einer Straßenkreuzung in verschiedene Richtungen. Der eine fährt mit $20 \frac{km}{h}$ nach Norden, der andere mit $18 \frac{km}{h}$ nach Osten. Wie weit sind sie nach einer halben Stunde voneinander entfernt?

30 Ein Radfahrer möchte von A nach B fahren. Spart er über die Abkürzung Zeit, wenn er dort durchschnittlich $10 \frac{km}{h}$ und auf den Hauptstraßen $25 \frac{km}{h}$ fahren kann?

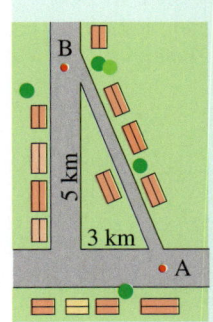

Satz des Pythagoras

Thema: Satz des Thales

ZUR INFORMATION
*Ein Satz ist in der Mathematik eine neue **Erkenntnis**, die ausgehend von bereits bekannten wahren Aussagen formuliert wird.*

Wer in der Mathematik **Behauptungen** aufstellt, sucht zunächst oft Beispiele, die die Behauptung stützen sollen. Eine Behauptung muss aber noch nicht wahr sein, wenn mehrere zutreffende Beispiele gefunden wurden.
Es muss vielmehr gezeigt werden, dass die Behauptung grundsätzlich richtig ist.
Dies ist der Fall, wenn sie bewiesen werden kann.

Für den **Beweis** werden geeignete Argumente gesucht und in eine logische Reihenfolge gebracht. Dabei wird auf Aussagen zurückgegriffen, die bereits bewiesen sind.

Die Methode „Beweisen durch logisches Folgern" wird im Folgenden am Beispiel des „**Satzes des Thales**" näher erläutert:

Thales von Milet (624 bis 547 v. Chr.)

Satz des Thales:
Konstruiert man ein Dreieck aus den beiden Endpunkten des Durchmessers eines Halbkreises (dem Thaleskreis) und einem weiteren Punkt dieses Halbkreises, so erhält man immer ein rechtwinkliges Dreieck.

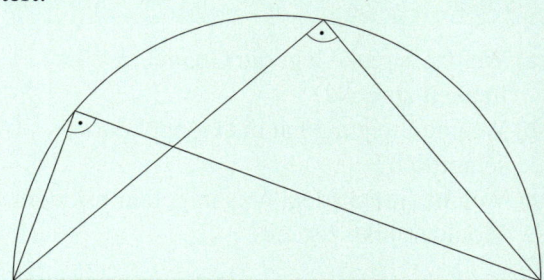

Um den Satz des Thales zu beweisen, werden zwei bereits bekannte Sätze benötigt:
1. Die beiden Winkel an der Grundseite (Basiswinkel) eines gleichschenkligen Dreiecks sind gleich groß.
2. Die Innenwinkelsumme im Dreieck beträgt 180°.

Beweis:

① Um den Satz zu beweisen, wird zunächst die Hilfslinie $\overline{MC}$ eingezeichnet.
Die Hilfslinie teilt den Winkel γ in ___ und ___.
Es entstehen die beiden Teildreiecke ___ und ___.

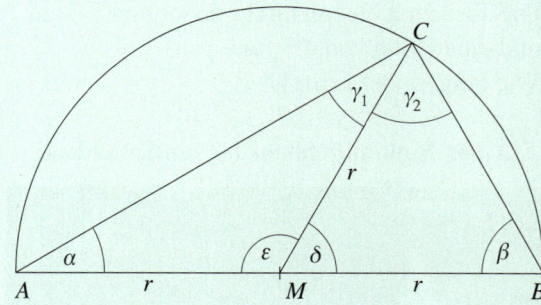

HINWEIS
Unter
098-1
findest du einen weiteren Beweis zum Satz des Thales.

② Weil die Strecken ___ und ___ Radien des Kreises sind, ist das Dreieck AMC _____.
Da die Strecken ___ und ___ ebenfalls Radien des Kreises sind, ist das Dreieck BMC auch _____.

③ In _____ Dreiecken sind die Basiswinkel gleich groß.
Deshalb gilt: ___ = ___ und ___ = ___.

④ Die Innenwinkelsumme eines Dreiecks beträgt ___.
Es gilt deshalb in Dreieck ABC: $\alpha + \beta + \gamma_1 + \gamma_2 =$ ___.

⑤ Weil $\alpha =$ ___ und $\beta =$ ___ ist, gilt: $\gamma_1 +$ ___ $+ \gamma_1 + \gamma_2 =$ ___

⑥ Also ist 2 · (___ + ___) = ___ und somit ist ___ + ___ = $\gamma = 90°$.
Damit ist bewiesen, dass der Winkel γ des Dreiecks ABC rechtwinklig ist.

Höhen- und Kathetensatz

Erforschen und Entdecken

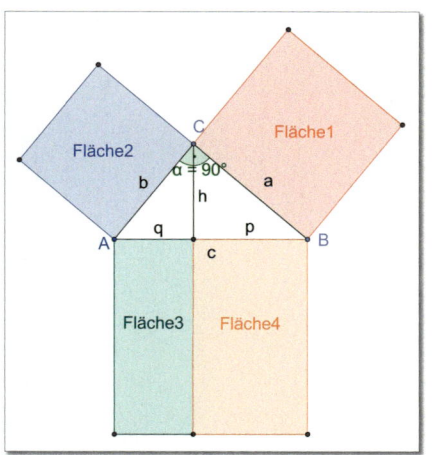

1 Mit einer dynamischen Geometrie-Software wurde der Satz des Pythagoras dargestellt. Zudem wurde das Hypotenusenquadrat durch die Verlängerung der Dreieckshöhe geteilt. In welchem Verhältnis stehen die vier Flächen zueinander?
Erkunde die Verhältnisse mit Hilfe einer dynamischen Geometrie-Software (siehe Randspalte).

099-1

BEACHTE
Unter dem Webcode kann man Aufgabe 1 mit einer dynamischen Geometrie-Software erkunden.

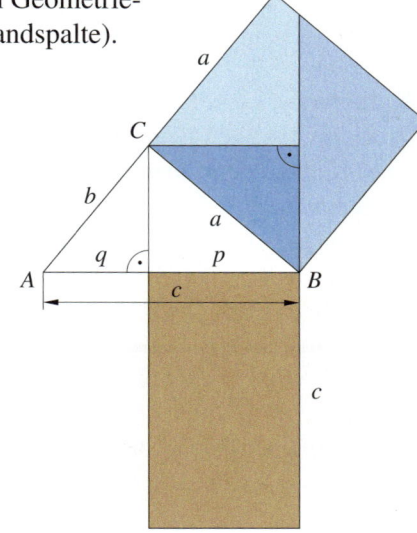

2 Die Figur rechts zeigt Teile der Pythagorasfigur.
a) Zeichne die Figur ab. Schneide die drei blauen Teile aus. Kannst du damit das untere braune Rechteck ausfüllen?
b) Notiere die Erkenntnisse über die Zusammenhänge zwischen den verschiedenen Längen im rechtwinkligen Dreieck.
c) Vergleicht eure Ergebnisse untereinander.
d) Was gilt für den anderen Teil der Pythagorasfigur?

3 Ergeben sich zwei ähnliche Dreiecke, wenn man ein rechtwinkliges Dreieck entlang seiner Höhe teilt?
a) Begründe mit Hilfe von Seitenlängen und Winkelgrößen.
b) Stelle eine Gleichung auf, die die Seitenverhältnisse wiedergibt.
c) Löse die Gleichung nach der Höhe h auf. Man erhält den Höhensatz.

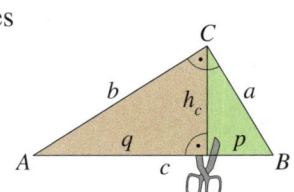

099-2

BEACHTE
Unter dem Webcode findet man die Figur zu Aufgabe 3 zum Ausschneiden.

4 Betrachte die drei Figuren unten.
a) Erläutere ihre Zusammensetzung.
b) Skizziere die Figuren im Heft und beschrifte alle Seiten entsprechend Dreieck ①.
c) Vergleiche den Flächeninhalt der Dreiecke ② und ③.
d) Was gilt für den Flächeninhalt vom weißen Quadrat und vom weißen Rechteck? Stelle eine Formel auf.
e) Beziehe die Formel aus d) auf Dreieck ① und formuliere eine Gesetzmäßigkeit dazu.

① 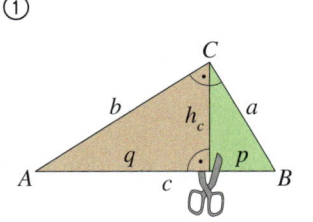   ② 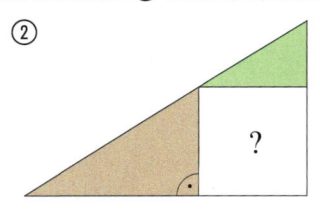   ③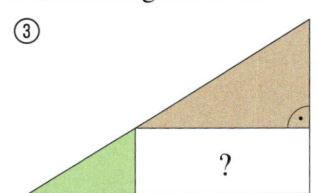

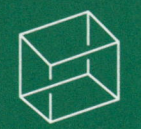

Satz des Pythagoras

Lesen und Verstehen

In der Schulgarten-AG wird ein Gewächshaus mit einem Pultdach gebaut. Eine Skizze wurde angefertigt. Die Breite des Gewächshauses beträgt 6,4 m, die Strecke $\overline{HB}$ 4,65 m. Die Dachsparrenlängen und die Dachhöhe müssen berechnet werden.

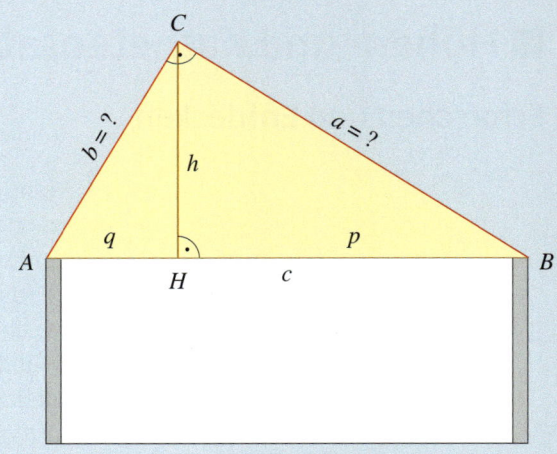

In jedem rechtwinkligen Dreieck ($\gamma = 90°$) teilt die Höhe h die Hypotenuse c in zwei Hypotenusenabschnitte q und p.

Kathetensatz des Euklid
Im rechtwinkligen Dreieck hat das Quadrat über einer Kathete denselben Flächeninhalt wie das Rechteck, dessen Seiten aus der Hypotenuse und dem anliegenden Hypotenusenabschnitt gebildet werden.
Es gilt: $a^2 = c \cdot p$ und $b^2 = c \cdot q$

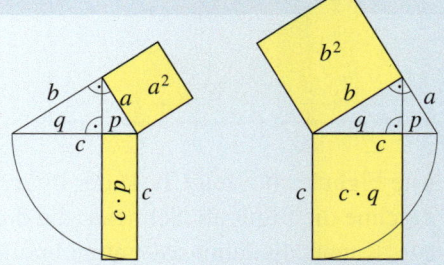

BEISPIEL 1

Berechnung der Dachsparrenlänge a:
gegeben: $p = 4{,}65$ m, $c = 6{,}4$ m
gesucht: a
Lösung:
$a^2 = c \cdot p$ $\quad a^2 = 6{,}4$ m $\cdot$ $4{,}65$ m
$\qquad\qquad a^2 = 29{,}76$ m^2
$\qquad\qquad a \approx 5{,}46$ m
Der Dachsparren a muss 5,46 m lang sein.

Berechnung der Dachsparrenlänge b:
gegeben: $c = 6{,}4$ m
gesucht: q und b
Lösung: $q = c - p = 6{,}4$ m $- 4{,}65$ m $= 1{,}75$ m
$b^2 = c \cdot q$ $\quad b^2 = 6{,}4$ m $\cdot 1{,}75$ m
$\qquad\qquad b^2 = 11{,}2$ m^2
$\qquad\qquad b \approx 3{,}35$ m
Der Dachsparren b muss 3,35 m lang sein.

Höhensatz des Euklid
Im rechtwinkligen Dreieck ist das Quadrat über der Hypotenusenhöhe flächengleich zum Rechteck, dessen Seiten aus den Hypotenusenabschnitten gebildet werden.
Es gilt: $h^2 = p \cdot q$

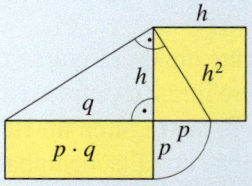

HINWEIS
Die Höhe h kann in diesem Fall auch mit dem Satz des Pythagoras berechnet werden, da die Länge a vorher schon ermittelt wurde.

BEISPIEL 2
Berechnung der Höhe h des Daches:
gegeben: $p = 4{,}65$ m, $q = 1{,}75$ m
gesucht: h
Lösung: $h^2 = p \cdot q$ $\quad h^2 = 4{,}65$ m $\cdot 1{,}75$ m
$\qquad\qquad\qquad h^2 \approx 8{,}14$ m$^2 \quad | \sqrt{}$
$\qquad\qquad\qquad h \approx 2{,}85$ m $\qquad$ Das Dach ist 2,85 m hoch.

Üben und Anwenden

1 Notiere alle möglichen Beziehungen zwischen den beschrifteten Strecken.

a)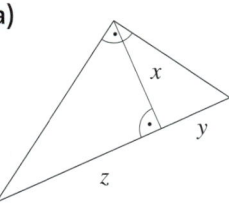
b)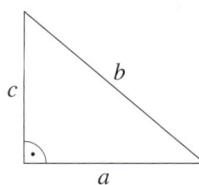
c)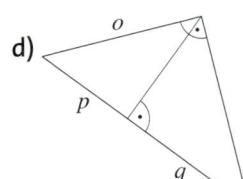
d)

2 Berechne die Höhe des Dreiecks ABC.
a) $p = 2{,}5\,\text{cm}$; $q = 3{,}6\,\text{cm}$; $\gamma = 90°$
b) $p = 6{,}6\,\text{cm}$; $q = 2{,}3\,\text{cm}$; $\gamma = 90°$
c) $p = 0{,}8\,\text{cm}$; $q = 0{,}47\,\text{dm}$; $\gamma = 90°$

3 Berechne die fehlenden Längen von a, b, c, h, p und q des Dreiecks ($\gamma = 90°$).
a) $a = 5\,\text{cm}$; $p = 2{,}5\,\text{cm}$
b) $b = 4\,\text{cm}$; $q = 3{,}5\,\text{cm}$
c) $c = 17{,}2\,\text{cm}$; $q = 6{,}5\,\text{cm}$
d) $a = 5\,\text{cm}$; $h = 3{,}7\,\text{cm}$

4 Berechne im Dreieck ABC ($\gamma = 90°$) die fehlenden Größen mit dem Höhensatz oder Kathetensatz.

	a)	b)	c)	d)	e)
a		4,12 m			
b			16 cm		
c		6,30 m		75 cm	
p	7,3 m				17 m
q	5,9 m		8 cm	34 cm	
h					13 m

5 In einem rechtwinkligen Dreieck ist die Höhe 6 cm lang.
a) Wie lang könnten die Hypotenusenabschnitte sein?
b) Wie lang sind sie, wenn ihr Verhältnis 1 : 4 beträgt?
c) Beantworte die Fragen a) und b) für den Fall, dass die Höhe 10 cm lang ist.

6 In einem rechtwinkligen Dreieck ist die Hypotenusenhöhe $h = 3{,}5\,\text{cm}$.
a) Wie lang muss die Hypotenuse mindestens sein?
b) Wie lang kann die Hypotenuse höchstens sein?

7 Wie hoch befindet sich der Regenbogen über der Straße, wenn er rechts 75 m und links 54 m von der Straßenmitte entfernt ist?

8 Landvermesser haben verschiedene Längen vermessen. Wie breit ist der Wald von Ost nach West?

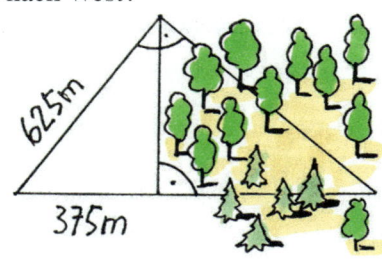

9 Verwandle ein Rechteck mit der Länge $a = 4{,}5\,\text{cm}$ und der Breite $b = 2\,\text{cm}$ zeichnerisch in ein flächengleiches Quadrat. Welche Seitenlänge hat das Quadrat? (*Tipp*: Nutze den Höhensatz und den Satz des Thales.)

10 Gruppenarbeit: Der Drachen wurde aus einem quadratischen Papier mit einer Seitenlänge von 9 cm gefaltet.
a) Berechnet den Flächeninhalt des Drachens. (*Tipp*: Faltet den Drachen nach. Überlegt euch bekannte Winkelgrößen und Seitenlängen.)
b) Stellt eure Vorgehensweise mit euren Berechnungen in der Klasse vor. Vergleicht eure Ergebnisse.

ZUM WEITERARBEITEN
Wie kannst du aus den beiden Kathetensätzen die Gleichung herleiten, die sich nach dem Satz des Pythagoras ergibt?

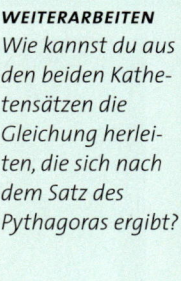

Pythagoras gestern und heute

Pythagoras wurde etwa im Jahr 570 v. Chr. auf der griechischen Insel Samos geboren, auf der ihm zu Ehren 1955 eine kleine Stadt in Pythagorio umbenannt wurde.
Dort am Hafen steht heute ein großes modernes Denkmal, das seinen berühmten Satz symbolisiert.

Sein Leben verbrachte Pythagoras an vielen anderen Orten. In der von Griechen bewohnten Stadt Croton in Süditalien gründete er eine religiös-philosophische Schule. Ihre Mitglieder waren die **Pythagoräer**, die nach strengen Vorschriften über Kleidung und Nahrung lebten.

Ein großes Interesse der Pythagoräer galt der Erforschung der Zahlen. Ein Kernsatz der pythagoräischen Lehre lautete: „Alles ist Zahl."

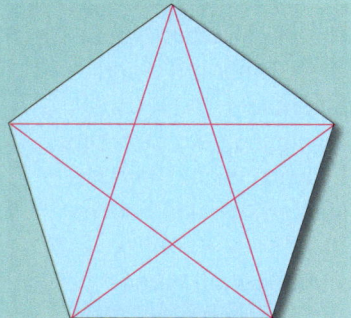

Das Ordenszeichen dieses Geheimbundes der Pythagoräer wurde das Pentagramm, das im Mittelalter als „Drudenfuß" magische Bedeutung erhielt.

Pythagoras starb etwa im Jahre 500 v. Chr. Nach Pythagoras' Tod entdeckten die Pythagoräer, dass es nicht messbare, irrationale Zahlen gibt. Dies widersprach ihrer Auffassung „alles ist Zahl, alles ist Harmonie" und führte schließlich gegen Ende des 4. Jahrhunderts v. Chr. zur Auflösung des Geheimbundes.

Eine weitere bedeutende Entdeckung der Pythagoräer ist der Zusammenhang zwischen natürlichen Zahlen und musikalischen Harmonien. Erzeugt man einen bestimmten Ton durch Zupfen einer Saite, so erzeugt man den Ton, der genau eine Oktave tiefer liegt, wenn man die Saite doppelt so lang spannt. Das bedeutet, eine Oktave entspricht einem Saitenverhältnis von $1:2$ ($=\frac{1}{2}$). Für eine Quinte beispielsweise gilt das Verhältnis $2:3$, für die Quarte $3:4$. Die Pythagoräer glaubten sogar, dass die Planeten auf ihren Bahnen ganzzahlige himmlische Harmonien erzeugen, die „Sphärenmusik".

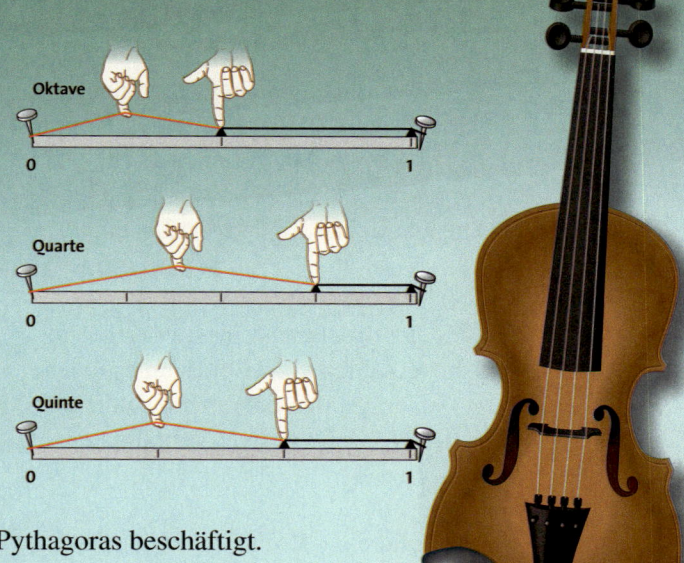

In vielen Kulturen hat man sich mit dem Satz des Pythagoras beschäftigt.
Figuren zum Beweis des Satzes von Pythagoras:

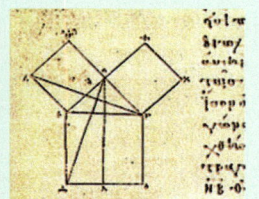 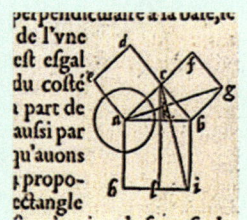 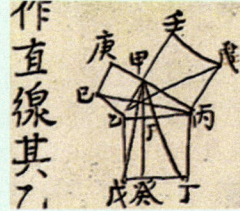

griechische Darstellung aus dem 8. Jahrhundert n. Chr. *französische Darstellung aus dem 16. Jahrhundert n. Chr.* *chinesische Darstellung aus dem 17. Jahrhundert n. Chr.*

Die **Internationale Bauausstellung (IBA) Emscher Park**, die von 1989 bis 1999 im Ruhrgebiet stattfand, verwendete als Logo eine stilisierte Grafik des Satzes des Pythagoras. An Ausstellungsorten in Bottrop und Duisburg findet man Plastiken, die ganz deutlich den Satz des Pythagoras symbolisieren.

Projekt

Recherchiert in Gruppen weitere Daten zu Pythagoras, seinem Leben und Mathematikern, die ihm in seinem Leben begegnet sind. Sortiert eure Informationen, wählt geeignete aus und fertigt ein Plakat über Pythagoras an. Stellt es in der Klasse vor.

Satz des Pythagoras

Vermischte Übungen

1 Bestimme die beiden benachbarten Zahlen mit einer (zwei) Stellen hinter dem Komma.
a) $\sqrt{5}$ b) $-\sqrt{7}$ c) $\sqrt{12}$ d) $-\sqrt{15}$

2 Trage auf einer Zahlengeraden ein.
a) $\sqrt{2}$ b) $\sqrt{5}$ c) $\sqrt{10}$ d) $\sqrt{300}$

3 ▶ Stelle dir 100 aufeinander folgende natürliche Zahlen vor. Gibt es unter ihnen mehr Quadratzahlen oder mehr Zahlen, die keine Quadratzahlen sind? Vermute und begründe.

4 Formuliere die Rechenregel für die Multiplikation von Quadratwurzeln. Gibt es auch eine Regel für die Addition? Nenne auch geltende Rechengesetze.

5 Stelle mit den Kästchen Gleichungen auf. Jedes Kästchen muss in mindestens einer der Gleichungen vorkommen. Vergleicht und kontrolliert eure Gleichungen untereinander.

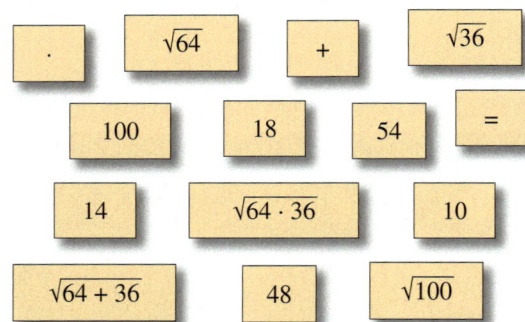

6 Kontrolliere die Rechenwege ohne Taschenrechner.
Erläutere, was falsch gemacht wurde, indem du die richtige Rechnung in dein Heft schreibst.
a) $\sqrt{64} + \sqrt{36} = \sqrt{100} = 10$
b) $\sqrt{16} + \sqrt{9} = 7$
c) $\sqrt{169} - \sqrt{25} = 14 - 5 = 9$
d) $\sqrt{81} + \sqrt{144} = \sqrt{225} = 15$
e) $\sqrt{100} - \sqrt{64} = 6$
f) $\sqrt{16 + 9} = 5$
g) $\sqrt{169 - 25} = 13 - 5 = 8$
h) $\sqrt{81 + 144} = \sqrt{256} = 16$
i) $\sqrt{100 - 64} = 2$

7 Rechne ohne Taschenrechner.
a) $\sqrt{4 \cdot 100 \cdot 25}$ b) $\sqrt{4} \cdot \sqrt{100} \cdot \sqrt{25}$
c) $\sqrt{900}$ d) $\sqrt{90000}$
e) $\sqrt{5} \cdot \sqrt{?} = \sqrt{10}$ f) $\sqrt{25} \cdot \sqrt{?} = 20$

8 Fasse, wenn möglich, zusammen. Berechne das Ergebnis. Runde auf Hundertstel.
a) $\sqrt{8} + \sqrt{8}$ b) $4\sqrt{7} - \sqrt{7}$
c) $5\sqrt{5} - 8\sqrt{5}$ d) $11\sqrt{3} + 9\sqrt{3}$
e) $2\sqrt{20} - \frac{1}{3}\sqrt{20}$ f) $3{,}5\sqrt{32} - \sqrt{32}$
g) $8\sqrt{7} - 12{,}4\sqrt{7}$ h) $\sqrt{3} + \sqrt{4}$
i) $2\sqrt{5} - 3\sqrt{6}$ j) $7\sqrt{9} - 1{,}4\sqrt{8}$
k) $6{,}4\sqrt{13} + 7{,}2\sqrt{12}$ l) $0{,}5\sqrt{20} + 0{,}5\sqrt{21}$
m) $19\sqrt{36} - 24\sqrt{30}$ n) $13{,}2\sqrt{28} - 0{,}9\sqrt{25}$

9 Rechne vorteilhaft ohne Verwendung des Taschenrechners.
a) $\frac{3}{4}\sqrt{16} - \frac{1}{8}\sqrt{16} - \frac{1}{2}\sqrt{16}$
b) $\frac{1}{2}\sqrt{81} - \frac{3}{4}\sqrt{81} + \frac{1}{6}\sqrt{81}$

10 Fasse zusammen und vereinfache.
a) $\sqrt{2a} \cdot \sqrt{18a}$
b) $\sqrt{20x} \cdot \sqrt{5y}$
c) $\sqrt{28m} \cdot \sqrt{7mn}$
d) $\sqrt{5a} \cdot \sqrt{15b} \cdot \sqrt{27ab}$

11 Schreibe die Wurzel als Produkt aus einer Zahl und einer Wurzel.
BEISPIEL $\sqrt{20} = \sqrt{4 \cdot 5} = 2\sqrt{5}$
a) $\sqrt{12}$ b) $\sqrt{18}$ c) $\sqrt{45}$
d) $\sqrt{150}$ e) $\sqrt{60a}$ f) $\sqrt{50b}$
g) $\sqrt{300xy}$ h) $\sqrt{147ab^2}$ i) $\sqrt{108x^2y}$

12 ▶ $\sqrt{85}$ ergibt im Taschenrechner 9,219 544 457. Drückt man wieder x², wird die Zahl 85 angezeigt.
Gibt man aber das vorher erhaltene Ergebnis 9,219 544 457 ein und drückt x², so erhält man 84,99999999.
Wie kommt das? Begründe.

13 Wähle als Radikanden eine beliebige Zahl, die keine Quadratzahl ist. Führe eine Intervallschachtelung bis zu einer Intervalllänge von 0,0001 durch.

ZUM WEITERARBEITEN
Wie viele sechsstellige Quadratzahlen gibt es?

14 Beweise den Satz des Pythagoras. Zeichne vier kongruente rechtwinklige Dreiecke. Zeichne ein Quadrat, dessen Seitenlänge der Summe der beiden Kathetenlängen der Dreiecke entspricht.

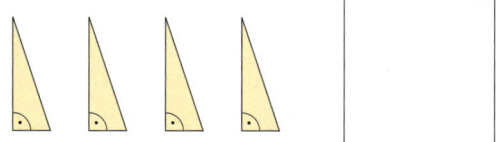

- Schneide die Dreiecke aus. Platziere sie in dem Quadrat so, dass die gesamte freibleibende Fläche innerhalb des Quadrats wieder ein Quadrat ist. Zeichne eine Skizze davon.
- Platziere nun die Dreiecke so, dass die freibleibende Restfläche genau aus zwei Quadraten besteht. Skizziere.
- Vergleiche anschließend beide Figuren. Begründe, warum der Satz des Pythagoras dadurch bewiesen ist.

15 Bestimme für diesen „Pythagorasbaum" die Maßzahlen für die Flächeninhalte der grünen Quadrate und die Maßzahlen der Längen der roten Strecken.

16 Zeichne das Dreieck nach den gegebenen Maßen. Ist es rechtwinklig? Überprüfe deine Entscheidung durch eine Rechnung.
a) $a = 4{,}5$ cm; $b = 2{,}7$ cm; $c = 3{,}6$ cm
b) $a = 5{,}9$ cm; $b = 4{,}6$ cm; $c = 3{,}6$ cm
c) $a = 6{,}5$ cm; $b = 15{,}6$ cm; $c = 16{,}9$ cm

17 Ist das Dreieck rechtwinklig? Berechne.
a) $a = 4$ cm; $b = 7{,}5$ cm; $c = 8{,}5$ cm
b) $a = 3{,}6$ cm; $b = 4{,}8$ cm; $c = 6$ cm
c) $a = 9{,}4$ cm; $b = 4{,}6$ cm; $c = 8{,}1$ cm

18 Gegen Ende der 1980er Jahre wurde das europäische Projekt des hochauflösenden Fernsehens gegründet – High Definition Television (HDTV).
Der HDTV-Bildschirm hat das Seitenverhältnis 16:9 und mindestens eine Bilddiagonale von 110 cm. Welche Abmessungen hat dieser Schirm?

19 Eine 7,5 m lange Leiter wird an eine Hauswand gelehnt. Wie hoch reicht sie, wenn ihr unteres Ende 1,8 m von der Hauswand entfernt ist?

20 Eine 4,5 Meter lange Eiche steht von einer Hauswand 1,8 Meter entfernt. Bei Sturm kippt die Eiche gegen die Wand. In welcher Höhe berührt sie die Hauswand?

21 In einem Hotel brennt es im Dachgeschoss, das sich 14 m über dem Boden befindet. Die Feuerwehrleiter wird in 4 m Entfernung ausgefahren.
Wie lang muss die Leiter ausgefahren werden?

22 Autos parken am Straßenrand hintereinander. Das mittlere Auto hat eine Länge von 4,20 m und eine Breite von 1,60 m. Zwischen dem vorderen und dem hinteren Auto wurden jeweils 25 cm Platz gelassen. Kann das mittlere Auto ausparken?

23 Berechne den Flächeninhalt des Quadrats mit der Diagonalenlänge $\sqrt{98}$ cm.

24 Ein Rechteck hat eine Diagonale der Länge $\sqrt{208}$ cm.
a) Wie lang sind die beiden Seiten? Beschreibe deine Vorgehensweise.
b) Stelle das Problem mit einer DGS dar.

Satz des Pythagoras

25 Ein 13 cm langer Strohhalm steht in einem 12,5 cm hohen Glas. Das Glas hat einen Durchmesser von 6 cm und eine Sockelhöhe von 1,5 cm.
a) Entwirf eine Skizze und bezeichne sie.
b) Wie viel cm des Strohhalms befinden sich innerhalb des Glases?
c) Berechne die Länge des Strohhalms, die sich außerhalb des Glases befindet.

26 Die Füße einer Klappleiter stehen 1,20 m auseinander. Wie lang ist eine Leiterseite, wenn die Leiter 3 m hoch reicht?

27 ➡ Udo sucht sich für sein Zimmer einen neuen Schrank aus. Welche Maße kann der Schrank maximal haben? Die Teile des zerlegten Schrankes sollten durch die Zimmertür passen und man muss den Schrank nach dem Zusammenbauen auch noch aufstellen können. Die Zimmertür ist 78 cm breit und 2 m hoch. Die Deckenhöhe des Zimmers beträgt 2,5 m.

28 Das Dreieck ABC ist gleichseitig. Ergänze die Tabelle im Heft.

	a	h	A
a)	10 cm		
b)		6 cm	
c)			32 cm²
d)			43 cm²

29 Wie weit kann man von einem 40 m hohen Leuchtturm sehen? Stelle dir die Erde als Kugel vor. Verwende den Radius 6 371 km.

30 In Yokohama steht der höchste Leuchtturm der Welt. Er ist 106 m hoch. Wie weit ist sein Leuchtfeuer zu sehen?

31 Kann es sein, dass die Lichter des Empire-State-Buildings (332 m hoch) 32 km weit zu sehen sind? Fertige eine Skizze an und rechne nach.

32 Ein rechteckiger Sportplatz ist 100 m lang und 50 m breit. Steffen läuft diagonal zur gegenüberliegenden Ecke. Robin läuft entlang der Außenlinie.
a) Wie viel Prozent des Weges spart Steffen?
b) Angenommen, beide laufen gleich schnell. Wie viel Meter muss Robin noch bis zum Ziel laufen, wenn Steffen ankommt?
c) Wie schnell müsste Robin laufen, um gleichzeitig mit Steffen anzukommen?

33 ➡ Beim Elfmeter schießt der Fußballer direkt ins obere rechte Eck des Tores.
a) Welchen Weg legte der Ball bis dahin zurück, wenn das Tor innen eine Breite von 7,32 m und eine Höhe von 2,44 m hat? Fertige eine Skizze an.
b) Wie viele Sekunden fliegt der Ball bis dahin, wenn er mit $100 \frac{km}{h}$ geschossen wurde?

34 Solarzellen wandeln die Energie des Sonnenlichts direkt in elektrische Energie um. Mit jedem Quadratzentimeter der Solarzelle im direkten Sonnenlicht können 0,01 Watt elektrische Leistung erreicht werden. Eine Solarzelle in Gestalt eines regelmäßigen Sechsecks soll 4 Watt liefern. Welche minimale Seitenlänge muss sie haben?

35 ➡ Das rechtwinklige Dreieck ABC hat die Seitenlängen $a = 5,6$ cm, $b = 3,3$ cm und $c = 6,5$ cm. An allen drei Seiten wurden Rechtecke angetragen, deren eine Seite halb so lang ist wie die andere.

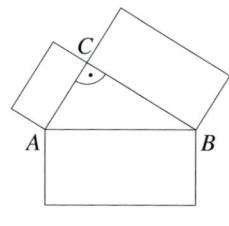

a) Berechne die Flächeninhalte der Rechtecke und vergleiche sie miteinander. Was fällt auf? Stelle eine Vermutung auf.
b) Kontrolliere deine Vermutung an einem anderen rechtwinkligen Dreieck.
c) Zeichne gleichseitige Dreiecke an ein rechtwinkliges Dreieck. Berechne und vergleiche ihre Flächeninhalte. Welche Vermutung ergibt sich?
d) Präsentiert eure Vermutungen der Klasse.

Teste dich!

a

1 Berechne, runde gegebenenfalls auf Hundertstel.
a) $2(\sqrt{5})^2$ b) $\sqrt{16} - 4$ c) $0{,}5\sqrt{17}$ d) $\frac{4}{\sqrt{11}}$ e) $\sqrt{50} : \sqrt{2}$ f) $\frac{\sqrt{8}}{3\sqrt{2{,}5}}$

2 Berechne die fehlende Seitenlänge des rechtwinkligen Dreiecks.
a) $a = 9\,\text{cm}$; $b = 16\,\text{cm}$; $\gamma = 90°$
b) $b = 9{,}8\,\text{cm}$; $c = 4{,}5\,\text{cm}$; $\alpha = 90°$
c) $a = 3{,}1\,\text{cm}$; $c = 6{,}7\,\text{cm}$; $\beta = 90°$

3 In einem rechtwinkligen Dreieck ist die Hypotenuse 6 cm lang. Berechne die Hypotenusenhöhe. Fertige zunächst eine Zeichnung an.

4 Ein Rechteck hat die Seitenlängen $a = 7\,\text{cm}$ und $b = 4\,\text{cm}$.
Berechne die Länge der Diagonale e.

5 Ein Funkmast wird durch drei 75 m lange Spannseile gesichert, die 15 m vom Fußpunkt des Mastes im Erdboden verankert sind. In welcher Höhe wurden die Seile am Mast befestigt?

6 Ein Fesselballon ist an einem Seil befestigt. Durch starken Wind wird er 18 m weit abgetrieben und hat dann nur noch eine Höhe senkrecht über dem Boden von 80 m. Wie lang ist das Seil?

7 Bestimme mit Hilfe der Zeichnung die Tiefe des Grabens.

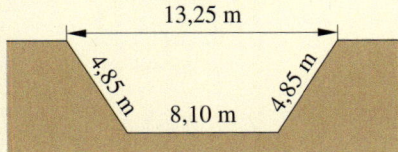

8 Die Kantenlänge des Würfels ist $a = 9\,\text{cm}$.
a) Berechne die Länge der Flächendiagonale e.
b) Berechne die Länge der Raumdiagonale d.

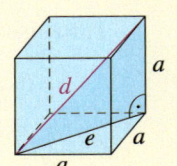

b

4 Ein Quadrat hat eine Diagonale der Länge $\sqrt{450}$ cm. Berechne seine Seitenlänge und seinen Flächeninhalt.

5 Miriam (Augenhöhe 1,70 m) steht auf dem 11 m hohen Pier und schaut übers Meer zum Horizont. Wie weit kann sie sehen? Der Erdradius beträgt 6371 km. Fertige zunächst eine Skizze an.

6 Ein Fesselballon ist an einem Seil befestigt. Durch starken Wind wird er 32 m weit abgetrieben und verliert dadurch 5 m an Höhe. Wie lang ist das Seil, das bei Windstille lotrecht über dem Erdboden steht?

7 Bei einem Segelboot bricht der Mast so, dass die Mastspitze in 2,20 m Entfernung vom Mastfuß auf dem Deck auftrifft. In welcher Höhe ist die Bruchstelle?

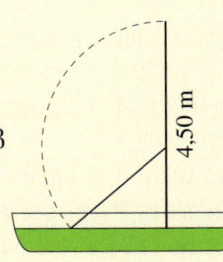

8 Die Raumdiagonale beträgt $d = 22{,}5\,\text{cm}$.
a) Berechne die Länge der Kante a.
b) Zeige, dass für die Länge der Raumdiagonale im Würfel stets gilt: $d = a\sqrt{3}$.

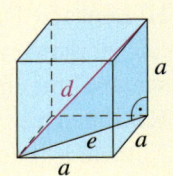

HINWEIS
Brauchst du noch Hilfe, so findest du auf den angegebenen Seiten ein Beispiel oder eine Anregung zum Lösen der Aufgaben. Überprüfe deine Ergebnisse mit den Lösungen ab Seite 214.

Aufgabe	Seite
1	82
2	94
3	100
4	94
5	94
6	94
7	94
8	94, 97

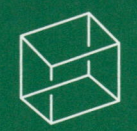

Satz des Pythagoras

Zusammenfassung

→ Seite 82

Quadratzahlen und Quadratwurzeln

Multipliziert man eine Zahl a mit sich selbst, erhält man das Produkt $a \cdot a = a^2$. Es ist a^2 die **Quadratzahl** von a. Zerlegt man eine positive Zahl a in zwei gleiche positive Faktoren x, so ist x die **Quadratwurzel** von a. Es gelten die Gleichungen: $x^2 = a$ und $x = \sqrt{a}$ (für $a > 0$).
Rechengesetze:
- Beim *Addieren (Subtrahieren)* von Quadratwurzeln darf man die Radikanden nicht addieren (subtrahieren).
- Es gilt das Distributivgesetz: $a\sqrt{b} + c\sqrt{b} = (a + c)\sqrt{b}$
- Beim *Multiplizieren* von Quadratwurzeln darf man die Radikanden multiplizieren: $\sqrt{a} \cdot \sqrt{b} = \sqrt{a \cdot b}$ ($a, b \geq 0$)

$(-8)^2 = (-8) \cdot (-8) = 64$

$\sqrt{16} = 4$, denn $4 \cdot 4 = 16$
$\sqrt{-16}$ ist nicht lösbar.
$-\sqrt{16} = -4$

$\sqrt{9} + \sqrt{16} = 3 + 4 = 7$ aber
$\sqrt{9 + 16} = \sqrt{25} = 5$
$4\sqrt{6} + 3\sqrt{6} = (4 + 3)\sqrt{6} = 7\sqrt{6}$
$\sqrt{16} \cdot \sqrt{4} = 4 \cdot 2 = 8$
$\sqrt{16 \cdot 4} = \sqrt{64} = 8$

→ Seite 88

Intervallschachtelung und irrationale Zahlen

Irrationale Zahlen haben als Dezimalbruch unendlich viele Stellen nach dem Komma. Man kann sie mit Hilfe einer Intervallschachtelung beliebig genau annähern. Eine **Intervallschachtelung** ist eine Folge von ineinander enthaltenen Intervallen. Die Intervalllängen kann man beliebig klein werden lassen. Die Intervallschachtelung bestimmt genau eine Zahl, sie liegt in allen Intervallen. Die rationalen Zahlen und die irrationalen Zahlen zusammen bilden die **reellen Zahlen**.

Irrationale Zahlen: $\sqrt{2}$, $\sqrt{10}$
Näherungsweise Bestimmung von $\sqrt{2}$ mit einer Intervallschachtelung:
$[1; 2]$
$[1{,}4; 1{,}5]$
$[1{,}41; 1{,}42]$
$[1{,}414; 1{,}415]$
$[1{,}4142; 1{,}4143]$

→ Seite 94, 100

Sätze am rechtwinkligen Dreieck

In einem rechtwinkligen Dreieck liegt die **Hypotenuse** dem rechten Winkel gegenüber. Die **Katheten** schließen den rechten Winkel ein. Die Höhe h teilt die Hypotenuse in die beiden Hypotenusenabschnitte q und p.

An rechtwinkligen Dreiecken gelten folgende Sätze:
Satz des Pythagoras: Die Summe der Flächeninhalte der Kathetenquadrate ist gleich dem Flächeninhalt des Hypotenusenquadrats. Es gilt: $a^2 + b^2 = c^2$ (wenn $\gamma = 90°$)
Der Satz des Pythagoras gilt auch umgekehrt.
Höhensatz: Das Quadrat über der Höhe ist flächengleich zum Rechteck aus den Hypotenusenabschnitten. Es gilt: $h^2 = p \cdot q$ (wenn $\gamma = 90°$)
Kathetensatz: Das Quadrat über einer Kathete ist flächengleich zum Rechteck aus der Hypotenuse und dem anliegenden Hypotenusenabschnitt.
Es gilt: $a^2 = c \cdot p$ und $b^2 = c \cdot q$ (wenn $\gamma = 90°$)

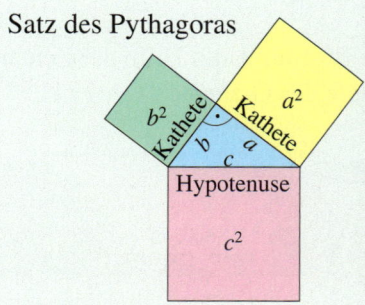

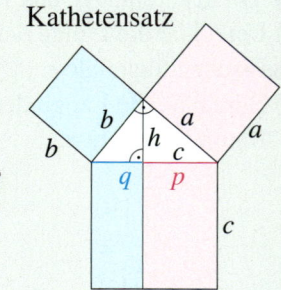

Vom Vieleck zum Kreis

Die Gondeln von Riesenrädern bewegen sich auf Kreisbahnen. Je nach Durchmesser des Riesenrades legen sie bei einer Umdrehung unterschiedliche Streckenlängen zurück. Das derzeit größte Riesenrad ist das „London Eye". Es steht am Südufer der Themse im Zentrum von London und ist 135,36 m hoch. Das Rad braucht für eine Umdrehung 30 min.

Vom Vieleck zum Kreis

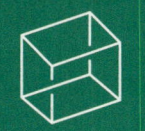

Noch fit?

HINWEIS
Eine Figur, die man durch einen Teil einer ganzen Drehung um den Mittelpunkt (Drehpunkt) wieder in sich überführen kann, heißt drehsymmetrisch.

BEISPIEL

Eine Zwölfteldrehung des Rades ergibt das gleiche Bild.

1 Konstruiere die folgenden Dreiecke.
a) $a = 5\,cm$; $b = 6\,cm$; $c = 7\,cm$
b) $c = 6\,cm$; $\alpha = 47°$; $\beta = 62°$
c) $b = 4,5\,cm$; $c = 5,7\,cm$; $\alpha = 87°$
d) $a = 3,5\,cm$; $\beta = 44°$; $\gamma = 78°$
e) $a = 6,8\,cm$; $b = 3,5\,cm$; $\alpha = 70°$
f) $c = 2,5\,cm$; $\alpha = 30°$; $\beta = 93°$

2 Bestimme den Flächeninhalt und den Umfang der folgenden Flächen.
a) Rechteck mit $a = 7\,cm$ und $b = 3\,cm$
b) Quadrat mit $a = 3,7\,cm$
c) Parallelogramm mit $a = 7\,cm$; $b = 5\,cm$ und $h_a = 4\,cm$
d) Dreieck mit $a = 5,4\,cm$; $b = 7\,cm$; $c = 6,7\,cm$ und $h_c = 5\,cm$
e) gleichschenkliges Trapez mit $a = 9\,cm$; $b = 5\,cm$; $c = 4,6\,cm$ und $h = 4,5\,cm$; $a \parallel c$

3 Übertrage die Figuren in dein Heft. Zeichne alle Symmetrieachsen ein. Um welche Figuren handelt es sich?

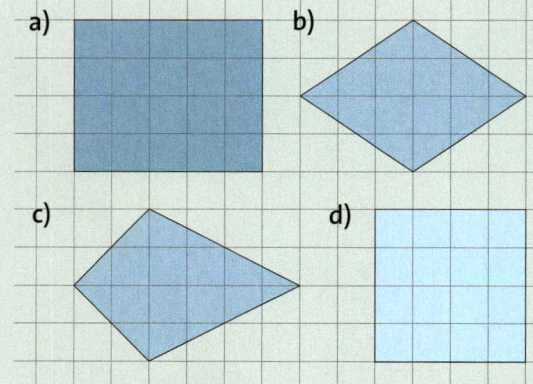

4 Bestimme jeweils den Drehpunkt Z und den Drehwinkel α.

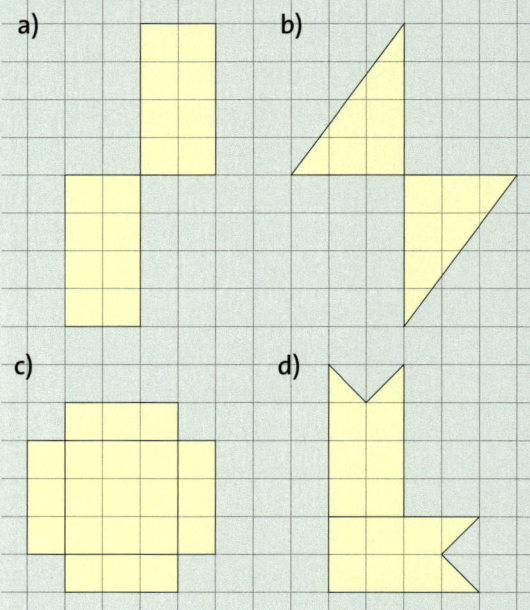

5 Übertrage das Muster in dein Heft. Trage alle Symmetrieachsen ein. Ist das Muster drehsymmetrisch?

Kurz und knapp

1. Mit welcher Formel bestimmt man den Flächeninhalt eines Dreiecks?
2. Wie groß ist die Innenwinkelsumme in einem Dreieck?
3. Richtig oder falsch? Haben zwei Rechtecke den gleichen Flächeninhalt, so haben sie auch den gleichen Umfang.
4. Welcher Zusammenhang besteht zwischen dem Radius und dem Durchmesser eines Kreises?
5. Erkläre, wie man aus den folgenden Umfrageergebnissen zum Thema Lieblingsstadt ein Kreisdiagramm anfertigt:
   Leipzig: 15 Stimmen, Dresden: 25 Stimmen, Berlin: 10 Stimmen.

Regelmäßige Vielecke

Erforschen und Entdecken

1 Zeichne die folgenden Flächen in dein Heft. Die Seitenlängen der Flächen sollen jeweils 3 cm lang sein. Um welche Flächen handelt es sich?

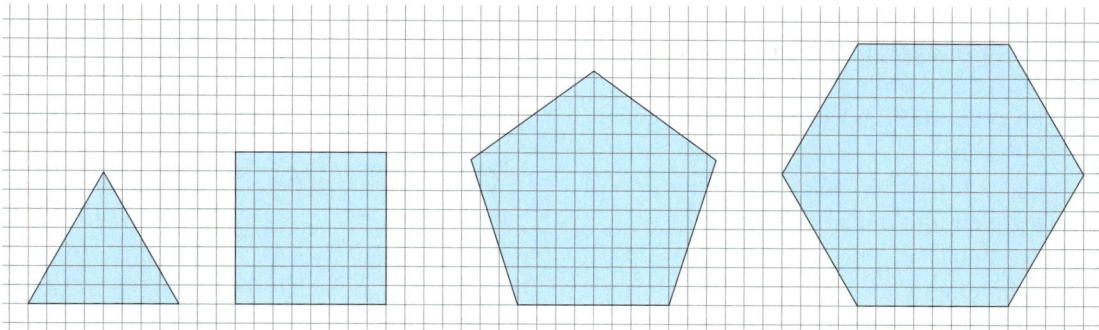

ZUM WEITERARBEITEN
Aus welchen Figuren setzt sich die Parkettierung zusammen? Zeichne sie in dein Heft.

a) Miss die Innenwinkel der einzelnen Flächen und trage deine Messergebnisse in die Tabelle ein. Berechne jeweils die Summe der Innenwinkel.
b) Paula behauptet, dass die gezeichneten Flächen punkt- und drehsymmetrisch sind. Hat Paula Recht? Begründe.
c) Zeichne in alle Flächen die Symmetrieachsen ein. Übertrage die Anzahl der Symmetrieachsen in die Tabelle.

	Anzahl der Innenwinkel	Größe eines Innenwinkels	Summe der Innenwinkel	Anzahl der Symmetrieachsen
Dreieck				
Viereck				
Fünfeck				
Sechseck				

d) Stelle Vermutungen über die Innenwinkelsumme und die Anzahl der Symmetrieachsen in einem Sieben-, Acht-, Zwölf- und 13-Eck an, bei denen die Seitenlängen jeweils gleich lang sind.
e) Wie groß ist wohl die Innenwinkelsumme in einem gleichseitigen 111-Eck? Wie viele Symmetrieachsen hat es?
f) Gib eine Formel für die Berechnung der Innenwinkelsumme und der Symmetrieachsen in einem gleichseitigen n-Eck an.

2 „Mandalas selber zu entwerfen ist gar nicht so schwer", meint Luca. „Man unterteilt einen Kreis in gleich große Abschnitte und zeichnet in jeden Abschnitt das gleiche Muster."
a) In wie viele gleiche Abschnitte ist das Mandala rechts unterteilt? Findest du mehrere Einteilungsmöglichkeiten?
b) Wie groß ist der rot eingezeichnete Winkel?
c) Zeichne einen Kreis mit Radius $r = 4$ cm und übertrage das Mandala in dein Heft.
d) Bestimme die Größe des grün eingezeichneten Winkels. Vergleiche deinen Lösungsweg mit dem deines Nachbarn.
e) Denke dir selbst ein Mandala aus.

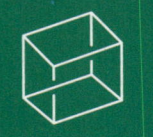

Vom Vieleck zum Kreis

Lesen und Verstehen

HINWEIS
Der Umkreis ist ein Kreis, der durch alle Eckpunkte eines regelmäßigen Vielecks geht. Der Inkreis ist ein Kreis, der alle Seiten des regelmäßigen Vielecks im Innern berührt.

Parkettierungen sind aus ästhetischen Gründen oft aus regelmäßigen Vielecken zusammengesetzt.
Im Bild rechts wurde die Parkettierung aus regelmäßigen Dreiecken, Vierecken und Sechsecken aufgebaut.

Jedes **regelmäßige Vieleck** (n-Eck) hat
– n Ecken,
– n gleich lange Seiten und
– n gleich große Innenwinkel.

Regelmäßige Vielecke sind
– drehsymmetrisch und
– achsensymmetrisch.

BEISPIEL 1 regelmäßiges Fünfeck

Jedes regelmäßige n-Eck hat einen Um- und einen Inkreis.

Jedes regelmäßige n-Eck lässt sich in n Dreiecke zerlegen, die zum gleichschenkligen Dreieck ABM kongruent sind.

Für den Mittelpunktswinkel γ gilt:
$\gamma = 360° : n$

Für die Basiswinkel α und β gilt:
$\alpha = \beta = (180° - \gamma) : 2$

BEISPIEL 2

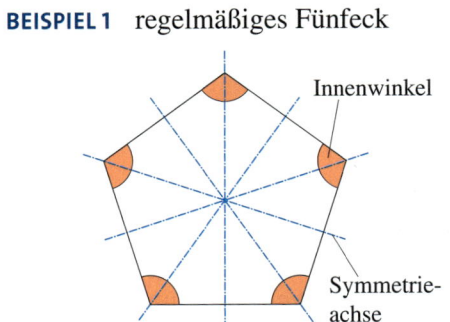

Die Winkelsumme im n-Eck beträgt $180° \cdot (n - 2)$.

Üben und Anwenden

1 Nenne Dinge aus deinem Umfeld, die die Form eines regelmäßigen n-Ecks besitzen.

2 Bei welchen Verkehrszeichen handelt es sich um regelmäßige Vielecke?

3 Untersuche, ob die folgenden Aussagen auf regelmäßige Drei-, Vier-, Fünf- und Sechsecke zutreffen. Begründe.
a) Alle Symmetrieachsen treffen sich in einem Punkt.
b) Die Symmetrieachsen verlaufen immer durch zwei Seitenmitten.
c) Die Symmetrieachsen verlaufen immer durch zwei Eckpunkte.
d) Die Symmetrieachsen verlaufen durch einen Eckpunkt und eine Seitenmitte.

Regelmäßige Vielecke

4 Übertrage die folgende Tabelle in dein Heft und ergänze.

	Innenwinkelsumme	Innenwinkel	Mittelpunktswinkel
Fünfeck	540°		72°
Sechseck		120°	
Achteck			
Neuneck			
12-Eck			
18-Eck			
25-Eck			

5 Louisa möchte ein regelmäßiges Fünfeck konstruieren. Sie rechnet zunächst 360° : 5 = 72°.

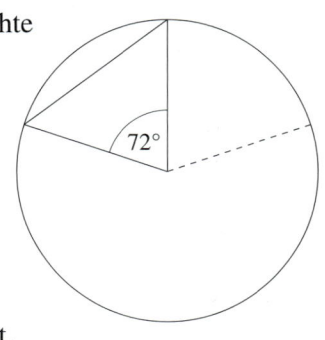

a) Beschreibe, wie Louisa vorgegangen ist, um das Fünfeck zu zeichnen.
b) Zeichne ein Fünfeck in dein Heft. Zeichne zuerst einen Kreis mit dem Radius $r = 4\,cm$.
c) Zeichne ein regelmäßiges Sechs- und Neuneck nach Luisas Methode in dein Heft.
d) Louisas Bruder Justin geht beim Zeichnen eines Fünfecks anders vor. Er rechnet: $3 \cdot 180° = 540°$; $540° : 5 = 108°$.

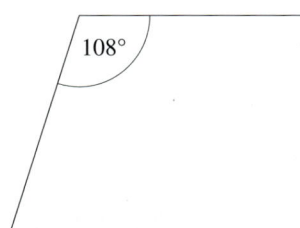

Zeichne ein Fünfeck mit der Seitenlänge $a = 3\,cm$ in dein Heft. Gehe wie Justin vor.
e) Zeichne ein regelmäßiges Sechs- und Neuneck nach Justins Methode in dein Heft.
f) Welchen Vorteil hat die Vorgehensweise von Justin?

6 Die Abbildung zeigt den Grundriss der Kirche zum Friedefürsten in Klingenthal. Eine Außenwand der Kirche ist jeweils ungefähr 14 m lang.

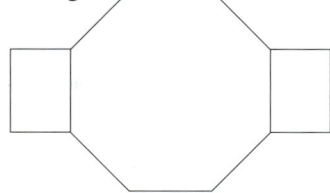

a) Übertrage den Grundriss der Kirche im Maßstab 1 : 400 in dein Heft.
b) Aufgrund der symbolischen Bedeutung der Zahl acht haben viele Kirchen einen achteckigen (oktogonalen) Grundriss. Recherchiere im Internet oder in geeigneten Büchern und Lexika die Bedeutung der Zahl Acht und nenne Gebäude, die ebenfalls einen achteckigen Grundriss aufweisen.

7 Übertrage die Abbildung rechts in dein Heft und ergänze die Vorlage zu einem Mandala ($d = 4\,cm$).

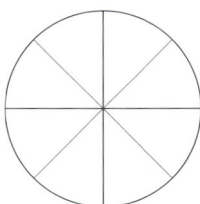

8 Regelmäßige Sterne
a) Ein Heptagramm ist ein regelmäßiger siebenzackiger Stern. Zeichne die folgenden Heptagramme in dein Heft.

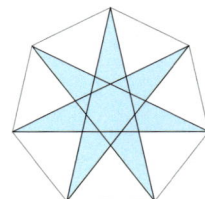 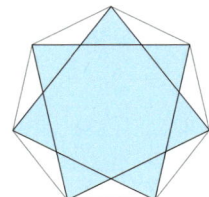

b) Konstruiere ein Pentagramm (fünfeckiger Stern) und ein Hexagramm (sechseckiger Stern).
c) Zeichne in das Penta-, Hexa- und Heptagramm alle Symmetrieachsen ein.
d) Nenne Objekte aus Natur, Technik oder Architektur, die die Form eines Heptagramms, Pentagramms oder Hexagramms haben.

HINWEIS
Weitere Gebäude mit oktogonalem Grundriss sind unter dem Webcode zu finden.

 113-1

Vom Vieleck zum Kreis

ZUR INFORMATION
Das Pentagon ist der Sitz des amerikanischen Verteidigungsministeriums. In dem Gebäude arbeiten ca. 23 000 Menschen. Aus den Büros werden täglich ca. 200 000 Telefongespräche geführt. Die Poststelle verarbeitet monatlich 1,2 Mio. Briefe und Pakete.

9 Das Pentagon in Washington gilt mit seinen je 280 m langen Außenwänden als das größte Gebäude der Welt.

a) Welche Form besitzt das Pentagon?
b) Fertige eine vereinfachte maßstäbliche Zeichnung des Grundrisses an. Entnimm fehlende Größen aus den Maßen im Bild.
c) Berechne ungefähr die Größe des Innenhofs.
d) Im Internet wird die Größe der Bürofläche mit 343 447 m² angegeben. Kann das sein?

10 ▶ Die Verbindungsstrecke zwischen zwei nicht benachbarten Punkten eines n-Ecks nennt man Diagonale.

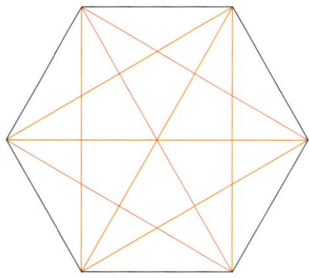

a) Übertrage die Zeichnung in dein Heft.
b) Emma und Fabian bestimmen die Anzahl der Diagonalen im Sechseck.
Emma: $3 + 3 + 2 + 1 = 9$
Fabian: $6 \cdot 3 : 2 = 9$
Erkläre die Rechenwege der beiden. Findest du noch einen anderen Rechenweg?
c) Bestimme die Anzahl der Diagonalen in einem Achteck (Zehneck) entweder zeichnerisch oder rechnerisch.

TIPP
Zerlege das n-Eck in Dreiecke, bevor du den Flächeninhalt bestimmst.

11 ▶ Zeichne zwei Kreise mit dem Radius $r = 4$ cm. Zeichne in den ersten Kreis ein regelmäßiges Fünfeck, in den zweiten Kreis ein beliebiges, nicht regelmäßiges Fünfeck.
a) Berechne den Flächeninhalt der beiden Fünfecke.
b) Vergleicht eure Ergebnisse im Klassenverband und überprüft die Richtigkeit der folgenden Aussage: „Unter allen Fünfecken, die man einem Kreis einbeschreiben kann, hat das regelmäßige Fünfeck den größten Flächeninhalt."
c) Überprüft die Aussage aus Aufgabenteil b) auch für Dreiecke, Vierecke und Sechsecke.

12 Übertrage das folgende Mandala in dein Heft.

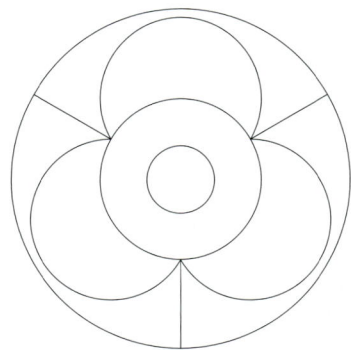

a) Beschreibe, wie du bei der Konstruktion des Mandalas vorgegangen bist.
b) Zeichne alle Symmetrieachsen in das Mandala ein.
c) Ergänze das Mandala um weitere geometrische Figuren.
d) Denk dir selbst ein Mandala aus.

13 Erstellt in Kleingruppen die Europaflagge.

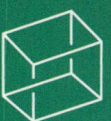

Kreisumfang

Erforschen und Entdecken

1 Miss an mindestens fünf verschiedenen kreisförmigen Gegenständen (z. B. CD, Bierdeckel) zunächst den Durchmesser d. Bestimme dann mit Hilfe eines Maßbandes oder eines Fadens, der um den Gegenstand gespannt wird, den Umfang u.
Trage die Messergebnisse in eine Tabelle ein und berechne den Quotienten $u : d$.
Was fällt dir auf? Diskutiere mit deinem Nachbarn.

2 Zeichnet in Kleingruppen auf Pappe Kreise mit einem Radius von 3 cm (4 cm; 5 cm; …; 10 cm) und schneidet die Kreise aus. Markiert je eine Stelle am Rand der Pappkreise und rollt die Kreise auf einem nicht zu glatten Untergrund ab.
Messt die Strecke, die bei einer Umdrehung des Kreises zurückgelegt wird und ergänzt die folgende Tabelle im Heft.

Radius r des Kreises	Durchmesser d des Kreises	Umfang u des Kreises	Quotient $u : d$
$r = 3$ cm	$d = 6$ cm	$u =$	
$r = 4$ cm	$d =$		
$r = 5$ cm			
$r = 6$ cm			
$r = 7$ cm			
$r = 8$ cm			
$r = 9$ cm			
$r = 10$ cm			

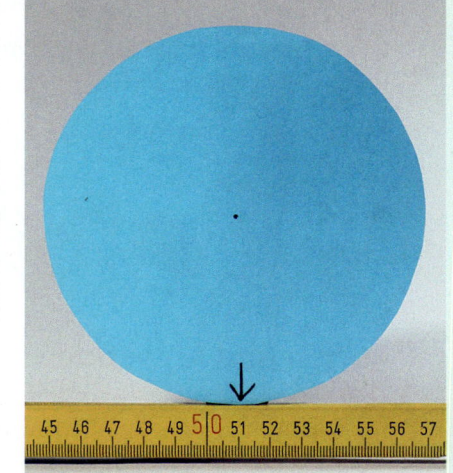

a) Was fällt euch auf?
b) Wie groß ist der Umfang eines Kreises mit $r = 2$ cm ($r = 12$ cm)? Begründet.
c) Entwickelt eine Formel für die Berechnung des Kreisumfangs. Vergleicht eure Ergebnisse im Klassenverband.

3 Von Archimedes (282 v. Chr. bis 212 v. Chr.) ist das folgende Verfahren zur Bestimmung des Kreisumfanges bekannt. Es beruht auf der Betrachtung von regelmäßigen Vielecken, die dem Kreis einbeschrieben und umbeschrieben werden.

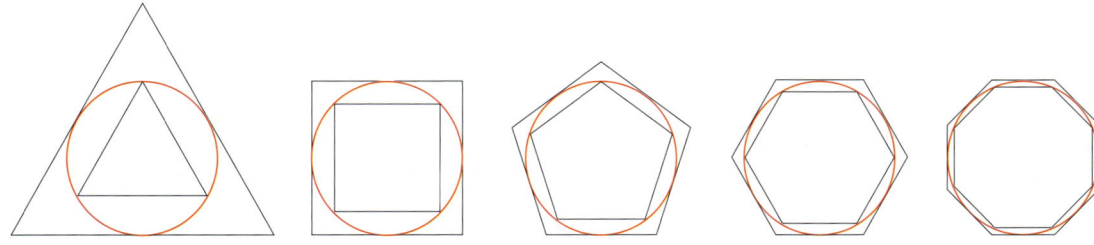

a) Maja meint, dass der Kreisumfang größer als der Umfang des einbeschriebenen Vielecks und kleiner als der Umfang des umbeschriebenen Vielecks ist. Hat Maja Recht?
b) Zeichne einen Kreis mit $r = 3$ cm. Konstruiere ein umbeschriebenes und ein einbeschriebenes Vieleck mit möglichst vielen Ecken. Miss jeweils eine Seite der beiden Vielecke und bestimme deren Umfänge.
Was bedeutet dies für den Umfang des Kreises?

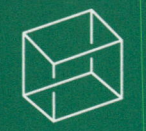

Vom Vieleck zum Kreis

Lesen und Verstehen

Jakob möchte um eine zylinderförmige Geschenkverpackung eine Schleife binden. Die Dose hat einen Durchmesser von $d = 11{,}5$ cm. Jakob hat noch ein Reststück Schleifenband, das 40 cm lang ist. Reicht das Schleifenband aus?

Für jeden Kreis ist das Verhältnis des Umfangs zu seinem Durchmesser gleich (konstant). Diese Konstante heißt **Kreiszahl** und wird mit dem kleinen griechischen Buchstaben **π** (lies „Pi") bezeichnet. Es gilt: $\frac{u}{d} = \pi$

ZUR INFORMATION
Die Zahl π ist eine nicht abbrechende, nichtperiodische Dezimalzahl. Sie ist keine rationale Zahl und lässt sich nicht als Bruch darstellen.
Archimedes näherte mit seinem Verfahren π mit $\frac{22}{7}$ an.
Der Taschenrechner besitzt eine Taste π und rechnet mit dem Näherungswert 3,141592654.

Der **Umfang u eines Kreises** lässt sich mit Hilfe des Radius r oder des Durchmessers d berechnen. Es gilt:
$u = \pi \cdot d$ bzw. $u = 2 \cdot \pi \cdot r$

BEISPIEL
Mit dem Näherungswert 3,14 für π erhält man bei einem Durchmesser von $d = 11{,}5$ cm den Umfang $u = \pi \cdot 11{,}5$ cm $\approx 36{,}13$ cm.

Das Schleifenband reicht für die Geschenkverpackung aus.

Für Berechnungen verwendet man einen sinnvollen Näherungswert für π,
z. B.: 3,14 oder 3,141592 oder $\frac{22}{7}$.

Üben und Anwenden

1 Einem Kreis mit dem Radius $r = 5$ cm wird je ein Quadrat einbeschrieben und umbeschrieben.
a) Bestimme über die Umfänge der Quadrate einen Näherungswert für den Umfang des Kreises.
b) Zeichne zwischen das einbeschriebene und umbeschriebene Quadrat ein weiteres Quadrat und bestimme dessen Umfang.
c) Verfahre ebenso mit einem Sechseck.

2 Berechne den Umfang des Kreises.
a) $d = 7{,}4$ cm b) $r = 2{,}5$ dm
c) $d = 2{,}5$ cm d) $r = 1{,}8$ cm
e) $d = 12{,}3$ cm f) $r = 3{,}1$ m

3 Berechne den Umfang des Kreises.

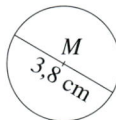
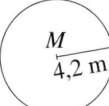

4 Ergänze die folgende Tabelle im Heft.

	r	d	u
a)	3 cm		
b)	4,8 dm		
c)		3 m	
d)			175,9 m
e)			22 mm
f)		5,9 km	
g)			1 km

5 Wie groß ist der Radius r?
a) $u = 6{,}5$ cm
b) $u = 24$ m
c) $u = 40074$ km (Erdumfang)
d) $u = 10920$ km (Mondumfang)

6 Berechne den Durchmesser des Kreises.
a) $u = 11$ cm b) $u = 8{,}6$ dm
c) $u = 5$ m d) $u = 255$ m
e) $u = 9$ dm f) $u = 390$ km

Kreisumfang

7 Zeichne einen Kreis mit dem Umfang u.
a) $u = 10$ cm   b) $u = 15$ cm   c) $u = 2$ dm

8 Überprüfe, ob die Zuordnung
Kreisradius → Kreisumfang proportional ist.

9 Baumrekorde

Die mexikanische Sumpfzypresse „El Arbol del Tule" im mexikanischen Bundesstaat Oaxaca hat mit 14,05 m weltweit den größten Stammdurchmesser. Der Afrikanische Affenbrotbaum erreicht mit bis zu 43 m üblicherweise den größten Stammumfang.

a) Bestimme den Stammumfang der Zypresse „El Arbol del Tule".
b) Wie viele Menschen benötigt man ungefähr, damit diese den Baum Hand in Hand umringen?
c) Bestimme den üblichen Durchmesser eines Affenbrotbaums.
d) Recherchiere im Internet nach den üblichen Durchmessern und Umfängen von Baumarten und erstelle Sachaufgaben.

10 Berechne die Äquatorlängen der Planeten anhand der Durchmesser am Äquator.

11 Um einen Fußballplatz soll eine Laufbahn errichtet werden.

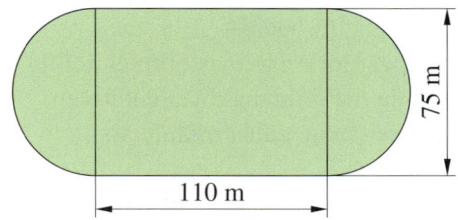

a) Bestimme die Länge der Innenbahn.
b) Welche Abmessungen könnte der Fußballplatz haben, wenn die Innenbahn eine Länge von 400 m besitzen soll? Findest du mehrere Möglichkeiten?

12 Eine kreisförmige Fläche mit einem Durchmesser von 70 m soll eingezäunt werden.
a) Wie viel Meter Zaun sind dazu nötig? Runde das Ergebnis auf Meter.
b) Der Besitzer möchte im Abstand von drei Metern Pfähle setzen, an denen der Zaun befestigt werden soll.
Begründe, warum dies nicht sinnvoll ist, und mache einen Gegenvorschlag. Vergleiche mit deinem Nachbarn.

13 Ein Wahrzeichen der Stadt Wien ist das Riesenrad im Prater. Das Riesenrad wurde 1897 erbaut und nach dem Krieg wieder rekonstruiert. Der Durchmesser des Riesenrades beträgt 61 m.
a) Bestimme die Strecke, die eine Gondel bei einer Umdrehung zurücklegt.
b) Das Riesenrad befördert 15 Gondeln. Bestimme den Abstand zwischen den Aufhängungen der Gondeln und fertige eine maßstäbliche Zeichnung des Riesenrades an.
c) Das Riesenrad bewegt sich mit einer Geschwindigkeit von $2{,}7 \frac{km}{h}$.
Wie lange dauert eine Runde mit dem Riesenrad?

HINWEIS
Für das Spielfeld gelten beim Fußball die folgenden Regeln: Die Länge der kurzen Seiten (Torlinie) sollte zwischen 45 und 90 Meter, die der langen Seiten (Seitenlinie) zwischen 90 und 120 Meter betragen (üblich sind 68 auf 105 Meter). Bei Länderspielen muss das Feld in der Länge zwischen 100 und 110 Meter, in der Breite zwischen 64 und 75 Meter sein.

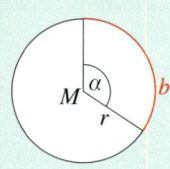

HINWEIS
Schneidet man einen Teil eines Kreises ähnlich einem Tortenstück aus, bezeichnet man diesen als **Kreisausschnitt** oder **Kreissektor**.

14 Angelina möchte die Länge des Kreisbogens b ausrechnen. Sie behauptet, dass für die Länge des **Kreisbogens b** folgende Formel gilt: $b = \frac{\alpha}{360°} \cdot 2 \cdot \pi \cdot r$
Begründe, warum Angelinas Formel richtig ist, indem du die grün und blau gefärbten Teile der Gleichung näher erläuterst.

15 Welche Bogenlänge (Länge des Kreisbogens) hat der Kreisausschnitt?
a) $r = 2\,\text{cm}$; $\alpha = 70°$
b) $r = 4{,}6\,\text{cm}$; $\alpha = 113°$
c) $r = 7{,}2\,\text{cm}$; $\alpha = 190°$

16 Berechne die fehlenden Größen.

	r	α	b
a)	6 cm	45°	
b)	67 mm	150°	
c)		210°	25 cm
d)	7,5 dm		30 dm
e)	10 cm		10 cm
f)		78°	1 m

17 Zeichne die folgenden Muster in dein Heft und berechne die Umfänge der rot eingefärbten Figuren. Die Seitenlänge der Quadrate beträgt jeweils 8 cm.

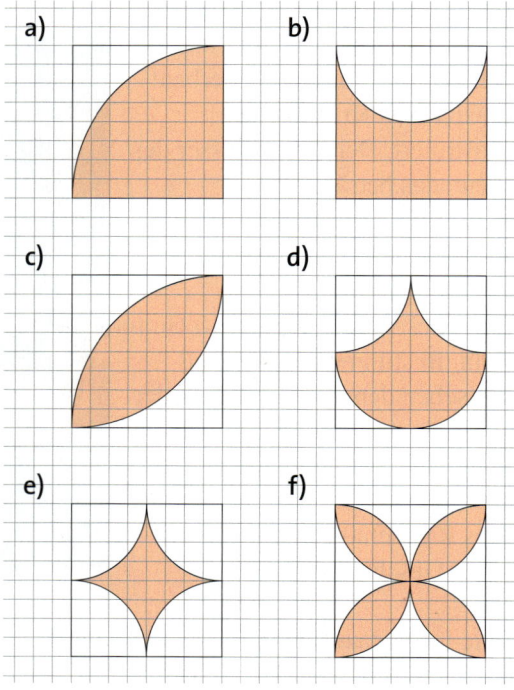

18 Denke dir selbst ein Muster aus (wie in Aufgabe 17). Bestimme den Umfang der Flächen.

19 Die Spirale ist durch die Aneinanderreihung von Halbkreisen entstanden, wobei sich der Kreisradius stets verdoppelt hat. Der größte Halbkreis hat einen Radius von 4 cm. Zeichne die Spirale in dein Heft und berechne ihre Länge.

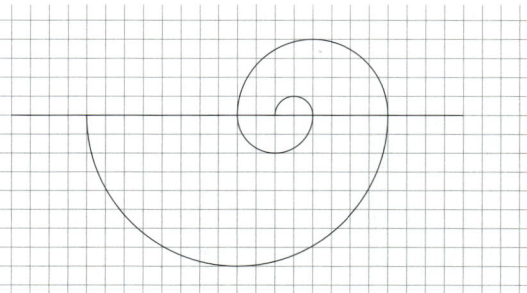

20 Will man eine Modellbahn-Anlage ausbauen, so findet man im Prospekt des Herstellers u. a. Informationen zum Gleissystem. Die Angaben über gebogene Gleise erleichtern die Planung. Dabei ist wichtig zu wissen, dass die Länge eines gebogenen Gleises die Länge seiner Mittellinie ist und sein Radius bis zur Mittellinie gemessen wird.

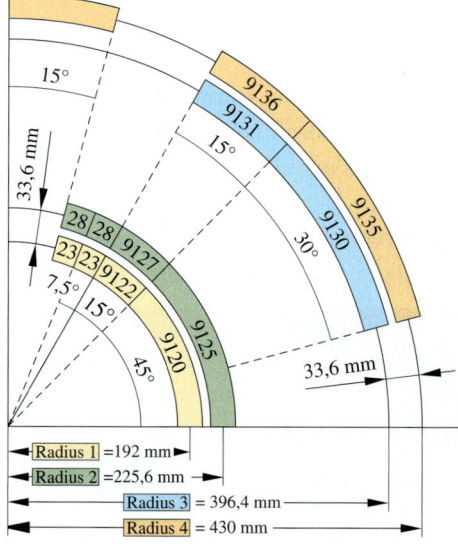

Wie lang ist das jeweilige Gleis?
a) 9120; 9122; 9123   b) 9125; 9127; 9128
c) 9130; 9131   d) 9135; 9136

Flächeninhalt des Kreises

Erforschen und Entdecken

1 Zeichne auf kariertem Papier einen Kreis mit dem Radius $r = 5$ cm. Markiere alle Kästchen, die vollständig in dem Kreis liegen, mit einem roten Punkt und alle Kästchen, die sowohl innerhalb als auch außerhalb des Kreises liegen, mit einem blauen Punkt. Schätze nun die Größe der Kreisfläche ab. Erkläre deinem Nachbarn, wie du vorgegangen bist.

ZUM KNOBELN
Wie viele Käseecken fehlen?

2 Für den folgenden Versuch benötigst du:

- eine Brief- oder Haushaltswaage
- Knete oder Teig
- runde Formen zum Ausstechen
- Geodreieck und Messer

Walze zunächst die Knete oder den Teig gleichmäßig aus.
Stich danach verschiedene Kreise aus und bestimme die Größe des Durchmessers und des Radius.
Schneide mit Hilfe des Geodreiecks zu jedem Kreis ein Quadrat aus, dessen Seitenlänge gleich dem Radius des Kreises ist. Wiege nun den Kreis und das zugehörige Quadrat (Seitenlänge des Quadrats = Radius des Kreises).

HINWEIS
Statt Knete oder Teig können die Kreise und Quadrate auch aus dicker Pappe geschnitten werden.

a) Übertrage die Messergebnisse in die folgende Tabelle und berechne den Quotienten Masse des Kreises durch Masse des Quadrats.

Radius des Kreises bzw. Seitenlänge des Quadrats	Masse des Kreises (m_K)	Masse des Quadrats (m_Q)	$m_K : m_Q$

b) Was fällt dir auf?
c) Entwickle eine Formel für die Berechnung der Kreisfläche. Überprüfe mit Hilfe von Aufgabe 1, ob die Formel richtig sein kann.

3 Zeichne einen Kreis mit Radius $r = 5$ cm. Unterteile den Kreis in zwölf gleich große Kreisausschnitte und male je sechs Ausschnitte in der gleichen Farbe aus. Schneide nun die zwölf Kreisausschnitte aus und lege sie wie rechts gezeigt zusammen.

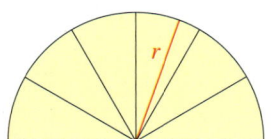 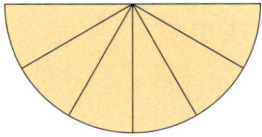 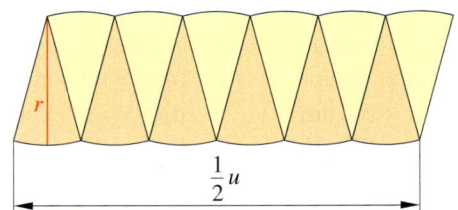

a) Welches Viereck ist annähernd entstanden?
b) Berechne den Flächeninhalt des entstandenen Vierecks.
c) Entwickle aus deinen Überlegungen eine Formel zur Bestimmung der Kreisfläche. Überprüfe mit Hilfe von Aufgabe 1, ob die entwickelte Formel richtig sein kann.

Vom Vieleck zum Kreis

Lesen und Verstehen

Ein Gärtner möchte ein kreisrundes Blumenbeet mit Riesenanemonen bepflanzen. Das Blumenbeet hat einen Radius von 3 m. Wie groß ist das Blumenbeet?

Der Flächeninhalt eines Kreises lässt sich mit Hilfe des Radius r berechnen.

> **Flächeninhalt des Kreises:** $A = \pi \cdot r^2$

BEISPIEL 1
Das Blumenbeet hat ein Größe von
$A = \pi \cdot (3\,\text{m})^2 \approx 28{,}3\,\text{m}^2$.

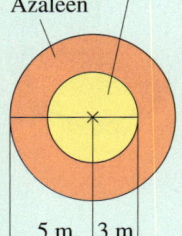

aDer Gärtner möchte nun um den Anemonenkreis einen zwei Meter breiten Kreisring mit Azaleen pflanzen (siehe Randspalte). Wie groß ist der Azaleenring?

> Für den **Flächeninhalt eines Kreisrings** gilt:
> $A = \pi \cdot r_a^2 - \pi \cdot r_i^2 = \pi \cdot (r_a^2 - r_i^2)$

BEISPIEL 2
Der Azaleenring hat eine Größe von
$A = \pi \cdot [(5\,\text{m})^2 - (3\,\text{m})^2] \approx 50{,}3\,\text{m}^2$.

Üben und Anwenden

1 Berechne den Flächeninhalt des Kreises.
a) $r = 3{,}7\,\text{cm}$ b) $r = 4{,}9\,\text{mm}$
c) $r = 6{,}5\,\text{cm}$ d) $d = 0{,}7\,\text{m}$
e) $d = 8{,}9\,\text{dm}$ f) $d = 10{,}1\,\text{km}$
g) $r = 2{,}2\,\text{cm}$ h) $r = 4{,}1\,\text{cm}$

2 Berechne den Flächeninhalt des Kreises.
a) 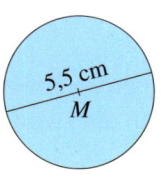   b)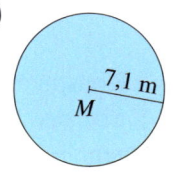

3 Wie groß ist der Radius des Kreises?
a) $A = 18\,\text{cm}^2$ b) $A = 0{,}94\,\text{m}^2$
c) $A = 6{,}6\,\text{dm}^2$ d) $A = 4{,}98\,\text{km}^2$
e) $A = 0{,}8\,\text{cm}^2$ f) $A = 27\,\text{a}$
g) $A = 38{,}48\,\text{cm}^2$ h) $A = 113{,}09\,\text{cm}^2$

4 Versuche, ohne zu messen einen Kreis mit einem Flächeninhalt von 15 cm² zu zeichnen. Miss nach und berechne, wie groß deine Abweichung ist.

5 Berechne den Flächeninhalt des Kreises.
a) $u = 15\,\text{cm}$ b) $u = 1{,}7\,\text{dm}$
c) $u = 24{,}3\,\text{mm}$ d) $u = 15\,\text{km}$
e) $u = 6{,}5\,\text{m}$ f) $u = 8{,}6\,\text{dm}$
g) $u = 3{,}2\,\text{dm}$ h) $u = 2{,}7\,\text{cm}$

6 Zeichne einen Kreis mit folgendem Flächeninhalt.
a) $50{,}3\,\text{cm}^2$ b) $25\,\text{cm}^2$
c) $2800\,\text{mm}^2$ d) $2\,\text{dm}^2$
e) $3{,}5\,\text{dm}^2$ f) $98\,\text{mm}^2$

7 Ergänze die folgende Tabelle in deinem Heft.

	r	d	u	A
a)	3 cm			
b)		4,5 dm		
c)			53,4 m	
d)				78,5 m²
e)				1 ha
f)			1 m	
g)				10 a

BEACHTE
Wie erhalte ich r, wenn r^2 gegeben ist?
Dazu hilft das Wurzelzeichen √ des Taschenrechners.
Sei $r^2 = 9$, dann wird die Zahl gesucht, die mit sich selbst multipliziert 9 ergibt.

BEISPIEL
$\sqrt{9} = 3$, denn $3 \cdot 3 = 9$
$\sqrt{3{,}89} = 1{,}7$, denn $1{,}7 \cdot 1{,}7 = 3{,}89$

Flächeninhalt des Kreises

8 Ein kreisrundes Blumenbeet wird bepflanzt. Pro m² sollen 20 Pflanzen eingesetzt werden. Wie viele Pflanzen werden für den folgenden Radius benötigt?
a) 60 cm b) 1 m
c) 1,2 m d) 8 dm
e) 75 cm f) 1,35 m

9 Ein Kreis k_1 hat den Radius $r_1 = 3$ cm. Die Fläche des Kreises k_2 soll
a) doppelt, b) dreimal,
c) fünfmal, d) zehnmal
so groß sein wie die Fläche von k_1. Wie groß ist der Radius r_2 des Kreises k_2?

10 Überprüfe, ob die Zuordnung *Kreisradius → Kreisfläche* proportional ist.

11 Welchen Flächeninhalt hat der Kreisring?
a) $r_a = 16$ cm; $r_i = 10$ cm
b) $r_a = 4$ m; $r_i = 3$ m
c) $r_a = 6,4$ m; $r_i = 2,9$ m
d) $r_a = 1,69$ dm; $r_i = 0,35$ dm
e) $r_a = 6,5$ cm; $r_i = 27$ mm

12 Berechne den Flächeninhalt der abgebildeten Figur.

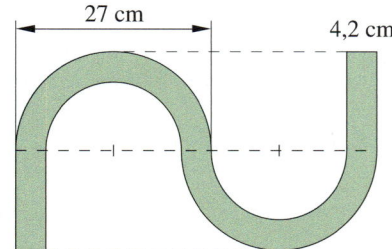

13 Berechne den Flächeninhalt einer roten Fläche im inneren (äußeren) Ring.

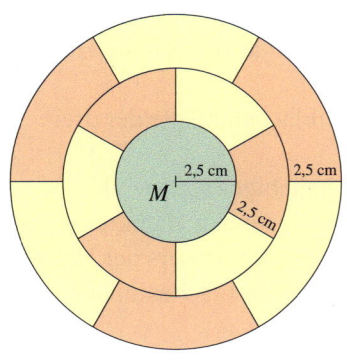

14 Wahrzeichen von Chicago sind die beiden 60-stöckigen Turmhäuser Marina Towers. Die Turmhäuser bestehen aus 12 m dicken Stahlbetonkernen mit daran aufgehängten Wohnungen. Der Durchmesser der Türme ist 30 m. Jede Etage kann in 16 gleich große Wohneinheiten aufgeteilt werden. Berechne die Fläche einer Wohneinheit.

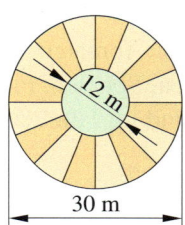

15 Überprüfe die folgenden Aussagen.
a) Die Fläche eines Kreisausschnitts (Kreissektors) ist abhängig vom Radius.
b) Die Fläche eines Kreisausschnitts ist abhängig vom Mittelpunktswinkel α.
c) Bei konstantem Winkel ist die Zuordnung *Radius → Fläche des Kreissektors* proportional.
d) Bei konstantem Radius ist die Zuordnung *Mittelpunktswinkel → Fläche des Kreissektors* proportional.
e) Für den Flächeninhalt eines Kreisausschnitts gilt: $A = \frac{\alpha}{360°} \cdot \pi \cdot r^2$

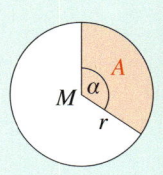

ERINNERE DICH
Konstant bedeutet gleich bleibend.

16 Welchen Flächeninhalt hat der Kreisausschnitt?
a) $r = 2$ cm; $\alpha = 70°$ b) $r = 6$ cm; $\alpha = 120°$
c) $r = 7,2$ cm; $\alpha = 225°$ d) $r = 9,5$ cm; $\alpha = 160°$

17 Berechne die fehlende Größe des Kreisausschnitts.

	a)	b)	c)	d)
r	7 dm	7 m	100 m	1 km
α	120°			30°
A		25,7 m²	1 ha	

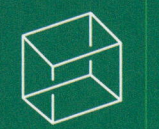

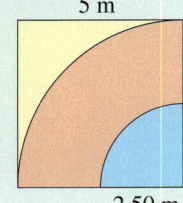

5 m
2,50 m

18 Betrachte die Abbildung links.
a) Berechne jeweils den Flächeninhalt der blauen, roten und gelben Fläche.
b) Vergleiche die Flächeninhalte der blauen und roten Fläche miteinander.

19 Berechne den Flächeninhalt.

a)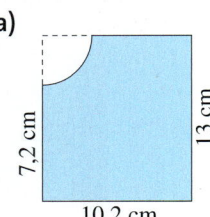
7,2 cm; 13 cm; 10,2 cm

b)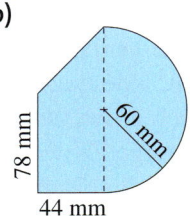
78 mm; 60 mm; 44 mm

20 Gezeigt wird der Tomatenverbrauch pro Kopf in kg in Italien, Spanien, Frankreich, Belgien und Deutschland im Jahr 2000.

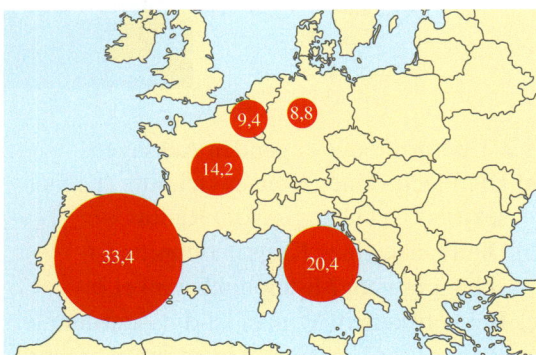

a) Welches der dargestellten Länder hat den höchsten Pro-Kopf-Verbrauch, welches den geringsten?
b) Überprüfe, ob die folgenden Zuordnungen proportional sind:
Verbrauch → Radius
Verbrauch → Fläche
c) Wozu führen deine Erkenntnisse aus b) beim Betrachten der Grafik?
d) Zeichne ein „faires" Diagramm.

21 Den Bereich, für den eine Basisstation für Handys zuständig ist, nennt man „Funkzelle". Die Reichweite einer Empfangsstation liegt bei 500 m im städtischen und 10 km im ländlichen Raum. Berechne die Größe einer Funkzelle
a) im städtischen Raum,
b) im ländlichen Raum.

22 Die Pizzeria „Bella Italia" verkauft Pizzen in drei verschiedenen Größen.

	Durchmesser der Pizzen		
	26 cm	30 cm	32 cm
Margherita	2,00 €	3,00 €	4,00 €
Piccata	3,50 €	5,00 €	6,00 €
Marina	5,00 €	6,00 €	7,00 €
Salami	4,00 €	5,00 €	5,50 €

a) Um den Preis zu vergleichen, möchte Artur die Zuordnung *Durchmesser → Preis* untersuchen.
Alex schlägt vor, die Zuordnung *Fläche → Preis* zu betrachten. Welches Vorgehen ist sinnvoller? Begründe.
b) Welche Pizza ist jeweils die günstigste? Begründe deine Meinung rechnerisch.
c) Wie teuer müsste die Pizza Salami mit 30 cm Durchmesser sein, wenn der Preis pro cm² wie bei der kleineren Pizza sein soll?

23 Betrachte die folgende Abbildung.

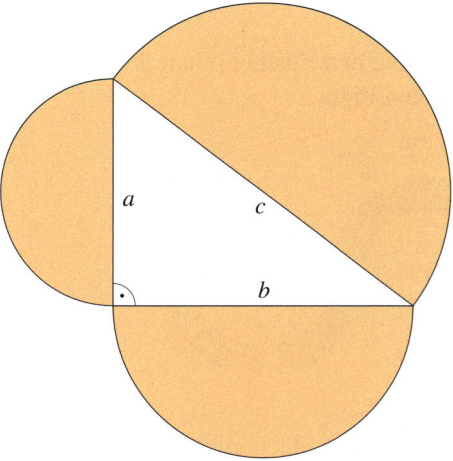

a) Zeichne das Dreieck mit $a = 8$ cm, $b = 6$ cm und $c = 10$ cm. Ergänze auch die Halbkreise.
b) Berechne die Flächeninhalte der drei Halbkreise.
c) Zeichne ein beliebiges rechtwinkliges Dreieck mit anliegenden Halbkreisen. Miss die Größe des Durchmessers der Halbkreise und bestimme deren Flächeninhalte. Was fällt dir auf?

Flächeninhalt des Kreises

24 Bestimme den Flächeninhalt der Figuren.

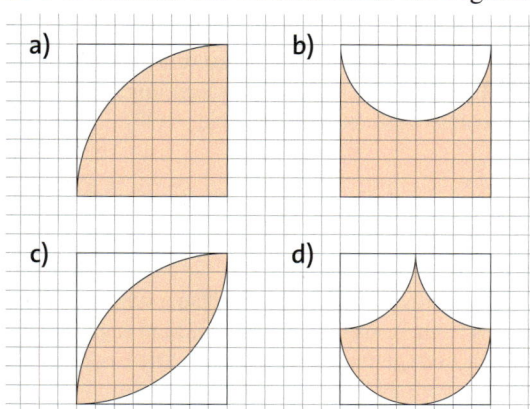

25 Übertrage die folgende Abbildung in dein Heft.

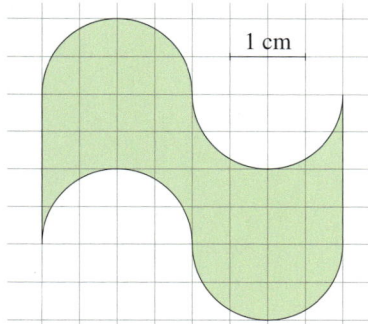

a) Zeige, dass der Flächeninhalt der grünen Fläche 8 cm² beträgt. Vergleiche deinen Lösungsweg mit dem deiner Mitschüler.
b) Bestimme den Umfang der grünen Fläche.

26 Betrachte die Abbildung unten.

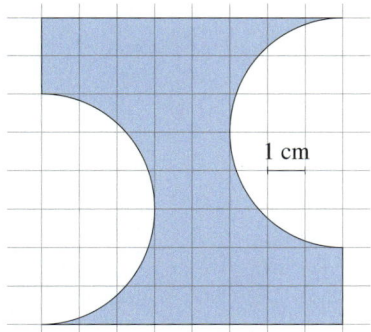

a) Bestimme den Flächeninhalt und den Umfang der blauen Fläche.
b) Gib je einen Term an, mit dem der Flächeninhalt und der Umfang der blauen Figur bestimmt werden kann, wenn die Seitenlänge des kleinen Quadrats variabel ist.

27 Die rechts abgebildete Figur soll gepflastert werden.
a) Bestimme den Flächeninhalt und den Umfang der Figur.

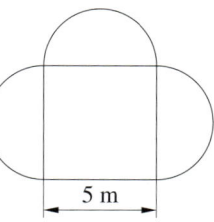

b) Es sollen Pflastersteine mit einer Länge von 24 cm und einer Breite von 16 cm eingesetzt werden. Wie viele Pflastersteine müssen ungefähr bestellt werden?
c) Für die Pflasterarbeiten liegen zwei Angebote vor:

Angebot	Materialkosten	Arbeitskosten
A	12,50 €/m²	39 €/m²
B	11,95 €/m²	pauschal: 995 €

Welches Angebot ist günstiger?

28 Die Karte zeigt den Victoriasee im Maßstab 1 : 5 000 000.

a) Übertrage den Umriss des Victoriasees auf Transparentpapier. Schätze seine Größe, indem du die Fläche einmal mit einem Kreis und dann mit der Methode deiner Wahl annäherst.
b) Vergleicht zunächst eure Ergebnisse zu zweit und dann mit den Vorgehensweisen und Ergebnissen im Klassenverband. Recherchiert die wahre Größe des Sees.

Annäherung an π mit eine...

Archimedes lebte von 282 v. Chr. bis 212 v. Chr.

Die Methode zur annähernden Berechnung von π, die der große Mathematiker, Physiker und Ingenieur Archimedes verwendete, ist besonders eindrucksvoll und hat auch heute noch Anwendungsmöglichkeiten. Archimedes bestimmte π über den Umfang eines Kreises, indem er regelmäßige Vielecke einbeschrieb und umbeschrieb. Deren Umfänge berechnete er und bildete die Differenz. Je mehr Ecken die Vielecke haben, umso geringer wird diese Differenz und umso genauer wird der Umfang des Kreises angenähert. Nach einer ersten Annäherung an π mit dem regelmäßigen Sechseck, verbesserte Archimedes mit dem Prinzip der „Eckenverdopplung" die Näherungswerte bis zum 96-Eck.

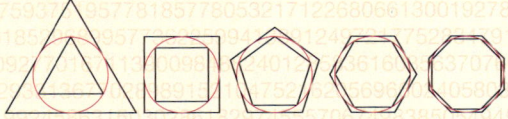

Zur Vereinfachung der Untersuchung wird von einem Einheitskreis ausgegangen. Man sagt, der Radius beträgt eine Einheit, also 1. Die Ergebnisse sind in der Tabelle zusammengefasst.

1 Nach dem Prinzip von Archimedes wird zunächst ein Einheitskreis mit einem einbeschriebenen regelmäßigen Sechseck betrachtet. Beim Einheitskreis beträgt der Radius $r = 1$, also eine Einheit (z. B. 1 dm). Der Umfang des Sechsecks wird berechnet.
a) Zeige, dass die Größe des Winkels α genau 60° betragen muss.
b) Begründe, warum das rot gezeichnete Dreieck gleichseitig ist.
c) Bestimme die Länge einer Seite a_6 des regelmäßigen Sechsecks und den Umfang des Sechsecks u_6.
d) Zeige, dass die Gleichung $h_6^2 + (\frac{1}{2})^2 = 1^2$ gilt. Berechne h_6.
e) Berechne die Länge x_6.

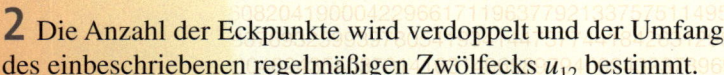

Die Geschichte der Kreiszahl und ihrer Berechnung kann bis ca. 2000 v. Chr. zurückverfolgt werden.
Hier sind wichtige Daten in einer Zeitleiste zusammengestellt worden.

2 Die Anzahl der Eckpunkte wird verdoppelt und der Umfang des einbeschriebenen regelmäßigen Zwölfecks u_{12} bestimmt.
a) Zeige, dass die Gleichung $x_6^2 + (\frac{a_6}{2})^2 = a_{12}^2$ gilt, und berechne a_{12} und u_{12}.
b) Zur Berechnung des Kreisumfangs wurde die Formel $u = 2 \pi r$ benutzt. Setze für u und r die errechneten bzw. benutzten Werte ein und berechne einen Näherungswert für π.
c) Berechne mit Hilfe des Satzes des Pythagoras die Länge von h_{12}. Wie lang ist dann x_{12}?

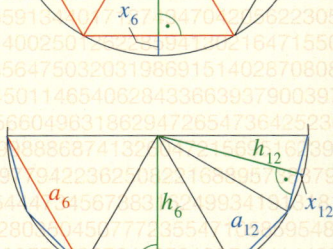

1500 v. Chr.
Ägypter verwenden für π den Wert $(\frac{16}{9})^2 \approx 3{,}16$.

ca. 250 v. Chr.
Archimedes nähert π dem Wert $\frac{22}{7} \approx 3{,}14$ an.

120 n. Chr.
Ptolemäus verbessert π auf $\frac{377}{120} \approx 3{,}1417$.

um 1579
Vieta berechnet π auf zehn Dezimalstellen.

um 1600
van Ceulen berechnet π auf 35 Dezimalstellen.

ca. 1750
Euler verwendet zum ersten Mal den griechischen Buchstaben π und berechnet in einer Stunde 20 Dezimalstellen.

Tabellenkalkulation

Die Anzahl der Eckpunkte soll weiter verdoppelt werden. Mit einem Tabellenkalkulationsprogramm lassen sich die Folgewerte für a_n, u_n, h_n und x_n auf einfache Weise bestimmen. Abgesehen von der ersten Zeile und den Feldern **A2** und **B2** stehen in den Zellen keine Zahlen sondern Formeln.

	A	B	C	D	E	F
1	n	a_n	u_n	Näherung für Π	h_n	x_n
2	6	1	6	3	0,866025404	0,133974596
3	12	0,51763809	6,211657082	3,105828541	0,965925826	0,034074174
4	24	0,26105238	6,265257227	3,132628613	0,991444861	0,008555139
5	48	0,13080626	6,278700406	3,139350203	0,997858923	0,002141077
6	96	0,06543817	6,282063902	3,141031951	0,999464587	0,000535413
7	192	0,03272346	6,282904945	3,141452472	0,999866138	0,000133862
8	384	0,01636228	6,283115216	3,141557608	0,999966534	0,000033466

3 In der Tabelle oben wurden folgende Formeln verwendet:
① =C3/2   ② =2*A2   ③ =1−E3   ④ =A3*B3
⑤ =WURZEL(1−(0,5*B3)*(0,5*B3))   ⑥ =WURZEL((0,5*B2)*(0,5*B2)+F2*F2)

a) Beschreibe, was jede einzelne Formel berechnet.
b) Ordne die Formeln den Zellen **A3** bis **F3** im obigen Tabellenblatt zu.

4 Lege in einem Tabellenkalkulationsprogramm eine Tabelle wie oben an.
a) Berechne mit ihr a_{768}, u_{768}, h_{768} und x_{768}.
b) Berechne näherungsweise die Zahl π auf zehn Nachkommastellen genau. Verwende dazu das selbst erstellte Tabellenblatt.
c) Überprüfe, ob das Verfahren irgendwann abbricht. Dies ist beispielsweise der Fall, wenn sich für h_n der Wert 1 ergibt. Falls ja, berechne, wie groß die Zahl π bei Abbruch des Verfahrens ist. Falls nein, bestimme π auf zwanzig Nachkommastellen genau.

5 Statt mit einem Sechseck kann man auch mit einem einbeschriebenen Quadrat beginnen. Vollziehe die bisherigen Überlegungen an einem einbeschriebenen Quadrat nach und erstelle mit einem Tabellenkalkulationsprogramm eine entsprechende Tabelle.

1767
Lambert weist als Erster nach, dass π eine irrationale Zahl ist und nicht als Bruch geschrieben werden kann.

1948
Von π sind 808 Stellen bekannt.

1949
Die erste Maschine (ENIAC) berechnet π auf über 2000 Stellen in 70 Stunden.

1999
Der Japaner Yasumasa Kanada berechnet π mit Computern auf 206 158 430 000 Nachkommastellen in 37 Stunden.

2002
Y. Kanada berechnet π mit Computern auf ca. 1 Billion 241 Milliarden Nachkommastellen in 400 Stunden.

Rund ums Fahrrad

Die Größe von Fahrradreifen wird meistens in Zoll angegeben: 1 Zoll = 2,54 cm.
Der Reifen eines 12-Zoll-Kinderfahrrads hat einen Durchmesser von ca. 30,5 cm (12 · 2,54 cm).

1 Bestimme den Durchmesser eines 18-Zoll-Klapprades, eines 26-Zoll-Triathlonrades und eines 28-Zoll-Rennrades. Welchen Weg legt man bei einer Radumdrehung jeweils zurück?

Die Tour de France gilt als das wichtigste Radrennen der Welt. Sie hat jedes Jahr einen anderen Streckenverlauf. In der Tabelle unten ist der Tourverlauf von Straßburg nach Paris dargestellt.

2 Wie viele Umdrehungen führte der Reifen eines Rennrades auf der 6. (17.; längsten; kürzesten) Etappe aus? Wie viele Umdrehungen macht der Reifen auf der gesamten Tour?

Etappe	Tag		Start	Ziel	km
Prolog	01.07.	EZ	Straßburg	Straßburg	7
1.	02.07.	RR	Straßburg	Straßburg	185
2.	03.07.	RR	Obernai	Esch-sur-Alzette	229
3.	04.07.	RR	Esch-sur-Alzette	Valkenburg	217
4.	05.07.	RR	Huy	Saint-Quentin	207
5.	06.07.	RR	Beauvais	Caen	225
6.	07.07.	RR	Lisieux	Vitré	189
7.	08.07.	EZ	Saint-Grégoire	Rennes	52
8.	09.07.	RR	Saint-Méen-le-Grand	Lorient	181
9.	11.07.	RR	Bordeaux	Dax	170
10.	12.07.	RR	Cambo-les-Bains	Pau	191
11.	13.07.	RR	Tarbes	Pla de Beret	207
12.	14.07.	RR	Bagnères-de-Luchon	Carcassonne	212
13.	15.07.	RR	Béziers	Montélimar	230
14.	16.07.	RR	Montélimar	Gap	181
15.	18.07.	RR	Gap	L'Alpe-d'Huez	187
16.	19.07.	RR	Le Bourg-d'Oisans	La Toussuire	182
17.	20.07.	RR	Saint-Jean-de-Maurienne	Morzine	201
18.	21.07.	RR	Morzine	Mâcon	197
19.	22.07.	EZ	Le Creusot	Montceau-les-Mines	57
20.	23.07.	RR	Antony	Paris	155

3 Den Prolog der Tour gewann der Norweger Thor Hushovd in 8:17 min. Mit welcher Durchschnittsgeschwindigkeit wurde der Prolog gewonnen?

4 Der Sieger der Tour benötigte für die Gesamtstrecke ca. 89:40 h, der Letzte hatte einen Rückstand von ca. 4 Stunden. Bestimme ihre Durchschnittsgeschwindigkeiten.

5 Wer beim Radfahren nicht sonderlich trainiert ist, schafft ca. 15 $\frac{km}{h}$. Wie lange hätte demnach ein Untrainierter für den Prolog (die Gesamtstrecke) benötigt?

An der Tretkurbel von Rennrädern befinden sich meist ein 53er- und ein 39er-Kettenblatt. Kombinierbar sind die Kettenblätter mit der häufig verwendeten 10-fach-Kassette mit Ritzeln von 11 bis 21. Wählt man am vorderen Kettenblatt 53 Zähne und bei der hinteren Kassette 17 Zähne, so erhält man ein Übersetzungsverhältnis von $\frac{53}{17} = 3{,}1$.
Bei einer Drehung der Tretkurbel würde sich das Hinterrad demnach ca. 3,1-mal drehen.

6 Übertrage die folgende Tabelle in dein Heft und vervollständige sie.

	\multicolumn{10}{c}{Zähne am Hinterrad}
	11	12	13	14	15	16	17	18	19	21
53							3,1			
39										

7 Wie viele unterschiedliche Übersetzungen stehen einem Rennfahrer zur Verfügung?

Zur Bestimmung der Strecke, die man mit einer Kurbelumdrehung zurücklegt, muss die Ablauflänge berechnet werden. Diese berechnet sich wie folgt:

$L = u \cdot \frac{Z_K}{Z_R}$

wobei u der Umfang des Hinterrades, Z_K die Zähnezahl des Kettenblatts und Z_R die Zähnezahl der hinteren Kassette ist.

8 Berechne die maximale und die minimale Strecke, die ein Radrennfahrer bei einer Kurbelumdrehung zurücklegt.

9 Wie häufig musste ein Radrennfahrer die Kurbel bei der dargestellten Tour de France mindestens (höchstens) treten?

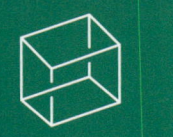

Vom Vieleck zum Kreis

Vermischte Übungen

ZUM KNOBELN
Ein Kreis wird von drei Geraden geschnitten. Wie viele Teilflächen entstehen mindestens? Wie viele Teilflächen können maximal entstehen?

1 Ergänze die folgende Tabelle in deinem Heft.

	r	d	u	A
a)	4 cm			
b)		4 dm		
c)			10,7 m	
d)				1075 m²
e)				2 a

2 In Kalifornien wurde bei einem Mammutbaum ein Umfang von 24,2 m gemessen. Welchen Durchmesser hatte er an dieser Stelle?

3 ▶ Der Umfang eines Fußballs beträgt laut Regelwerk mindestens 68 cm und höchstens 70 cm.
a) Berechne den Durchmesser eines Fußballs.
b) Im Jahr 2005 wurde das 68 m × 105 m große Spielfeld eines Stadions zu Werbezwecken mit Bällen ausgelegt.

Wie viele Bälle wurden für diese Aktion benötigt?
c) Wie groß ist die Fläche, die von den Bällen verdeckt wurde?
d) Wie groß ist die Fläche, die zwischen vier Bällen noch sichtbar ist?
e) Justin schlägt vor, die Bälle wie in der Abbildung links zu legen.
Werden in diesem Fall für die Aktion mehr Bälle benötigt? Diskutiere mit deinem Nachbarn.

4 Um 1870 erfand James Starley das Hochrad. Das riesige Vorderrad hatte einen Durchmesser von ca. 2 m, das Hinterrad einen Durchmesser von ca. 50–70 cm.

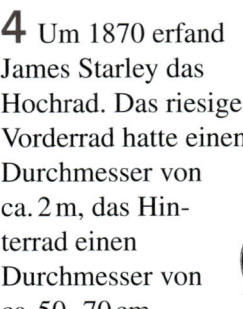

a) Bestimme den Umfang des Vorder- und des Hinterrades.
b) Wie oft dreht sich das Hinterrad bei einer Umdrehung des Vorderrades?

5 Überprüfe die folgenden Aussagen.
a) Ein Quadrat mit der Seitenlänge $a = 5$ cm hat einen größeren Flächeninhalt als ein Kreis mit dem Radius $r = 5$ cm.
b) Ein Quadrat mit der Seitenlänge $a = 6$ cm hat einen größeren Flächeninhalt als ein Kreis mit dem Durchmesser $d = 6$ cm.

6 ▶ Kreisverkehr

> Kleine Kreisverkehre haben einen Durchmesser von 26 bis 35 m. Große Kreisverkehre haben Durchmesser von mehr als 40 m. In Ausnahmefällen können sie bis zu 120 m lange Durchmesser aufweisen. In der Schweiz findet man sogar Kreisverkehre auf Autobahnen mit einem Durchmesser von 450 m.

a) Bestimme den Flächenverbrauch eines Kreisverkehrs mit einem Durchmesser von 26 m (35 m).
b) Welchen Umfang hat der genannte Schweizer Autobahnkreisverkehr?

7 Bestimme die Speicherkapazität einer CD-Rom in MB pro cm².

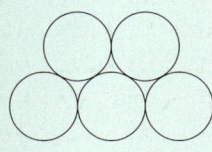

Vermischte Übungen

8 ➡ Zwei 15-jährige Jungen umfassen einen Baumstamm gerade so, dass sich ihre Fingerspitzen berühren.
Welchen Durchmesser hat der Baumstamm an dieser Stelle ungefähr? Überlege vorher genau, welche Angaben benötigt werden.

9 Wie groß ist der Umfang und der Flächeninhalt des Inkreises (Umkreises) eines Quadrats mit $a = 5$ cm?

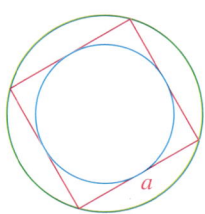

10 Der Umfang des hellgrünen Kreises beträgt 25 cm.
a) Wie groß ist der Flächeninhalt des einbeschriebenen Quadrats und des umbeschriebenen Quadrats?
b) Konstruiere die Figur, indem du zunächst den Kreis mit einem Umfang von 30 cm zeichnest.
Zeichne dann das einbeschriebene und das umbeschriebene Quadrat.

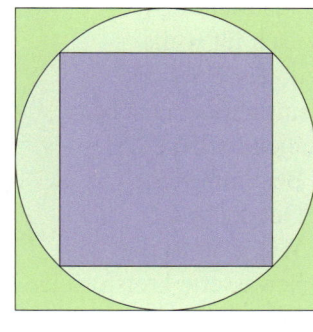

11 Die Kanten der Quadrate sind jeweils 5 cm lang.

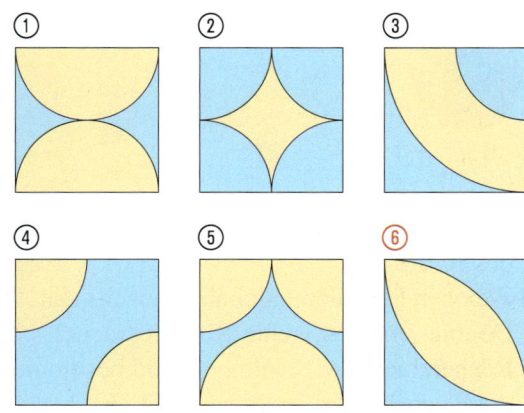

a) Berechne die Größe der blauen Fläche.
b) Stelle selbst Muster her und lasse deinen Tischnachbarn die Fläche berechnen.

12 Verschiedene Bögen der Baukunst

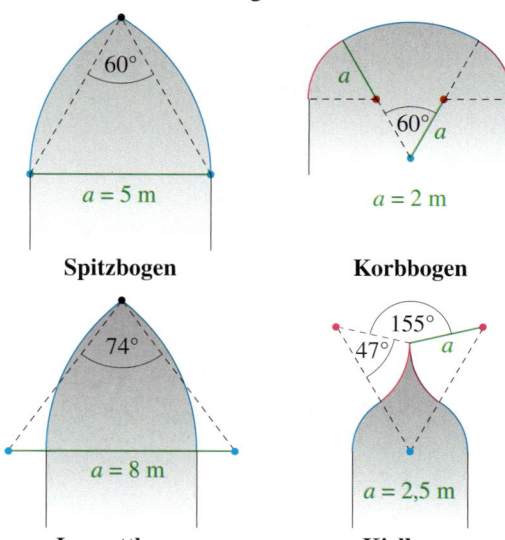

Spitzbogen **Korbbogen**

Lanzettbogen **Kielbogen**

a) Zeichne die Bögen im Maßstab 1 : 100.
b) Berechne die Länge des Spitzbogens und des Korbbogens.
c) Entnimm aus deiner Zeichnung die fehlenden Maße für den Lanzettbogen und berechne seine Länge.
d) Berechne die Länge des Kielbogens. Verfahre wie in c).

13 Die farbigen Flächen bezeichnet man als *Möndchen des Hippokrates* (440 v. Chr.). Die Gesamtfigur wird aus einem rechtwinkligen Dreieck und drei Halbkreisen gezeichnet.

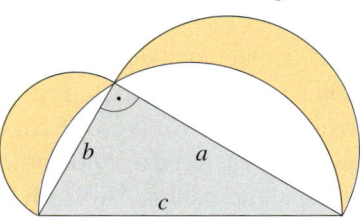

a) Zeichne die Figur für $a = 4$ cm, $b = 3$ cm, $c = 5$ cm und berechne den gesamten Umfang beider Möndchen.
b) Berechne den Flächeninhalt der Möndchen des Hippokrates für $a = 8$ cm, $b = 6$ cm, $c = 10$ cm. Subtrahiere dazu den Flächeninhalt des Halbkreises über der Hypotenuse von dem Flächeninhalt der Gesamtfigur.
c) Vergleiche den Flächeninhalt der Möndchen mit dem des Dreiecks.

ZUM WEITERARBEITEN
Welche Maße sollte eine quadratische Tischdecke haben, die über einen kreisrunden Tisch mit einem Umfang von 3,46 m gelegt werden soll?

Vom Vieleck zum Kreis

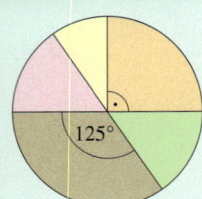

14 Der Kreis mit dem Radius $r = 7$ cm ist in fünf verschieden Kreisausschnitte eingeteilt.
a) Warum sind die grün und die rosa gefärbte Fläche gleich groß?
b) Berechne die Flächeninhalte der Kreisausschnitte.

15 Der Keller eines alten Hauses hat als Abschluss ein Tonnengewölbe. Die Frontfläche des Bogenmauerwerks soll gestrichen werden. Wie groß ist die zu streichende Fläche?

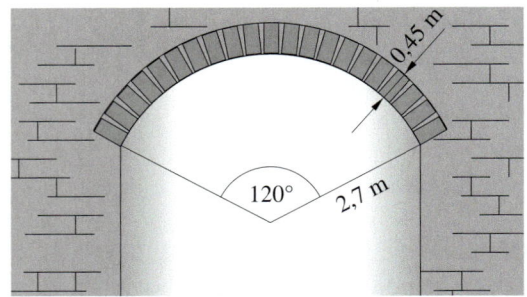

16 Auf einer Kochplatte, die einen Durchmesser von 21,5 cm besitzt, steht ein Topf mit einem Durchmesser von 14,5 cm.
a) David meint nach kurzem Nachdenken, dass dies einen Energieverlust von ca. 30 % bedeutet. Wie kommt David zu diesem Ergebnis?
b) Berechne die Fläche der Kochplatte und des Topfbodens und überprüfe, ob die Behauptung von David richtig ist.

17 Die Erde hat einen durchschnittlichen Äquatorradius von 6378,137 km. Ein Tennisball hat einen Durchmesser von 6,5 cm.
a) Wie lang muss ein um den Äquator bzw. den Tennisball gespanntes Seil sein?
b) Die Seile um den Äquator und um den Tennisball werden jeweils um 1 m verlängert und haben überall den gleichen Abstand. Passt unter den Seilen eine Ameise, Fliege, Maus oder Katze durch? Vergleiche Erde und Tennisball.
c) Begründe die Erkenntnisse aus b).
d) Ein 1,80 m großer Mensch soll aufrecht unter den Seilen hindurch laufen. Um welche Strecke müssen die Seile jeweils verlängert werden?

18 In einem Internetchat beklagt sich ein Autofahrer: „Mir ist bei meinem Wagen aufgefallen, dass der vordere Scheibenwischer nicht bis zum Scheibenrand läuft. Dadurch kommt mir das Sichtfeld sehr klein vor. Ist dieses kleine Sichtfeld normal?"
a) Überprüft durch Messungen bei unterschiedlichen Scheibenwischersystemen, wie groß die Fläche ist, die ein Scheibenwischer reinigt. Unterscheidet auch zwischen Heck- und Frontscheibe.
b) Bestimme den prozentualen Anteil der Scheibe, der ungeputzt bleibt.

19 Die quadratische Landaufteilung ist typisch für weite Teile der USA. Die kleinste quadratische Einheit hat 16,25 ha.
a) Bestimme eine Quadratseite.
b) Wie groß ist die bewässerte kreisförmige Fläche?
c) Wie viel Prozent der quadratischen Fläche wird bewässert?

20 Maße der Dartscheibe (in mm)

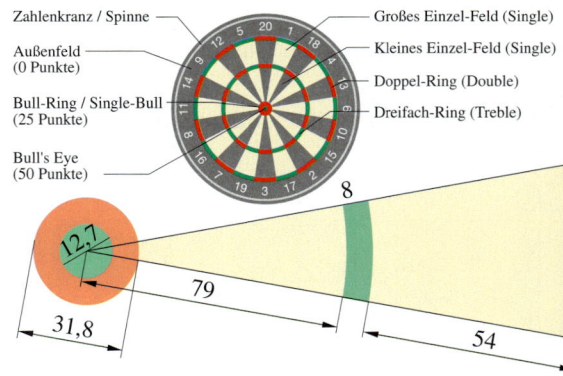

a) Bestimme die Größe des Bull's Eye und des Bull-Rings.
b) Welchen Flächeninhalt haben jeweils das Double- und das Treble-Ring-Segment?
c) Recherchiere die Spielregeln und bestimme die Flächengröße, auf der 18 [24; 30; 13] Punkte erzielt werden können?
d) Erfindet eigene Aufgaben und tauscht sie im Klassenverband aus.

Vom Vieleck zum Kreis

Teste dich!

a

1 Überprüfe die Aussagen.
a) Die Innenwinkelsumme eines Fünfecks beträgt 450°.
b) Die Größe eines Innenwinkels beträgt bei einem regelmäßigen Fünfeck 108°.

b

1 Überprüfe die Aussagen.
a) Die Größe des Mittelpunktwinkels bei einem regelmäßigen Achteck beträgt 45°.
b) Die Größe eines Innenwinkels beträgt bei einem regelmäßigen Neuneck 140°.

2 Berechne die fehlenden Größen des Kreises.

	r	d	u	A
a)	3,9 cm			
b)		2,1 dm		
c)			0,1 m	
d)				5 ha
e)	7,1 cm			
f)		30 mm		

3 Ein Baum hat einen Umfang von 15 m. Bestimme seinen Radius und die Querschnittsfläche.

3 Das kreisförmige Sendegebiet eines Fernsehsenders hat eine Größe von 7 854 km². Bestimme die Reichweite des Fernsehsenders.

4 Bestimme den Flächeninhalt und den Umfang der blauen Flächen.
a) 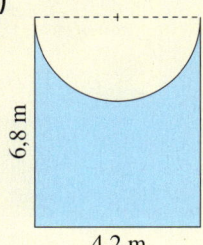 b)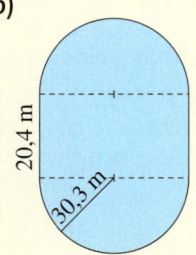

4 Bestimme den Flächeninhalt und den Umfang der blauen Flächen.
a) 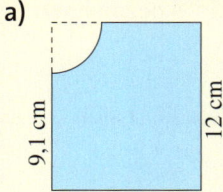 b)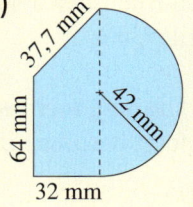

5 Berechne die fehlenden Größen des Kreisbogens.

	r	α	b
a)	9 cm	90°	
b)		72°	6,3 cm
c)	4 cm		18,8 cm
d)	5 cm	180°	
e)		135°	12,7 cm

5 Berechne die fehlenden Größen des Kreisbogens.

	r	α	b	A
a)	7 cm	45°		
b)		72°	11,3 cm	
c)	6 m			12,6 m²
d)		85°	10 cm	
e)	4,5 cm		6 cm	

HINWEIS
Brauchst du noch Hilfe, so findest du auf den angegebenen Seiten ein Beispiel oder eine Anregung zum Lösen der Aufgaben. Überprüfe deine Ergebnisse mit den Lösungen ab Seite 214.

Aufgabe	Seite
1	112
2	116, 120
3	116, 120
4	116, 120
5	120

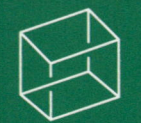

Vom Vieleck zum Kreis

Zusammenfassung

→ Seite 112

Regelmäßige Vielecke

Regelmäßige Vielecke (n-Ecke) haben
- n Ecken,
- n gleich lange Seiten und
- n gleich große Innenwinkel.

Regelmäßige Vielecke sind
- drehsymmetrisch und
- spiegelsymmetrisch.

Für den Mittelpunktswinkel γ gilt:
$\gamma = 360° : n$
Für die Basiswinkel α und β gilt:
$\alpha = \beta = (180° - \gamma) : 2$
Für die Winkelsumme im n-Eck gilt:
$180° \cdot (n - 2)$

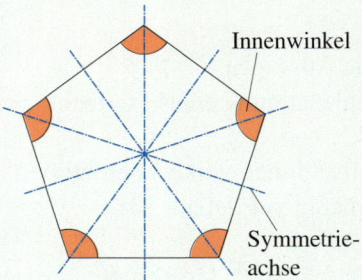
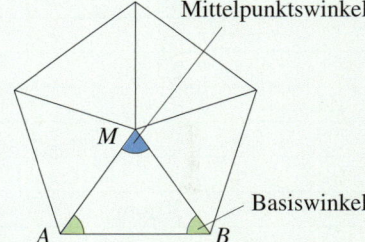

→ Seite 116

Kreisumfang

Für jeden Kreis ist das Verhältnis des Umfangs zu seinem Durchmesser gleich (konstant). Diese Konstante heißt **Kreiszahl** und wird mit dem kleinen griechischen Buchstaben π (lies „Pi") bezeichnet. Es gilt: $\frac{u}{d} = \pi$

Der **Umfang u eines Kreises** lässt sich wie folgt berechnen:

$u = \pi \cdot d$ oder
$u = 2 \cdot \pi \cdot r$

Die kreisrunden landwirtschaftlich genutzten Flächen haben einen Radius von 200 m.

Der Umfang eines Feldes beträgt demnach
$u = 2 \cdot \pi \cdot 200\,\text{m}$
$\approx 1257\,\text{m}$.

→ Seite 120

Flächeninhalt des Kreises

Der Flächeninhalt eines Kreises lässt sich mit Hilfe des Radius r berechnen. Man benutzt folgende Formel:
$A = \pi \cdot r^2$

Für den **Flächeninhalt eines Kreisrings** gilt:
$A = \pi \cdot r_a^2 - \pi \cdot r_i^2 = \pi \cdot (r_a^2 - r_i^2)$

Ein rundes Beet mit einem Radius von 3 m ist 10 cm breit von Steinen umrahmt. Das Beet besitzt einen Flächeninhalt von
$A_B = \pi \cdot (3\,\text{m})^2 = 28{,}3\,\text{m}^2$.

Der Steinring hat mit $r_1 = 3{,}1\,\text{m}$ und $r_2 = 3\,\text{m}$ einen Flächeninhalt von
$A_{St} = \pi \cdot [(3{,}1\,\text{m})^2 - (3\,\text{m})^2] = 1{,}92\,\text{m}^2$.

Zylinder

Gefäße wie Vasen und Krüge können getöpfert werden. Beim Töpfern mit einer Töpferscheibe wird ein Klumpen feuchter Ton oder Lehm in die Mitte der Scheibe gelegt. Die Scheibe wird in schnelle Drehung versetzt. Damit wird die Herstellung zylinderförmiger Gefäße erleichtert. Um die Gefäße fest und wasserunlöslich zu machen, werden sie anschließend noch im Ofen gebrannt.

Zylinder

Noch fit?

1 Rechne in die angegebene Einheit um.

Längenmaße:				
a) 2 cm (mm)	b) 30 dm (cm)	c) 500 m (km)	d) 0,8 m (dm)	e) 30 mm (dm)
Flächenmaße:				
a) 2 cm² (mm²)	b) 30 dm² (cm²)	c) 500 m² (km²)	d) 0,8 m² (dm²)	e) 30 mm² (dm²)
Raummaße:				
a) 2 cm³ (mm³)	b) 30 dm³ (cm³)	c) 500 m³ (km³)	d) 0,8 m³ (dm³)	e) 30 mm³ (dm³)

2 Ein Quader hat die Kantenlängen $a = 3$ cm, $b = 2$ cm und $c = 4$ cm.
a) Zeichne ein Schrägbild und ein Netz des Quaders.
b) Berechne den Oberflächeninhalt des Quaders.
c) Bestimme das Volumen des Quaders.

3 Berechne das Volumen und den Oberflächeninhalt der rechts abgebildeten Prismen (angegebene Maße in cm).

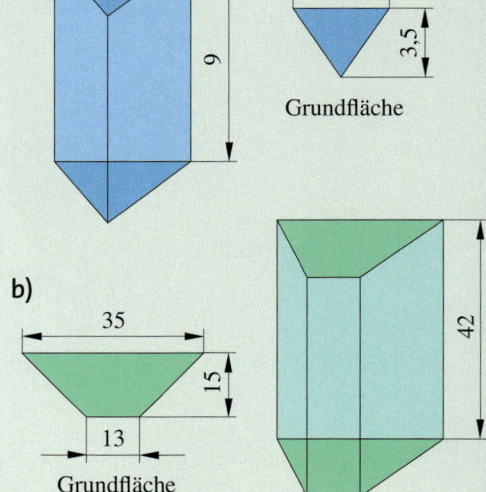

4 Berechne das Volumen der Körper.
a) Würfel mit der Kantenlänge $a = 2,5$ cm
b) Quader mit den Kantenlängen $a = 2,5$ cm, $b = 35$ mm und $c = 0,6$ dm
c) Prisma mit einem Dreieck als Grundfläche ($c = 4,2$ cm, $h_c = 2,5$ cm) und der Höhe $h = 7,3$ cm

5 Ein Blumenkübel hat die in der Zeichnung angegebenen Maße.
a) Welche Maße hat die innere rechteckige Bodenfläche des skizzierten Blumenkübels?
b) Welches Volumen V_H hat der Hohlraum im Blumenkübel?
c) Wie viel cm³ Beton wurden in dem Blumenkübel verarbeitet?
d) Wie schwer ist der Blumenkübel, wenn 1 m³ Beton 1 200 kg wiegt?

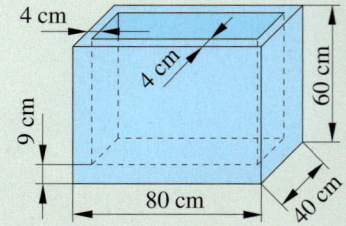

HINWEIS
Berechne erst das Volumen des äußeren Quaders und subtrahiere davon das Volumen des inneren Quaders.

KURZ UND KNAPP

1. Mit welchen Einheiten lassen sich Raum- und Hohlmaße angeben?
2. Was muss beim Zeichnen von Schrägbildern beachtet werden?
3. Nenne Beispiele aus deiner Umwelt für Würfel, Quader und Prismen.
4. Richtig oder falsch? Ein Prisma mit quadratischer Grundfläche ist ein Würfel. Begründe deine Meinung.
5. Nenne die Formeln zur Berechnung des Flächeninhalts und des Umfangs eines Kreises.
6. Ist ein Kreis mit dem Durchmesser $d = 5$ cm größer als ein Quadrat mit der Seitenlänge $a = 5$ cm? Begründe.
7. Aus welchen Teilflächen besteht das Netz eines geraden Prismas mit einem Parallelogramm als Grundfläche?

Netze und Oberflächen von Zylindern

Erforschen und Entdecken

1 Julian soll mit seiner kleinen Schwester eine Laterne für den Martinsumzug basteln. Im Internet findet er folgende Bastelanleitung.

HINWEIS
Material für die Laterne:
– Tonpapier
– Schere
– Klebe
– Transparentpapier
– Teelicht

Schneide aus Tonpapier einen 50 cm mal 25 cm großen Streifen für die Wand und zwei Kreise mit einem Durchmesser von 19 cm für Deckel und Boden. Schneide die Kreise rundherum regelmäßig ca. 2 cm weit ein und klappe die Streifen nach oben.

Nun wird das Rechteck für die Wand gestaltet:
Schneide mit einer kleinen Schere Motive in das Wandrechteck. Hinterklebe die Aussparungen mit buntem Transparentpapier. Schneide in den Deckel einen kleineren Kreis, durch den später die Kerze angezündet werden kann.

Forme das Rechteck zu einer Röhre, klebe es zusammen und befestige es am Rand des Bodens. Setze ein Teelicht auf den Boden der Laterne und klebe zuletzt den Deckel fest.

a) Welcher geometrische Körper entsteht beim Bau der Laterne?
Aus welchen Teilflächen besteht dieser Körper?
b) Julian hat Probleme, den Deckel in die fast fertige Laterne einzukleben. Nenne mögliche Ursachen. Wann passen Deckel und Wand genau zusammen?
c) Bestimme die Größe des Durchmessers der Laterne und berechne die Größe der Bodenplatte. Berechne auch die Größe des Wandrechtecks (ohne Klebelasche).
d) Julian findet ein 45 cm × 50 cm großes Reststück Pappe. Reicht dies aus, um die Laterne mit seiner Schwester basteln zu können?
e) Um sich die Bastelarbeiten zu erleichtern, besorgt Julian im Supermarkt eine Käseschachtel. Die Käseschachtel hat einen Durchmesser von 16 cm.
Wie breit muss das Wandrechteck mindestens sein, damit es vollständig um die Käseschachtel geklebt werden kann?

2 Zeichne auf ein DIN-A4-Blatt Papier eine möglichst große Bastelvorlage für eine Laterne. Achte darauf, dass Wandrechteck und Kreisringe zusammenpassen.
Präsentiert eure Bastelvorlagen in der Klasse. Wer hat den geringsten Verschnitt?

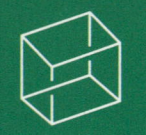

Zylinder

Lesen und Verstehen

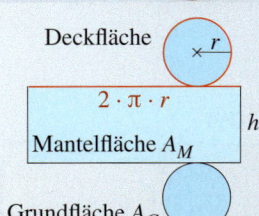

HINWEIS
Die hier behandelten Zylinder sind gerade Kreiszylinder, da ihre Achse senkrecht auf der Grundfläche steht. Es gibt auch schiefe Zylinder.

Lilli legt das Geburtstagsgeschenk für ihre Freundin in eine gereinigte Konservendose. Dann beklebt sie Deckel, Boden und Wandfläche mit Geschenkpapier. Wie groß müssen die Geschenkpapierstücke sein?

Zylinder sind Körper mit einem Kreis als Grund- und als Deckfläche. Grund- und Deckfläche sind zueinander deckungsgleich und parallel.
Die Mantelfläche ist ein Rechteck.
Die Länge des Rechtecks entspricht dem Umfang der Kreise.

Deckfläche
$2 \cdot \pi \cdot r$
Mantelfläche A_M
h
Grundfläche A_G

Der Flächeninhalt eines Rechtecks ist das Produkt der beiden Seitenlängen.
Bei der rechteckigen Mantelfläche des Zylinders ist die eine Seitenlänge $2 \cdot \pi \cdot r$ und die andere Seitenlänge h.

ERINNERE DICH
Auch bei Prismen gibt es eine Grund- und Deckfläche und eine Mantelfläche.
Der Oberflächeninhalt ist auch bei Prismen die Summe der Flächeninhalte der drei Teile Grundfläche, Deckfläche und Mantel.

Für den **Flächeninhalt der Mantelfläche A_M** des Zylinders gilt:

$A_M = 2 \cdot \pi \cdot r \cdot h$

BEISPIEL 1
$r = 2\,\text{cm}, h = 3\,\text{cm}$
$A_M = 2 \cdot \pi \cdot 2\,\text{cm} \cdot 3\,\text{cm}$
$\approx 37{,}7\,\text{cm}^2$

Die Oberfläche des Zylinders setzt sich zusammen aus der Mantelfläche, der Grund- und der Deckfläche.

Für den **Inhalt der Oberfläche A_O** des Zylinders gilt:

$A_O = 2 \cdot A_G + A_M = 2 \cdot \pi \cdot r^2 + 2 \cdot \pi \cdot r \cdot h$
$= 2 \cdot \pi \cdot r \cdot (r + h)$

BEISPIEL 2
$r = 2\,\text{cm}, h = 3\,\text{cm}$
$A_O = 2 \cdot \pi \cdot 2\,\text{cm} \cdot (2\,\text{cm} + 3\,\text{cm})$
$\approx 62{,}83\,\text{cm}^2$

Üben und Anwenden

1 Nenne Dinge aus deiner Umwelt, die die Form eines Zylinders haben oder zumindest zylinderähnlich aussehen.

2 Welche dieser Gegenstände sind näherungsweise Zylinder?

3 Welcher Kreis passt zu der angegebenen Mantelfläche? Diskutiere mit deinem Nachbarn.

a)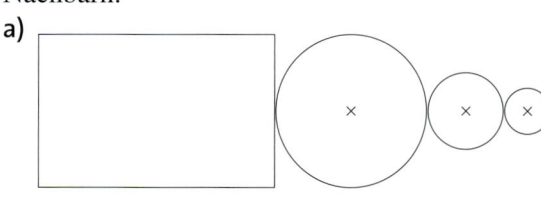

b)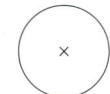

Netze und Oberflächen von Zylindern

4 Konserven haben eine zylindrische Form. Das Etikett umhüllt die Mantelfläche des Zylinders und überlappt zum Verkleben 1,3 cm. Die Dose hat die Höhe h und den Radius r.
Wie groß ist die Fläche des Etiketts?

a) $h = 5$ cm; $r = 2$ cm
b) $h = 4$ cm; $r = 3$ cm
c) $h = 4$ cm; $r = 4$ cm
d) $h = 8$ cm; $r = 2$ cm
e) $h = 6$ cm; $r = 1,5$ cm
f) $h = 10,7$ cm; $r = 4,2$ cm
g) $h = 11,1$ cm; $r = 5$ cm
h) $h = 14$ cm; $r = 2,9$ cm

5 Berechne jeweils den Oberflächeninhalt des Zylinders.
a) $r = 4$ cm; $h = 7$ cm
b) $r = 6$ cm; $h = 10$ cm
c) $r = 2,5$ dm; $h = 4,8$ dm
d) $r = 1,2$ m; $h = 3,4$ m
e) $r = 49$ mm; $h = 21$ mm
f) $r = 25$ mm; $h = 40$ mm
g) $r = 3,2$ cm; $h = 4$ cm
h) $d = 9$ cm; $h = 12$ cm
i) $d = 7$ cm; $h = 3$ cm
j) $d = 6,7$ dm; $h = 3,8$ dm
k) $d = 0,5$ m; $h = 43$ cm

6 Zeichne die Netze der Konservendosen in einem sinnvollen Maßstab.

7 Zeichne ein Netz eines Zylinders.
a) $r = 2$ cm; $h = 4$ cm
b) $r = 1,5$ cm; $h = 3$ cm
c) $r = 1,5$ cm; $h = 4,2$ cm

8 Der zylinderförmige Behälter auf einem Kesselwagen der Bahn hat einen Durchmesser von 2,05 m und eine Länge von 6 m. Berechne seinen Oberflächeninhalt.

9 Berechne die fehlenden Größen eines Zylinders.

	r	d	h	A_M	A_O
a)	6 cm		7 cm		
b)		4,4 dm	3 dm		
c)	2,8 m		0,9 m		
d)		74 mm	33 mm		
e)	15,4 m		20,6 m		
f)		28 mm	50 mm		

10 Für einen Kaminofen wird ein Ofenrohr von 1,80 m Länge und 13 cm Durchmesser benötigt. Wie viel m² Blech werden ungefähr zur Herstellung benötigt, wenn für die Falznaht 1,5 cm zugegeben werden müssen?

11 Berechne die fehlenden Größen der Zylinder.

	r	d	h	A_M	A_O
a)			5,9 cm	66,73 cm²	
b)		4,5 cm		184,73 cm²	
c)	7 cm				527,79 cm²
d)			2,8 dm	379,82 dm²	

12 Zerschneide eine Papprolle, auf der Toilettenpapier aufgerollt ist.
a) Miss die Seitenlängen der Mantelfläche.
b) Wie groß muss der Radius der passenden Grundfläche sein? Überprüfe deine Rechnung durch Nachmessen.

13 Niklas hat in einem Buch andere Formeln zur Berechnung des Mantel- und des Oberflächeninhalts gefunden, nämlich
$A_M = d \cdot \pi \cdot h$ und $A_O = d \cdot \pi \cdot (\frac{d}{2} + h)$.
Sind diese Formeln richtig?

Zylinder

14 Überprüfe die folgenden Aussagen.
a) Wenn sich der Radius eines Zylinders verdoppelt, verdoppelt sich auch seine Mantelfläche.
b) Wenn sich die Höhe eines Zylinders verdoppelt, verdoppelt sich auch seine Mantelfläche.
c) Wenn sich der Radius eines Zylinders verdoppelt, verdoppelt sich auch seine Oberfläche.
d) Wenn sich die Höhe eines Zylinders verdoppelt, verdoppelt sich auch seine Oberfläche.
e) Wenn ein Zylinder parallel zur Grundfläche halbiert wird, halbiert sich seine Oberfläche.

15 Der äußere Durchmesser d einer Litfaßsäule und die Höhe h der Klebefläche haben die Maße $d = 1{,}2\,\text{m}$ und $h = 3\,\text{m}$.

WUSSTEST DU SCHON?
Die Litfaßsäule wurde 1854 vom Berliner Drucker Ernst Litfaß erfunden.

a) Wie viele Plakate des Formats DIN A1 kann man höchstens auf einer Säule anbringen? DIN-A1-Plakate sind 84,1 cm lang und 59,5 cm breit. Fertige eine Maßstabszeichnung der Klebefläche an und zeichne die Plakate ein.
b) Laut dem Zentralverband der deutschen Werbewirtschaft gibt es in Deutschland 17 055 Litfaßsäulen. Überschlage die gesamte Werbefläche auf Litfaßsäulen in Deutschland.

16 Schätze die Höhe und den Durchmesser der Erdnussdose. Zeichne ein Netz und berechne die Mantelfläche. Vergleiche mit dem tatsächlichen Flächeninhalt der Mantelfläche $A_M \approx 194{,}94\,\text{cm}^2$.

17 Ist dies das Netz eines Zylinders? Begründe.

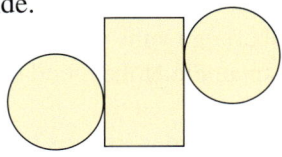

18 Ein Geräteschuppen hat die Form eines Halbzylinders. Die gewölbte Überdachung besteht aus Wellblech. Vorder- und Rückseite sind mit Holz verkleidet.

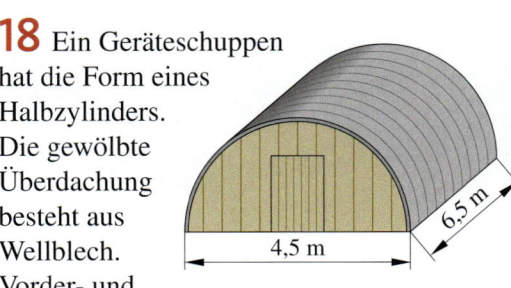

a) Wie viel m² Wellblech wurden beim Bau des Schuppens verarbeitet?
b) Vorder- und Rückwand erhalten einen Isolieranstrich. Wie viel m² müssen gestrichen werden?

19 Wie viel Blech benötigt man zur Herstellung einer zylinderförmigen Dose mit den angegebenen Maßen?
Für Verschnitt müssen 15 % mehr Blech berücksichtigt werden.
a) $d = 8\,\text{cm};\ h = 8\,\text{cm}$
b) $d = 7{,}5\,\text{cm};\ h = 10{,}8\,\text{cm}$
c) $d = 10\,\text{cm};\ h = 12{,}5\,\text{cm}$
d) $d = 8{,}6\,\text{cm};\ h = 14{,}7\,\text{cm}$

20 Berechne den Oberflächeninhalt des Werkstücks. (Maße in cm)
Zerlege das Stück dazu in Teilstücke, die du leichter berechnen kannst.

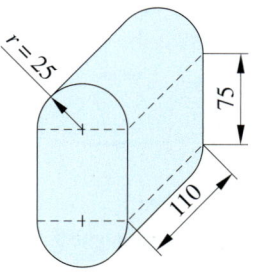

Wie würde sich die Oberfläche ändern, wenn der Radius nicht 25 cm, sondern 30 cm betragen würde? Berechne.

Schrägbilder und Volumen von Zylindern

Erforschen und Entdecken

1 Leni, Kevin und Sandra haben jeweils das Schrägbild eines Zylinders gezeichnet.

Lenis Schrägbild   Kevins Schrägbild   Sandras Schrägbild

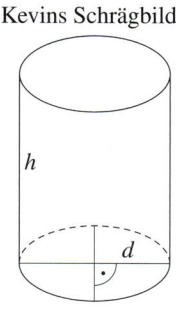

Diskutiert Gemeinsamkeiten und Unterschiede der drei Schrägbilder.
Wessen Entwurf gefällt euch am besten? Begründet.

2 Besorgt möglichst viele Gefäße, die die Form eines Zylinders haben, zum Beispiel Gläser, Vasen, Dosen oder Füllzylinder aus dem Physiklabor. Messt zunächst den Durchmesser und die Höhe. Bestimmt dann das Volumen, indem ihr die Gefäße mit Wasser oder Sand füllt und den Inhalt anschließend in einen Messbecher schüttet. Übertragt die folgende Tabelle in euer Heft und füllt sie aus.

Gefäß	Durch- messer d	Radius r	Flächeninhalt des Kreises A_K	Höhe h	Volumen V
Glas					
Vase					
Dose					
…					

a) Überprüft, ob im Beispiel die Zuordnungen $d \to V$, $r \to V$, $A_K \to V$ und $h \to V$ proportional sind.
b) Könnt ihr einen Zusammenhang zwischen den Größen und dem Volumen erkennen?

3 Andreas: „Das Volumen eines Prismas berechnet sich doch mit der Formel $V = A_G \cdot h$."
Sebastian: „Das stimmt, aber was hat das mit dem Volumen eines Zylinders zu tun?"
Setze den Dialog fort.

4 Verschiedene Buchenholzstücke wurden gewogen.
Findest du Regelmäßigkeiten bei den Zuordnungen der Messwerte?

Durchmesser d	Höhe h	Masse m
2 cm	10 cm	21,35 g
2 cm	20 cm	42,7 g
2 cm	40 cm	85,4 g
1 cm	40 cm	21,35 g

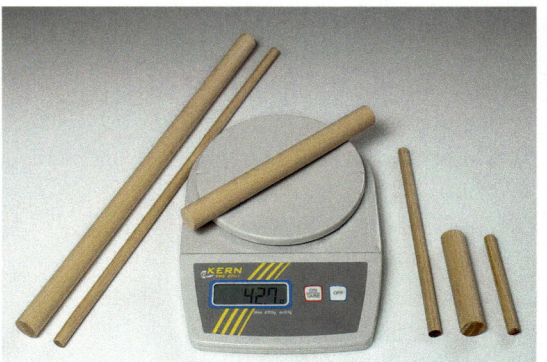

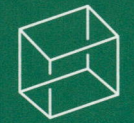

Zylinder

Lesen und Verstehen

Jan überlegt, welche der beiden Kerzen länger brennt.
Die linke Kerze ist 15 cm hoch und hat einen Radius von 4 cm.
Die rechte Kerze ist nur 10 cm hoch, hat aber einen Radius von 5 cm.

Das **Volumen V eines Zylinders** mit dem Radius r und der Höhe h lässt sich wie folgt berechnen:

$V = \pi \cdot r^2 \cdot h$

BEISPIEL 1
Welche Kerze brennt länger?
linke Kerze: $V = \pi \cdot (4\,\text{cm})^2 \cdot 15\,\text{cm} \approx 754{,}0\,\text{cm}^3$
rechte Kerze: $V = \pi \cdot (5\,\text{cm})^2 \cdot 10\,\text{cm} \approx 785{,}4\,\text{cm}^3$
Da die rechte Kerze mehr Wachs enthält, wird sie vermutlich länger brennen.

ERINNERE DICH
Das Volumen von Prismen berechnet man ebenfalls aus dem Produkt der Grundfläche und der Höhe.
Die Masse von Prismen ist ebenfalls das Produkt aus Volumen und Dichte.

Die **Masse m eines Zylinders** wird aus dem Produkt seines Volumens V und seiner Dichte ϱ (sprich: rho) berechnet.

$m = V \cdot \varrho = \pi \cdot r^2 \cdot h \cdot \varrho$

BEISPIEL 2
Kerzenwachs hat eine Dichte von $0{,}8\,\frac{\text{g}}{\text{cm}^3}$.
linke Kerze: $m = \pi \cdot (4\,\text{cm})^2 \cdot 15\,\text{cm} \cdot 0{,}8\,\frac{\text{g}}{\text{cm}^3} \approx 603{,}2\,\text{g}$
rechte Kerze: $m = \pi \cdot (5\,\text{cm})^2 \cdot 10\,\text{cm} \cdot 0{,}8\,\frac{\text{g}}{\text{cm}^3} \approx 628{,}3\,\text{g}$
Die rechte Kerze wiegt ca. 628 g, die linke Kerze ca. 603 g

Ein **Schrägbild eines Zylinders** kann man so zeichnen:

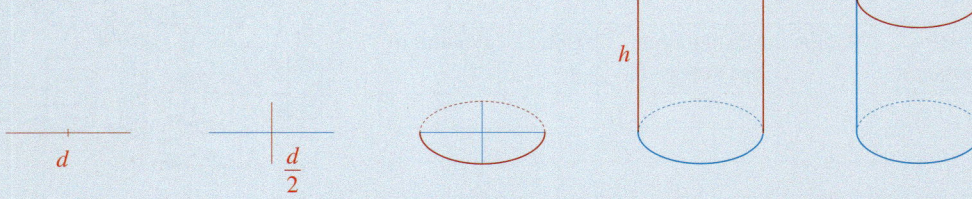

HINWEIS
Die den Zylinder begrenzenden Kreise erscheinen im Schrägbild wie Ellipsen, also wie gestauchte Kreise.

1. Zeichne den Durchmesser und markiere den Mittelpunkt.
2. Zeichne durch den Mittelpunkt eine Senkrechte, die halb so lang wie der Durchmesser ist.
3. Skizziere die ellipsenförmige Grundfläche.
4. Trage die Höhe des Zylinders links und rechts ab.
5. Skizziere die ellipsenförmige Deckfläche.

Üben und Anwenden

1 Betrachte den Zylinder.
a) Wie hoch ist der Zylinder?
b) Wie groß sind sein Durchmesser und sein Radius?
c) Berechne das Volumen des Zylinders.

2 Berechne das Volumen des Zylinders.
a) $r = 2\,\text{cm}$ und $h = 4\,\text{cm}$
b) $r = 4\,\text{cm}$ und $h = 2\,\text{cm}$

3 Berechne das Volumen des Zylinders. Runde auf zwei Stellen nach dem Komma.
a) $r = 5\,\text{cm}$; $h = 7\,\text{cm}$
b) $r = 3\,\text{cm}$; $h = 8\,\text{cm}$
c) $r = 1{,}8\,\text{mm}$; $h = 5\,\text{mm}$
d) $r = 4\,\text{dm}$; $h = 5{,}9\,\text{dm}$
e) $r = 3{,}6\,\text{cm}$; $h = 2\,\text{cm}$
f) $r = 2\,\text{dm}$; $h = 6{,}7\,\text{dm}$
g) $r = 4{,}5\,\text{cm}$; $h = 12\,\text{cm}$

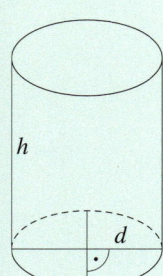

Schrägbilder und Volumen von Zylindern

4 Zeichne jeweils ein Schrägbild des Zylinders.
a) $d = 4\,\text{cm}$; $h = 3\,\text{cm}$
b) $d = 5\,\text{cm}$; $h = 2,5\,\text{cm}$
c) $d = 3\,\text{cm}$; $h = 3,7\,\text{cm}$
d) $d = 4,4\,\text{cm}$; $h = 2,8\,\text{cm}$

5 Zeichne das Schrägbild eines Zylinders mit $d = 3\,\text{cm}$ und $h = 4\,\text{cm}$. Berechne sein Volumen.

6 Eine Litfaßsäule hat einen Durchmesser von 1,10 m und eine Höhe von 2,80 m. Zeichne das Schrägbild der Litfaßsäule im Maßstab 1 : 20.

7 Beide Gläser haben den gleichen Radius. Das rechte Glas ist doppelt so hoch wie das linke. Berechne jeweils das Volumen beider Gläser. Fällt dir eine Regelmäßigkeit auf?
a) $r = 8\,\text{cm}$, links $h = 6\,\text{cm}$, rechts $h = 12\,\text{cm}$
b) $r = 6\,\text{cm}$, links $h = 7\,\text{cm}$, rechts $h = 14\,\text{cm}$
c) $r = 7\,\text{cm}$, links $h = 7,5\,\text{cm}$, rechts $h = 15\,\text{cm}$
d) $r = 8,5\,\text{cm}$, links $h = 9\,\text{cm}$, rechts $h = 18\,\text{cm}$

8 Das Volumen eines Zylinders vervierfacht sich, wenn man den Radius verdoppelt.
a) Stimmt diese Aussage? Begründe.
b) Wie muss sich die Höhe verändern, damit sich das Volumen vervierfacht?
c) Wie verändert sich das Volumen, wenn sowohl die Höhe als auch der Radius verdoppelt werden?

9 Ergänze die Tabelle im Heft.

	r	d	h	V
a)	7 cm		4 cm	
b)	3 cm		8 cm	
c)		8,4 cm	5 cm	
d)		6,2 cm	14 cm	
e)	5,4 cm		1,3 cm	
f)		13 cm	28 cm	

10 Wie viel Wasser passt ungefähr in einen 20 m langen Gartenschlauch?

11 Eine 1-€-Münze hat einen Durchmesser von 23,25 mm und eine Höhe von 2,33 mm. Berechne ihr Volumen.

12 Berechne die fehlenden Größen.

	r	h	A_M	A_O	V
a)	75 m	20 m			
b)	4,8 cm				48 cm³
c)		1,6 m	16 m²		
d)		9,8 dm			6927,2 dm³

13 Der Eurotunnel unter dem Ärmelkanal verbindet das französische Calais mit dem britischen Dover. Der Tunnel besteht aus drei Röhren, die etwa 40 m unter dem Meeresboden liegen und 50,5 km lang sind. Große Tunnelbohrer arbeiteten sich durch das Gestein. Der Abraum wurde über ein Förderband wegtransportiert.

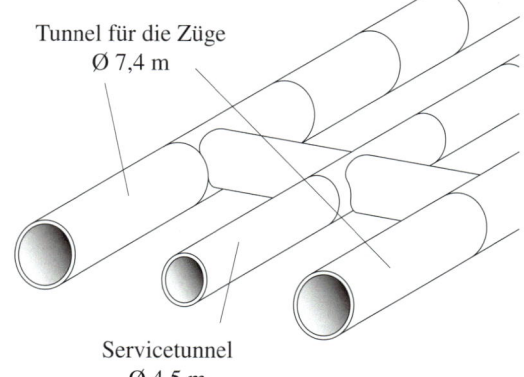

Tunnel für die Züge Ø 7,4 m

Servicetunnel Ø 4,5 m

Wie viel Gestein wurde für den Bau des Servicetunnels und der Tunnel für die Züge mindestens abgebaut?

ZUM WEITERARBEITEN
Miss die Größen weiterer Münzen und berechne ihre Volumen.

WUSSTEST DU SCHON?
Schon im Jahr 1802 gab es einen ersten Entwurf für einen Tunnel zwischen Frankreich und Großbritannien. Damals war ein Tunnel geplant, der mit Kutschen befahren werden konnte. Der Eurotunnel wurde dann erst im Jahr 1994 eröffnet und ist nur mit dem Zug befahrbar.

Zylinder

14 Berechne das Volumen der abgebildeten Werkstücke.

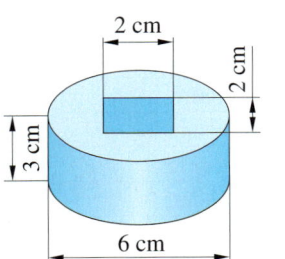
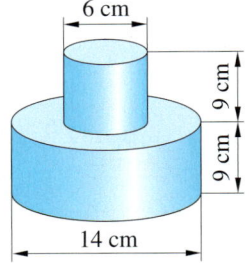

15 Berechne jeweils die Masse der Zylinder.
a) $V = 113\,\text{cm}^3$, $\varrho = 0{,}8\,\frac{\text{g}}{\text{cm}^3}$
b) $V = 76\,\text{cm}^3$, $\varrho = 2{,}9\,\frac{\text{g}}{\text{cm}^3}$
c) $V = 89\,\text{cm}^3$, $\varrho = 1{,}2\,\frac{\text{g}}{\text{cm}^3}$
d) $r = 2\,\text{cm}$, $h = 5\,\text{cm}$, $\varrho = 2\,\frac{\text{g}}{\text{cm}^3}$
e) $r = 5\,\text{cm}$, $h = 7\,\text{cm}$, $\varrho = 3\,\frac{\text{g}}{\text{cm}^3}$
f) $r = 4{,}5\,\text{cm}$, $h = 6\,\text{cm}$, $\varrho = 2{,}3\,\frac{\text{g}}{\text{cm}^3}$

BEACHTE
Gib die Masse auf zwei Nachkommastellen gerundet an.

16 Wie viele Kugelschreiberminen benötigt man ungefähr, um eine Tintenpatrone zu füllen? Vergleicht eure Lösungsstrategien.

17 Der Durchmesser einer runden Tischplatte beträgt 1,20 m. Wie schwer ist sie, wenn sie
a) 8 mm dick ist und aus Kristallglas besteht? Kristallglas wiegt 2 900 kg pro m³.
b) 3 cm dick ist und aus Fichtenholz besteht? Fichtenholz wiegt 500 kg pro m³?
c) 1,2 cm dick ist und aus Plexiglas besteht? Plexiglas wiegt 1 350 kg pro m³.

18 Berechne die fehlenden Größen der Zylinder in deinem Heft.

	r	h	A_M	A_O	V
a)	2 cm	5 cm			
b)	3 cm	8 cm			
c)	5 cm		785 cm²		
d)	16 cm		2112 cm²		
e)	1,8 cm			54,7 cm²	
f)		3 cm			62,81 cm³
g)	12,5 cm				24 531,25 cm³
h)		10 cm	251,33 cm²		

19 Kannst du ein Stahlrohr mit 90 cm Länge und einem Durchmesser von 10 cm tragen? Stahl hat eine Dichte von $\varrho = 7{,}8\,\frac{\text{g}}{\text{cm}^3}$.

20 Betrachte die abgebildete Regenrinne aus Kupfer.

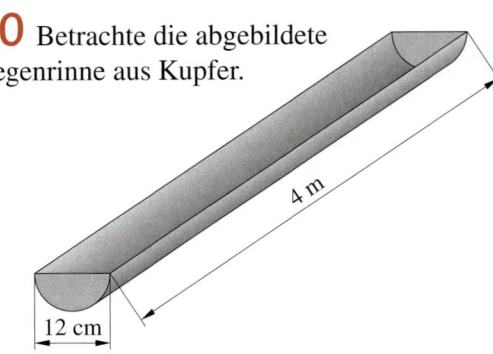

a) Wie viel ℓ Wasser fasst diese Regenrinne maximal?
b) Wie viel cm² Kupfer benötigt man zur Herstellung der Rinne einschließlich der Kopfstücke (das sind die Halbkreise an den Enden der Regenrinne)?

21 Die meisten Gläser haben eine zylindrische Form.

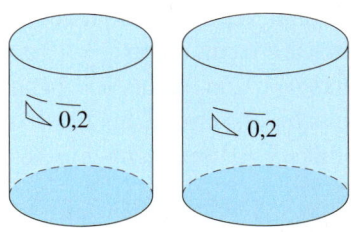

a) In welcher Höhe muss der Eichstrich für 0,2 ℓ markiert werden, wenn das Glas einen inneren Durchmesser $d = 5{,}2\,\text{cm}$ ($d = 5{,}8\,\text{cm}$) hat?
b) Überprüfe an einigen Gläsern mit zylindrischer Form, ob der Eichstrich an der richtigen Stelle angebracht wurde. Erkläre und begründe deine Vorgehensweise.

22 Zylinderförmige Stäbe aus massivem Stahl haben jeweils 4 cm Durchmesser und sind 1,5 m lang. 1 dm³ Stahl wiegt 7,8 kg. Wie viele Stäbe kann ein Lastwagen transportieren, dessen Nutzlast 3 t beträgt?

23 Das Volumen und der Oberflächeninhalt eines Zylinders haben die gleiche Maßzahl.
a) Berechne die Höhe, wenn seine Grundfläche den Radius $r = 13\,\text{cm}$ hat.
b) Berechne den Radius der Grundfläche, wenn seine Höhe $h = 12\,\text{m}$ beträgt.

Hohlzylinder

Erforschen und Entdecken

1 Britta und Jessica sind auf einem Bauernhof zu Besuch.
Sie sehen ein Silo. Die Bäuerin erklärt: „Darin wird Getreide als
Futter für die Kühe aufbewahrt."
Britta und Jessica fragen sich, wie viel m³ Getreide wohl in das Silo
passen.
Welche Angaben benötigt man, um die Menge an Getreide berechnen
zu können?
Reicht es, wie bisher den äußeren Durchmesser und die Höhe zu kennen?

2 Katja bepflanzt einen Blumenkübel. Sie ist nicht sicher, wie viel Blumenerde sie benötigt.
Der Blumenkübel hat die Form eines Zylinders mit einem Außenradius von 70 cm und einer
Höhe von 50 cm. Der Innenraum für die Blumenerde ist
auch ein Zylinder. Die Wandstärke von Boden und
Seitenwand beträgt 10 cm.

Angaben in cm

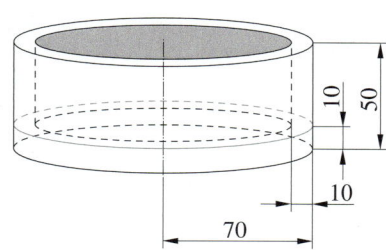

a) Skizziere den Blumenkübel maßstäblich in deinem
Heft.
b) Wie könnte Katja die benötigte Menge an Blumenerde
berechnen?
c) Kann Katja den Blumenkübel allein überhaupt
bewegen? Er ist aus Beton, der eine Dichte von 2,3 g
pro cm³ hat.

3 Wenn es auf ein Dach regnet, läuft das Regenwasser zunächst in die Regenrinne ab. Von dort
wird es in Fallrohre geleitet, die an der Hauswand hinabführen.
Noah und Felix berechnen das Volumen des skizzierten Fallrohrstücks.

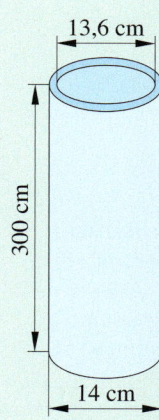

Noah rechnet wie folgt:	Felix rechnet so:
$V = \pi \cdot \left(\frac{14\,cm}{2}\right)^2 \cdot 300\,cm - \pi \cdot \left(\frac{13,6\,cm}{2}\right)^2 \cdot 300\,cm$ $= 2601,24\,cm^3$	$V = \pi \cdot [(7\,cm)^2 - (6,8\,cm)^2] \cdot 300\,cm$ $= 2601,24\,cm^3$

a) Erkläre die Zahlen und Größen in den Rechnungen.
b) Was wird mit den rot, grün und blau gefärbten Termen berechnet?
c) Welche Rechnung findest du besser? Begründe.

Nun möchten die beiden auch den Oberflächeninhalt des Rohrstücks berechnen.

Noahs Rechnung:	Felix' Rechnung:
$A_O = 2 \cdot \pi \cdot 7\,cm \cdot (7\,cm + 300\,cm)$ $- 2 \cdot \pi \cdot 6,8\,cm \cdot (6,8\,cm + 300\,cm)$ $= 13\,502,56\,cm^2 - 13\,108,23\,cm^2 = 394,33\,cm^2$	$A_O = 2 \cdot \pi \cdot 7\,cm \cdot 300\,cm + 2 \cdot \pi \cdot 6,8\,cm \cdot 300\,cm$ $+ 2 \cdot \pi \cdot [(7\,cm)^2 - (6,8\,cm)^2]$ $= 13\,194,69\,cm^2 + 12\,817,7\,cm^2 + 17,34\,cm^2 = 26\,029,73\,cm^2$

d) Welches Ergebnis kann nicht richtig sein? Begründe.
e) Vollziehe beide Rechnungen nach. Welchen Fehler hat der Junge mit dem falschen Ergebnis
gemacht?

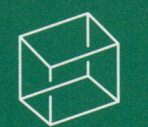

Zylinder

Lesen und Verstehen

Industriemechaniker fertigen unter anderem Werkstücke in Form von Hohlzylindern.
Dazu werden in Stahlzylinder Aussparungen, die ebenfalls die Form eines Zylinders haben, gebohrt oder hineingefräst.

> Das **Volumen eines Hohlzylinders** kann man berechnen mit der Formel:
> $V = \pi \cdot (r_a^2 - r_i^2) \cdot h$

BEACHTE
r_a steht für „Radius außen", r_i steht für „Radius innen".

> Die **Oberfläche eines Hohlzylinders** besteht aus der äußeren und der inneren Mantelfläche sowie zwei Kreisringen. Man kann sie berechnen mit der Formel:
> $A_O = \underbrace{2 \cdot \pi \cdot r_a \cdot h}_{\text{äußere Mantelfläche}} + \underbrace{2 \cdot \pi \cdot r_i \cdot h}_{\text{innere Mantelfläche}} + \underbrace{2 \cdot \pi \cdot (r_a^2 - r_i^2)}_{\text{Kreisringe}}$

> Wie beim Zylinder wird die **Masse m eines Hohlzylinders** aus dem Produkt seines Volumens V und seiner Dichte ϱ berechnet.
> $m = V \cdot \varrho = \pi \cdot (r_a^2 - r_i^2) \cdot h \cdot \varrho$

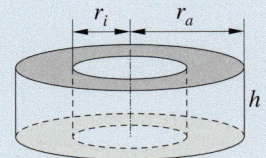

Üben und Anwenden

NACHGEDACHT
Wie könnte man das Volumen des Innenraums berechnen?

1 Nenne Objekte aus deiner Umwelt, die die Form eines Hohlzylinders haben.

2 Berechne das Volumen eines Hohlzylinders mit folgenden Maßen.
a) $r_a = 8\,\text{cm}$; $r_i = 7\,\text{cm}$; $h = 15\,\text{cm}$
b) $r_a = 17\,\text{cm}$; $r_i = 12\,\text{cm}$; $h = 25\,\text{cm}$
c) $r_a = 5\,\text{dm}$; $r_i = 18\,\text{cm}$; $h = 6\,\text{cm}$
d) $r_a = 4\,\text{cm}$; $r_i = 2\,\text{cm}$; $h = 1,3\,\text{dm}$
e) $r_a = 15\,\text{cm}$; $r_i = 1\,\text{dm}$; $h = 9\,\text{mm}$
f) $r_a = 8,5\,\text{cm}$; $r_i = 6\,\text{cm}$; $h = 2\,\text{dm}$

3 Berechne den Oberflächeninhalt eines Hohlzylinders mit folgenden Maßen.
a) $r_a = 4\,\text{cm}$; $r_i = 3\,\text{cm}$; $h = 8\,\text{cm}$
b) $r_a = 3\,\text{m}$; $r_i = 2\,\text{m}$; $h = 5\,\text{m}$
c) $r_a = 6\,\text{dm}$; $r_i = 2,7\,\text{dm}$; $h = 16\,\text{dm}$
d) $r_a = 9\,\text{mm}$; $r_i = 0,7\,\text{cm}$; $h = 1\,\text{dm}$
e) $r_a = 12\,\text{cm}$; $r_i = 10\,\text{cm}$; $h = 1,5\,\text{dm}$
f) $r_a = 2,3\,\text{dm}$; $r_i = 8\,\text{cm}$; $h = 0,8\,\text{m}$

4 Vervollständige die Tabelle mit den Maßen der Hohlzylinder im Heft.

	r_a	r_i	h	A_O	V
a)	3 dm	2 dm	5 dm		
b)	17 cm	11 cm	1 dm		
c)	4,25 cm	2,25 cm	4 dm		
d)	13 cm	9,5 cm	3 dm		
e)	8,15 cm	2,7 cm	28 mm		
f)	6,4 dm	21 cm	1 m		
g)	5 cm	4,5 cm			149,2 cm³
h)	8 cm		10 cm		1 507,96 cm³

5 Berechne die Masse der Leitungsrohre aus Grauguss mit einer Dichte von 7,3 g pro cm³.
a) $r_a = 4\,\text{cm}$; $r_i = 2\,\text{cm}$; $h = 50\,\text{cm}$
b) $r_a = 5\,\text{cm}$; $r_i = 4\,\text{cm}$; $h = 60\,\text{cm}$
c) $r_a = 6\,\text{cm}$; $r_i = 3\,\text{cm}$; $h = 32\,\text{cm}$
d) $r_a = 10,2\,\text{cm}$; $r_i = 9,2\,\text{cm}$; $h = 1\,\text{m}$
e) $r_a = 5,5\,\text{cm}$; $r_i = 2,25\,\text{cm}$; $h = 18\,\text{cm}$

Hohlzylinder

6 Zeichne ein Schrägbild eines Hohlzylinders mit den folgenden Angaben.
a) $r_a = 6\,\text{cm}$, $r_i = 4\,\text{cm}$ und $h = 7\,\text{cm}$
b) $r_a = 8\,\text{cm}$, $r_i = 3,5\,\text{cm}$ und $h = 5\,\text{cm}$

7 Gegeben ist ein Hohlzylinder mit $r_a = 3,8\,\text{cm}$, $r_i = 2,2\,\text{cm}$ und $h = 3\,\text{cm}$.
a) Zeichne das Schrägbild und das Netz des Hohlzylinders.
b) Berechne das Volumen des Hohlzylinders.
c) Der Hohlzylinder wird aus Stahl mit einer Dichte von 7,4 g pro cm³ hergestellt. Berechne die Masse.

8 Berechne mit den Werten der Zeichnungen jeweils das Volumen des Werkstücks, das räumlich, in der Seitenansicht und in der Draufsicht gezeichnet wurde. (Maße in mm)

a)
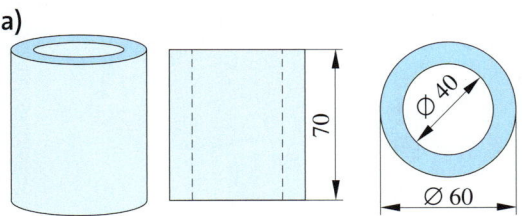

b)
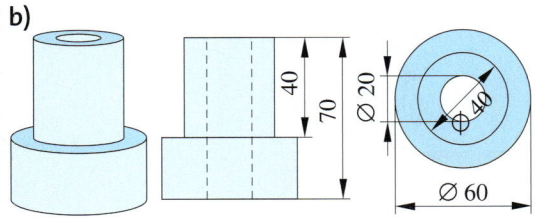

c)
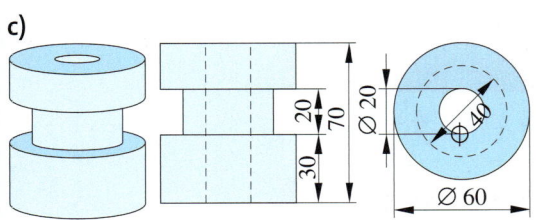

9 Eine hohlzylinderförmige Vase mit $r_a = 4\,\text{cm}$, $r_i = 3,6\,\text{cm}$ und $h = 18\,\text{cm}$ hat einen Boden, der 2 cm dick ist.
a) Skizziere eine solche Vase und trage die Maße an den richtigen Stellen ein.
b) Berechne, wie viel Wasser in die Vase passt.

10 Zeitungsnachricht:

NEUE POST

Gelsenkirchen. Im Dezember 2006 wurde der 300 m hohe und 20 000 t schwere Stahlbetonschornstein des ehemaligen Kraftwerks Westerholt gesprengt. Er galt bis dato als höchster Kamin Deutschlands. Der Kamin besaß einen Durchmesser von durchschnittlich 16,3 m. Stahlbeton hat eine Dichte von 2,5 t/m³.

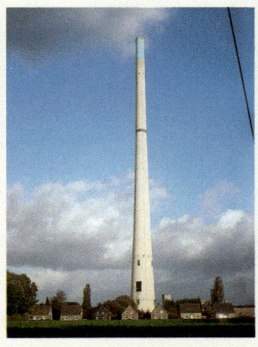

a) Bestimme das Volumen der gesprengten Schornsteinmauern.
b) Berechne die Größe des inneren Durchmessers und die Dicke der Mauern.

11 Ein Pflanzring hat die Form eines Hohlzylinders, allerdings mit einem 8 cm dicken Boden. Der Pflanzring hat eine innere Höhe von 32 cm und eine äußere Höhe von 40 cm. Die Größe des inneren Durchmessers beträgt 30 cm, die des äußeren Durchmessers 40 cm.
a) Zeichne das Schrägbild des Pflanzrings im Maßstab 1 : 10.
b) Wie viel Erde wird benötigt, um den Pflanzkübel vollständig auszufüllen?
c) Der Pflanzring besteht aus Waschbeton mit einer Masse von $2,3\,\frac{\text{kg}}{\text{dm}^3}$. Bestimme seine Masse.

12 Ein Brunnen soll 12 m tief ausgeschachtet werden. Er wird 38 cm dick gemauert. Die Mauer ragt 0,5 m aus dem Erdboden heraus. Der Innendurchmesser beträgt 2,10 m.
a) Skizziere den Brunnen und zeichne die Maße ein.
b) Wie viel m³ Erdreich müssen ausgeschachtet werden?
c) Wie viele Ziegelsteine sind mindestens notwendig, wenn man mit 308 Steinen für 1 m³ rechnet?
d) Wie viel m³ Wasser sind in dem Brunnen, wenn der Wasserspiegel 4,20 m von der Oberkante der Mauer entfernt ist? Vergleiche mit deinen Mitschülern.

Modellbau

Spurweite

Justin hat zu seinem Geburtstag eine Modelleisenbahn mit der Spur H0 und der Spurweite 16,5 mm bekommen. Nachdem Justin das Schienennetz auf einem Tisch befestigt hat, möchte er eine Landschaft mit Straßen und einigen Gebäuden ergänzen. Natürlich soll die Landschaft im Maßstab zu der Modelleisenbahn passen. Modelle kann man kaufen oder selbst anfertigen. Auf dem Foto unten sind zwei Modellhäuser zu sehen. Sie sind für verschiedene Spurweiten gefertigt.

Modelleisenbahnsysteme	
Nenngröße	Maßstab
2 oder II	1 : 22,5
1 oder I	1 : 32
0	1 : 45
S (früher H1)	1 : 64
H0	1 : 87
TT	1 : 120
N	1 : 160
Z	1 : 220

Das linke Modellhaus ist für die Spurweite N gebaut. Es ist 4,2 cm lang und 4,5 cm breit. Das rechte Modellhaus passt zur Spurweite H0. Es ist 9 cm lang und 8,4 cm breit. Die Tür ist 2,5 cm hoch.

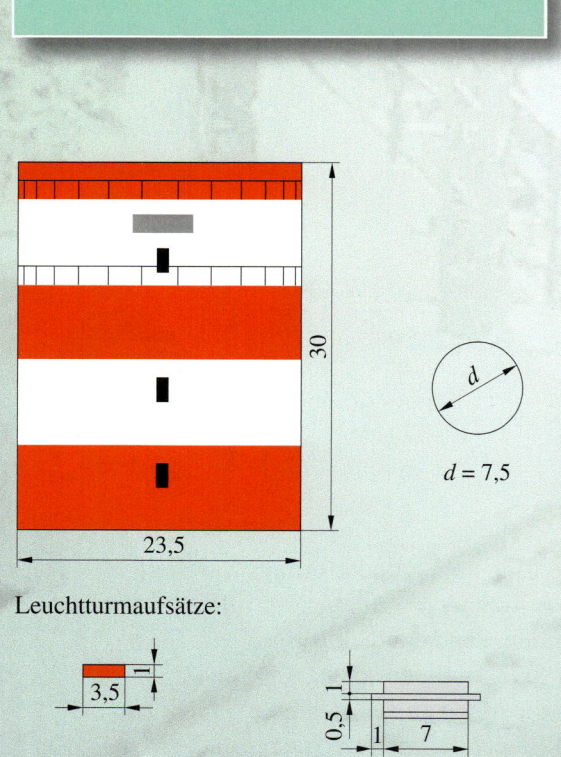

Weil Justin im Urlaub auf der Nordseeinsel Borkum war, möchte er die Leuchttürme der Insel für seine Modelleisenbahnanlage nachbauen. Er hat die Teile des Leuchtturms „Kleiner Turm" auf Pappe gezeichnet (alle Längenangaben in cm).

Leuchtturmaufsätze:

Das Foto zeigt den alten Leuchtturm der Insel Borkum. Er ist 40 m hoch. Justin würde ihn gern ebenfalls nachbauen.

1 Bestimme die reale Spurweite im deutschen Schienenverkehr.

2 Wie groß sind die Modellhäuser in der Realität? Sind die Maße passend gewählt?

3 Betrachte das Netz, das Justin vom „Kleinen Turm" gezeichnet hat.
a) Ordne den Netzteilen die originalen Gebäudeteile zu.
b) Warum handelt es sich nicht nur wegen der Verkleinerung um ein Modell?
c) Wo müssen Klebelaschen ergänzt werden?

4 Aus welchen Bauteilen lässt sich ein Modell des alten Leuchtturms fertigen? Schätze die Maße des Leuchtturms.
Zeichne auf einen Bogen Pappe ein Netz im Maßstab 1 : 87 (Klebelaschen nicht vergessen!), gestalte die Frontseite des Leuchtturms und baue ein Modell des „alten Turms".

Projekt: Maßstäblicher Städtebau

Es gibt Modellbauer, die ganze Städte maßstäblich nachbauen.
Vielleicht schafft eure Klasse das auch mit eurem Ort?
Sucht euch in Kleingruppen jeweils ein bekanntes Gebäude eures Heimatortes aus.
- Legt ein gemeinsames Vorgehen fest. Beachtet die Stichwörter.
  - Teilkörper des Gebäudes
  - Originalmaße
  - Maßstab (in der Klasse einigen)
  - Netze
  - Klebelaschen
  - Fronten aufmalen
- Präsentiert eure Arbeit. Die Stichwörter geben euch Hinweise.
  - Ausstellung für Parallelklasse und Eltern
  - Zeitungsbericht
  - Schulfest
  - Foto und Bericht an den Verlag schicken

TIPP
Wenn ihr über eine Digitalkamera und einen Farbdrucker verfügt, könnt ihr die Originalfronten der Gebäude fotografieren, das Bild auf „Modellgröße" vergrößern oder verkleinern und ausdrucken. Eure Modellgebäude könnt ihr dann mit den Fotos bekleben.

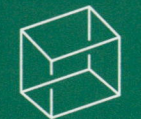

Zylinder

Vermischte Übungen

1 Ergänze die Tabelle für Zylinder.

	r	d	h	A_M	A_O	V
a)	3,5 cm		7,9 cm			
b)	2,4 m		123 cm			
c)		1 m	8 km			
d)	3,1 dm		13 cm			
e)		0,75 m	8 dm			

2 ⇨ Ein zylinderförmiger Papierkorb soll ein Volumen von genau 10 ℓ besitzen. Gib drei verschiedene Kombinationen von Höhe und Länge an und zeichne die Papierkörbe maßstäblich. Welcher der drei Papierkörbe hat die kleinste Oberfläche?

3 Nele hat mit ihrer Oma Plätzchen gebacken. Sie kann sich Plätzchen mitnehmen: entweder in einer Dose mit einem Durchmesser von 22 cm und einer Höhe von 10 cm oder in einer Dose mit einer Höhe von 12 cm und einem Durchmesser von 18 cm. Welche Dose sollte sie wählen, wenn sie möglichst viele Plätzchen haben möchte?

4 Ein Strohhalm ist 22,5 cm lang und hat einen inneren Durchmesser von 5 mm. Bestimme das Volumen und den Oberflächeninhalt eines Strohhalms.

5 Zylinderförmige Stäbe aus massivem Stahl haben jeweils 5,5 cm Durchmesser und sind 1,8 m lang. 1 dm³ Stahl wiegt 7,8 kg. Wie viele solcher Stäbe kann ein Lastwagen transportieren, dessen Höchstlast 3 t beträgt?

6 Ein DIN-A4-Blatt (21 cm breit und 29,7 cm lang) wird an den kurzen Seiten so zusammengeklebt, dass eine Rolle entsteht (siehe Skizze). Der Kleberand beträgt 1 cm.
a) Bestimme zunächst den Umfang, dann den Radius der entstandenen Papierrolle.
b) Bestimme das Volumen des entstandenen Zylinders.
c) Verändert sich das Volumen, wenn das Blatt nicht an den kurzen, sondern an den langen Seiten zusammengeklebt wird?

7 ⇨ Stroh wird nach der Ernte zu Quadern oder zu Zylindern gepresst.

Quaderförmige Ballen haben eine Größe von 96 cm × 38 cm × 46 cm und wiegen 14 kg. Wie schwer wird der zylinderförmige Ballen auf dem Foto sein?

8 Berechne die fehlenden Angaben zu Hohlzylindern.

	r_a	r_i	h	A_O	V
a)	6 cm	4 cm	9,5 cm		
b)	38 cm	1,2 dm	3,4 dm		
c)	15 cm	0,8 dm	0,2 m		
d)	7,6 cm	5,9 cm	8 dm		

9 Gegeben ist ein Hohlzylinder mit $r_a = 4,2$ cm, $r_i = 3,7$ cm und $h = 4$ cm.
a) Zeichne das Schrägbild und das Netz des Hohlzylinders.
b) Berechne das Volumen des Hohlzylinders.
c) Der Hohlzylinder wird aus Glas mit einer Dichte von 2,5 g pro cm³ hergestellt. Berechne die Masse.

10 Eine Litfaßsäule ist 3 m hoch und hat einen Außendurchmesser von 1,2 m. Die Außenwand der Litfaßsäule hat eine Stärke von 10 cm und besteht aus Beton mit einer Masse von 2,3 $\frac{t}{m^3}$.
a) Zeichne ein Schrägbild und ein Netz der Litfaßsäule im Maßstab 1 : 25.
b) Wie groß ist die Fläche, die mit Plakaten beklebt werden kann?
c) Wie schwer ist die Außenwand der Litfaßsäule?

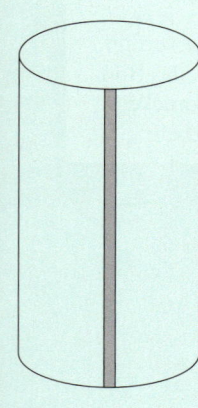

11 Zeichne das Schrägbild eines Zylinders mit $r = 2\,\text{cm}$ und $h = 4{,}5\,\text{cm}$. Berechne seine Oberfläche und sein Volumen.

12 Berechne die fehlenden Größen für einen Zylinder.

	r	h	A_M	A_O	V
a)	22 m	50 m			
b)	8,4 cm				11 083,5 cm³
c)		1,6 m	170,9 m²		
d)		9,8 dm			6 927,2 dm³

13 Von den fünf Größen r, h, A_M, A_O und V eines Zylinders sind zwei gegeben. Berechne die fehlenden Größen.
a) $A_O = 54{,}7\,\text{cm}^2$, $r = 1{,}8\,\text{cm}$
b) $V = 62{,}81\,\text{cm}^3$, $h = 3\,\text{cm}$
c) $r = 2\,\text{cm}$, $h = 5\,\text{cm}$
d) $A_M = 785\,\text{cm}^2$, $r = 5\,\text{cm}$
e) $A_O = 675{,}1\,\text{cm}^2$, $d = 10\,\text{cm}$
f) $A_M = 2112\,\text{cm}^2$, $r = 16\,\text{cm}$

14 Berechne den Mantel- und Oberflächeninhalt eines Zylinders.
a) $u = 28{,}26\,\text{cm}$, $h = 18\,\text{cm}$
b) $e = 12{,}6\,\text{cm}$, $h = 11{,}9\,\text{cm}$
c) $u = 35\,\text{dm}$, $e = 32\,\text{dm}$

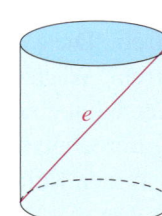

15 Einem Würfel mit 20 cm Kantenlänge wird ein Zylinder ein- und umbeschrieben. Berechne das Volumen des Hohlzylinders.

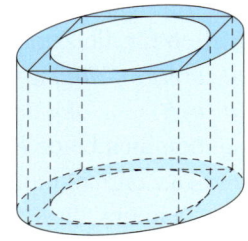

16 Die Baku-Tiflis-Ceyhan-Pipeline (BTC genannt) transportiert Rohöl vom Kaspischen Meer zum Mittelmeer. Die Leitung ist 1760 km lang, ihr Durchmesser beträgt 1 m.
a) Bestimme das Volumen der Pipeline-Röhren.
b) Täglich sollen 160 000 m³ Erdöl transportiert werden. Bestimme die Geschwindigkeit, mit der das Öl fließt.

17 Herr Sandro will für Beeteinfassungen Palisaden kaufen, aneinander gereihte Zylinder. Im Gartencenter gibt es Palisaden mit ca. 9 cm Durchmesser und einer Höhe von 0,25 m.

Herrn Sandros Pkw wiegt leer 1190 kg. Das zulässige Gesamtgewicht beträgt 1670 kg. Herr Sandro wiegt 75 kg. 1 cm³ Holz wiegt 0,9 g. Wie viele Palisaden darf Herr Sandro höchstens in sein Auto laden?

18 Eine 2-€-Münze hat folgende Maße: Durchmesser: 25,75 mm, Dicke: 2,20 mm
a) Berechne das Volumen der Münze.
b) Der goldfarbene Mittelteil und der silberfarbene Außenring besitzen das gleiche Volumen. Bestimme den Durchmesser des goldfarbenen Mittelteils. Überprüfe dein Ergebnis durch eine Messung an einer Münze.
c) Ein zylinderförmiges Glas mit einem Durchmesser von 6 cm und einer Höhe von 12 cm ist bis 5 mm unter dem Rand mit Wasser gefüllt.
Wie viele 2-€-Münzen muss man in das Glas werfen, bis das Wasser überläuft?

19 Ein 8 500 km langes Kupferkabel mit einem Durchmesser von 1 mm wurde verarbeitet. Wie viel kg Kupfer wurden verbraucht, wenn 1 dm³ Kupfer 8,8 kg wiegt?

20 Bei einer Unterführung, wie sie in der Skizze gezeichnet ist, wird ein neuer Anstrich vorgenommen. Wie viel m² müssen gestrichen werden?

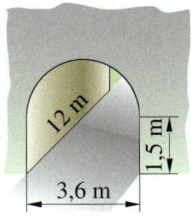

Zylinder

21 Der Durchmesser eines zylinderförmigen Glases beträgt 7 cm, die Höhe 6,5 cm.
a) Bestimme das maximale Volumen des Glases.
b) In welcher Höhe muss der Eichstrich für 0,2 ℓ markiert werden?
c) Wie lang muss ein Strohhalm mindestens sein, damit er nicht im Glas versinkt?

22 Ein alter Mühlstein aus Granit besitzt einen Durchmesser von 60 cm und eine Dicke von 14 cm. Granit hat eine Dichte von $1{,}26\,\frac{g}{cm^3}$. Berechne das Gewicht des Mühlsteins.

23 Eine Getränkedose hat einen Durchmesser von 6 cm und ist 11 cm hoch.
a) Berechne ihr maximales Volumen.
b) Zu wie viel Prozent ist die Dose mit einem Getränk gefüllt, wenn sich 0,3 ℓ des Getränks in der Dose befinden?
c) Für die Produktion von Getränkedosen wird Weißblech verwendet. Berechne, wie viel Weißblech für die Produktion einer Dose benötigt wird, wenn man für Falze und Verschnitt einen Mehrverbrauch von 15 % einrechnen muss?
d) In welcher Länge würdest du Strohhalme für die Dose herstellen, damit man das Getränk problemlos aus der Dose trinken kann?

24 Wie viel Liter Flüssigkeit passen ungefähr in dieses Fass? Vergleicht und bewertet eure Lösungswege und Strategien.

25 In eine zylinderförmige Getränkedose soll ein Inhalt von 500 ml eingefüllt werden. 7 % des Zylindervolumens sollen nicht befüllt sein.
Gib mindestens vier mögliche Maße für den Durchmesser und die Höhe der Getränkedose an. Für welches der Maße würdest du dich entscheiden? Begründe deine Meinung und vergleiche mit deinem Nachbarn.

26 Bestimme das Volumen einer vollständigen Rolle Toilettenpapier.
a) Überlege, wie sich die Anzahl der Toilettenpapierblätter abschätzen lässt, ohne sie zu zählen.
b) Wie könnte man 8 Rollen Toilettenpapier für den Verkauf verpacken, damit dafür möglichst wenig Material benötigt wird?

27 Eine zylinderförmige Kerze hat einen Durchmesser von 7,5 cm und ist 20 cm hoch. Eine zweite Kerze hat die Form eines Quaders mit den Kantenlängen 7,5 cm × 7,5 cm × 16 cm. Die zylinderförmige Kerze verliert 30 cm³ Wachs pro Stunde, die quaderförmige Kerze hat eine Brenndauer von 36 Stunden.
a) Berechne die Brenndauer der zylinderförmigen Kerze.
b) Wie viel Wachs verliert die quaderförmige Kerze pro Stunde?
c) Stelle für beide Kerzen Funktionsvorschriften für die Zuordnungen
Zeit (in h) → Volumen (in cm³) und
Zeit (in h) → Höhe der Kerze (in cm).
d) Angenommen beide Kerzen werden zum gleichen Zeitpunkt angezündet. Zu welchem Zeitpunkt besitzen die Kerzen das gleiche Volumen (die gleiche Höhe)?

28 Ein Eishockeypuck für Senioren hat einen Durchmesser von 75 mm, eine Höhe von 25 mm. Er wiegt zwischen 155 g und 160 g. Ein Puck für Kinder besitzt einen Durchmesser von 60 mm und eine Höhe von 20 mm. Er wiegt ca. 83 g.
Werden die Eishockeypucks für Kinder und Senioren aus dem gleichen Material hergestellt?

Teste dich!

a | b

1 Zeichne ein Netz und ein Schrägbild eines Zylinders mit $r = 4\,\text{cm}$ und $h = 5\,\text{cm}$.

2 Berechne Mantelfläche und Oberfläche eines Zylinders mit

a) $r = 4\,\text{cm}$ und $h = 8\,\text{cm}$
b) $r = 1\,\text{dm}$ und $h = 2{,}4\,\text{dm}$
c) $r = 2\,\text{m}$ und $h = 3{,}5\,\text{m}$

a) $r = 3{,}2\,\text{dm}$ und $h = 12\,\text{cm}$
b) $d = 35\,\text{dm}$ und $h = 40\,\text{dm}$
c) $d = 7\,\text{m}$ und $h = 1{,}3\,\text{m}$

3 Wie viel Blech benötigt man mindestens für eine Konservendose mit einem Durchmesser von 10 cm und einer Höhe von 12 cm?

3 Eine Konservendose, die ein Volumen von einem Liter haben soll, hat einen Durchmesser von 12 cm. Wie viel Blech benötigt man zur Herstellung der Dose, wenn man mit einem Verschnitt von 15 % rechnen muss?

4 Eine Litfaßsäule ist 2,80 m hoch und hat einen äußeren Durchmesser von einem Meter.
a) Zeichne ein Schrägbild der Litfaßsäule im Maßstab 1 : 25.
b) Wie groß ist die Fläche, die mit Plakaten beklebt werden kann?
c) Wie viele Plakate des Formats DIN A1 kann man höchstens auf dieser Säule anbringen? DIN-A1-Plakate sind 84,1 cm lang und 59,5 cm breit. Fertige dazu eine Maßstabszeichnung der Klebefläche an und zeichne die Plakate ein.

5 Berechne das Volumen eines Zylinders mit den angegebenen Maßen.

a) $r = 5\,\text{cm}$ und $h = 8\,\text{cm}$
b) $r = 0{,}4\,\text{m}$ und $h = 30\,\text{cm}$

a) $r = 16\,\text{cm}$ und $h = 1{,}4\,\text{dm}$
b) $d = 1{,}8\,\text{dm}$ und $h = 75\,\text{mm}$

6 Bestimme die Masse der folgenden Stahlzylinder ($7{,}4\,\frac{\text{g}}{\text{cm}^3}$).
a) $r = 3\,\text{cm}$; $h = 6\,\text{cm}$
b) $r = 1\,\text{dm}$; $h = 25\,\text{dm}$

6 Bestimme die Masse eines 10 m langen Bleirohrs mit einem inneren Durchmesser von 40 mm und einer Wandstärke von 5 mm, wenn Blei eine Masse von $11{,}3\,\frac{\text{kg}}{\text{dm}^3}$ besitzt.

HINWEIS
Brauchst du noch Hilfe, so findest du auf den angegebenen Seiten ein Beispiel oder eine Anregung zum Lösen der Aufgaben. Überprüfe deine Ergebnisse mit den Lösungen ab Seite 214.

7 Berechne Volumen und Oberfläche eines Hohlzylinders mit
a) $r_a = 5\,\text{cm}$; $r_i = 4{,}2\,\text{cm}$; $h = 10\,\text{cm}$
b) $r_a = 7{,}3\,\text{cm}$; $r_i = 7\,\text{cm}$; $h = 1{,}3\,\text{dm}$

a) $r_a = 3{,}5\,\text{cm}$; $r_i = 2{,}8\,\text{cm}$; $h = 14\,\text{cm}$
b) $r_a = 1{,}9\,\text{cm}$; $r_i = 16\,\text{mm}$; $h = 2\,\text{dm}$

8 Berechne die Masse eines Hohlzylinders aus Silber mit $r_a = 7\,\text{cm}$, $r_i = 6{,}4\,\text{cm}$ und $h = 16\,\text{cm}$. Silber hat eine Dichte von $10{,}49\,\frac{\text{g}}{\text{cm}^3}$.

9 Durch ein quaderförmiges Werkstück aus Aluminium wurde ein Loch gebohrt. Die Längen in der Skizze des Werkstücks sind in mm angegeben.
a) Zeichne ein Schrägbild des Werkstücks im Maßstab 1 : 1.
b) Berechne das Volumen des Werkstücks.
c) Wie schwer ist das Werkstück, wenn es aus Aluminium mit einer Masse von $2{,}72\,\frac{\text{g}}{\text{cm}^3}$ besteht?

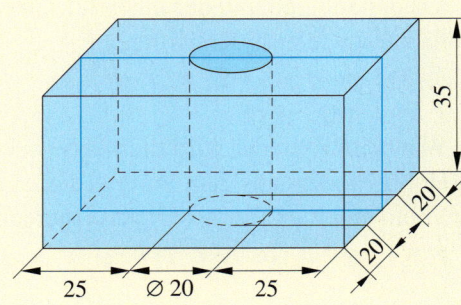

Aufgabe	Seite
1	136, 140
2	136
3	136, 140
4	136
5	140
6	140
7	144
8	144
9	140

Zylinder

Zusammenfassung

→ Seite 136

Netze und Oberflächen von Zylindern

Das Netz eines Zylinders besteht aus zwei Kreisen (Grund- und Deckfläche) und einem Rechteck (Mantelfläche). Die Länge des Rechtecks entspricht dabei dem Umfang der Kreise.

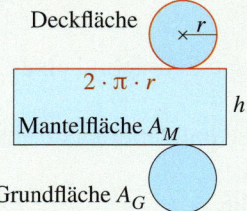

Mantelfläche des Zylinders
$A_M = 2 \cdot \pi \cdot r \cdot h$
Oberfläche des Zylinders
$A_O = 2 \cdot \pi \cdot r \cdot (r + h)$

Eine Kerze hat die Maße
$r = 5\,cm, h = 14\,cm$
$A_M = 2 \cdot \pi \cdot 5\,cm \cdot 14\,cm \approx 439{,}8\,cm^2$
$A_O = 2 \cdot \pi \cdot 5\,cm \cdot (5\,cm + 14\,cm) \approx 596{,}9\,cm^2$

→ Seite 140

Schrägbilder und Volumen von Zylindern

Das Volumen V eines Zylinders mit dem Radius r und der Höhe h lässt sich wie folgt berechnen:
$V = \pi \cdot r^2 \cdot h$
Die Masse m eines Zylinders wird aus dem Produkt seines Volumens V und seiner Dichte ϱ berechnet.
$m = V \cdot \varrho = \pi \cdot r^2 \cdot h \cdot \varrho$

Um ein Schrägbild eines Zylinders zu zeichnen, kann man ausgehend von der Grundfläche die Höhe abtragen und die Deckfläche skizzieren. Verdeckte Kanten werden gestrichelt.

$V = \pi \cdot (5\,cm)^2 \cdot 14\,cm \approx 1099{,}6\,cm^3$

Wachs wiegt $0{,}8\,\frac{g}{cm^3}$.

$m \approx 1099{,}6\,cm^3 \cdot 0{,}8\,\frac{g}{cm^3} = 879{,}68\,g$
Die Kerze wiegt etwa 880 g.

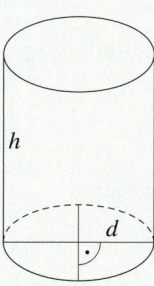

→ Seite 144

Hohlzylinder

Volumenformel für Hohlzylinder:
$V = \pi \cdot (r_a^2 - r_i^2) \cdot h$

Werkstück aus Aluminium ($2{,}7\,\frac{g}{cm^3}$)
$r_a = 8\,cm; r_i = 7\,cm; h = 12\,cm$
$V = \pi \cdot ((8\,cm)^2 - (7\,cm)^2) \cdot 12\,cm \approx 565{,}5\,cm^3$

Die Oberfläche eines Hohlzylinders besteht aus der äußeren und der inneren Mantelfläche sowie zwei Kreisringen.
$A_O = 2 \cdot \pi \cdot r_a \cdot h + 2 \cdot \pi \cdot r_i \cdot h$
$+ 2 \cdot \pi \cdot (r_a^2 - r_i^2)$
Wie beim Zylinder wird die Masse m eines Hohlzylinders aus dem Produkt seines Volumens V und seiner Dichte ϱ berechnet.
$m = V \cdot \varrho = \pi \cdot (r_a^2 - r_i^2) \cdot h \cdot \varrho$

$A_O = 2 \cdot \pi \cdot 8\,cm \cdot 12\,cm + 2 \cdot \pi \cdot 7\,cm \cdot 12\,cm$
$+ 2 \cdot \pi \cdot ((8\,cm)^2 - (7\,cm)^2)$
$\approx 1225{,}2\,cm^2$

$m \approx 565{,}5\,cm^3 \cdot 2{,}7\,\frac{g}{cm^3} = 1526{,}9\,g$
Das Werkstück wiegt etwa 1,5 kg.

Pyramide, Kegel, Kugel

In deiner Umwelt findest du viele Gegenstände, die die Form eines geometrischen Körpers haben. Die drei Lichttürme befinden sich auf dem Dach der Bundeskunsthalle in Bonn. Sie haben die Form eines Kegels.

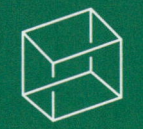

Pyramide, Kegel, Kugel

Noch fit?

1 Gib in der in Klammern stehenden Einheit an.
a) 5 cm (mm) b) 3 000 m (km) c) 50 cm (dm) d) 67 mm (cm)
e) 7 cm² (mm²) f) 800 m² (dm²) g) 5 dm² (m²) h) 67 mm² (cm²)
i) 40 cm³ (mm³) j) 9 500 m³ (dm³) k) 3,5 ℓ (cm³) l) 67 mm³ (cm³)

2 Zeichne das Schrägbild und das Netz eines Quaders mit den Kantenlängen $a = 5$ cm, $b = 4$ cm und $c = 8$ cm.
a) Berechne sein Volumen und seine Oberfläche.
b) Berechne die Länge der Raumdiagonalen.

ERINNERE DICH
Für das Volumen V eines Prismas gilt:
$V = A_G \cdot h$
Für den Oberflächeninhalt A_O eines Prismas gilt:
$A_O = A_M + 2 A_G$

3 Zeichne ein Schrägbild und ein Netz eines 5 cm hohen Prismas, dessen Grundfläche ein rechtwinkliges Dreieck mit $a = 3$ cm, $b = 4$ cm und $c = 5$ cm ist. Berechne das Volumen, den Mantel und die Oberfläche des Prismas.

4 Eine zylinderförmige Tasse mit Durchmesser $d = 8$ cm und Höhe $h = 8$ cm wird zu drei Vierteln mit Tee gefüllt. Bestimme die Teemenge, die sich in der Tasse befindet.

5 Berechne den Flächeninhalt und den Umfang der folgenden Flächen.
a) 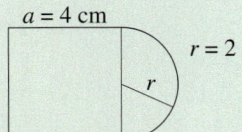 b) 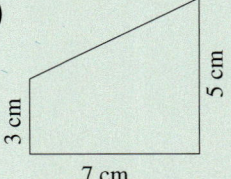 c)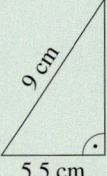

6 Zeichne das Schrägbild eines 10 cm hohen zylinderförmigen Glases mit Radius $r = 3$ cm.
a) Berechne das Volumen des Glases.
b) In welcher Höhe muss der Eichstrich angebracht werden, wenn mit dessen Hilfe 0,2 ℓ abgemessen werden sollen?
c) Cemil möchte einen Strohhalm benutzen, um aus dem Glas zu trinken. Er ist der Meinung, dass der Strohhalm mindestens 15 cm lang sein sollte. Teilst du Cemils Meinung? Begründe.

7 Berechne die Länge der Strecke x.
Erläutere, wie du vorgegangen bist.

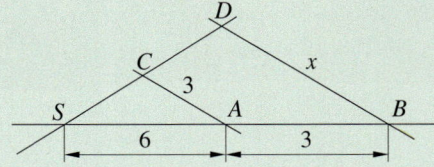

KURZ UND KNAPP
1. Nenne den Unterschied zwischen dem Mantel und der Oberfläche eines Zylinders.
2. Beschreibe den Zusammenhang zwischen Durchmesser und Radius mit Hilfe eines Terms.
3. Ein Eimer hat ein Volumen von 10 ℓ, ein anderer ein Volumen von 1 000 cm³. Welcher Eimer ist größer?
4. Bei welchen Körpern gilt die Formel „Volumen = Grundfläche mal Höhe"?
5. Nenne Gegenstände in deiner Umgebung, die die Form eines Zylinders besitzen.
6. Wie lautet der Satz des Pythagoras?
7. Nenne den Unterschied zwischen einem Quadrat und einem Rechteck.

Pyramiden und Kegel erkennen und zeichnen

Erforschen und Entdecken

1 Betrachte die folgenden Körper.

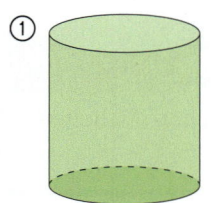 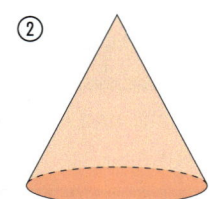 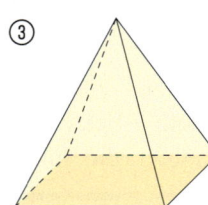 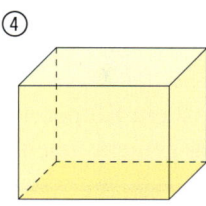 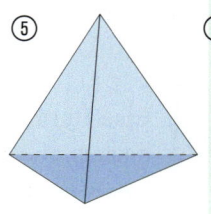 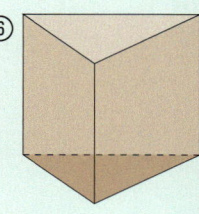

a) Welche Körper kennst du bereits? Nenne ihre Eigenschaften.
b) Fasse die Körper in Gruppen mit gleichen Eigenschaften zusammen. Findest du mehrere Einteilungsmöglichkeiten? Vergleiche deine Lösung mit der deiner Klassenkameraden.
c) Finde in deiner Umwelt Objekte, die die Form dieser Körper besitzen.

2 Welcher Körper passt nicht in die Reihe? Begründet eure Auswahl.

a)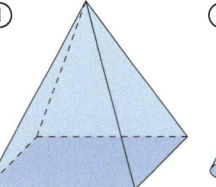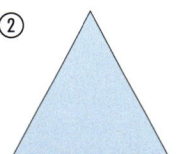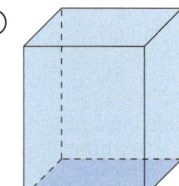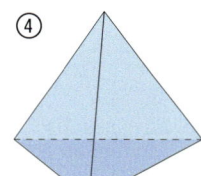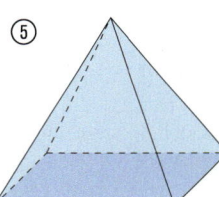

b)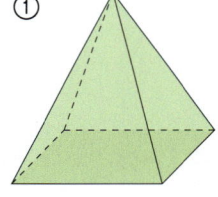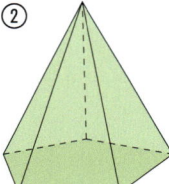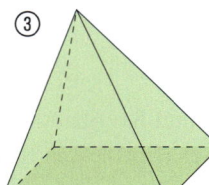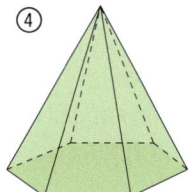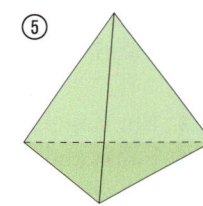

3 Yunus zeichnet das maßstäbliche Schrägbild eines 3 cm hohen pyramidenförmigen Daches mit quadratischer Grundfläche (Seitenlänge $a = 4\,\text{cm}$).
a) Betrachte die folgenden Bilder und erläutere die Arbeitsschritte.

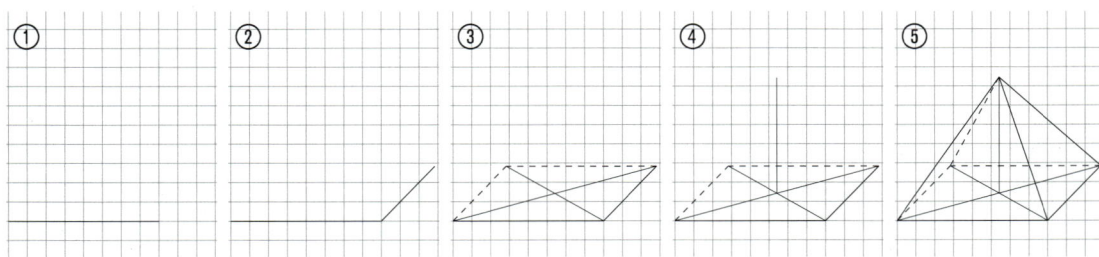

b) Zeichne das Schrägbild der quadratischen Pyramide in dein Heft.
c) Zeichne das Schrägbild einer 4 cm hohen Pyramide mit rechteckiger Grundfläche ($a = 3\,\text{cm}$; $b = 5\,\text{cm}$) in dein Lerntagebuch oder dein Arbeitsheft. Erläutere die einzelnen Arbeitsschritte, sodass es ein fehlender Mitschüler versteht.
d) Was gilt es zu beachten, wenn die Grundfläche ein Kreis ist?

Pyramide, Kegel, Kugel

Lesen und Verstehen

Wenn von Pyramiden die Rede ist, denkt man häufig nur an die großen Königspyramiden in Ägypten, deren Grundflächen Quadrate sind. Es gibt aber auch Pyramiden mit anderen Grundflächen.

> Eine **Pyramide** ist ein Körper mit einem n-Eck als Grundfläche und n Dreiecken als Seitenflächen, die einen gemeinsamen Eckpunkt (die Spitze) haben.

Pyramiden werden nach der Form ihrer Grundfläche benannt. Man unterscheidet zwischen geraden und schiefen Pyramiden. Bei einer geraden Pyramide verläuft die Höhe von der Spitze zum Mittelpunkt der Grundfläche. Andernfalls spricht man von einer schiefen Pyramide.

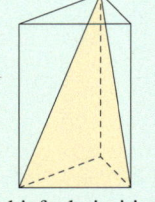
schiefe dreiseitige Pyramide

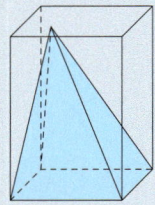
schiefe vierseitige Pyramide

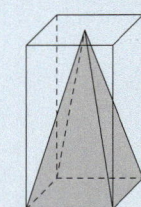
gerade quadratische Pyramide

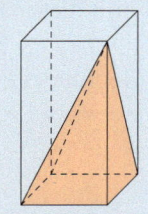
schiefe quadratische Pyramide

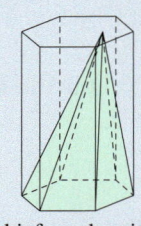
schiefe sechsseitige Pyramide

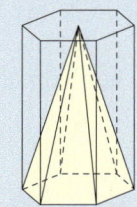
gerade sechsseitige Pyramide

Besteht die Grundfläche aus einem regelmäßigen Vieleck, spricht man von einer **regelmäßigen Pyramide**. Insbesondere heißt eine Pyramide mit quadratischer Grundfläche **quadratische Pyramide**.

> Ein **Kegel** ist ein Körper, der durch einen Kreis und einen Punkt außerhalb der Ebene des Kreises (Spitze des Kegels) festgelegt wird.

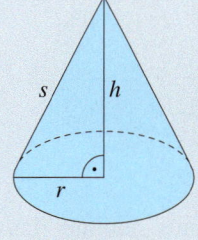
gerader Kegel

Verläuft die Höhe des Kegels von der Spitze zum Kreismittelpunkt, so heißt er gerader Kegel. Andernfalls spricht man von einem schiefen Kegel.

HINWEIS
In der Kavalierperspektive verkürzen sich die in die Tiefe verlaufenden Kanten bei einem Winkel von $\alpha = 45°$ um die Hälfte. Vereinfacht wird die Grundfläche des Kegels gezeichnet, indem man auf die Schrägstellung der Grundfläche verzichtet und die nach hinten laufenden Linien um die Hälfte verkürzt.

Schrägbilder zeichnen
Beachte: Nicht sichtbare Linien werden gestrichelt eingezeichnet.
1. Zeichne die Grundfläche der Pyramide in der Kavalierperspektive, die des Kegels mit dem Verzerrungswinkel $\alpha = 90°$.
2. Bestimme den Mittelpunkt der Grundfläche.
3. Zeichne – beim Mittelpunkt der Grundfläche beginnend – die Höhe ein.
4. Verbinde die Spitze mit den Eckpunkten des Körpers bzw. den äußersten Punkten der Grundfläche.

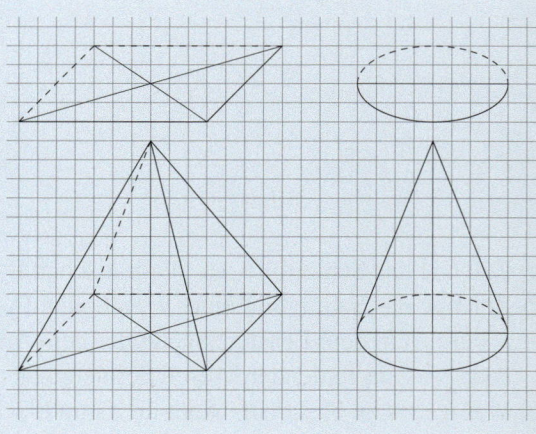

Pyramiden und Kegel erkennen und zeichnen

Üben und Anwenden

1 Welche der folgenden Körper sind Pyramiden oder Kegel?
Sind die Pyramiden bzw. Kegel gerade oder schief?

a) 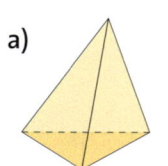 b) 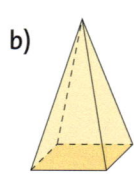 c)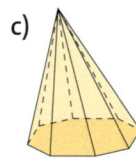

d) 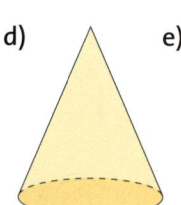 e) 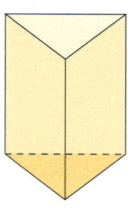 f)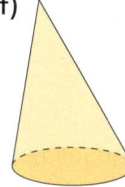

2 In dieser Abbildung einer Pyramide mit dreieckiger Grundfläche sind die Ecken rot und die Kanten grün gefärbt.

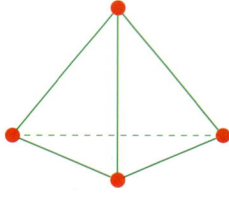

a) Übertrage die folgende Tabelle in dein Heft und vervollständige sie.

Grundfläche der Pyramide	Anzahl an der Pyramide		
	Ecken	Kanten	Flächen
Dreieck	4		
Viereck		8	
Fünfeck			6
Sechseck			
Siebeneck			
Achteck			
Neuneck			
Zehneck			

b) Wie viele Ecken (Kanten; Flächen) besitzt eine Pyramide mit einem 17-Eck als Grundfläche? Begründe.
c) Gib für die Anzahl der Ecken, Kanten und Flächen einer Pyramide mit einem n-Eck als Grundfläche eine Formel an.
d) Beweise, dass für alle Pyramiden gilt: $E + F = K + 2$, wobei E die Anzahl der Ecken, F die Anzahl der Flächen und K die Anzahl der Kanten bezeichnet.

3 Aus welchen Körpern bestehen die folgenden Bauwerke? Beschreibe sie möglichst genau.

4 Nenne Gegenstände oder Gebäude, die die Form einer Pyramide oder eines Kegels besitzen.

5 Die folgende Grafik zeigt eine so genannte Ernährungspyramide. Sie gibt an, welche Lebensmittel viel bzw. wenig gegessen werden sollten.

a) Stellt die Abbildung eine Pyramide im mathematischen Sinn dar? Begründe.
b) Zeichne eine Ernährungspyramide, die diesen Namen verdient hat.

BEACHTE
Eine Pyramide, die aus vier gleichseitigen Dreiecken besteht, heißt Tetraeder.

HINWEIS
Wir beschäftigen uns meistens mit regelmäßigen, geraden Pyramiden. Daher wird im Folgenden nicht ständig angegeben, wenn die Pyramide gerade und regelmäßig ist.

157

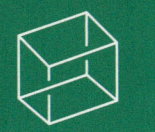

Pyramide, Kegel, Kugel

6 Zeichne die folgenden Schrägbilder.
a) Pyramide mit quadratischer Grundfläche: Höhe $h = 4\,\text{cm}$; Seitenlänge $a = 5\,\text{cm}$
b) Pyramide mit rechteckiger Grundfläche: Höhe $h = 5\,\text{cm}$; Seitenlängen $a = 2\,\text{cm}$ und $b = 6\,\text{cm}$
c) Kegel: Höhe $h = 6\,\text{cm}$; Radius $r = 3\,\text{cm}$

ERINNERE DICH
Dreiecke sind z. B. dann kongruent, wenn ihre Seiten jeweils gleich lang sind.

7 Überprüfe, ob die folgenden Aussagen richtig sind und verbessere falsche Aussagen. Eine Pyramide mit quadratischer Grundfläche
a) … hat fünf Ecken;
b) … hat acht gleich lange Kanten;
c) … besteht aus einem Quadrat und vier kongruenten Dreiecken;
d) … besteht aus vier gleichschenkligen Dreiecken und einem Quadrat.

8 Zeichne ein Schrägbild eines Würfels mit der Kantenlänge $a = 4\,\text{cm}$, dem ein pyramidenförmiges Dach mit der Höhe $h = 3\,\text{cm}$ aufgesetzt wird.

9 Die Rote Pyramide war mit einer Höhe von 104 m die dritthöchste der ägyptischen Pyramiden. Die Grundfläche war ein Quadrat mit 220 m Seitenlänge. Zeichne ein Schrägbild der Pyramide im Maßstab 1 : 2 000.

HINWEIS
Der Bergfried ist der unbewohnte Hauptturm einer mittelalterlichen Burg.

10 Die Bilder zeigen die Jugendburg Ludwigstein in Nordhessen. Der fünfgeschossige, zylinderförmige Bergfried hat einen Durchmesser von 7,50 m und ist bis zum Dachansatz 25 m hoch. Seine Mauer ist im Schnitt 1,75 m stark. Das oberste Geschoss trägt ein niedriges mit Schiefer gedecktes Kegeldach.

a) Schätze die Höhe des Kegeldaches.
b) Zeichne ein maßstäbliches Schrägbild des Bergfrieds.

11 Die unten stehende Abbildung zeigt, wie der links als Schrägbild gezeichnete Körper in einem „Zweitafelbild" dargestellt werden kann.

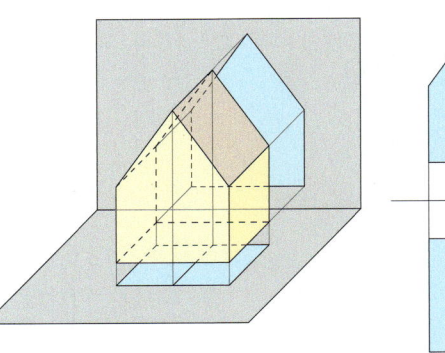
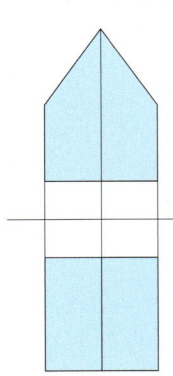

a) Erläutere die Vorgehensweise.
b) Welcher Körper wird durch das folgende Zweitafelbild dargestellt?

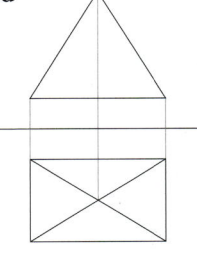

12 Betrachte die folgenden Zweitafelbilder.

① 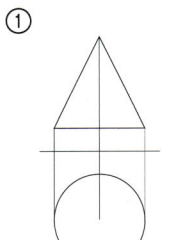 ② 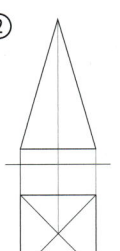 ③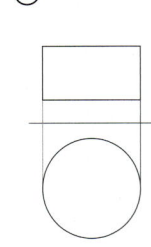

④ 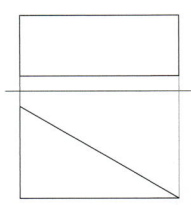 ⑤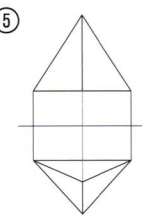

a) Welche der Zweitafelbilder stellen eine Pyramide oder einen Kegel dar?
b) Welche Körper stellen die anderen Zweitafelbilder dar?
c) Zeichne das Schrägbild des Kegels in Kavalierperspektive.

Mantel und Oberfläche einer Pyramide

Erforschen und Entdecken

1 Handelt es sich bei den folgenden Abbildungen um Netze von Pyramiden? Erkläre genau, wie du vorgehst, um die Frage zu beantworten.

① 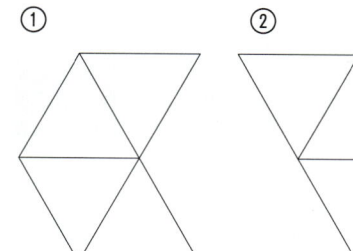 ② 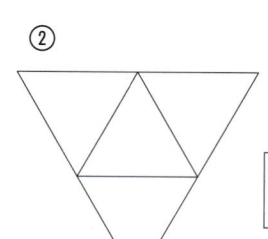 ③ 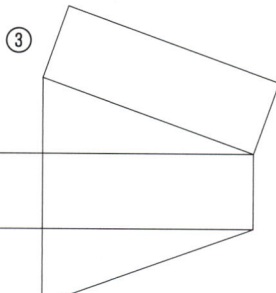 ④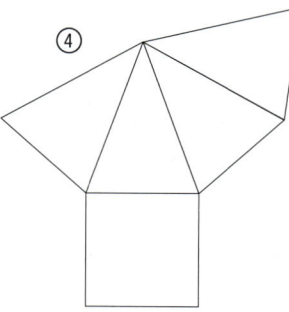

2 Du siehst rechts das Netz einer quadratischen Pyramide.
a) Übertrage das Netz auf ein kariertes Blatt Papier.
b) Begründe, warum es sich um das Netz einer geraden Pyramide handeln muss.
c) Markiere in dem Netz alle Seitenkanten s mit grüner Farbe, alle Seitenhöhen h_a mit blauer Farbe und alle Grundkanten a mit roter Farbe.
d) Bestimme die Längen der Strecken a, h_a und s durch Messung oder durch geeignete Rechnung.
e) Berechne den gesamten Flächeninhalt des Netzes.

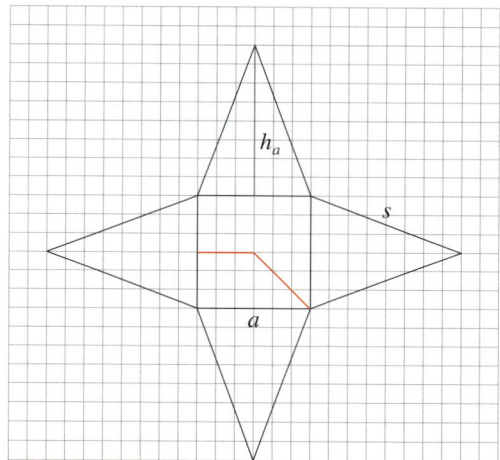

3 Übertrage das Netz aus Aufgabe 2 auf ein kariertes Blatt Papier und schneide es aus. Zeichne in das Netz die rot markierten Strecken ein.
a) Zeichne ein Dreieck mit $b = 1{,}5\,\text{cm}$; $c = 3{,}7\,\text{cm}$ und $\alpha = 90°$ sowie ein Dreieck mit $b = 2{,}1\,\text{cm}$, $c = 3{,}7\,\text{cm}$ und $\alpha = 90°$. Schneide die Dreiecke aus und klebe sie als Stützdreiecke auf die markierten Strecken.

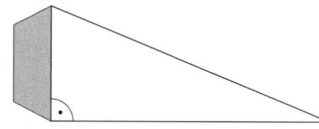 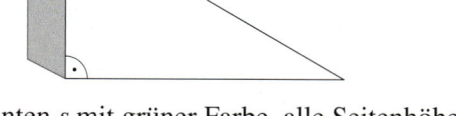

b) Markiere in den Stützdreiecken alle Seitenkanten s mit grüner Farbe, alle Seitenhöhen h_a mit blauer Farbe und alle Körperhöhen h mit brauner Farbe.
c) Klebe das Netz mit den klappbaren Stützdreiecken in dein Heft. Fixiere nur die Grundfläche. Falze die Kanten, sodass sich das Netz zu einer Pyramide aufrichten lässt.
d) Gib mit Hilfe der Stützdreiecke Beziehungen zwischen Seitenkante s, Körperhöhe h, Grundkante a und Seitenhöhe h_a an, die auf den Satz des Pythagoras zurückzuführen sind. Schreibe die Beziehungen neben das Netz im Heft.

Pyramide, Kegel, Kugel

Lesen und Verstehen

Der Louvre ist eines der bedeutendsten Gebäude von Paris. Er war ursprünglich ein königliches Schloss. Heute beherbergt er das größte Museum der Welt. Bei der Neugestaltung des Louvre wurde der Haupteingang in den Innenhof, den *Cour Napoleon*, verlegt und durch eine Glaspyramide überdacht. Die Pyramide ist 22 m hoch. Die Grundkante der geraden, quadratischen Pyramide ist 35 m lang.

BEACHTE
$\frac{a}{2}$ stellt die halbe Länge der Grundseite dar. $\frac{d}{2}$ ist die halbe Länge der Diagonalen der Grundfläche.

In einer geraden Pyramide bezeichnet die **Höhe h** die Strecke von der Spitze der Pyramide zum Mittelpunkt der Grundfläche, die **Seitenhöhe h_a** die Strecke von der Spitze zum Mittelpunkt der Grundseite a und die **Seitenkante s** die Strecke von der Spitze zur Ecke der Grundfläche.

Da h, h_a, a und s die Seitenkanten von rechtwinkligen Dreiecken sind, kann man diese mit Hilfe des Satzes des Pythagoras berechnen:

$h_a^2 = h^2 + (\frac{a}{2})^2 \qquad s^2 = (\frac{a}{2})^2 + h_a^2 \qquad s^2 = h^2 + (\frac{d}{2})^2$

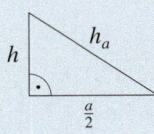 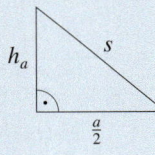 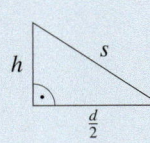

BEISPIEL 1
Wie hoch ist die Seitenhöhe h_a der Glaspyramide des Louvre?
$h_a^2 = h^2 + (\frac{a}{2})^2 = (22\,\text{m})^2 + (\frac{35\,\text{m}}{2})^2$
$ = 790{,}25\,\text{m}^2$
$h_a \approx 28{,}1\,\text{m}$

Die Seitenhöhe h_a der Glaspyramide des Louvre beträgt 28,1 m.

Die dreieckigen Seitenflächen einer Pyramide bilden ihre **Mantelfläche A_M**. Nimmt man die Grundfläche A_G zur Mantelfläche A_M hinzu, ergibt sich die **Oberfläche A_O** der Pyramide.

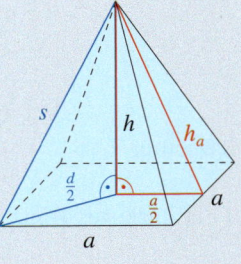 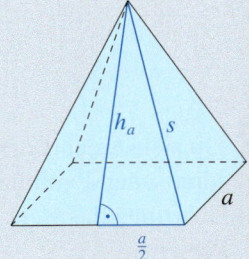

Für Pyramiden mit quadratischer Grundfläche gilt:
$A_M = 4 \cdot (\frac{1}{2} \cdot a \cdot h_a) = 2 \cdot a \cdot h_a$
$A_O = 4 \cdot (\frac{1}{2} \cdot a \cdot h_a) + a^2 = 2 \cdot a \cdot h_a + a^2$

BEISPIEL 2
Die vier dreieckigen Seitenflächen der Pyramide des Louvre sind verglast. Wie viel Glas wurde verbaut?
$A_M = 4 \cdot (\frac{1}{2} \cdot 35\,\text{m} \cdot 28{,}1\,\text{m}) = 1\,967\,\text{m}^2$ Die Größe der Glasfläche beträgt $1\,967\,\text{m}^2$.

Mantel und Oberfläche einer Pyramide

Üben und Anwenden

1 Beim abgebildeten Netz einer quadratischen Pyramide sind die Grundkanten 3 cm und die Seitenkanten 4 cm lang.

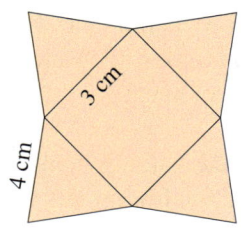

a) Übertrage das Netz in dein Heft und markiere mit verschiedenen Farben alle Strecken gleicher Länge. Zeichne auch die Seitenhöhen ein.
b) Berechne die Länge der Seitenhöhe h_a.
c) Schätze, wie hoch die Pyramide ist. Schneide die Abwicklung gegebenenfalls aus und falte sie zur Pyramide.
d) Berechne die Körperhöhe h.

2 Dargestellt ist die Abwicklung einer regelmäßigen sechsseitigen Pyramide.

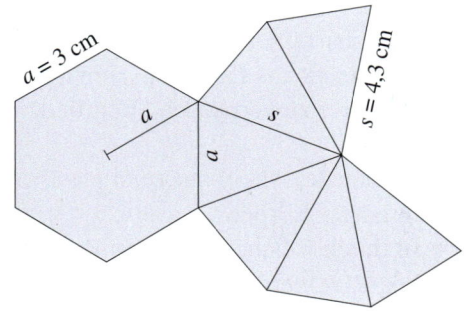

a) Berechne die Seitenhöhe h_a.
b) Berechne die Körperhöhe h.

3 Dargestellt ist die Abwicklung einer regelmäßigen geraden dreiseitigen Pyramide.

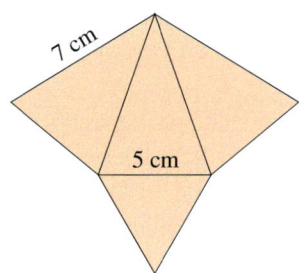

a) Welches Dreieck ist die Grundfläche der Pyramide?
b) Berechne die Seitenhöhe h_a.
c) Berechne die Körperhöhe h.

4 Berechne die fehlenden Längen der geraden quadratischen Pyramide. Gib die Ergebnisse auf Millimeter gerundet an (Maße in cm).

	a	s	h_a	h
a)	12,0		18,0	
b)	9,6		14,5	
c)			21,0	14,0
d)			12,3	9,8
e)		24,0	18,0	
f)		31,3	24,9	
g)	8,0	10,0		
h)	7,5	12,8		
i)		16,0	11,5	

5 Überprüfe, ob die folgenden Aussagen richtig sind. In einer quadratischen Pyramide gilt immer …
a) $s > h_a$ b) $h > h_a$ c) $a > h_a$
d) $h < s$ e) $h < a$ f) $a < s$

6 Berechne den Mantel- und den Oberflächeninhalt einer geraden quadratischen Pyramide.
a) $a = 5\,\text{cm}$; $h_a = 7\,\text{cm}$
b) $a = 3,9\,\text{cm}$; $h_a = 10,2\,\text{cm}$
c) $a = 3\,\text{cm}$; $s = 6,3\,\text{cm}$
d) $a = 4,7\,\text{m}$; $s = 6,3\,\text{m}$
e) $a = 8\,\text{mm}$; $h_a = 12\,\text{mm}$
f) $a = 7,6\,\text{m}$; $h_a = 14,3\,\text{m}$
g) $a = 4\,\text{dm}$; $s = 46\,\text{m}$

7 Die Oberfläche einer quadratischen Pyramide mit der Grundseite $a = 3\,\text{cm}$ beträgt $33\,\text{cm}^2$. Ricarda soll die Höhe der Pyramide bestimmen. Sie rechnet:

$$2 \cdot a \cdot h_a + a^2 = A_O$$
$$2 \cdot 3\,\text{cm} \cdot h_a + (3\,\text{cm})^2 = 33\,\text{cm}^2$$
$$6\,\text{cm} \cdot h_a + 9\,\text{cm}^2 = 33\,\text{cm}^2$$
$$6\,\text{cm} \cdot h_a = 24\,\text{cm}^2$$
$$h_a = 4\,\text{cm}$$

$$\left(\frac{a}{2}\right)^2 + h^2 = h_a^2$$
$$(1,5\,\text{cm})^2 + h^2 = (4\,\text{cm})^2$$
$$2,25\,\text{cm}^2 + h^2 = 16\,\text{cm}^2$$
$$h^2 = 13,75\,\text{cm}^2$$
$$h = 3,7\,\text{cm}$$

Übertrage die Rechnung in dein Heft. Erkläre jeden Rechenschritt, indem du zum Beispiel die Äquivalenzumformungen ergänzt.

ZUM WEITERARBEITEN
Zeichne zu der folgenden quadratischen Pyramide drei Netze.

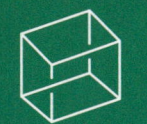

Pyramide, Kegel, Kugel

8 Berechne die fehlenden Werte einer quadratischen Pyramide (Längen in m).

	a	h	s	h_a	A_M	A_O
a)	8		10			
b)		14		21		
c)			24	18		
d)	12			20		
e)		9		15		
f)	5,5		7,5			
g)		12,5		17,5		

9 Im Hof des Louvre sind neben der großen Glaspyramide des Haupteingangs weitere drei kleinere Glaspyramiden aufgebaut worden. Diese sind 4,93 m hoch. Ihre quadratischen Grundflächen haben jeweils eine Seitenlänge von 9,02 m.
a) Wie groß ist die Glashülle einer Pyramide?
b) Die Glashülle der großen Pyramide ist ca. 1 967 m² groß und wiegt ca. 86 t. Die kleinen Pyramiden bestehen aus dem gleichen Glas. Wie schwer ist die Glashülle einer kleinen Pyramide?

10 Berechne von einer quadratischen Pyramide die Mantelfläche und die Oberfläche.
a) $a = 18$ cm; $h = 22$ cm
b) $s = 19$ cm; $h = 17$ cm
c) $s = 20$ cm; $h_a = 16$ cm
d) $a = 15$ cm; $h_a = 14$ cm
e) $s = 7,4$ cm; $a = 2$ cm
f) $d = 12$ cm; $h = 8$ cm
g) $d = 15$ cm; $h_a = 7$ cm
h) $s = 8$ cm; $d = 4$ cm

ERINNERE DICH
d bezeichnet die Diagonale der quadratischen Grundfläche.

11 Berechne die Mantelfläche und die Oberfläche einer Pyramide, deren Seitenkante 10 cm lang ist. Die Grundfläche ist ein …
a) Quadrat mit $a = 4,6$ cm.
b) Rechteck: 5,3 cm lang und 2,9 cm breit.
c) regelmäßiges Sechseck mit $a = 2,5$ cm.

12 Dieser **Oktaeder** wird von acht kongruenten gleichseitigen Dreiecken begrenzt. Berechne die Oberfläche, wenn die Seitenkante $s = 6$ cm beträgt.

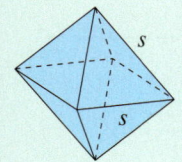

13 Eine Verpackung hat die Form eines Tetraeders mit einer Kantenlänge von 79 mm. Wie groß ist der Materialverbrauch für die Verpackung?

14 ▶ Anton schenkt seinem Vater diesen Briefbeschwerer aus Glas.

Die Mantelfläche der Pyramide besteht aus vier gleichseitigen Dreiecken mit einer Kantenlänge von 12 cm.
a) Bestimme die Mantel- und die Oberfläche des Briefbeschwerers.
b) Anton besitzt noch ein quadratisches Stück Geschenkpapier mit einer Seitenlänge von 20 cm. Reicht das Papier aus, um den Briefbeschwerer zu verpacken? Begründe.

15 ▶ Ein Dekaeder ist ein mit zehn gleichen Flächen begrenzter Körper.
a) Überlege, durch welche Flächen ein solcher Körper begrenzt werden kann.
b) Beschreibe ein mögliches Aussehen des Körpers.
c) Überprüfe, indem du ein Modell bastelst.
d) Präsentiere dein Ergebnis.

16 ▶ Irina fand in einer Formelsammlung folgende Formel zur Berechnung der Oberfläche einer quadratischen Pyramide:
$A_O = a \cdot (2 h_a + a)$.
Sie kann nicht glauben, dass diese Formel richtig ist, da sie in der Schule eine andere Formel kennengelernt hat. Erkläre Irina, warum auch diese Formel richtig ist.

17 ▶ Stell dir vor, du sollst aus mehreren identischen Pyramiden einen Würfel zusammensetzen. Wie viele Pyramiden benötigst du dafür und welche Form müssen die Pyramiden haben? Vergleicht eure Ergebnisse.

Mantel und Oberfläche eines Kegels

Erforschen und Entdecken

1 Ein Kreis (siehe Skizze rechts) hat einen Radius von $r = 5\,\text{cm}$.
a) Bestimme den Flächeninhalt des gesamten Kreises.
b) Wie groß ist das gelb gefärbte Kreissegment?
c) Wie groß ist das blau gefärbte Kreissegment? Begründe. Vergleiche deine Lösung mit der deines Nachbarn.
d) Bestimme den Flächeninhalt des grünen und des roten Kreissegments.
e) Gib eine Formel an, mit der sich der Flächeninhalt eines Kreissegments in Abhängigkeit vom Radius und der Winkelgröße berechnen lässt. Vergleicht eure Formeln in der Klasse.

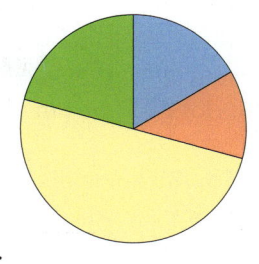

2 Zeichne je einen Kreis mit dem Radius $r = 3\,\text{cm}$, $r = 4\,\text{cm}$ und $r = 5\,\text{cm}$ und schneide sie aus. Übertrage dann die folgenden Kreissektoren auf ein Blatt Papier, schneide sie aus und klebe sie mit Klebeband jeweils zum Mantel eines Kegels zusammen.

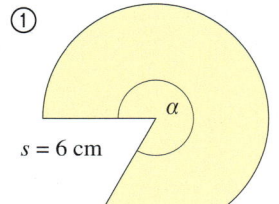 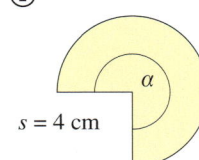 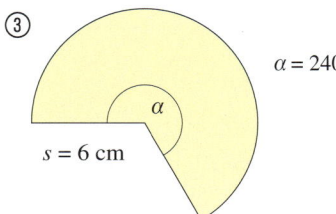

① $\alpha = 300°$, $s = 6\,\text{cm}$
② $\alpha = 270°$, $s = 4\,\text{cm}$
③ $\alpha = 240°$, $s = 6\,\text{cm}$

163-1

HINWEIS
Über den Webcode können die Kreise und Kreissektoren zum Ausschneiden ausgedruckt werden.

a) Welcher Kreissektor passt zu welchem Kreis und bildet mit ihm zusammen die Oberfläche eines Kegels?
b) Berechne die Flächeninhalte der Kreise und der Kreissektoren.
c) Beschreibe allgemein: Welche Eigenschaften müssen Kreissektor und Kreis haben, damit sie die Oberfläche eines Kegels bilden können?
d) Zu einem Kreis mit $r = 3,5\,\text{cm}$ soll ein Kreissektor gefunden werden, der mit dem Kreis die Oberfläche eines Kegels bildet. Bestimme den Radius und den Innenwinkel passender Kreissektoren. Vergleicht die Lösungen im Klassenverband. Worin unterscheiden sich eure Lösungen und welchen Einfluss hat der Sektor auf die Eigenschaften des Kegels?

3 Puzzle die folgenden „Schnipsel" sinnvoll zu einem Beweis für die Mantelfläche eines Kegels zusammen und notiere diesen im Heft.

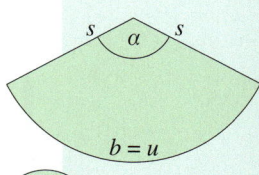
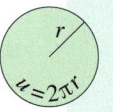

aus den beiden Gleichungen folgt, dass $\frac{A_M}{\pi \cdot s^2} = \frac{b}{2 \cdot \pi \cdot s}$

weil $b = 2 \cdot \pi \cdot r$ ist, folgt $A_M = \frac{2 \cdot \pi \cdot r \cdot s}{2}$

also ist $A_M = \frac{b \cdot \pi \cdot s^2}{2 \cdot \pi \cdot s}$

kürzt man den Bruch, so erhält man $A_M = \frac{b \cdot s}{2}$

aus (2) folgt, dass $\frac{\alpha}{360°} = \frac{b}{2 \cdot \pi \cdot s}$

(1) $A_M = \frac{\alpha}{360°} \cdot \pi \cdot s^2$

Für die Mantelfläche eines Kegels, den Kreissektor, gilt:

somit folgt für die Mantelfläche des Kegels $A_M = \pi \cdot r \cdot s$

und (2) $b = \frac{\alpha}{360°} \cdot 2 \cdot \pi \cdot s$

aus (1) folgt $\frac{\alpha}{360°} = \frac{A_M}{\pi \cdot s^2}$

163-2

HINWEIS
Unter dem Webcode kannst du dir die Kärtchen ausdrucken und ausschneiden.

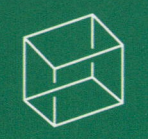

Pyramide, Kegel, Kugel

Lesen und Verstehen

Die Spitzen der Lichttürme der Bundeskunsthalle in Bonn sind mit Edelstahl verkleidete Kegel. Der Edelstahlkegel des Lichtturms hat den Grundkreisradius $r = 0{,}76$ m und die Höhe $h = 3{,}31$ m.

Die Verkleidung bildet die **Mantelfläche** A_M des Kegels. Jede Strecke von der Spitze des Kegels zu einem Punkt seiner Grundkante heißt **Mantellinie** s.
Schneidet man die Mantelfläche entlang der Mantellinie auf, so erhält man einen Kreisausschnitt. Der Bogen b dieses Kreisausschnitts ist der Umfang u des Grundkreises vom Kegel. Der Radius des Kreisausschnitts ist die Mantellinie s des Kegels.

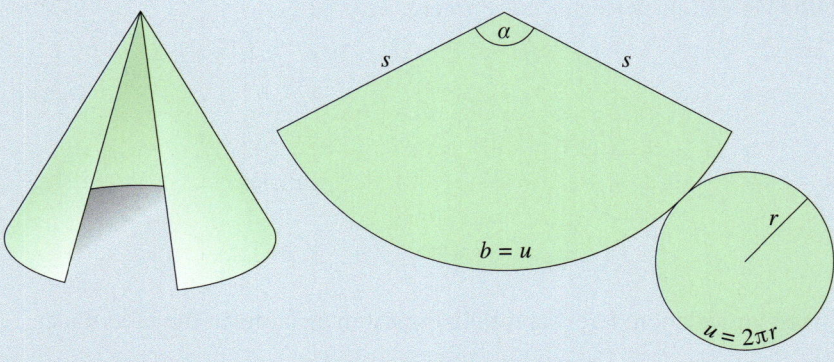

HINWEIS
Für die Länge b eines Kreisbogens gilt:
$b = \frac{\alpha}{360°} \cdot 2 \cdot \pi \cdot s$

Nimmt man zur Mantelfläche die Grundfläche hinzu, erhält man die **Oberfläche** des Kegels.

Für die **Mantelfläche** A_M eines Kegels gilt:
$A_M = \frac{\alpha}{360°} \cdot \pi s^2$

$A_M = \frac{r}{s} \cdot \pi s^2$ (Begründung siehe rechts)

$A_M = \pi r s$

Für die **Oberfläche** A_O eines Kegels gilt:

$A_O = A_G + A_M$
$A_O = \pi r^2 + \pi r s = \pi r (r + s)$

Der Mittelpunktswinkel α ist beim Kegel oft nicht bekannt. Diesen kann man jedoch in der Formel für den Flächeninhalt ersetzen. Es gilt:
$b = u$
$\frac{\alpha}{360°} \cdot 2\pi s = 2\pi r \quad |:2\pi$
$\frac{\alpha}{360°} \cdot s = r$
$\frac{\alpha}{360°} = \frac{r}{s}$

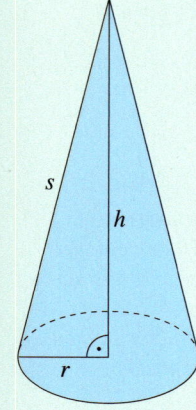

BEISPIEL
Welchen Flächeninhalt hat die Edelstahlummantelung eines Lichtturms der Kunst- und Ausstellungshalle Bonn?
Um den Flächeninhalt der Edelstahlummantelung zu berechnen, benötigt man zunächst die Länge der Mantellinie s. Nach dem Satz des Pythagoras gilt:

$s^2 = r^2 + h^2$ $\qquad\qquad\qquad\qquad A_M = \pi \cdot r \cdot s$
$s^2 = (0{,}76\,\text{m})^2 + (3{,}31\,\text{m})^2 \qquad A_M \approx \pi \cdot 0{,}76\,\text{m} \cdot 3{,}4\,\text{m}$
$s \approx 3{,}4\,\text{m} \qquad\qquad\qquad\qquad\quad \approx 8{,}12\,\text{m}^2$

Die Edelstahlummantelung hat also eine Fläche von ca. $8{,}12\,\text{m}^2$.

Mantel und Oberfläche eines Kegels

Üben und Anwenden

1 Berechne den Mantelflächeninhalt des Kegels.

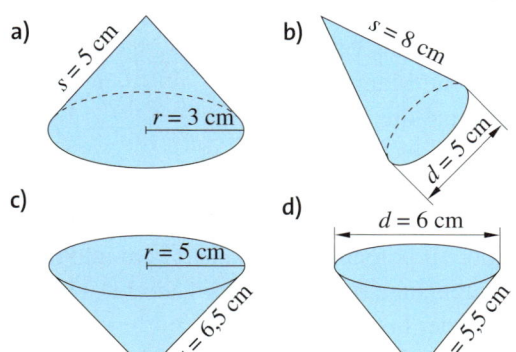

2 Berechne den Mantelflächeninhalt des Kegels.
a) $r = 4\,cm$; $s = 9\,cm$
b) $r = 15\,mm$; $s = 3\,cm$
c) $r = 0{,}8\,m$; $s = 250\,cm$
d) $r = 4\,cm$; $h = 5\,cm$

3 Berechne den Oberflächeninhalt des Kegels.

	Radius r	Mantellinie s
a)	5 cm	13 cm
b)	3,4 cm	6,2 cm
c)	7,1 dm	9,4 dm
d)	3 m	5,3 m

4 Berechne den Oberflächenflächeninhalt des Kegels.
a) $d = 50\,cm$; $s = 40\,cm$
b) $d = 46\,dm$; $s = 47{,}5\,dm$

5 Welchen Oberflächeninhalt hat der Kegel?
a) $r = 0{,}35\,m$; $s = 0{,}2\,m$
b) $r = 5{,}4\,cm$; $h = 7{,}2\,cm$
c) $r = 3{,}4\,m$; $h = 8{,}4\,m$
d) $h = 4{,}7\,cm$; $s = 5{,}9\,cm$

6 Berechne den Mantel- und Oberflächeninhalt des Kegels.
a) $r = 4\,cm$; $h = 8\,cm$
b) $r = 6\,cm$; $h = 15\,cm$
c) $d = 1{,}2\,dm$; $h = 2{,}4\,dm$
d) $s = 30\,cm$; $h = 21\,cm$

7 Berechne die fehlenden Größen des Kegels. Der Winkel α ist der Mittelpunktswinkel des abgerollten Kegelmantels. (Längen in m; Flächen in m²)

	r	s	h	A_M	A_G	A_O	α
a)		7		66			
b)	9			580			
c)	11					924	
d)	3,6				105		
e)	11	20					
f)		0,8	0,4				

8 Ein Kegel ist durch die Höhe $h = 4\,cm$ und den Radius $r = 3\,cm$ gegeben.
a) Berechne den Mantel- und Oberflächeninhalt des Kegels.
b) Wie ändert sich der Mantel- und Oberflächeninhalt, wenn der Radius des Kegels verdoppelt wird?
c) Welche Höhe und welchen Radius könnte ein Kegel mit einem doppelt so großen Oberflächeninhalt haben? Vergleicht eure Ergebnisse.

9 Ein Kegel ist gegeben durch die Mantellinie $s = 10\,cm$ und den Radius $r = 7\,cm$. Wie ändert sich der Mantelflächeninhalt, wenn folgende Änderungen vorgenommen werden?
a) r wird halbiert
b) r wird verdoppelt
c) r wird verdreifacht
d) s wird halbiert
e) r und s werden jeweils halbiert
f) r wird halbiert und s wird verdoppelt
g) r und s werden verdoppelt

10 Ein Kreisausschnitt hat den Radius s und den Bogen b. Berechne den Mantelflächeninhalt des Kegels, der aus diesem Kreisausschnitt hergestellt werden kann.
a) $s = 4{,}2\,cm$; $b = 20\,cm$
b) $s = 8{,}3\,cm$; $b = 15\,cm$
c) $s = 6{,}4\,cm$; $b = 23{,}6\,cm$
d) $s = 9{,}3\,cm$; $b = 35{,}2\,cm$
e) $s = 7{,}7\,cm$; $b = 7{,}7\,cm$

ZUM WEITERARBEITEN
Wie viel m² Rasenfläche muss gemäht werden?

Pyramide, Kegel, Kugel

11 ▶ Aus einem Blatt im DIN-A4-Format (297 mm × 210 mm) soll ein Kegel gebastelt werden. Dabei soll der Oberflächeninhalt (also der Materialverbrauch) möglichst groß werden.
a) Zeichne auf das Blatt einen Kreis und eine passende Mantelfläche. Worauf musst du achten?
b) Vergleicht eure Kegel im Klassenverband. Wer hat die größte Kegeloberfläche?

12 Zur Herstellung einer Schultüte wurde ein Karton geschnitten (siehe Skizze).
a) Berechne den Umfang der daraus gefertigten Schultüte an der Öffnung.
b) Welche Maße hat ein kleinstmögliches Rechteck, aus dem der Karton für die Schultüte geschnitten werden könnte?
c) Wie viel Prozent Abfall würden nach der Frage b) dabei entstehen?

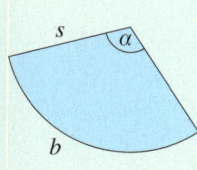

$\alpha = 110°$; $s = 65$ cm

13 Die Maße eines Kegels betragen $r = 11$ cm und $h = 60$ cm. Der Mantel des Kegels wird abgewickelt. Der entstandene Kreisausschnitt hat einen Flächeninhalt von 21,1 dm². Wie groß ist der Winkel α, der in der Mantelfläche von den Mantellinien eingeschlossen wird?

14 ▶ In Einzelhandelsgeschäften werden immer häufiger Wasserspender aufgestellt. Damit die Becher nicht abgestellt werden können, verwendet man Kegelbecher aus Papier. Ein Becher hat einen Radius von 35 mm und eine Höhe von 78 mm.

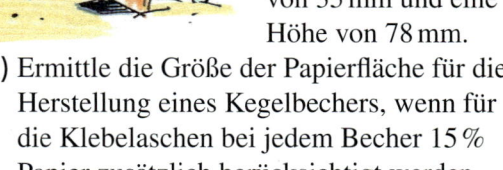

a) Ermittle die Größe der Papierfläche für die Herstellung eines Kegelbechers, wenn für die Klebelaschen bei jedem Becher 15 % Papier zusätzlich berücksichtigt werden müssen.
b) Wie viele Becher könnten maximal aus einem Quadratmeter Papier hergestellt werden? Warum ist dies in der Realität nicht möglich?

15 Wenn man das Dreieck *SMP* um die Seite $\overline{MS}$ dreht, entsteht ein Kegel. Berechne die Grundfläche, die Mantelfläche und die Oberfläche dieses Kegels.

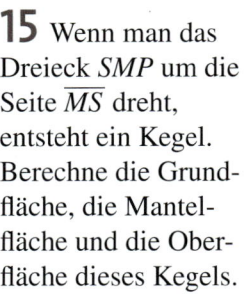

16 Wird eine rechtwinklige Dreiecksfläche mit der Hypotenusenlänge $c = 13$ cm und der Kathetenlänge $a = 7$ cm um a gedreht, wird ein Körper beschrieben.
a) Welcher Körper wird durch diese Drehung erzeugt?
b) Berechne den Oberflächeninhalt dieses Körpers.

17 Betrachte den abgebildeten Körper.
a) Aus welchen Körpern besteht das Silo?
b) Berechne die Oberfläche des Silos.
c) Das Silo soll gestrichen werden. Berechne die benötigte Farbmenge, wenn mit einem Liter Farbe 5 m² gestrichen werden können.
d) 750 ml Farbe kosten 21,95 €. Wie viel kostet die benötigte Farbmenge?

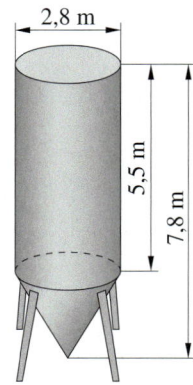

18 Betrachte das gleichschenklige Trapez *ABCD*.
a) Welcher Körper entsteht, wenn das Trapez um die Achse $\overline{AD}$ gedreht wird?
b) Berechne den Oberflächeninhalt des Körpers, wenn $\overline{AD} = 10$ cm, $\overline{AB} = \overline{CD} = 5$ cm und $\overline{BC} = 6$ cm.

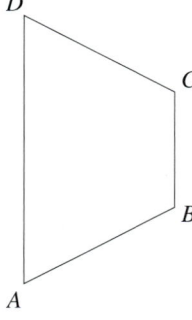

Volumen von Pyramide und Kegel

Erforschen und Entdecken

1 Murad hat gelesen, dass die Pyramiden in Mexiko aus Quadern gefertigt wurden. Er möchte sie nachbauen und hat sich von seinem Opa Holzwürfel zuschneiden lassen, die er – wie auf den Fotos abgebildet – zu Pyramiden zusammenstellt.

a) Handelt es sich bei den von Murad gebauten Objekten tatsächlich um Pyramiden? Begründe.
b) Aus wie vielen Würfeln besteht die kleinste von Murad gebaute Pyramide?
c) Wie viele Würfel kommen zum Bau der dann folgenden Pyramidenstufe hinzu? Aus wie vielen Würfeln besteht sie insgesamt?
Gib an, wie viele Würfel Murad benötigen würde, wenn er einen Quader mit gleich großer Grundfläche und Höhe wie bei der Pyramide gebaut hätte.
d) Übertrage die folgende Tabelle in dein Heft und vervollständige sie.

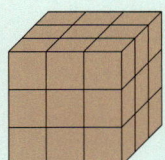

Anzahl Schichten	Anzahl Würfel Pyramide W_P	Anzahl Würfel Quader W_Q	$W_P : W_Q$
2	5	8	5 : 8 = 0,625
3			
4		64	
5			0,44
6			

e) Aus wie vielen Würfeln besteht die Pyramide mit 7 (8, 9, 10) Schichten? Wie viele Würfel benötigt man für den Bau eines Quaders mit gleich großer Grundfläche und Höhe? Berechne den Quotienten $W_P : W_Q$. Was fällt dir auf?

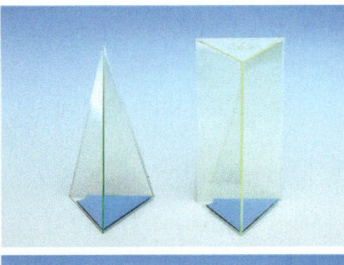

2 Für den folgenden Versuch benötigt ihr diese befüllbaren Körper:
- eine Pyramide und einen Quader oder ein Prisma mit gleicher Grundfläche und Höhe,
- einen Kegel und einen Zylinder mit gleicher Grundfläche und Höhe.

Versuchsdurchführung:
Füllt die Pyramide (den Kegel) mit einer Flüssigkeit. Schüttet die Flüssigkeit anschließend aus der Pyramide (dem Kegel) in das Gefäß mit gleicher Grundfläche und Höhe.

a) Wie oft muss der Vorgang wiederholt werden, bis das Prisma (bzw. der Zylinder) vollständig gefüllt ist?
b) Was bedeutet das für das Volumen einer Pyramide bzw. für das Volumen eines Kegels? Stellt eine Formel auf.

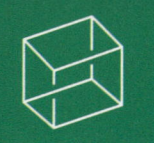

Pyramide, Kegel, Kugel

Lesen und Verstehen

Die Hawara-Pyramide hatte eine quadratische Grundfläche mit einer Seitenlänge von 105 m. Sie war 58 m hoch. Mittlerweile ist sie stark verwittert, da die ursprüngliche Kalksteinverkleidung in der Antike für andere Bauten verwendet wurde.

HINWEIS
Dreimal kann die Flüssigkeit aus einem Kegel in einen Zylinder mit der gleichen Grundfläche A_G und der gleichen Höhe h gefüllt werden:

einmal gefüllt

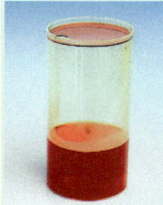

zweimal gefüllt

dreimal gefüllt

Das **Volumen V einer Pyramide** wird bestimmt, indem der Flächeninhalt der Grundfläche A_G mit der Höhe h der Pyramide und dem Faktor $\frac{1}{3}$ multipliziert wird:

$V = \frac{1}{3} \cdot A_G \cdot h$

Für Pyramiden mit quadratischer Grundfläche gilt: $V = \frac{1}{3} \cdot a^2 \cdot h$

BEISPIEL 1
Wie groß war das Volumen der Hawara-Pyramide?
$A_G = 105\,\text{m} \cdot 105\,\text{m} = 11\,025\,\text{m}^2$
$V = \frac{1}{3} \cdot A_G \cdot h$
$V = \frac{1}{3} \cdot 11\,025\,\text{m}^2 \cdot 58\,\text{m} = 213\,150\,\text{m}^3$

Die Hawara-Pyramide hatte ein Volumen von $213\,150\,\text{m}^3$.

Wie groß hätte der Radius der Grundfläche sein müssen, wenn die Ägypter einen Kegel gleichen Volumens und gleicher Höhe gebaut hätten?

Die Grundfläche des Kegels ist ein Kreis mit $A_G = \pi \cdot r^2$.

Das **Volumen V eines Kegels** wird bestimmt, indem der Flächeninhalt der Grundfläche A_G mit der Höhe h des Kegels und dem Faktor $\frac{1}{3}$ multipliziert wird:

$V = \frac{1}{3} \cdot A_G \cdot h = \frac{1}{3} \cdot \pi \cdot r^2 \cdot h$

BEISPIEL 2
Wie groß wäre der Radius des Kegels?
$213\,150\,\text{m}^3 = \frac{1}{3} \cdot \pi \cdot r^2 \cdot 58\,\text{m}$
$213\,150\,\text{m}^3 = 60{,}74\,\text{m} \cdot r^2$
$r^2 = 3\,509{,}37\,\text{m}^2;\ r = 59{,}24\,\text{m}$
Probe: $V = \frac{1}{3} \cdot \pi \cdot (59{,}24\,\text{m})^2 \cdot 58\,\text{m}$
$\approx 213\,150\,\text{m}^3$

Der Kreisradius würde 59,24 m betragen.

Wie viel Material musste bewegt werden, um die Hawara-Pyramide zu erbauen? Das Bauwerk wurde aus Lehmziegeln errichtet. Ein Kubikmeter Lehm wiegt – abhängig von der Verdichtung des Materials – zwischen 1,5 und 2 t.

Die **Masse m** eines Körpers wird aus dem Produkt des Volumens V und der **Dichte ϱ** (sprich: rho) berechnet.
Allgemein gilt also: $m = V \cdot \varrho$

Für eine Pyramide mit quadratischer Grundfläche gilt:
$m = \frac{1}{3} \cdot a^2 \cdot h \cdot \varrho$

Für einen Kegel gilt:
$m = \frac{1}{3} \cdot \pi \cdot r^2 \cdot h \cdot \varrho$

BEISPIEL 3
Wie groß war die Masse der Pyramide?
$m = V \cdot \varrho = 213\,150\,\text{m}^3 \cdot 1{,}5\,\frac{\text{t}}{\text{m}^3} = 319\,725\,\text{t}$

Höchstgewicht der Pyramide:
$m = 213\,150\,\text{m}^3 \cdot 2\,\frac{\text{t}}{\text{m}^3} = 426\,300\,\text{t}$

Es wurden etwa zwischen 320 000 und 426 000 Tonnen Material zum Bau der Pyramide verwendet.

Üben und Anwenden

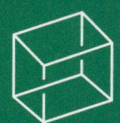

1 Berechne das Volumen der quadratischen Pyramide. Gib das Ergebnis auf zwei Nachkommastellen gerundet an.
a) $a = 7\,\text{cm}$; $h = 11\,\text{cm}$
b) $a = 6,3\,\text{cm}$; $h = 10,7\,\text{cm}$
c) $a = 14,3\,\text{dm}$; $h = 21,7\,\text{dm}$
d) $a = 82,4\,\text{cm}$; $h = 110,8\,\text{cm}$
e) $a = 121,6\,\text{cm}$; $h = 135,4\,\text{cm}$

2 Berechne von der quadratischen Pyramide die fehlenden Größen und das Volumen. Runde auf eine Nachkommastelle.

	a	s	h_a	h
a)	5 cm			7,5 cm
b)	5,6 cm		7 cm	
c)			12 m	8 m
d)			17,9 mm	8,7 mm
e)	3 cm	6,3 cm		
f)	4,7 cm	7,9 cm		
g)		18 cm	16 cm	
h)		65,8 m	57,3 m	

3 Wie hoch ist die quadratische Pyramide?
a) $V = 100\,\text{m}^3$; $a = 2\,\text{m}$
b) $V = 892,8\,\text{cm}^3$; $a = 9,3\,\text{cm}$
c) $V = 36\,\text{cm}^3$; $a = 2,4\,\text{cm}$
d) $V = 270\,000\,\text{cm}^3$; $a = 7,1\,\text{dm}$
e) $V = 101,25\,\text{m}^3$; $a = 4,5\,\text{m}$

4 Berechne das Volumen des Kegels.
a) $r = 14\,\text{cm}$; $h = 25\,\text{cm}$
b) $r = 5,4\,\text{dm}$; $h = 8\,\text{dm}$
c) $r = 5,2\,\text{cm}$; $h = 15\,\text{cm}$
d) $r = 3,8\,\text{cm}$; $h = 10\,\text{cm}$
e) $r = 2,45\,\text{m}$; $h = 7,8\,\text{m}$

5 Der Grundkreis eines Kegels hat einen Durchmesser von 58 cm. Der Kegel ist 80 cm hoch. Welches Volumen hat der Kegel?

6 Wenn trockener Sand mit Hilfe eines Förderbands aufgeschüttet wird, entsteht ein annähernd kegelförmiger Schütthaufen. Welche Bodenfläche bedeckt der Sand, wenn 4 000 m³ bis auf 8 m Höhe aufgeschüttet werden?

7 Berechne den fehlenden Wert des Kegels.

	r	h	V
a)	5 cm	12 cm	
b)		9,5 dm	34,5 dm³
c)	4,5 cm		70,4 cm³
d)	27 mm	4,3 cm	
e)	1,5 dm		1 767 cm³
f)	0,3 dm		56, 55 cm³
g)		1,4 m	718,38 dm³

8 Eine Pyramide hat eine rechteckige Grundfläche mit den Längen a und b. Berechne jeweils den fehlenden Wert.

	a	b	h	V
a)	7 cm	9 cm	12 cm	
b)	5,8 mm	9,3 mm	16 mm	
c)	8 m	12 m		456 m³
d)	12,3 cm	24,6 cm		1 400 cm³
e)		10 m	10 m	500 m³
f)	24 m		635 dm	965,2 m³

9 Ein kegelförmig aufgeschütteter Sandhaufen hat einen Umfang von 13,8 m. Er ist 2,1 m hoch. Wie groß ist sein Volumen?

10 Angenommen, die ursprüngliche Kalksteinverkleidung der Hawara-Pyramide (siehe S. 168) war 50 cm dick. Wie viel Material stand zum Bau anderer Projekte zur Verfügung?

11 Eine quadratische Pyramide soll gemauert werden. Die Grundkante soll 2,4 m betragen, die Höhe 1,5 m.
a) Wie viel m³ Mauerwerk enthält der Bau?
b) Wie viele Mauersteine und wie viel m³ Mörtel werden mindestens benötigt, wenn man für einen Kubikmeter Mauerwerk mit 380 Steinen und 300 ℓ Mörtel rechnet?

12 Ein Kegel hat ein Volumen von 75,4 cm³.
a) Bestimme seine Höhe, wenn der Radius $r = 3\,\text{cm}$ ist.
b) Bestimme seinen Radius, wenn die Höhe $h = 3\,\text{cm}$ ist.

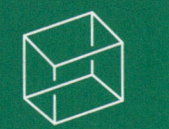

Pyramide, Kegel, Kugel

13 Berechne aus dem Netz der quadratischen Pyramide ihr Volumen.

a) 6,5 cm, 8,3 cm
b) 7,5 cm

17 Wie ändert sich das Volumen einer quadratischen Pyramide, wenn die Höhe halbiert (verdoppelt) und die Länge der Quadratseite beibehalten werden soll?

18 ▶ Eine Pyramide mit quadratischer Grundfläche hat ein Volumen von 1 ℓ.
a) Wie lang könnten die Seite des Quadrats und die Höhe der Pyramide sein? Findest du mehrere Beispiele?
b) Berechne den Oberflächeninhalt der gefundenen Pyramiden.
c) Tragt die Ergebnisse im Klassenverband zusammen und vergleicht die Oberflächeninhalte. Welche Pyramide hat den kleinsten Oberflächeninhalt?
d) Ein Kegel soll ebenfalls ein Volumen von einem Liter besitzen. Welche Abmessungen sollten der Radius des Kreises und die Höhe des Kegels besitzen, damit der Oberflächeninhalt minimal wird?

14 ▶ Beweise mit Hilfe der folgenden Abbildung, dass für Pyramiden mit quadratischer Grundfläche gilt:
$V = \frac{1}{3} \cdot a^2 \cdot h$.

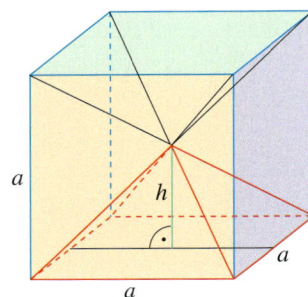

15 Ein Würfel hat eine Kantenlänge von 10 cm. Aus dem Würfel soll eine quadratische Pyramide mit möglichst großem Volumen herausgearbeitet werden.
a) Welches Volumen hat die Pyramide?
b) Vergleiche das Volumen des Würfels mit dem der Pyramide.

19 Ein Trinkpäckchen hat die Form eines **Tetraeders**, einer dreiseitigen Pyramide, die von vier kongruenten gleichseitigen Dreiecken begrenzt ist. Eine Seitenkante ist 13,7 cm lang.
a) Berechne das Volumen.
b) Vergleiche das Volumen mit der Inhaltsangabe.

16 Ein Quader hat die Kantenlängen $a = 3$ cm, $b = 4$ cm und $c = 5$ cm. Aus dem Quader soll eine Pyramide mit rechteckiger Grundfläche so herausgearbeitet werden, dass das Volumen möglichst groß wird.
a) Als Grundfläche kommen drei Rechtecke in Frage. Welche Größe besitzen diese Rechtecke?
b) Spielt die Auswahl der Grundfläche bei der Bestimmung des Volumens eine Rolle? Begründe.
c) Zeichne ein Schrägbild des Quaders und in diesen Quader das Schrägbild einer Pyramide mit maximalem Volumen.

20 Die Skizze zeigt ein Werkstück. Es hat die Form einer quadratischen Pyramide, aus der eine kegelförmige Vertiefung herausgearbeitet wurde. Die Höhe dieses Kegels beträgt $\frac{3}{7}$ der Höhe der Pyramide.
a) Berechne das Volumen des Werkstücks.
b) Das Werkstück ist aus Aluminium gefertigt, 1 cm³ Aluminium wiegt 2,7 g. Wie schwer ist das Werkstück?

ZUM WEITERARBEITEN
Wie viele 500-g-Packungen Salz kann man wohl mit einem Haufen füllen?

HINWEIS
Ergänze die bisher in diesem Kapitel erlernten Formeln zu Pyramiden und Kegeln in deiner dynamischen Formelsammlung.

Volumen und Oberfläche einer Kugel

Erforschen und Entdecken

1 Betrachte die folgenden Körper.

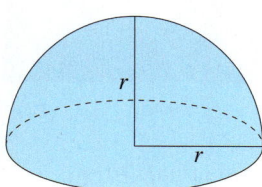
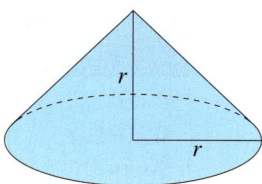
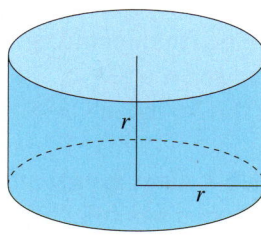

a) Um welche Körper handelt es sich?
b) Die Körper haben den gleichen Radius, der gleichzeitig auch die Körperhöhe ist. Ordne die Körper nach der Größe ihres Volumens und skizziere die Schrägbilder in deinem Heft. Beginne mit dem kleinsten Körper.
c) Schreibe das Volumen der Körper (in Abhängigkeit vom Radius r) unter die Schrägbilder, sofern dir die Formel für das Volumen bekannt ist.
d) Stelle eine Vermutung für das Volumen einer Kugel auf.

2 Für den folgenden Versuch benötigt ihr:
- einen Messbehälter mit Überlauf (z. B. aus der Chemie-Sammlung) oder ein großes Gefäß (z. B. einen Eimer, ein Aquarium, eine Babybadewanne)
- verschieden große Kugeln (z. B. Murmeln oder schwere Bälle, die nicht schwimmen)
- einen Messbecher, ein Maßband und viel Wasser (z. B. aus einem Gartenschlauch)

Versuchsvorbereitung:
Messt mit dem Maßband den Umfang der Kugeln und berechnet dann ihren Radius. Übertragt die Tabelle in euer Heft und tragt die Werte ein.

Kugel	Umfang	Radius	verdrängte Wassermenge
z. B. Golfball	$u =$	$r =$	$V =$
…			

Versuchsdurchführung:
① Stellt das Gefäß an einer Stelle auf, die nass werden darf, etwa auf dem Schulhof, und füllt es randvoll mit Wasser.
② Legt eine Kugel vorsichtig auf das Wasser und lasst sie versenken. Es wird Wasser über die Kante des Gefäßes in das Überlaufgefäß oder auf den Boden laufen.
③ Stellt fest, wie viel Wasser durch die Kugel verdrängt wurde. Ihr könnt die Überlaufmenge entweder einfach ablesen oder die Kugel vorsichtig aus dem Becken entfernen und das Becken mit Hilfe des Messbechers wieder auffüllen.
④ Führt den Versuch mit allen Kugeln/Bällen durch und tragt die Werte in die Tabelle ein.
⑤ Überprüft mit Hilfe eurer Messwerte in der Tabelle die Formel aus Aufgabenteil 1 d).

3 Erkundige dich im Internet oder in Büchern über die Technik der „Handkaschierung" beim Bau von Globen. Über den Webcode gelangst du zu passenden Seiten im Internet.
a) Welche Form haben die Flächen, die beim Bekleben eines Globus eingesetzt werden?
b) Wie viele dieser Flächen benötigt man beim Bau und wie groß ist eine dieser Flächen ungefähr? Beachte, dass die Flächengröße abhängig vom Durchmesser des Globus ist.

171-1

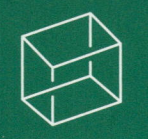

Pyramide, Kegel, Kugel

Lesen und Verstehen

Im Oktober 1957 gelang es sowjetischen Forschern mit Sputnik 1 erstmals einen künstlichen Satelliten in eine Umlaufbahn um die Erde zu entsenden. Sputnik 1 war eine hochglanzpolierte Aluminiumkugel mit einem Außendurchmesser von 58 cm.
Wie groß war das Volumen von Sputnik 1?

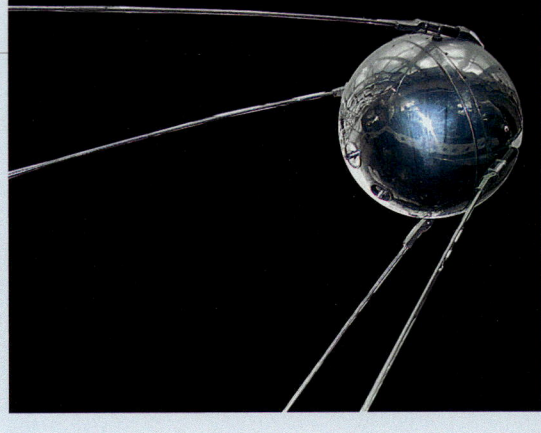

ERINNERE DICH
$1\,dm^3 = 1000\,cm^3$
und
$1\,m^2 = 100\,dm^2$
$= 10\,000\,cm^2$

Das **Volumen V einer Kugel** mit dem Radius r lässt sich wie folgt berechnen:

$V = \frac{4}{3} \cdot \pi \cdot r^3$

BEISPIEL 1
Sputnik 1 hatte einen Radius von 29 cm.
Also gilt für sein Volumen:
$V = \frac{4}{3} \cdot \pi \cdot (29\,cm)^3 \approx 102\,160{,}4\,cm^3$
Sputnik 1 hat ein Volumen von ca. $102\,dm^3$.

Der Oberflächeninhalt von Sputnik 1 soll lediglich einen Quadratmeter betragen haben. Kann das sein?

Für die **Oberfläche A_O einer Kugel** mit dem Radius r gilt:

$A_O = 4\pi \cdot r^2$

BEISPIEL 2
$A_O = 4\pi \cdot r^2 = 4\pi \cdot (29\,cm)^2 \approx 10\,568{,}3\,cm^2$
Der Oberflächeninhalt von Sputnik 1 war mit $1{,}06\,m^2$ etwas größer als $1\,m^2$.

Sputnik 1 war aus 2 mm starkem Aluminiumblech gefertigt. In seinem Innern transportierte er unter anderem zwei Funksender, Akkus und ein Wärmeregulationssystem.
Wie viel Aluminiumblech war zur Herstellung des Satelliten mindestens notwendig?

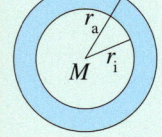

Bei einer **Hohlkugel** mit dem Innenradius r_i und Außenradius r_a berechnet sich das Volumen V wie folgt:

$V = \frac{4}{3} \cdot \pi \cdot r_a^3 - \frac{4}{3} \cdot \pi \cdot r_i^3$
$ = \frac{4}{3} \cdot \pi \cdot (r_a^3 - r_i^3)$

BEISPIEL 3
$V = \frac{4}{3} \cdot \pi \cdot (r_a^3 - r_i^3)$
$ = \frac{4}{3} \cdot \pi \cdot ((290\,mm)^3 - (288\,mm)^3)$
$ = 2\,099\,120{,}1\,mm^3$

Das Aluminiumblech hatte ein Volumen von ca. $2{,}1\,dm^3$.

Aluminium besitzt eine Dichte von $2\,700\,\frac{kg}{m^3}$. Wie schwer war die Aluminiumhülle von Sputnik 1?

Die **Masse m einer Kugel** wird aus dem Produkt seines Volumens V und seiner Dichte ϱ (sprich rho) berechnet. Es gilt:

$m = V \cdot \varrho = \frac{4}{3} \cdot \pi \cdot r^3 \cdot \varrho$

BEISPIEL 4
Sputnik 1 bestand aus
$2{,}1\,dm^3 = 0{,}0021\,m^3$ Aluminiumblech.
$m = 0{,}0021\,m^3 \cdot 2\,700\,\frac{kg}{m^3} = 5{,}67\,kg$
Die Hülle aus Aluminiumblech wog ca. $5{,}7\,kg$.

Volumen und Oberfläche einer Kugel

Üben und Anwenden

1 Berechne das Volumen der Kugel. Gib in der in Klammern stehenden Maßeinheit an.
a) $r = 2,4$ cm (mm³) b) $r = 1,57$ m (dm³)
c) $r = 6,89$ dm (m³) d) $r = 20,5$ cm (m³)
e) $d = 16$ cm (mm³)   f) $d = 3,8$ dm (cm³)
g) $d = 7,45$ m (dm³) h) $d = 25,56$ cm (m³)

2 Stelle die Volumen- und die Oberflächenformel der Kugel nach r um. Erkläre deine Umformungen deinem Nachbarn.

3 Berechne den Radius der Kugel. Gib auf zwei Nachkommastellen gerundet an.
a) $V = 13,45$ m³   b) $V = 102,5$ dm³
c) $V = 345,046$ cm³ d) $V = 4\,200$ mm³
e) $V = 657,4$ m³   f) $V = 800,04$ cm³

4 Berechne den Durchmesser der Kugel. Gib in der in Klammern angegebenen Maßeinheit an. Runde dabei auf zwei Stellen.
a) $V = 12,67$ m³ (dm)
b) $V = 3\,700$ mm³ (cm)
c) $V = 305,4$ dm³ (cm)
d) $V = 451,7$ dm³ (m)
e) $V = 157,905$ cm³ (mm)

5 Annika meint, dass sich das Volumen einer Kugel verdoppelt, wenn der Kugelradius verdoppelt wird. Überprüfe Annikas Behauptung an einem Beispiel und korrigiere – falls notwendig – ihre Aussage.

6 Nach internationalem Regelwerk muss ein Fußball einen Umfang zwischen 68 cm und 70 cm besitzen, ein Volleyball einen Umfang zwischen 65 cm und 67 cm und ein Basketball einen Umfang zwischen 75 cm und 78 cm. Bestimme das maximale und das minimale Volumen aller drei Bälle.

7 Eine Kugel hat den Radius $r = 5$ cm.
a) Berechne das Volumen der Kugel.
b) Welchen Radius hat die Kugel mit dem doppelten (dreifachen, vierfachen, fünffachen) Volumen (siehe Randspalte)?

8 Wie schwer ist ein Golfball, wenn 1 cm³ Material 1,15 g wiegt?

42 mm

9 Berechne den Oberflächeninhalt einer Kugel. Gib in der in Klammern angegebenen Maßeinheit an.
a) $r = 4,3$ cm (mm²) b) $r = 1,85$ m (dm²)
c) $r = 7,83$ dm (m²) d) $r = 10,7$ cm (m²)
e) $d = 46$ cm (mm²)   f) $d = 2,4$ dm (cm²)
g) $d = 7,19$ m (dm²) h) $d = 23,45$ cm (m²)

10 Berechne den Radius der Kugel. Gib auf zwei Nachkommastellen gerundet an.
a) $A_O = 14,32$ m²   b) $A_O = 105,6$ dm²
c) $A_O = 244,075$ cm² d) $A_O = 3\,400$ mm²
e) $A_O = 552,1$ m²   f) $A_O = 700,08$ cm²

11 Berechne den Durchmesser der Kugel. Gib in der in Klammern angegebenen Maßeinheit an. Runde dabei auf eine Nachkommastelle.
a) $A_O = 22,58$ m² (dm)
b) $A_O = 2\,800$ mm² (cm)
c) $A_O = 105,9$ dm² (cm)
d) $A_O = 321,67$ dm² (m)
e) $A_O = 257,604$ cm² (mm)
f) $A_O = 1\,300,58$ cm² (dm)

12 Von einer Kugel sind die folgenden Angaben bekannt. Ergänze die Tabelle in deinem Heft.

	r	d	u	V	A_O
a)	3 cm				
b)		22 m			
c)			56,55 m		
d)				7 238,23 mm³	
e)					66,48 dm²
f)		1 m			
g)					1 m²
h)			1 m		

BEACHTE
Ist r^3 gegeben und es soll r bestimmt werden, so muss die dritte Wurzel gezogen werden:
$\sqrt[3]{r^3} = r$.
Die dritte Wurzel aus 8, also $\sqrt[3]{8}$, lässt sich mit dem Taschenrechner z. B. mit folgenden Tippfolgen bestimmen:

[8] [2nd] [yˣ] [3] [=]
oder
[8] [SHIFT] [x³] [=]

Lies gegebenenfalls in der Anleitung deines Taschenrechners nach.

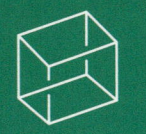

Pyramide, Kegel, Kugel

13 Berit meint, dass sich der Oberflächeninhalt einer Kugel verdoppelt, wenn der Kugelradius verdoppelt wird. Überprüfe Berits Behauptung an einem Beispiel und korrigiere – falls notwendig – ihre Aussage.

14 Wie verändert sich der Oberflächeninhalt einer Kugel, wenn sich der Durchmesser …
a) halbiert?
b) verdreifacht?
c) verzehnfacht?

15 Arbeitet zu zweit. Eine Kugel besitzt einen Oberflächeninhalt von 10 cm².
a) Berechne den Radius der Kugel.
b) Wie verändert sich der Radius, wenn sich der Oberflächeninhalt verdoppelt (halbiert)?

16 In der Eisdiele von Luigi hat eine Eiskugel einen Durchmesser von 5 cm und wird für 0,60 € verkauft.
Die Eiskugel in Paolos Eisdiele hat einen Radius von 3 cm. Paolo verkauft sie für 80 Cent. Welche Eisdiele verkauft ihr Eis günstiger?

17 Das Pantheon in Rom ist der größte und vollkommenste Rundbau der antiken römischen Baukunst. Ein architektonisches Meisterwerk ist bei diesem Bauwerk die Halbkugelkuppel, deren Durchmesser 43,3 m beträgt.

Wie groß ist die Oberfläche einer solchen Halbkugel?

18 Die Erde hat annähernd die Form einer Kugel.

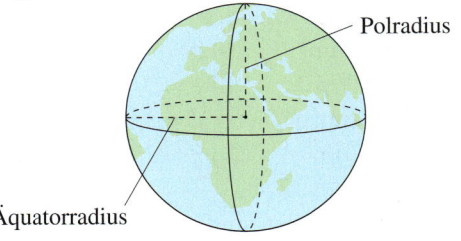

a) Berechne das Volumen einer Kugel aus dem Äquatorradius $r = 6\,378\,388$ m und dem Polradius $r = 6\,356\,912$ m.
b) In einem Lexikon wird die Oberfläche der Erde mit 510 100 933,5 km² angegeben. Ist das möglich?
c) Mit 6 371 229 m wird der mittlere Radius der Erde angegeben. Durchschnittlich wiegt 1 m³ der Erde 5,517 t. Wie schwer ist die Erde nach diesen Angaben?

19 Ein Marmorwürfel hat eine Seitenlänge von 15 cm. Aus ihm soll eine möglichst große Kugel herausgearbeitet werden.
a) Berechne jeweils das Volumen von Würfel und Kugel.
b) Um wie viel Prozent weicht das Volumen der Kugel von dem des Würfels ab?
c) Berechne jeweils die Oberfläche von Würfel und Kugel.
d) Um wie viel Prozent weicht die Oberfläche der Kugel von der des Würfels ab?

20 Bei Leichtathletikwettkämpfen werden beim Kugelstoßen genormte Stahlkugeln benutzt.
Die Kugeln haben unterschiedliche Massen. 1 cm³ Stahl wiegt 7,86 g.

Altersklasse	Kugelmasse
Frauen	4 kg
männliche Jugend B	5 kg
männliche Jugend A	6,25 kg
Männer	7,26 kg

a) Berechne für jede angegebene Kugelart das Volumen.
b) Berechne für jede Kugel den Radius und den Durchmesser.

Volumen und Oberfläche einer Kugel

21 Die folgende Abbildung zeigt den Mond.

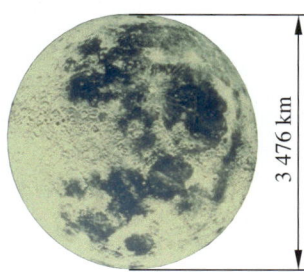

3 476 km

a) Berechne die Oberfläche des Mondes.
b) Bei Vollmond kann man 59 % der gesamten Mondoberfläche sehen.
Wie viel km² sind das?

22 Das „Atomium" ist ein Wahrzeichen von Brüssel. Das Bauwerk wurde zur Weltausstellung 1958 errichtet und besteht aus 9 begehbaren Kugeln, die durch Rohre miteinander verbunden sind. Jede Kugel hat einen Durchmesser von 18 m.

a) Berechne das Fassungsvermögen einer Ausstellungskugel in m³.
b) Berechne den Oberflächeninhalt einer Kugel in m².

23 Von einer Hohlkugel sind die folgenden Angaben bekannt. Ergänze die folgende Tabelle in deinem Heft.

	r_a	r_i	V
a)	7 cm	4 cm	
b)	12 cm	11,5 cm	
c)	38 dm	2,4 m	
d)	45 cm	3,5 dm	
e)	54 mm		70 606,2 mm³
f)	18 mm		3 849,5 mm³

24 Die Inuit können aus Eisblöcken Iglus bauen, die die Form einer Halbkugel haben.

Außendurchmesser am Boden: 4,30 m

Wandstärke: 50 cm

a) Wie groß ist das Volumen im Innenraum?
b) Gib an, wie viel m³ Eis für ein solches Iglu verarbeitet werden.
c) Berechne die innere und die äußere Oberfläche des Iglus.

25 Die Lunge eines erwachsenen Menschen hat etwa 850 000 000 Lungenbläschen. Ein fast kugelförmiges Lungenbläschen hat einen Durchmesser von 0,185 mm.

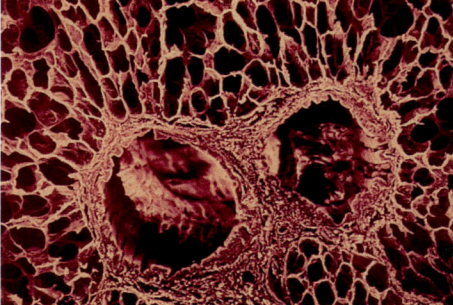

a) Berechne die gesamte Lungenoberfläche, an der Sauerstoff und Kohlendioxid ausgetauscht werden.
Gib das Ergebnis in m² an.
b) Berechne das Volumen, das nach den Angaben in die Lungenbläschen insgesamt aufgenommen werden kann. Gib es in Litern an.

26 Aus 1 kg Blei sollen Kügelchen hergestellt werden. Blei hat die Dichte von $11{,}3\,\frac{g}{cm^3}$.
Wie viele Kügelchen von 2 mm Durchmesser lassen sich optimal herstellen?

27 Im Bad tropft es alle 10 Sekunden von einem Wasserrohr. Frau Wehrhahn fängt die Tropfen mit einem zylindrischen Gefäß auf. Das Gefäß hat einen Durchmesser von 20 cm und eine Höhe von 9 cm. Arbeitet im Team.
a) Wann ist die Schale voll?
b) Wie viel Liter gehen an einem Tag verloren?

BEACHTE
Wenn bei einer Hohlkugel vom Volumen die Rede ist, so ist das Materialvolumen gemeint.

Die Pyramiden von Gizeh

In der vierten Dynastie des alten ägyptischen Reiches (ca. 2600 bis 2475 v. Chr.) ließen seine Herrscher, die Pharaonen, Pyramiden als Grabstätten errichten.

Die dreieckigen Seitenflächen der Pyramiden, die zu einer zentralen Spitze zusammenlaufen, veranschaulichen die Strahlen der Sonne, die auf den Pharao niederscheinen.

Cheops-Pyramide

Die Cheops-Pyramide ist die früheste und größte der drei Pyramiden von Gizeh und die höchste Pyramide der Welt. Diese Pyramide wird auch Große Pyramide genannt. Sie zählt zu den Sieben Weltwundern der Antike.
Der Name stammt von „Cheops" ab, der griechischen Bezeichnung für den ägyptischen Pharao Chufu (ca. 2620 – 2580 v. Chr.).

Die ursprüngliche Höhe der Cheops-Pyramide betrug 280 Königsellen (1 Königselle ≈ 52,3 cm).
Die Seiten der quadratischen Grundfläche waren 440 Königsellen lang.
Heute ist die Pyramide etwa 138,50 m hoch und hat eine Seitenlänge von ca. 225 m.

1 Lies den Text unter dem Foto. Zeichne ein maßstäbliches Schrägbild der Cheops-Pyramide (sowohl heutige als auch ursprüngliche Größe ineinander; Maßstab z. B. 1 : 2000).

2 Bestimme das Volumen der ursprünglichen und der heutigen Cheops-Pyramide. Wie viel Gestein ist seit dem Bau vor ca. 4600 Jahren verwittert (absolute und prozentuale Werte)?

3 Ein Lexikon gibt das ursprüngliche Gesamtvolumen der Pyramide nach Abzug der Hohlräume mit 2,5 Mio. m³ an. Ist das möglich? Wie groß sind dann die Hohlräume?

„Ich schätze, dass man mit den Steinen der Cheops-Pyramide eine 3 m hohe und 30 cm breite Mauer um ganz Frankreich errichten kann."

Diese Schätzung stammt von Napoleon Bonaparte, der die Pyramiden am 27. September 1798 auf seinem Ägyptenfeldzug besichtigte.

4 Überprüfe, ob die Aussage von Napoleon richtig sein kann.

Chefren-Pyramide und Mykerinos-Pyramide

Zu den drei Pyramiden von Gizeh zählen neben der Cheops-Pyramide auch die Chefren-Pyramide und die Mykerinos-Pyramide.

Pyramide des Chafre (auch Chefren-Pyramide genannt)	
Höhe	ursprünglich 143,5 m
Bodenfläche	Quadrat mit 210 m Seitenlänge
Gewicht	ca. 5,18 Mio. t
Erbauer	Pharao Chafre, auch Chephren genannt (ca. 2570–2530 v. Chr.), Sohn des Chufu

Pyramide des Menkaure (auch Mykerinos-Pyramide genannt)	
Höhe	ursprünglich 62,18 m
Bodenfläche	Quadrat mit 108,5 m Seitenlänge
Gewicht	0,57 Mio. t
Erbauer	Pharao Menkaure, auch Mykerinos genannt (ca. 2530–2510 v. Chr.), Enkel des Chufu

5 Fertige von den drei Pyramiden von Gizeh Modelle im Maßstab 1:2500 an.

6 Berechne das Volumen der Chefren-Pyramide und der Mykerinos-Pyramide.

7 Vergleiche die Masse der beiden Pyramiden und überprüfe, ob die Pyramiden aus dem gleichen Gestein gebaut wurden.

8 Erfinde eigene Aufgaben rund um das Thema „Pyramiden". Löse sie und tausche die Aufgaben mit deinen Mitschülern aus.

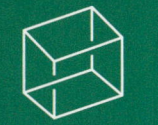

Pyramide, Kegel, Kugel

Vermischte Übungen

1 Berechne die Mantelfläche A_M, die Oberfläche A_O und das Volumen V des Kegels.
a) $h = 25$ cm; $r = 14$ cm
b) $h = 80$ mm; $r = 54$ mm
c) $h = 15$ cm; $s = 15{,}9$ cm
d) $h = 42$ mm; $d = 6$ cm
e) $s = 8$ cm; $d = 12$ cm
f) $s = 3$ m; $u = 6{,}28$ m
g) $h = 15{,}2$ cm; $u = 30{,}5$ cm

2 Der Achsenschnitt eines Kegels ist ein gleichseitiges Dreieck mit der Seitenlänge $a = 14$ cm.
a) Berechne Volumen und Oberflächeninhalt des Kegels.
b) Stelle Terme auf, mit denen sich das Volumen und der Oberflächeninhalt in dem angegebenen Sonderfall bestimmen lassen.

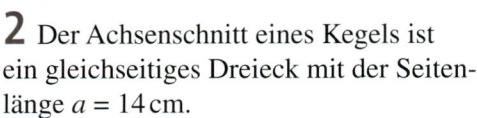

3 Berechne das Volumen der geraden Pyramide aus den Angaben zur Grundfläche und der gegebenen Körperhöhe.
a) Die Grundfläche ist ein rechtwinkliges Dreieck mit $\gamma = 90°$, $a = 15$ cm, $b = 12$ cm. Die Körperhöhe ist $h = 13$ cm.
b) Die Grundfläche ist ein Parallelogramm mit $a = 3{,}5$ cm und $h_a = 3{,}4$ cm. Die Körperhöhe ist $h = 9{,}6$ cm.
c) Die Grundfläche ist ein regelmäßiges Sechseck mit $a = 3{,}4$ cm. Die Körperhöhe ist $h = 5{,}3$ cm.

4 Berechne das Volumen der zusammengesetzten Körper (Maße in cm).

a)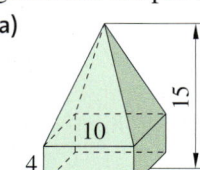
b)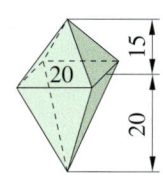
c)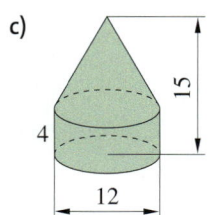
d)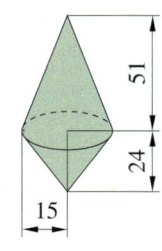

5 Eine Sandsteinpyramide hat eine rechteckige Grundfläche mit 2,3 m Länge und 1,7 m Breite. Die Pyramide ist 2,7 m hoch.
a) Berechne das Volumen der Pyramide.
b) Wie schwer ist die Pyramide, wenn $1\,\text{dm}^3$ Sandstein 2,6 kg wiegt?

6 Betrachte die beiden Körper.

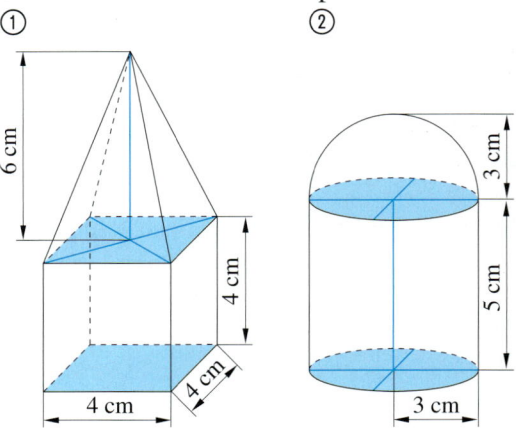

a) Aus welchen Grundkörpern bestehen sie?
b) Berechne die Volumina der zusammengesetzten Körper.
c) Berechne den Oberflächeninhalt der beiden zusammengesetzten Körper.

7 Gruppenarbeit
Das Wahrzeichen von Karlsruhe steht auf dem Marktplatz der Stadt. Es ist die rote Sandsteinpyramide, das Grabmal des Stadtgründers, des Markgrafen Karl Wilhelm von Baden-Durlach.

a) Welches Volumen und welchen Mantelflächeninhalt hat die Pyramide ungefähr?
b) Wie schwer ist das Grabmal?

ZUM WEITERARBEITEN
Der Künstler Albert Sous baute sein 9 m hohes Atelier mit 4,5 m Radius aus Edelstahlschrott und Flaschen. Aus wie vielen Flaschenböden (Durchmesser 7,6 cm) besteht die Kuppel?

Vermischte Übungen

8 Aus einem quaderförmigen Sandsteinblock wird, wie in der Skizze dargestellt, eine Pyramide gehauen.

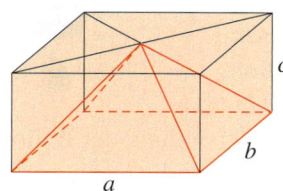

Die Maße des Blocks sind $a = 2{,}8$ m, $b = 1{,}9$ m und $c = 2{,}9$ m.
a) Welches Volumen hat die Pyramide?
b) Wie viel wiegt die Pyramide, wenn 1 dm³ Sandstein 2,6 kg wiegt?
c) Wie viel kg Sandsteinabfall entstehen bei der Herstellung der Pyramide?

9 Aus einem Holzwürfel mit 15 cm Kantenlänge soll nach der Skizze ein möglichst großer Kegel gedreht werden.

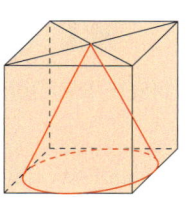

a) Welches Volumen hat der Kegel?
b) Wie schwer ist der Kegel, wenn 1 dm³ Holz 0,65 kg wiegt?
c) Berechne den Holzabfall in Prozent.

10 Vergleiche das Volumen und die Oberfläche der folgenden Körper.
① Kugel mit Radius $r = 1$ cm
② Kegel mit Radius $r = 1$ cm und Höhe $h = 2$ cm
③ quadratische Pyramide mit Grundseite $a = 2$ cm und Höhe $h = 2$ cm
④ Würfel mit Kantenlänge $a = 1$ cm

11 Die Produktionsentwicklung eines Kelchglases mit annähernd kegelförmigem Kelch sieht die Maße vor, die in der Skizze eingetragen sind. Passen 0,2 ℓ Flüssigkeit in das Glas?

12 Der Hund Laika war das erste Lebewesen im Weltall. Er wurde mit der Sputnik 2 in eine Erdumlaufbahn gebracht.
Der kegelförmige Sputnik 2 hatte eine Startmasse von 508,3 kg und eine Größe von 1,2 m im Durchmesser. Seine Höhe betrug ungefähr 1,5 m.
Berechne das Volumen und die Oberfläche von Sputnik 2.

13 Diese beiden Keksverpackungen erscheinen etwa gleich groß. Beide Verpackungen sind gerade und insgesamt 20 cm hoch. Dose ① hat eine quadratische Grundfläche mit einer Seitenlänge von 8 cm. Körper ② besitzt eine kreisförmige Grundfläche mit $r = 5$ cm.
Die beiden aufgesetzten „Dächer" sind jeweils 8 cm hoch.

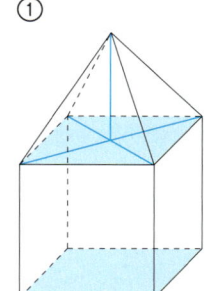 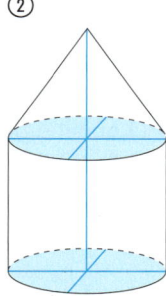

a) Aus welchen Grundkörpern bestehen die beiden Verpackungen?
b) Berechne die Volumina der beiden Verpackungen.
c) Um wie viel Prozent ist das Volumen der einen Verpackung größer als das der anderen?
d) Welche Veränderungen könnte man an der kleineren Verpackung vornehmen, damit das Volumen genauso groß ist wie bei der anderen Verpackung?

14 Ein kegelförmiges Glas hat einen oberen Durchmesser von 6 cm und eine Höhe von 10 cm. Das Glas wird bis zu einer Höhe von 2 cm unter der Oberkante mit Flüssigkeit gefüllt. Wie viel Flüssigkeit befindet sich im Glas? Wie viel Prozent des gesamten Glasvolumens sind das?

HINWEIS
Ergänze die in diesem Kapitel erlernten Formeln zur Kugel in deiner dynamischen Formelsammlung.

Pyramide, Kegel, Kugel

HINWEIS
„Dome" ist das englische Wort für Kuppel.

ZUM WEITERARBEITEN
Wie oft passt das Volumen des Mondes rechnerisch in die Erde?

15 Auf einer Internetseite über den Freizeitpark „Tropical Islands" in Brandenburg findet man die folgenden Informationen.

„Der Tropical Islands Dome hat eine Grundfläche von 66 000 m². Mit einer Länge von 360 m, einer Breite von 210 m und einer Höhe von 107 m ist die Halle so groß, dass in ihr 8 Fußballfelder Platz finden."

a) Skizziere die Grundfläche des Tropical Islands Dome möglichst genau und überprüfe, ob tatsächlich acht Fußballfelder in der Halle Platz finden.
b) Beschreibe die Oberfläche des Tropical Islands Dome möglichst präzise. Verwende geeignete Fachbegriffe.
c) Bestimme den Oberflächeninhalt und das Volumen der Halle.

16 Von dem Würfel mit $a = 8{,}25$ dm wird eine Pyramide abgeschnitten (siehe Zeichnung).
a) Berechne das Volumen der Pyramide.
b) Berechne das Volumen des Restkörpers.

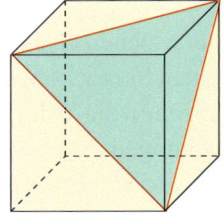

17 Sammelt im Internet oder durch Befragungen Aussagen über die Wasservergeudung durch tropfende Wasserhähne.
a) Sortiert die Aussagen der Größe nach. Warum variieren die Informationen? Von welchen Aspekten ist die Wassermenge abhängig?
b) Schließt euch begründet einer Meinung an. Von welchen Annahmen seid ihr dabei ausgegangen?

18 Betrachte den Heißluftballon.
a) Wie viel Liter Luft sind (ungefähr) in diesem Heißluftballon?
b) Wie viel m² Nylon sind für die Herstellung der Ballonhülle mindestens notwendig?

19 Nach: RP-Online vom 22. 6. 2004:

„Eis ist mein Leben", sagt Gianni Mucignat, der seit 26 Jahren Eisverkäufer ist. Er hat es nicht nur zu zwei Eiscafés gebracht, sondern auch zum Weltrekord im Hochstapeln: 539 Kugeln à 16 ml setzte er auf ein normales Hörnchen. Die Pyramide war 60 Zentimeter hoch.
„Die Arme taten mir so weh, dass ich abbrechen musste", erinnert sich Mucignat. Immerhin hatte er 1990 beim Weltrekordstapeln 17 Kilogramm Eis auf seiner Hand zu tragen. Nun will er seinen eigenen Rekord brechen und 600 Eiskugeln auf eine Waffel bekommen.

a) Bestimme den Durchmesser einer Eiskugel.
b) Angenommen, die Kugeln wurden zu einer quadratischen Pyramide verarbeitet. Bestimme die Seitenlänge einer Grundseite dieser Pyramide.
c) Die Dichte von Eis beträgt in etwa $1 \frac{g}{cm^3}$. Überprüfe, ob das angegebene Gewicht richtig sein kann.
d) Welches Gewicht hätte ein Eis mit 600 Kugeln?
e) Steffen meint, dass eine Pyramide mit 600 Eiskugeln fast 67 cm hoch sein muss. Überlege, wie Steffen zu dieser Behauptung kommt. Bist du der gleichen Ansicht wie Steffen?

Teste dich!

a

1 Berechne den Oberflächeninhalt und das Volumen der Pyramide.

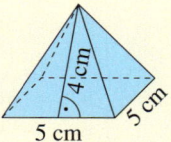

2 Berechne den Oberflächeninhalt und das Volumen des Kegels.

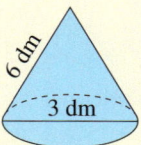

3 Der Radius einer Kugel beträgt 37 mm. Berechne den Oberflächeninhalt und das Volumen der Kugel.

4 Zeichne das Schrägbild eines Zylinders mit $r = 3\,cm$ und $h = 5\,cm$. Auf dem Zylinder steht ein auf der Grundfläche stehender Kegel mit gleichem Radius und gleicher Höhe.

5 Einem Würfel mit einer Kantenlänge von 6 cm wird ein 5 cm hohes pyramidenförmiges Dach aufgesetzt.
a) Berechne das Volumen des entstandenen Körpers.
b) Berechne die Mantelfläche der Pyramide.

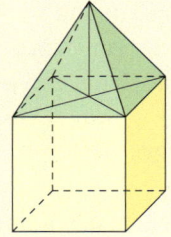

b

1 Berechne den Oberflächeninhalt und das Volumen der Pyramide.

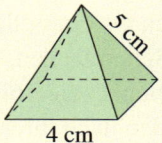

2 Berechne den Oberflächeninhalt und das Volumen des Kegels.

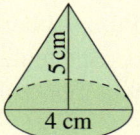

3 Eine Kugel hat ein Volumen von 300 ml. Berechne den Radius und den Oberflächeninhalt der Kugel.

4 Zeichne einen auf der Grundfläche stehenden Kegel mit $r = 3\,cm$ und $h = 5\,cm$, auf dessen Spitze eine auf der Spitze stehende quadratische Pyramide mit $a = 2\,cm$ und $h = 3\,cm$ balanciert.

5 Berechne das Volumen und den Oberflächeninhalt des abgebildeten Körpers.

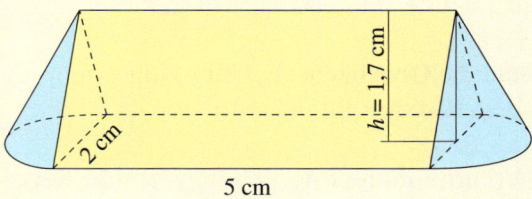

6 Die Dichte von Gold beträgt $19{,}3\,\frac{g}{cm^3}$. Ein Juwelier hat eine 1 kg schwere Goldkugel in seiner Hand.
a) Berechne den Radius, wenn die Kugel aus massivem Gold ist.
b) Welchen Radius hätte eine 500 g schwere Goldkugel?

7 Eine Aluminiumkugel (Dichte $2{,}7\,\frac{g}{cm^3}$) hat einen Durchmesser von 25 cm. Berechne ihr Volumen und ihre Masse.

HINWEIS
Brauchst du noch Hilfe, so findest du auf den angegebenen Seiten ein Beispiel oder eine Anregung zum Lösen der Aufgaben. Überprüfe deine Ergebnisse mit den Lösungen ab Seite 214.

Aufgabe	Seite
1	160, 168
2	164, 168
3	172
4	156
5	160, 164, 168
6	172
7	172

Pyramide, Kegel, Kugel

Zusammenfassung

→ Seite 156

Pyramiden und Kegel erkennen und zeichnen

Eine **Pyramide** ist ein Körper mit einem n-Eck als Grundfläche und n Dreiecken als Seitenflächen, die einen gemeinsamen Eckpunkt (die Spitze) haben. Pyramiden werden nach ihrer Grundfläche benannt.

Wird ein Körper durch einen Kreis und einen Punkt außerhalb der Ebene des Kreises (Spitze des Kegels) festgelegt, so spricht man von einem **Kegel**.

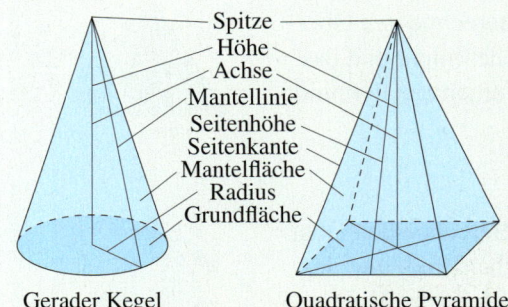

Gerader Kegel   Quadratische Pyramide

→ Seiten 160, 164, 168

Oberflächenberechnung bei Pyramide, Kegel und Kugel

Die dreieckigen Seitenflächen einer Pyramide bilden ihre **Mantelfläche** A_M. Nimmt man die Grundfläche A_G zur Mantelfläche A_M hinzu, ergibt sich die **Oberfläche A_O der Pyramide**. Für Pyramiden mit quadratischer Grundfläche gilt:
$A_O = 2 \cdot a \cdot h_a + a^2$

Die **Mantelfläche** A_M und die **Oberfläche** A_O **eines Kegels** mit dem Radius r und der Mantellinie s lassen sich mit folgenden Formeln berechnen:
$A_M = \pi \cdot r \cdot s \qquad A_O = \pi \cdot r \cdot (r + s)$

Für die **Oberfläche A_O einer Kugel** mit dem Radius r gilt: $A_O = 4\pi \cdot r^2$

Berechne den Oberflächeninhalt einer quadratischen Pyramide mit $a = 4\,cm$ und $h = 5\,cm$.

1. Schritt: Berechnung von h_a mit dem Satz des Pythagoras
$(\frac{a}{2})^2 + h^2 = h_a^2$
$(2\,cm)^2 + (5\,cm)^2 = h_a^2; h_a \approx 5{,}4\,cm$

2. Schritt: Verwendung der Formeln
$A_M = 4 \cdot \frac{1}{2} \cdot a \cdot h_a = 2 \cdot 4\,cm \cdot 5{,}4\,cm = 43{,}2\,cm^2$
$A_O = 2 \cdot a \cdot h_a + a^2 = 43{,}2\,cm^2 + 16\,cm^2$
$= 59{,}2\,cm^2$

Berechne den Oberflächeninhalt eines Kegels mit $r = 3\,m$ und $s = 4\,m$.
$A_M = \pi \cdot 3\,m \cdot 4\,m \approx 37{,}7\,m^2$
$A_O = \pi \cdot 3\,m \cdot (3\,m + 4\,m) \approx 66\,m^2$

→ Seiten 168, 172

Volumenberechnung bei Pyramide, Kegel und Kugel

Das **Volumen V einer Pyramide** bestimmt man, indem man den Flächeninhalt der Grundfläche A_G mit der Höhe h der Pyramide und dem Faktor $\frac{1}{3}$ multipliziert. Es gilt also: $V = \frac{1}{3} \cdot G \cdot h$

Für das **Volumen V eines Kegels** gilt:
$V = \frac{1}{3} \cdot \pi \cdot r^2 \cdot h$.

Das **Volumen V einer Kugel** mit Radius r lässt sich mit der folgenden Formel berechnen: $V = \frac{4}{3} \cdot \pi \cdot r^3$

Vergleiche das Volumen einer quadratischen Pyramide mit $a = 10\,cm$ und $h = 5\,cm$, eines Kegels mit $r = 5\,cm$ und $h = 10\,cm$ und einer Kugel mit $r = 5\,cm$.
$V_{Pyramide} = \frac{1}{3} \cdot (10\,cm)^2 \cdot 5\,cm \approx 166{,}67\,cm^3$

$V_{Kegel} = \frac{1}{3} \cdot \pi \cdot (5\,cm)^2 \cdot 10 \approx 261{,}8\,cm^3$

$V_{Kugel} = \frac{4}{3} \cdot \pi \cdot (5\,cm)^3 \approx 523{,}6\,cm^3$

Anhang

Zweistufige Zufallsexperimente

Die gelben Kaugummis schmecken am besten. Aber es gibt auch blaue, grüne und rote Kaugummis. Wie häufig muss man wohl Geld einwerfen, um einen gelben Kaugummi zu erhalten?

Lineare Gleichungssysteme

Das Flugzeug hat eine Höhe von 3000 Metern erreicht, als sich die Luke öffnet und die sechzehn mutigen Fallschirmspringer herausspringen. Im freien Fall haben sie eine Geschwindigkeit von 200 km/h. Mit jeder Sekunde rasen sie weiter auf die Erde zu, aber nach jahrelangem Training schaffen sie es tatsächlich, wie geplant eine Formation zu bilden.

Ähnlichkeit

Fische einer Art haben alle die gleiche Form und die gleiche Färbung. Es gibt aber Unterschiede in der Größe. Vergrößerungen und Verkleinerungen treten auf. Die Fische sind ähnlich. Sind sie auch ähnlich im Sinne der Geometrie?

Satz des Pythagoras

Der Philosoph und Mathematiker Pythagoras wurde um etwa 570 v. Chr. auf der griechischen Insel Samos geboren. Er war einer der ersten, der Mathematik als Wissenschaft zum Zwecke einer höheren Welterkenntnis betrieben. Das Pythagoras-Denkmal in der nach ihm benannten Hafenstadt Pythagorio auf Samos wurde im Jahre 1988 errichtet.

Vom Vieleck zum Kreis

Die Gondeln von Riesenrädern bewegen sich auf Kreisbahnen. Je nach Durchmesser des Riesenrades legen sie bei einer Umdrehung unterschiedliche Streckenlängen zurück. Das derzeit größte Riesenrad ist das „London Eye". Es steht am Südufer der Themse im Zentrum von London und ist 135,36 m hoch. Das Rad braucht für eine Umdrehung 30 min.

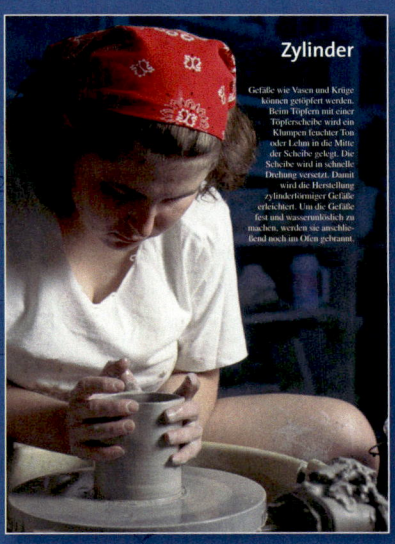

Zylinder

Gefäße wie Vasen und Krüge können getöpfert werden. Beim Töpfern mit einer Töpferscheibe wird ein Klumpen feuchter Ton oder Lehm in die Mitte der Scheibe gelegt. Die Scheibe wird in schnelle Drehung versetzt. Damit wird die Herstellung zylinderförmiger Gefäße erleichtert. Um die Gefäße fest und wasserunlöslich zu machen, werden sie anschließend noch im Ofen gebrannt.

Pyramide, Kegel, Kugel

In deiner Umwelt findest du viele Gegenstände, die die Form eines geometrischen Körpers haben. Die drei Lichttürme befinden sich auf dem Dach der Bundeskunsthalle in Bonn. Sie haben die Form eines Kegels.

Optimierung

■ Optimierung

Auf der Suche nach der optimalen Lösung

In vielen Situationen im Alltag oder im Berufsleben möchte man die beste, die optimale Lösung finden. Dies kann ganz Unterschiedliches bedeuten, z. B. können der kürzeste Weg, das kostengünstigste Angebot, der geringste Materialverbrauch gesucht werden.
In der Mathematik gibt es für solche Fälle ein eigenes Gebiet mit dem Namen „Optimierung".

Aufgaben

1 Der kürzeste Weg
Jedes Jahr hat Lea aus Leipzig das gleiche Problem. An ein und demselben Tag haben ihre Freunde Mia aus Mittweida, Carl aus Chemnitz und Dirk aus Dresden Geburtstag. Lea würde gern allen dreien persönlich gratulieren. Deshalb überredet sie ihren Vater, sie mit dem Auto zu fahren.
„Unter einer Bedingung", sagt ihr Vater, der nur ungern Auto fährt. „Du findest den kürzesten Weg heraus."
a) Welche Route sollte Lea wählen, um ihren Vater zufrieden zu stellen?
b) Um wie viele km unterscheidet sich diese Route von der ungünstigsten Möglichkeit?
 (Ein Atlas oder ein Routenplaner hilft dir, die Entfernungen herauszufinden.)

TIPP
Im Internet gibt es Routenplaner, die einem den kürzesten Weg angeben.

2 Tetris aus Holz
Bei dem Computerspiel Tetris gibt es sieben verschiedene Bausteine, die aus jeweils vier Quadraten zusammengesetzt sind. Eine Schreinerei hat den Auftrag, die Steine

aus einem Stück Holz auszusägen und für den Verkauf in einen Rahmen zu passen. Dabei soll möglichst wenig Holz für die Teile und den Rahmen benötigt werden.
a) Wie sollte die Schreinerei die Teile anordnen? Zur Hilfe kannst du die sieben Teile aus Papier ausschneiden und damit experimentieren.
b) Welchen Umfang hat der Rahmen insgesamt?

3 Das Gemüsebeet
Herr Müller möchte ein rechteckiges Gemüsebeet mit einer Fläche von 36 m² anlegen. Das Beet will er anschließend mit einem Weg aus quadratischen Steinplatten (50 × 50 cm) umgeben. Welche Seitenlängen sollte er für das Beet wählen, um möglichst wenige Platten zu benötigen?

Optimierung

4 Süßigkeiten
Christine hat den Auftrag, für sich und ihre zwei Freundinnen Süßigkeiten für insgesamt 1,50 € zu kaufen. Der Laden hat Colaflaschen zu 5 Cent und Lollis zu 10 Cent im Angebot. Welche Mengen der jeweiligen Sorten kann Christine kaufen, wenn sie von jeder Sorte möglichst gleich viel haben möchte?

5 Milchverpackungen
Ein Molkereibetrieb ist auf der Suche nach einem Format für seine 1-ℓ-Milchpackungen. Zwei quaderförmige Fabrikate stehen zur Auswahl.

① $a = 6\,\text{cm}$, $b = 7\,\text{cm}$, $c = 24\,\text{cm}$
② $a = 6\,\text{cm}$, $b = 8\,\text{cm}$, $c = 21\,\text{cm}$

a) Der Betrieb möchte bei den Materialkosten für die Verpackung sparen. Welche Verpackung ist günstiger?
b) Die Firma möchte auch 1,5-ℓ-Milchverpackungen auf den Markt bringen. Suche mit einem Partner nach einem möglichen Format. Baut anschließend ein Kantenmodell der Verpackung mit Strohhalmen und Knetgummi.
c) Bestimmt den Materialaufwand zu eurem Modell.
d) Stellt alle Modelle eurer Klasse in einer Reihe auf, geordnet nach dem Materialaufwand. Wertet das Ergebnis aus. Diskutiert, welche der Formate eine Chance hätten, als Verpackung verwendet zu werden.
e) Mit welchen Maßen erhält man den kleinsten überhaupt möglichen Materialaufwand?

Projekte

1. Tiergehege
Auf einem Stück Rasen soll ein kleines Tiergehege für Kaninchen entstehen. Dazu stehen 22 m Zaun zur Verfügung. Das Gehege kann dreieckig, viereckig oder kreisförmig sein. In jedem Fall soll der Flächeninhalt des Geheges möglichst groß werden.
Teilt euch in Gruppen ein und ordnet jeder Gruppe eine Gehegeform zu. Jede Gruppe benötigt einen 22 m langen Wollfaden und ein Bandmaß.
a) Begebt euch auf den Schulhof. Stellt mit dem Wollfaden ein möglichst großes Gehege dar. Nehmt mit einem Bandmaß die nötigen Maße und berechnet den Flächeninhalt. Probiert verschiedene Zaunformen aus, um die optimale Lösung zu finden.
b) Fertigt eine maßstäbliche Skizze eures Geheges auf einem Plakat an und präsentiert das Ergebnis der Klasse.
c) Vergleicht die Ergebnisse eurer Gruppen. Welche Schlüsse lassen sich daraus ziehen?

2. Konservendose
Ähnlich wie bei den Getränkekartons wird auch bei Weißblechdosen auf niedrige Materialkosten geachtet. Beschafft euch verschiedene handelsübliche Weißblechdosen und berechnet, wie viel Material für die einzelnen Dosen verbraucht wurde. Versucht anschließend, für das gleiche Volumen ein Format zu finden, bei dem weniger Material benötigt wird. Sammelt und vergleicht die Ergebnisse. Zu welchem Schluss kommt ihr?
Überlegt, warum die Formen der handelsüblichen Dosen nicht den geringsten Materialverbrauch haben.

Technisches Zeichnen

Technisches Zeichnen

In vielen Berufssparten spielen genaue Planzeichnungen eine große Rolle. Diese Zeichnungen werden genutzt, um die Informationen darzustellen, die für die Herstellung einer Maschine, eines Werkstücks, eines Elektrogerätes oder eines Bauwerks nötig sind. Man fasst solche Zeichnungen unter dem Oberbegriff „Technische Zeichnungen" zusammen. Dabei gelten genaue Regeln, damit Missverständnisse oder Ungenauigkeiten ausgeschlossen werden können. Die nötigen Kenntnisse und Fähigkeiten zur Erstellung der Zeichnungen können in der dreieinhalbjährigen Berufsausbildung zum technischen Zeichner erworben werden.

Eine Branche, in der technische Zeichnungen zum Alltagsgeschäft gehören, ist das Baugewerbe. Alle Informationen, die eine Baufirma vom ersten Spatenstich bis zur Fertigstellung eines Gebäudes benötigt, können Bauplänen entnommen werden, die ein Architekturbüro erstellt hat.

ZUR INFORMATION
Frühe technische Zeichnungen gehen auf den Erfinder Leonardo da Vinci zurück. Bereits im 15. Jahrhundert fertigte er zahlreiche Zeichnungen an, z. B. die eines Fluggerätes:

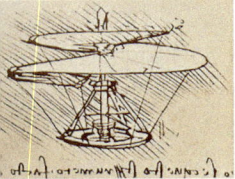

Dieses Modell war nicht flugfähig, funktionierte aber im Prinzip ähnlich wie ein moderner Hubschrauber.

HINWEIS
CAD bedeutet Computer-Aided-Design (Computer unterstütztes Konstruieren).

Technisches Zeichnen damals und heute

Während technische Zeichnungen früher von Hand am Zeichenbrett entstanden (Bild links), wird heute oftmals auf den Computer zurückgegriffen. Dabei werden so genannte CAD-Programme benutzt (Bild rechts).

Zeichenbrett

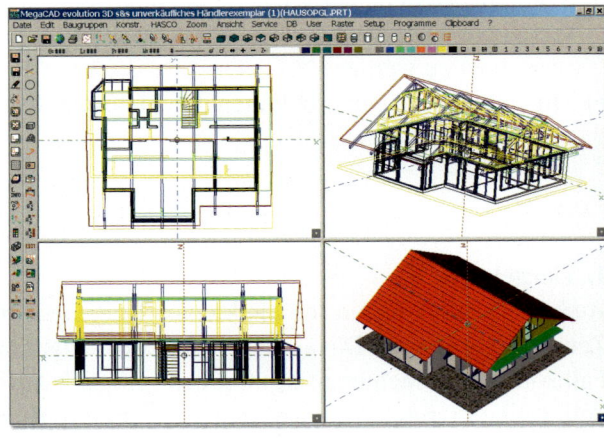

CAD-Programm

Rechts ist eine Schnittzeichnung eines Einfamilienhauses abgebildet. Welche Informationen kannst du der Zeichnung entnehmen?

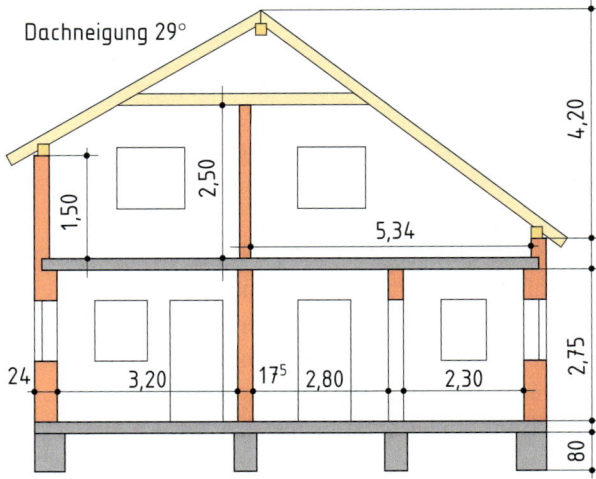

Technisches Zeichnen

Regeln und Normen

Technischen Zeichnungen liegen zahlreiche Festlegungen zu Grunde. So können passgenaue Werkstücke entstehen und Bauvorhaben exakt nach Planung durchgeführt werden.

Verschiedene Ansichten

Das Zeichnen verschiedener Ansichten ist eine Möglichkeit, räumliche Objekte in einer Zeichnung wiederzugeben. Dabei wird das Objekt aus einer bestimmten Blickrichtung dargestellt. Es gibt sechs verschiedene Ansichten:

- Vorderansicht
- Seitenansicht von rechts
- Seitenansicht von links
- Draufsicht
- Rückansicht
- Untersicht

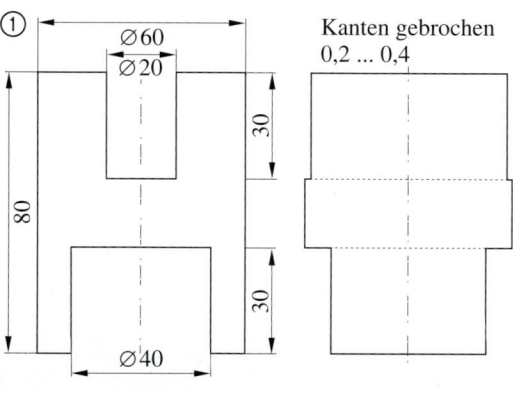

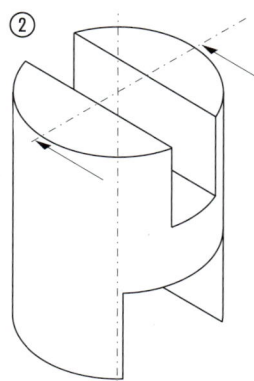

👉 187-1

ZUM WEITERARBEITEN
Unter dem Webcode kannst du prüfen, ob du Ansichten richtig erkennst.

In technischen Zeichnungen werden in der Regel nur drei der sechs Ansichten (Vorder- und Seitenansicht, Draufsicht) verwendet. Werden die drei Ansichten in einer Zeichnung zusammen dargestellt, nennt man das Dreitafelprojektion ①. Die Regeln für die Ansichten werden in der Norm DIN 6 festgelegt.

Auch für Stärke und Art der Linie gibt es Regeln.
Diese finden sich in der Norm DIN ISO 128. Hier ein Auszug:

Linienart	Verwendung
breite Linie	sichtbare Kante, Umrisse
schmale Linie	Schraffur, Maßlinien
Strichlinie	verdeckte Kante, Umrisse
Strich-Punkt-Linie	Symmetrieachsen

Die richtige Perspektive

Neben Ansichten sind häufig Perspektiven (Schrägbilder) Teil technischer Zeichnungen.
Dabei ist die Kavaliersperspektive (oberes Bild) eine gebräuchliche Variante, bei der Breite und Höhe des Objektes erhalten bleiben. Die Tiefe wird halbiert unter einem 45°-Winkel nach hinten gezeichnet.
Eine weitere Möglichkeit ist die isometrische Darstellung (unteres Bild). Dabei bleiben alle Maße des Originals erhalten, die Tiefe wird unter einem 30°-Winkel nach hinten abgetragen. Die Vorderansicht verläuft auch unter 30°.

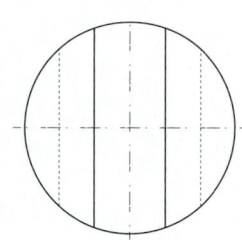

HINWEIS
Für Festlegungen im technischen Bereich ist das Deutsche Institut für Normen – kurz DIN zuständig. Eine Norm, mit der du täglich in Berührung kommst, ist die Norm DIN 476, in der Papierformate festgelegt werden, z. B. das Format DIN A4.

Technisches Zeichnen

Aufgaben

1 Zeichne die Vorder-, Seitenansicht und Draufsicht der gegebenen Körper in der Tabelle. Erweitere die Tabelle um weitere Körper. Zeichne zu jedem Körper ein passendes Netz.

Körper	Vorderansicht	Seitenansicht	Draufsicht
Quader			
Pyramide (3-seitige Grundfläche)			
…			

2 Zeichne Schrägbilder einer Streichholzschachtel.
Verwende die Kavalierperspektive und die isometrische Darstellung, die auf der vorigen Seite gezeigt wurden.

3 Das Computerspiel Tetris gibt es auch in einer dreidimensionalen Variante.
Wie beim Original geht es darum, herunterfallende Steine möglichst lückenlos anzuordnen.
Der Unterschied besteht darin, dass hier ein Raum zu füllen ist und nicht nur eine Fläche.

2-D-Variante

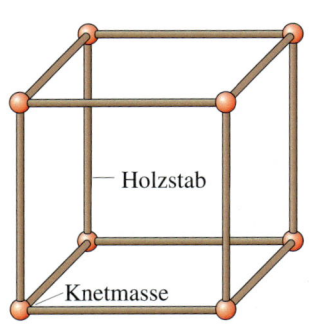

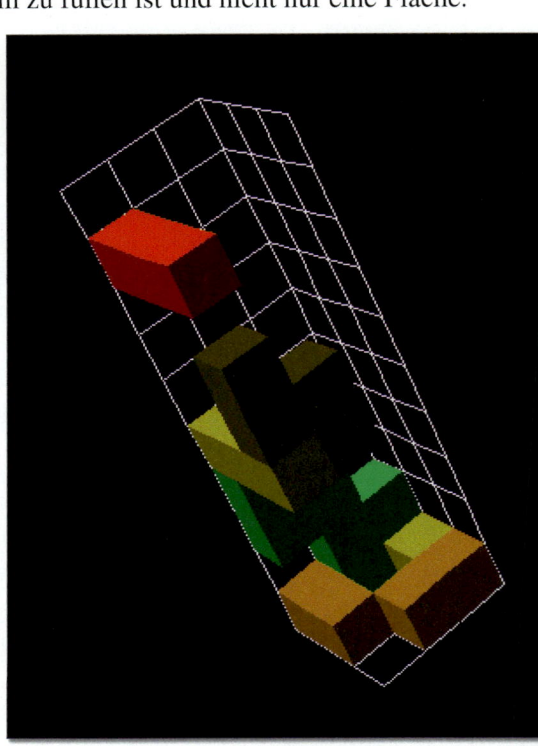

3-D-Variante

a) Entscheide dich für einen der sieben Tetrissteine des 2-D-Tetris. Skizziere diese Form als einen 3-D-Tetrisstein. Stelle dann diese Form als 3-D-Gitter-Modell her. Für die Kanten kann man Draht oder Strohhalme nehmen, die an den Ecken mit Knetgummi zusammengefügt werden.
b) Zeichne anschließend eine Dreitafelprojektion deines Modells.
c) Sucht nach einer möglichst lückenlosen Anordnung aller in der Klasse hergestellten Spielsteine. Welche Verabredungen solltet ihr untereinander treffen?

Technisches Zeichnen

4 Zwei Werkstücke wurden jeweils aus einem Zylinder hergestellt. Ihre Schnittflächen sind rechts abgebildet. Berechne das Volumen der Werkstücke (Maße in cm).

a) 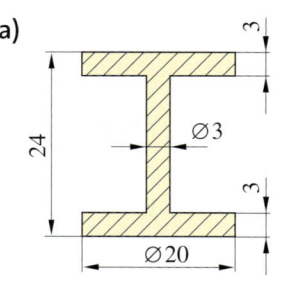 b)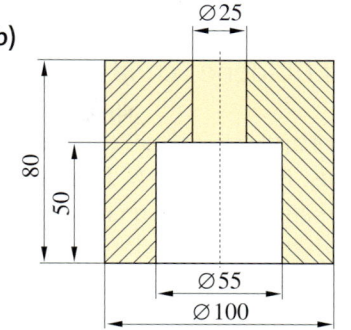

BEACHTE
Die beiden Werkstücke sind im Längsschnitt dargestellt.

5 Vermesst in Gruppen einen Trakt eurer Schule und zeichnet eine maßstabsgetreue Grundrissskizze auf ein Plakat.

6 Ansichten-Trio
Dieses Spiel funktioniert im Prinzip wie ein normales Memory-Spiel. Im Unterschied dazu sollen allerdings keine Paare gesucht werden, sondern Trios. Dabei besteht ein komplettes Trio aus den drei Hauptansichten eines Körpers. Drucke die Vorlage auf farbigem Papier aus, schneide die einzelnen Karten aus und laminiere diese. Beachte die Randspalte.
Um das Spiel zu erweitern, kannst du außerdem weitere Karten zeichnen. Dafür gibt es einige Blankokarten auf der Vorlage.

🌐 189-1

ZUM WEITERARBEITEN
Unter dem Webcode findet ihr eine Vorlage für ein Memoryspiel, bei dem ihr eure Kenntnisse zu Ansichten spielerisch vertiefen könnt.

Projekte

1. Elbbrücke
Die Briefmarke zeigt die Loschwitzer Brücke in Dresden, die auch unter dem Namen „Blaues Wunder" bekannt ist. Die Stahlkonstruktion wurde im Jahr 1893 fertig gestellt und ging als technische Sensation in die Geschichte ein.
Ihre Gesamtlänge beträgt 260 m, die Spannweite zwischen den beiden Stützpfeilern 141,5 m.
Seit einigen Jahren ist eine neue Elbbrücke zur Entlastung des Blauen Wunders in Planung. Wie könnte diese Brücke aussehen?
Plant in Gruppen eure eigene Version. Dokumentiert eure Planung durch möglichst genaue Zeichnungen, die ihr anschließend vor der Klasse präsentiert.

2. Einzelteilsammlung
Besorgt euch ein geeignetes Gerät, z. B. aus dem Elektroschrott. Zerlegt es in seine Einzelteile und zeichnet diese.

Hinweis
Weitere Informationen über den Goldenen Schnitt findest du auf den Seiten 72 und 73.

Der Goldene Schnitt

Der Goldene Schnitt in der Architektur

Der Parthenontempel in Athen ist eines der noch erhaltenen Bauwerke des antiken Griechenlands. Er wurde im 5. Jahrhundert v. Chr. gebaut und im Laufe der Jahrhunderte als Tempel der antiken griechischen Götter, der christlichen Religion und des Islams verwendet. Im 17. Jahrhundert diente das Gebäude als Pulverkammer. Dabei kam es zur Zerstörung großer Teile des Tempels, weil eine Kanonenkugel die Pulverkammer traf.

1 Auf dem Foto des Parthenontempels sind rote Strecken eingetragen. Nenne Beispiele, welche Strecken sich im Goldenen Schnitt teilen.

2 Untersucht zu zweit am rechts abgebildeten Leipziger Rathaus, ob darin Strecken zu finden sind, deren Verhältnis etwa im Goldenen Schnitt steht. Notiert eure Beobachtungen und bezeichnet die Gebäudeteile genau.
Sucht in eurer Umgebung weitere Gebäude, an denen der Goldene Schnitt zu erkennen ist.

3 Zeichne die Front eines Gebäudes und berücksichtige darin den Goldenen Schnitt.

Der Goldene Schnitt

Der Goldene Schnitt in der Fotografie

Gerade in der Fotografie wird der Goldene Schnitt häufig als Grundlage zur Komposition eines Bildmotivs verwendet. Grob über den Daumen gepeilt und für den fotografischen Bedarf ausreichend genau entspricht der Goldene Schnitt dem Verhältnis 1 : 2.

4 Lege Transparentpapier über das Foto und zeichne auf $\frac{1}{3}$ der Breite und der Höhe Linien.
a) Überprüfe in Bezug auf Länge und Breite, ob der Hund im Goldenen Schnitt ist.
b) Suche aus Zeitschriften weitere Fotos, die den Goldenen Schnitt berücksichtigen.
c) Fotografiere selbst ein einfaches Motiv, zum Beispiel Blumen auf einer Fensterbank, und bemühe dich, in Bezug auf die Platzierung des Motivs auf den Goldenen Schnitt zu achten.

5 Finde mit Hilfe der Linkliste (siehe Webcode in der Randspalte) weitere Fotografien und Bilder, zum Beispiel von dem Fotografen Henri Cartier-Bresson, und untersuche sie auf Einhaltung des Goldenen Schnitts.

191-1

BEACHTE
Unter dem Webcode findest du eine Linkliste zum Thema „Goldener Schnitt auf Fotos".

Der Goldene Schnitt in der Natur

Im regelmäßigen Fünfeck mit gleichen Seitenlängen und Innenwinkeln tritt der Goldene Schnitt wiederholt auf, zum Beispiel wird jede Diagonale des Fünfecks durch eine andere im Goldenen Schnitt geteilt.
Das Fünfeck ist die Grundlage vieler Formen in der Natur. So ist beispielsweise bei vielen Blüten die Anzahl von fünf Blättern typisch, ein Seestern hat fünf Arme und ein Apfel hat fünf Kammern im Kerngehäuse.

Akelei

Heckenrose

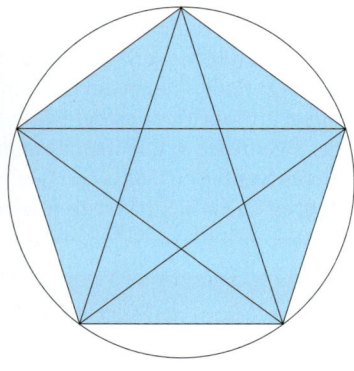

6 Finde im Fünfeck und im eingezeichneten Stern, den man auch Pentagramm nennt, weitere Seitenverhältnisse im Goldenen Schnitt.

7 Arbeitet in Kleingruppen. Findet Bilder zum Goldenen Schnitt in der Natur und gestaltet eine Collage, in der ihr den Goldenen Schnitt erklärt und in die Bilder einzeichnet.

Sportfest

Verschiedene Turnierformen

Ein Turnier hat das Ziel, den besten Spieler, das beste Team etc. zu ermitteln. Ein Turnier kann in unterschiedlichen Turnierformen durchgeführt werden.
Die Wahl einer Turnierform hängt von vielen Kriterien ab, z. B. von der Sportart und der Anzahl der Teilnehmer. Manchmal werden in einem Turnier auch zwei Turnierformen nacheinander durchgeführt (Kombi-System).

HINWEIS
Die „Meisterschale" ist der Lohn für die erfolgreichste Bundesligamannschaft.

Beim Tennisturnier in Wimbledon erhalten die Sieger beim Dameneinzel (oben) und Herreneinzel (unten) unterschiedliche Trophäen.

1. Jeder gegen Jeden	Fußball-Bundesliga
Bei dieser Turnierform spielt jede Mannschaft gleich oft gegen jede andere und sammelt je nach Erfolg Punkte. Je erfolgreicher die Teams sind, desto höher sind sie platziert.	Das System „Jeder gegen Jeden" wird z. B. in der Fußball-Bundesliga angewandt. Der Gewinner erhält 3 Punkte, der Verlierer geht leer aus. Bei einem Unentschieden bekommen beide 1 Punkt. In einer Saison trifft jedes der 18 Teams zweimal auf jedes andere, einmal zu Hause, einmal auswärts. „Deutscher Fußballmeister" ist die Mannschaft, die am Ende der Saison die Tabelle anführt.

2. K.-o.-System (Single Elimination)	Wimbledon
Bei Turnieren, die im K.-o.-System durchgeführt werden, gilt die einfache Regel: Wer verliert, scheidet aus, wer gewinnt, zieht in die nächste Runde des Turniers ein.	Wimbledon ist das älteste und prestigeträchtigste Tennisturnier der Welt. Es wird nach dem K.-o.-System durchgeführt. Jährlich nehmen in London 128 Sportler teil.

3. Doppel-K.-o.-System (Double Elimination)	Volleyball-Turniere
Dieses Format findet häufig bei Turnieren von Rückschlagspielen wie Tennis oder Volleyball Anwendung. Das Doppel-K.-o.-System beruht auf dem K.-o.-System. Hinzu kommt eine Verliererrunde. Dort spielt, wer einmal verloren hat. Erst bei zwei Niederlagen scheidet ein Spieler aus dem Turnier aus. Am Ende spielen die Gewinner der Haupt- und der Verliererrunde um den Turniersieg. Diese Turnierform stellt sicher, dass der zweitbeste Spieler den zweiten Platz belegt. Ein Nachteil dieses Systems ist, dass bei gleicher Teilnehmeranzahl etwa doppelt so viele Runden zu spielen sind wie beim K.-o.-System.	Die Volleyballturniere des Deutschen Volleyball Verbandes werden nach dem Doppel-K.-o.-System durchgeführt. Das gilt auch für Beachvolleyball-Turniere. Im September 2008 fand eine Beachvolleyball-Meisterschaft statt, an der 16 Teams teilnahmen.

4. Kombi-System
Beim Kombi-System werden die Turnierformen „Jeder gegen Jeden" und K.-o.-System miteinander vereint. In der Vorrunde werden Gruppen gebildet, in denen jeder gegen jeden spielt. Die ersten beiden Mannschaften einer Gruppe erreichen die Hauptrunde, in der nach dem K.-o.-System gespielt wird.

Sportfest

Aufgaben

1 Wie viele Begegnungen gibt es bei der Turnierform „Jeder gegen Jeden"?

a) Ergänze die Tabelle im Heft. Als Hilfe sind Diagramme für 3 und 4 Teilnehmer in der Randspalte abgebildet. Jede Verbindungslinie steht für eine Begegnung.

Teilnehmer-zahl	3	4	5	6	7	8	9	10
Anzahl der Begegnungen								

b) Stelle eine Formel auf, mit der man die Anzahl der Begegnungen für x Teilnehmer berechnen kann. Die Tabelle aus Aufgabenteil a) gibt dazu Anhaltspunkte.

c) Wie viele Begegnungen finden in einer gesamten Bundesligasaison statt? Bedenke, dass jede der 18 Mannschaften zwei Mal auf jede andere Mannschaft trifft.

2 Bestimme die Anzahl der Begegnungen …

a) in Wimbledon (128 teilnehmende Teams, K.-o.-System).

b) bei der Beachvolleyball-Meisterschaft (16 teilnehmende Teams, Doppel-K.-o.-System).

3 Welche Teilnehmerzahlen eignen sich beim K.-o.-System?

a) Untersuche zunächst die Teilnehmerzahlen von 2 bis 10. Beurteile, ob sich ein K.-o.-System in den einzelnen Fällen eignet oder nicht. Zeichne für die günstigen Anzahlen je einen Spielplan.

b) Finde eine Regel, die besagt, welche Anzahlen im Allgemeinen günstig sind.

4 Zu welcher Turnierform gehört dieser Spielplan?

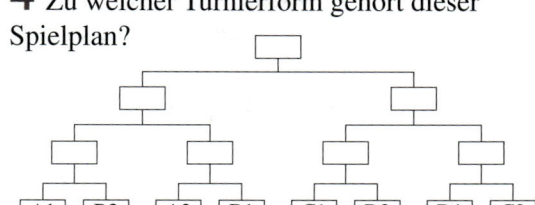

a) Für wie viele Mannschaften ist der Plan? Erläutere den Turnierablauf.

b) Nenne ein bekanntes Turnier, das in dieser Form durchgeführt wurde.

5 Abgebildet sind die Bundesligatabelle vor dem letzten Spieltag der Saison 2001/02 und einige Begegnungen des letzten Spieltages. Welche Mannschaften hätten zu diesem Zeitpunkt noch Meister werden können? Entwickle für jede Möglichkeit Spielausgänge.

Pl.	Verein	Sp.	Tore	Diff.	Pkte.
1	Borussia Dortmund	33	60:32	28	67
2	Bayer Leverkusen	33	75:37	38	66
3	Bayern München	33	62:23	39	65
4	Hertha BSC	33	60:36	24	61
5	FC Schalke 04	33	51:34	17	61
6	Werder Bremen	33	53:41	12	56

Begegnungen am letzten Spieltag		
FC Schalke 04	–	VfL Wolfsburg
Bayer Leverkusen	–	Hertha BSC
Borussia Dortmund	–	Werder Bremen
FC Freiburg	–	Hamburger SV
Bayern München	–	Hansa Rostock

HILFE *zu Aufgabe 1:*

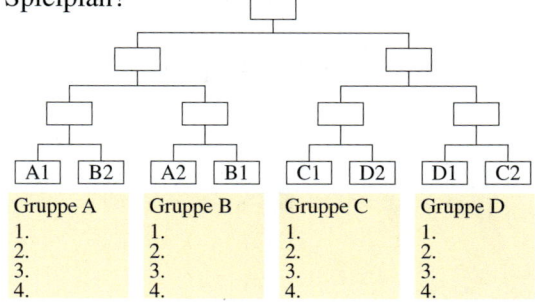

Projekt

Plant für eure Klasse ein kleines Sportfest, bei dem verschiedene Turnierformen zur Anwendung kommen. Überlegt zunächst, welche Sportarten sich dazu eignen (ihr könnt auch neue Sportarten erfinden). Teilt euch in Gruppen ein und wählt pro Gruppe eine geeignete Sportart. Jede Gruppe erhält die Aufgabe, ein Klassenturnier in einem der vorgestellten Systeme zu planen und den Spielplan der Klasse zu präsentieren.
Führt die geplanten Turniere wenn möglich durch.

Sportfest

Weitsprung

Weitsprung ist eine Sportart, die schon seit der Antike betrieben wird. Bei den alten Griechen war er Teil des Fünfkampfes (Pentathlon) und wurde vermutlich aus dem Stand gesprungen. Der Weitsprung ist olympische Disziplin seit den ersten Olympischen Spielen der Neuzeit, die im Jahr 1896 in Athen stattfanden. Die Bilder zeigen den Bewegungsablauf beim Weitsprung:

194-1

BEACHTE
Unter dem Webcode befindet sich die Weitsprungreihe als Animation.

Aufgaben

6 Die Tabelle zeigt die Weitsprungergebnisse zweier Riegen der 9. Klasse beim letzten Sportfest.
a) Gib die erzielten Werte für die Riegen in ein Tabellenkalkulationsprogramm ein. Bestimme mit Hilfe des Programms Maximum, Minimum, arithmetisches Mittel, Median und Spannweite für beide Riegen.
Vergleiche die Ergebnisse miteinander und bewerte sie.
b) Wähle eine geeignete grafische Darstellung der Werte im Programm. Erstelle mit Hilfe des Programms ein Punktdiagramm zu den Werten. Beurteile das Ergebnis.
c) Welche der Riege ist die erfolgreichere? Erläutere deine Antwort anhand der Ergebnisse von a) und b).

Riege 1	Riege 2
5,79	4,4
3,1	3,62
2,93	3,69
4,8	4,01
3,45	4,27
3,8	3,76
4,45	3,68
4,35	4,3
3,2	4,07
3,15	3,74

7 Die Graphen zeigen die Geschwindigkeitsverläufe der Disziplinen 100-m-Lauf, Weitsprung, Schwimmen und Turmspringen.
a) Wie müssen x- und y-Achse beschriftet werden?
b) Welcher Graph gehört zu welcher Sportart? Begründe.
c) Zeichne Graphen zu weiteren Sportarten deiner Wahl.

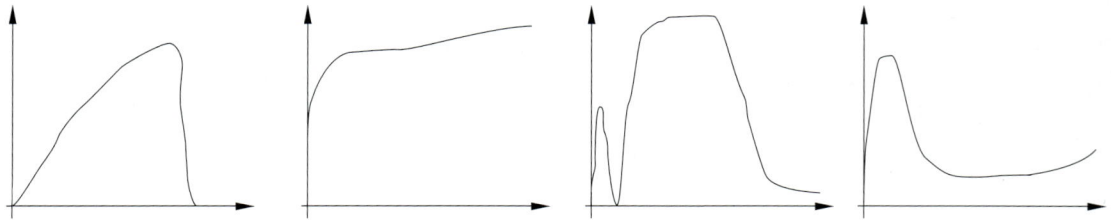

Projekt

Ermittelt eure eigenen Weitsprungergebnisse. Teilt dazu die Klasse wie bei Aufgabe 6 in gleich große Riegen ein. Wertet die Daten aus und präsentiert die Ergebnisse vor der Klasse.

Training

Zweistufige Zufallsexperimente

1 Welche Situationen können als zweistufige Zufallsexperimente interpretiert werden?
① einmaliges Werfen einer Münze
② zweimaliges Werfen eines Würfels
③ gleichzeitiger Wurf von zwei Münzen
④ in einem Restaurant kann das Menü aus drei Vorspeisen und vier Hauptgerichten zusammengestellt werden
⑤ in einem Restaurant kann das Menü aus zwei Vorspeisen, zwei Hauptgerichten und zwei Desserts kombiniert werden

2 Ein Hersteller von Fernsehern lässt alle produzierten Geräte von zwei unabhängigen Qualitätskontrolleuren untersuchen. Der erste Qualitätskontrolleur findet Fehler mit einer Wahrscheinlichkeit von 80 %. Der zweite Kontrolleur entdeckt 75 % aller Fehler.
a) Mit welcher Wahrscheinlichkeit geht ein defekter Fernseher in den Verkauf?
b) Die Wahrscheinlichkeit dafür, dass ausgelieferte Fernseher defekt sind, soll unter 1 % sinken. Mit welcher Wahrscheinlichkeit müssen die beiden Qualitätskontrolleure dann einen Fehler finden?

3 ➡ In einer Urne befinden sich zwei schwarze und drei weiße Kugeln. Es wird zweimal blind gezogen, wobei die Kugel nach dem ersten Zug wieder zurückgelegt wird.
a) Zeichne ein Baumdiagramm.
b) Bestimme die Wahrscheinlichkeit dafür, dass genau zwei schwarze Kugeln gezogen werden.
c) Mit welcher Wahrscheinlichkeit wird mindestens eine weiße Kugel gezogen?
d) Ändern sich die Wahrscheinlichkeiten, wenn in die Urne eine weitere schwarze und eine weitere weiße Kugel hineingelegt werden? Begründe.

4 ➡ Entwirf ein zweistufiges Glücksspiel, bei dem man den Hauptpreis mit einer Wahrscheinlichkeit von 5 % und den Trostpreis mit 20 %iger Wahrscheinlichkeit erhält.

5 Wie viele Kombinationsmöglichkeiten gibt es?
a) Herr Meyer kann acht Hemden mit zwei Sakkos kombinieren.
b) Bei einem Zweigangmenü kann aus fünf Haupt- und drei Nachspeisen ausgewählt werden.
c) Irina mischt aus zwei von acht Saftsorten ein Mixgetränk.
d) Die beiden ersten Kugeln bei der Ziehung der Lottozahlen sind gefallen (insgesamt 49 Kugeln).

6 ➡ Nenne eine Situation, die zu dem Baumdiagramm in der Randspalte passt.

7 ➡ Erfinde Aufgaben oder gib Zufallsexperimente an, die zu folgenden Baumdiagrammen passen.
a)
b)

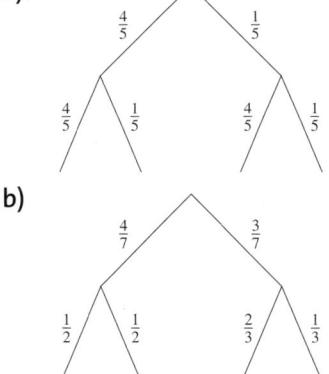

8 Ein Multiple-Choice-Test besteht aus zwei Fragen mit vier Antwortmöglichkeiten, von denen genau eine richtig ist.
a) Wie groß ist die Wahrscheinlichkeit, dass ein ahnungsloser Prüfling beide Antworten richtig errät?
b) Wie groß ist die Wahrscheinlichkeit, dass er mindestens eine Aufgabe richtig löst?
c) Der Tester möchte, dass die Wahrscheinlichkeit, beide Lösungen richtig zu raten, kleiner als 1 % ist. Wie viele Antwortmöglichkeiten müsste er bei den Fragen vorgeben? Finde mehrere Möglichkeiten.

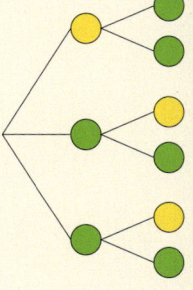

ZUM WEITERARBEITEN
Finde das Ergebnis eines zweistufigen Zufallsexperiments, dessen Eintrittswahrscheinlichkeit 49 % beträgt.

Training

Lineare Gleichungssysteme

1 Gegeben ist die lineare Gleichung $4x + 2y = 36$.
a) Überprüfe, ob die Wertepaare Lösungen der linearen Gleichung sind.
$P(6|6); Q(-4|25); R(4,5|9); S(-2,5|20)$
b) Ergänze jeweils den fehlenden Wert, sodass das Wertepaar eine Lösung der linearen Gleichung ist.
$A(-2|\blacksquare); B(\blacksquare|4); C(\blacksquare|12); D(3,5|\blacksquare)$
c) Zeichne eine Gerade, auf der alle Lösungen der Gleichung liegen.
d) Gib eine Situation an, die zu der Gleichung passt.

2 Gib jeweils die Funktionsgleichung an.
a) f hat die Steigung $m = -0,25$ und schneidet die y-Achse bei $B(0|3)$.
b) g hat die Steigung $-\frac{1}{2}$ und geht durch den Punkt $P(-3|1)$.
c) h geht durch die Punkte $P(5|-5)$ und $Q(-4|13)$.
d) i schneidet die y-Achse bei $B(0|3)$ und ist parallel zur Geraden k mit $k(x) = -2x - 1$.
e) Zeichne die Graphen in ein Koordinatensystem ein und gib die Nullstellen an.

3 Löse die Gleichungssysteme grafisch und gibt die Koordinaten des Schnittpunkts an.
a) I $y = 2x - 1,5$; II $y = -\frac{1}{2}x + 1$
b) I $y = -\frac{1}{4}x + 1$; II $y = \frac{1}{2}x - 2$
c) I $y = \frac{2}{3}x - 4$; II $2y = -3x + 5$
d) I $y = \frac{3}{2}x - 2$; II $y = \frac{1}{4}x - 1$

4 Löse das Gleichungssystem rechnerisch mit einem geeigneten Verfahren. Welches Gleichungssystem ist nicht lösbar? Welches hat unendlich viele Lösungen?
a) I $13y - 9x = 7$; II $13y - 11x = -3$
b) I $y - 2x = -3$; II $y = 3x - 9$
c) I $4x + y = 31$; II $2x - y = 11$
d) I $5x + 7y = 50$; II $9x + 14y = 90$
e) I $4x + 4y = 2$; II $x = 1 - y$
f) I $9y = 5x + 2$; II $3y = 29 - 4x$
g) I $2x + 6y = 12$; II $4x = 24 - 12y$
h) I $2y + 25x = 79$; II $5x - 11y = -7$

5 Aus einem 30 cm langen Draht wird ein Rechteck so gebogen, dass die längere Seite 5-mal so lang ist wie die kürzere Seite. Welchen Flächeninhalt und welchen Umfang hat das Rechteck?

6 Bei Vereinsfesten werden häufig Wertmarken verkauft.
a) Harun kauft Wertmarken zu 0,80 € und zu 1,20 €. Er bezahlt für 20 Wertmarken 19,20 €. Welche Wertmarken hat er gekauft?
b) Volkan kauft 10 blaue und 15 rote Wertmarken für 32,50 €. Die roten Wertmarken sind 0,50 € teurer als die blauen Marken. Was kostet eine rote Marke?

7 Thomas hat für seinen Führerschein nur 24 Fahrstunden gebraucht. Sein Freund Lukas brauchte 30 Fahrstunden. Zusammen mit der Anmeldegebühr musste Thomas 929 € und Lukas 1 115 € zahlen.
a) Wie teuer war eine Fahrstunde und wie hoch war die Anmeldegebühr?
b) In einer anderen Fahrschule beträgt die Anmeldegebühr 250 € und der Preis für eine Fahrstunde 29 €. Ab welcher Anzahl von Fahrstunden wäre diese Fahrschule günstiger?

8 Herr Brandes erhielt in einem Jahr für Aktien einer Verkehrsgesellschaft 5 % und für die Aktien eines Industrieunternehmens 8 % Dividende. Beide Gewinnanteile betrugen zusammen 3 600 €.
Im folgenden Jahr zahlt die Verkehrsgesellschaft 1 % mehr und das Industrieunternehmen 1 % weniger Dividende. Der Gesamtbetrag war nun 60 € geringer als im Vorjahr. Wie hoch waren die jeweils eingesetzten Kapitalbeträge?

9 Die Summe dreier Zahlen beträgt 71. Das 5-fache der ersten Zahl ist gleich dem 6-fachen der zweiten Zahl. Die dritte Zahl ist um 9 kleiner als die zweite. Wie heißen die drei Zahlen?

Ähnlichkeit

1 Vergrößere bzw. verkleinere das jeweilige Rechteck.
a) $a = 3{,}4$ cm; $b = 2{,}8$ cm; $k = 2$
b) $a = 6{,}4$ cm; $b = 4{,}8$ cm; $k = \frac{1}{4}$
c) $a = 2{,}7$ cm; $b = 3{,}8$ cm; $k = 1{,}5$

2 Berechne die Länge der Strecke x (in cm).

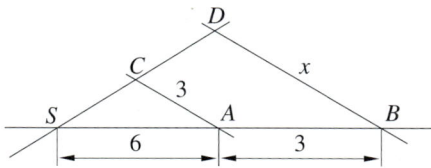

3 Ein Gebäude wird aus einer Entfernung von 37 m angepeilt. Die Armlänge beträgt 80 cm, die Augenhöhe 1,50 m und die Länge des Peilstabs 40 cm. Wie hoch ist das Gebäude?

4 Die Höhe des Berliner Fernsehturms beträgt 368,03 m.
a) Aus welcher Entfernung müsste der Turm angepeilt werden, wenn die gleichen Maße für den Menschen und den Peilstab gelten wie in Aufgabe 3?
b) Wie weit müsste man entfernt stehen, um die Aussichtsplattform anzupeilen, die sich in 207,53 m Höhe befindet?
c) Die Armlänge beträgt nun 70 cm und der Peilstab ist 50 cm lang und die Augenhöhe liegt bei 1,40 m. Müsste man näher herantreten oder weiter weg gehen, um die Turmspitze oder die Plattform anzupeilen? Begründe.
d) Wie lang müsste der Peilstab sein, um den Fernsehturm aus exakt 200 m Entfernung mit einer Augenhöhe von 1,70 m und 85 cm Armlänge anzupeilen?

5 Modelleisenbahnen werden häufig in der Baugröße H0, das entspricht einem Maßstab von 1 : 87, gebaut.
Wie lang wäre der längste Zug der Welt (siehe Randspalte) im Modell?

6 Gegeben ist die folgende Figur. Das kleine Quadrat hat einen Flächeninhalt von 4 cm². Welchen Flächeninhalt hat das rechte Quadrat, wenn $\overline{ZA} = 4$ cm und $\overline{ZB} = 8{,}5$ cm ist?

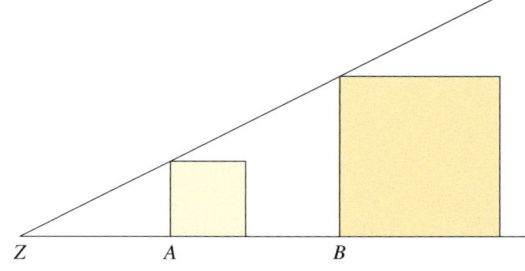

7 Das erste Seitenfenster vom Südportal des Regensburger Doms ist ein Beispiel für eine gotische Fensterform und für eine zentrische Streckung.

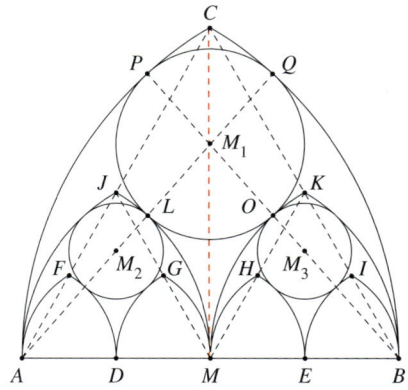

a) Erkläre mit Hilfe der zweiten Abbildung, wo die Streckzentren liegen und welche Punkte auf welche abgebildet werden.
b) Versuche ein solches Fenster zu konstruieren. Untersuche dafür die Dreiecke ABC, AMJ und MBK und überlege, welche Radien man für die Bögen benötigt.
c) Suche im Lexikon oder in deiner Stadt nach weiteren gotischen Fenstern. Sind dort ebenfalls Konstruktionen mit Hilfe der zentrischen Streckung erkennbar?

HINWEIS
Der längste und schwerste Zug der Welt war ein Güterzug der australischen BHP Iron Ore Gesellschaft, der am 21. Juni 2001 eine Strecke von 275 km zwischen den Newman-Yandl-Minen und Port Hedland in Western Australia zurücklegte. Der Zug bestand aus 8 Diesellokomotiven und 682 Waggons. Er war 7,353 km lang.

Training

Satz des Pythagoras

1 Welche Dezimalbrüche mit einer Nachkommastelle ergeben beim Wurzelziehen den gerundeten Wert 6,7?

2 Zwischen welchen beiden natürlichen Zahlen liegt die Quadratwurzel?
a) $\sqrt{250}$ b) $\sqrt{1000}$ c) $\sqrt{305}$

3 ▶ Welche Quadratwurzeln könnte man nach den Skizzen zeichnerisch bestimmen? Begründe rechnerisch. Gibt es mehrere Möglichkeiten?

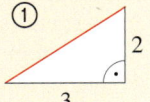 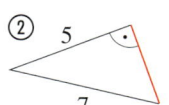 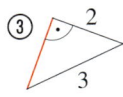 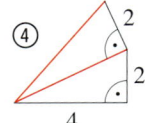

4 Vervollständige die folgende Tabelle.

	Kathete a	Kathete b	Hypotenuse c
a)	8 cm	6 cm	
b)	15 cm		17 cm
c)		19 cm	21 cm
d)	7 mm	24 mm	
e)	17 m		19 m
f)		2,5 cm	36 cm
g)		12,8 cm	1,6 dm
h)	216 mm		3,6 dm

5 Kann ein rechtwinkliges Dreieck folgende Seitenlängen haben?
a) $a = 6$ cm, $b = 10$ cm, $c = 8$ cm
b) $a = 13$ cm, $b = 5$ cm, $c = 12$ cm
c) $a = 8$ cm, $b = 12$ cm, $c = 16$ cm
d) $a = 2$ cm, $b = 3$ cm, $c = 4$ cm

6 Kannst du auf einem DIN-A4-Papier (21 cm × 29,7 cm) eine Strecke von 40 cm zeichnen? Bis zu welcher Länge könntest du die Strecke zeichnen?

7 Ergänze mit Hilfe der Zeichnung.
a) $c^2 = f^2 + \blacksquare$
b) $f^2 + \blacksquare = b^2$
c) $b^2 = (e + g)^2 - \blacksquare$ d) $a^2 = d^2 + \blacksquare$
e) $e = \sqrt{\blacksquare - f^2}$ f) $d = \sqrt{a^2 - \blacksquare}$

8 Betrachte die folgende Figur.
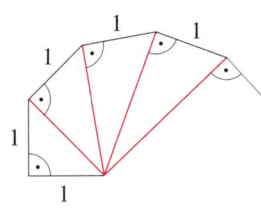
a) Gib die Längen der roten Strecken (Maße in cm) ungerundet an.
b) Begründe den Namen „Wurzelschnecke".
c) Zeichne die „Schnecke", bis sich die Dreiecke fast überschneiden. Wie lang ist die letzte Hypotenuse? Vergleiche den gemessenen und den berechneten Wert.

9 Felix möchte eine Lautsprecherbox in der Form einer quadratischen Pyramide bauen. Die Seitenlänge der Grundfläche soll 50 cm und die Höhe der fertigen Pyramide 110 cm betragen. Welche Länge müssen die Schenkel der Dreiecke dann erhalten?

10 Wie weit kann der Kapitän eines Ozeanriesen über das Meer schauen, wenn sich die Kommandobrücke in 35 m Höhe über dem Wasserspiegel befindet? (Erdradius: 6 371 km)

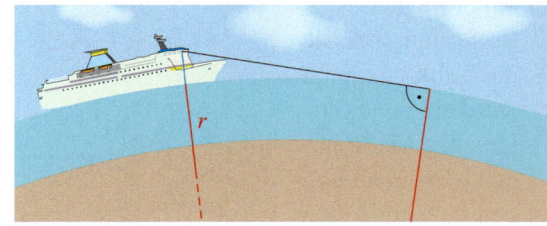

11 ▶ Ein halbkreisförmiger Tunnel wird gebaut. Das Verkehrsschild zur Höhenbegrenzung des halbkreisförmigen Tunnels fehlt jedoch noch. Welche Höhenbegrenzung muss auf das Schild für die Fahrzeuge geschrieben werden?

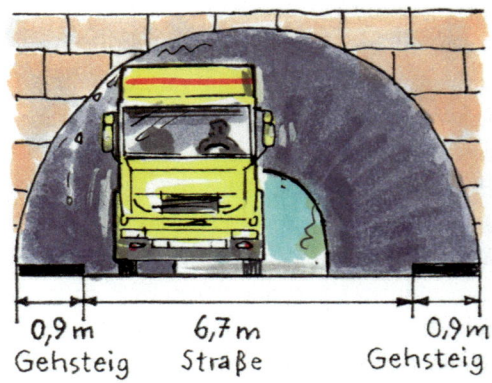

Vom Vieleck zum Kreis

1 Nenne Objekte aus Natur, Technik und Architektur, die die Form der folgenden regelmäßigen Vielecke besitzen.
a) Dreieck b) Viereck
c) Fünfeck d) Achteck

2 Berechne den Umfang des Kreises.
a) $d = 8$ cm b) $d = 13$ mm
c) $d = 3,9$ dm d) $r = 1$ mm
e) $r = 5,2$ m f) $r = 6,7$ dm

3 Berechne den Umfang der folgenden Figuren.

a) 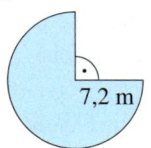 b)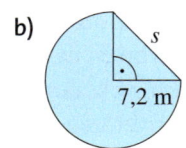

4 Berechne den Durchmesser und den Radius des Kreises.
a) $u = 12$ cm b) $u = 1$ m c) $u = 1,2$ dm
d) $u = 0,3$ km e) $u = 0,015$ km

5 Bestimme den Flächeninhalt des Kreises.
a) $r = 4,7$ mm b) $r = 2,5$ m
c) $d = 4$ cm d) $d = 6,1$ km

6 Welchen Radius hat der Kreis?
a) $A = 7,34$ m² b) $A = 82$ cm²
c) $A = 7$ ha d) $A = 155$ m²

7 Gib die fehlenden Größen des Kreises an.

	r	d	u	A
a)	8 cm			
b)		17 mm		
c)			2,3 dm	
d)				5 km²
e)				2 ha

8 Ein Urlauber auf der Insel Farokolhu Fushi (Malediven) läuft in ungefähr 15 Minuten um die Insel herum. Die Länge des fast kreisförmigen Wegs beträgt 1,57 km. Welcher Flächeninhalt kann für die Insel ungefähr angegeben werden?

9 In Schulterhöhe ist bei einem Mammutbaum der fast zylinderförmige Stamm 9,2 m dick.
Wie viele Menschen (Armspanne durchschnittlich 1,8 m) sind nötig, um den Baum gemeinsam umfassen zu können?

10 Familie Sagorski möchte einen neuen runden Tisch anschaffen, an dem sechs Personen Platz haben sollen.
Welchen Durchmesser muss der Tisch haben, wenn man pro Person beim Essen 70 cm Platzbedarf an der Tischkante rechnet?

11 Eine Pizzeria verkauft Pizzen in zwei verschiedenen Größen zu folgenden Preisen:
Mini: 20 cm Durchmesser zu 3,95 €
Maxi: 30 cm Durchmesser zu 5,95 €
Bei welcher Pizza erhält man verhältnismäßig mehr für den Preis?

12 Berechne die fehlenden Größen eines Kreisausschnitts.

	a)	b)	c)	d)
d	9,5 cm			
α	65°		35°	
b		75 dm	90 dm	195 dm
A_α		24 m²		68 m²

13 Ein kreisförmiger Schlossplatz hat einen Durchmesser von 44,8 m. In der Mitte befindet sich eine kreisförmige Teichanlage mit 10,6 m Durchmesser. Der Platz soll neu gepflastert werden.
Mit welchen Materialkosten ist zu rechnen, wenn man von 135 € pro Quadratmeter und 15 % Verschnitt ausgeht?

14 Berechne den Flächeninhalt der blauen Fläche. Die Kantenlänge des Quadrats beträgt 40 cm.

a) 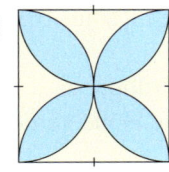 b)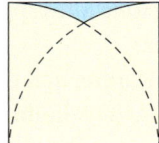

Training

Zylinder

1 Nenne Objekte aus Natur, Technik und Architektur, die (annähernd) die Form eines Zylinders besitzen.

2 Zeichne das Netz eines Zylinders mit
a) $r = 2{,}5$ cm und $h = 5$ cm
b) $d = 4$ cm und $h = 3$ cm.

3 Eine zylinderförmige Konservendose hat einen Radius von 5 cm und ist 12 cm hoch. Wie groß ist die Fläche des Etiketts?

4 Berechne den Oberflächeninhalt und das Volumen eines Zylinders mit
a) $r = 5$ cm und $h = 7$ cm
b) $r = 2{,}5$ m und $h = 3{,}8$ m
c) $d = 15$ cm und $h = 7$ dm
d) $d = 12$ cm und $h = 3$ m.

5 Von den fünf Größen r, h, A_M, A_O und V eines Zylinders sind zwei gegeben. Berechne die fehlenden Größen.
a) $A_M = 150{,}8$ cm^2; $r = 8$ cm
b) $A_O = 138{,}23$ dm^2; $r = 2$ dm
c) $V = 21{,}77$ m^3; $h = 4{,}1$ m
d) $V = 76\,080{,}58$ mm^3; $r = 37{,}2$ mm

6 ▶ In welchem Fall ist die Maßzahl der Mantelfläche eines Zylinders gleich der Maßzahl des Volumens (d. h. die Ergebnisse sind bis auf die Einheit gleich).

7 Zeichne das Schrägbild eines Zylinders mit
a) $r = 3$ cm und $h = 4$ cm
b) $d = 5$ cm und $h = 5$ cm.

8 ▶ Wie verändert sich das Volumen eines Zylinders, wenn man folgende Größen verändert?
a) den Radius verdoppeln und die Höhe beibehalten
b) die Höhe verdoppeln und den Radius beibehalten
c) den Radius und die Höhe verdoppeln
d) den Radius halbieren und die Höhe verdoppeln

9 Eine Wachskerze ist 10 cm hoch und hat einen Durchmesser von 4 cm.
a) Berechne das Volumen der Kerze.
b) Fünf dieser Kerzen werden eingeschmolzen und das Wachs zu einer neuen Kerze mit einem Durchmesser von 8 cm verarbeitet. Wie hoch wird die neue Kerze?

10 Nenne mindestens drei unterschiedliche Abmessungen (Radius und Höhe) für ein Glas, das exakt einen Liter Flüssigkeit beinhalten soll.

11 Eine zylinderförmige Getränkedose hat einen Radius von 3 cm und ist 8 cm hoch.
a) Zeichne das Netz der Dose.
b) Für die Herstellung der Dose wird Weißblech verwendet. Wie viel Weißblech wird benötigt, wenn man mit 23 % Verschnitt rechnen muss?
c) Der Inhalt der Dose soll 0,2 ℓ betragen. Berechne den prozentualen Anteil der Dose, der nicht gefüllt wird.
d) Wie lang sollte ein Strohhalm, der der Dose beigefügt wird, mindestens sein?

12 Eine runde Tischplatte hat einen Durchmesser von 1,5 m und ist 3 cm dick.
a) Berechne das Volumen der Tischplatte.
b) Die Tischplatte besteht aus Fichtenholz, das 500 g pro dm^3 wiegt. Wie schwer ist die Platte?

13 Am Waldrand wird Rundholz mit einer Länge von 8 Metern gelagert. Die Stämme haben einen Durchmesser von durchschnittlich 60 cm.
a) Bestimme das Gewicht eines Stamms, wenn das Holz $0{,}7 \frac{g}{cm^3}$ wiegt.
b) Ein Holztransporter darf 12 t Holz laden. Wie viele dieser Stämme darf er maximal aufladen?

14 Berechne das Volumen und den Oberflächeninhalt eines Hohlzylinders mit
a) $r_a = 5$ cm; $r_i = 2$ cm und $h = 10$ cm
b) $r_a = 5{,}5$ m; $r_i = 3{,}2$ m und $h = 3{,}9$ m.

Pyramide, Kegel, Kugel

1 Berechne die fehlenden Strecken. Runde die Ergebnisse auf Millimeter.

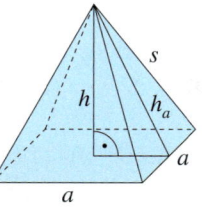

	a	s	h	h_a
a)	6 cm	12 cm		
b)			10,2 cm	12,9 cm
c)		11,4 cm		9,9 cm
d)	15 cm			28 cm

2 Berechne das Volumen der geraden Pyramide aus den Angaben zur Grundfläche und der gegebenen Körperhöhe.
a) Die Grundfläche ist ein Quadrat mit $a = 4{,}3$ m. Die Körperhöhe ist $h = 2{,}5$ m.
b) Die Grundfläche ist ein Rechteck mit $a = 1{,}9$ dm und $b = 18$ cm. Die Körperhöhe ist $h = 2{,}2$ dm.
c) Die Grundfläche ist ein rechtwinkliges Dreieck mit $\alpha = 90°$, $c = 10$ cm, $b = 8$ cm. Die Körperhöhe ist $h = 12$ cm.

3 Berechne den Mantel- und den Oberflächeninhalt einer quadratischen Pyramide mit Grundkante a, Seitenkante s, Körperhöhe h und Seitenhöhe h_a.
a) $a = 8{,}9$ cm; $h_a = 15{,}2$ cm
b) $a = 14{,}4$ m; $s = 16{,}8$ m
c) $h = 12$ cm; $h_a = 19$ cm
d) $h_a = 8$ cm; $s = 12{,}81$ cm

4 Eine gerade Pyramide hat eine rechteckige Grundfläche. Berechne die fehlende Größe.

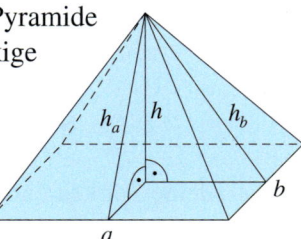

	a	b	h	V
a)	58 mm	93 mm	26 mm	
b)	125 cm	244 cm		140 000 cm³
c)		12 m	12 m	600 m³
d)	138 dm		167 dm	625 824 dm³

5 Berechne das Volumen des Kegels.
a) $r = 6{,}4$ cm; $h = 13{,}6$ cm
b) $r = 5$ cm; $s = 10$ cm
c) $s = 15$ mm; $h = 10$ mm
d) $d = 28$ m; $s = 35$ m

6 Berechne den Mantelflächeninhalt A_M, den Oberflächeninhalt A_O und das Volumen V des Kegels.
a) $h = 17$ cm; $r = 5$ cm
b) $h = 20$ mm; $d = 30$ mm
c) $h = 10$ cm; $s = 15$ cm
d) $s = 9$ cm; $r = 40$ mm

7 Berechne das Volumen und den Oberflächeninhalt der Kugel.
a) $r = 3{,}7$ cm
b) $d = 12{,}8$ dm

8 Berechne den Durchmesser der Kugel.
a) $A_O = 2875$ cm²
b) $A_O = 8{,}22$ m²
c) $V = 28{,}75$ cm³
d) $V = 822$ m³

9 Der Radius einer Kugel beträgt $r = 4$ cm.
a) Berechne den Oberflächeninhalt der Kugel.
b) Welchen Radius hat eine Kugel, deren Oberflächeninhalt nur halb so groß ist?
c) Welchen Radius hat eine Kugel, deren Oberflächeninhalt doppelt so groß ist?

10 Ordne die folgenden Körper nach ihrem Volumen.
① quadratische Pyramide mit $a = 10$ cm und $h = 10$ cm
② Kegel mit $d = 10$ cm und $h = 10$ cm
③ Kugel mit $r = 10$ cm

11 Ein Kegel aus Plexiglas hat einen Radius von $r = 5$ cm und ist 10 cm hoch. Der Kegel ist mit Metallkugeln gefüllt, die einen Durchmesser von 3 mm besitzen. Wie viele Metallkugeln können höchstens in dem Kegel sein? Schätze zunächst und berechne dann.

Auf dem Weg in die Berufswelt

Da es meistens mehrere Bewerber auf einen Ausbildungsplatz gibt, setzen viele größere Betriebe, Behörden oder Banken Testverfahren ein. So können sie bereits eine Vorauswahl für nachfolgende persönliche Bewerbungsgespräche treffen.

Diese so genannten **Berufseingangstests** unterscheiden sich in ihrer Qualität, ihrer Form und ihrem Inhalt oft sehr voneinander.

Häufig legt man den Bewerbern schriftliche Prüfungen vor, die zur Überprüfung des Wissens eingesetzt werden, das in der Schule vermittelt wurde. Abgefragt werden vor allem die Mathematik- und Deutschkenntnisse sowie das Allgemeinwissen. Je nach Ausbildungsberuf können aber auch weitere Kenntnisse und Fähigkeiten getestet werden, wie etwa technisches Verständnis oder Konzentrationsfähigkeit.

Der nun folgende Diagnosetest (S. 204), die Übungsaufgaben (S. 206) sowie der abschließende Auswahltest (S. 212) sollen eine Vorstellung von dem geben, was bei Berufseingangstests aus dem Bereich der mathematischen Kenntnisse abgefragt werden kann.
Das Mindmap gibt einen Überblick über mögliche mathematische Themen.

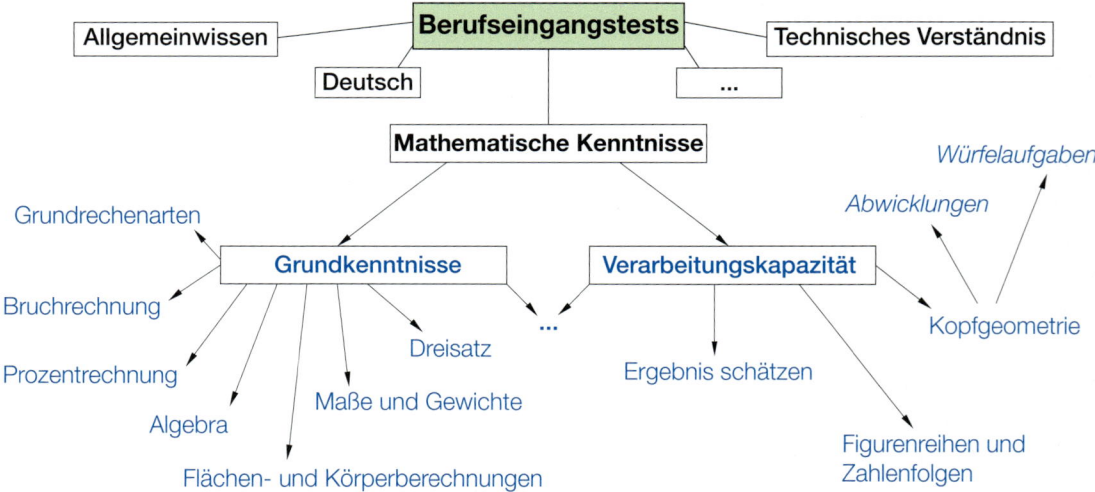

Mit Hilfe der Eingangsdiagnose soll festgestellt werden, wo deine Stärken und deine Schwächen im Bereich der mathematischen Kenntnisse liegen.
Die dann folgenden Aufgaben stellen eine gute Möglichkeit dar, mathematische Inhalte zu wiederholen oder zu vertiefen.
Der abschließende Test soll eine Testsituation nachstellen. Es handelt sich aber keinesfalls um einen „echten Test", da nur ausgewählte mathematische Fähigkeiten abgefragt werden und reale Berufseingangstest wesentlich komplexer sind.

Auf dem Weg in die Berufswelt

Tipps und Hinweise

1. Gezielt bewerben

Bevor du dich auf einen Ausbildungsplatz bewirbst, solltest du versuchen, deine Stärken und Schwächen sowie deine Neigungen möglichst genau einzuschätzen. Nur dann ist es dir möglich, die Berufe herauszufinden, für die du wegen deiner Voraussetzungen besonders geeignet bist. Folgende Fragen solltest du dir stellen:
- Habe ich ein besonderes Talent oder eine besondere Begabung?
- In welchen Bereichen liegen meine Stärken?
- Wofür bin ich überhaupt nicht geeignet bzw. was fällt mir schwer?
- Welche Erfahrungen oder Qualifikationen habe ich bereits gesammelt?
- Stimmen meine Fähigkeiten mit meinen Interessen überein?
- Wie sieht mein Wunsch-Arbeitsplatz aus (Arbeitszeit, Aufstiegschancen, …)?
- Welches Berufsfeld kommt für mich in Frage?

Bei der Selbsteinschätzung können dir Eltern, Freunde und Verwandte helfen. Auch bei der Berufsberatung findest du unterstützende Hilfe.
Beachte, dass der Arbeitgeber über das Bewerbungsanschreiben den ersten Eindruck von dir erhält. Deswegen muss das Bewerbungsschreiben formal absolut einwandfrei und ohne Rechtschreibfehler sein. Dabei sollten in jedem Fall die geltenden Standards beachtet werden.

203-1

BEACHTE
Über den Webcode gelangt man zu einer Linkliste zu Informationen über Ausbildungsberufe, Bewerbungsschreiben und Ausbildungsplätze.

2. Vorbereitung

Dem Bewerber werden häufig schulähnliche schriftliche Prüfungen vorgelegt. Darauf kann man sich vorbereiten.
Informiere dich zunächst, welche Kenntnisse für den angestrebten Ausbildungsberuf besonders wichtig sind. Vielleicht ist ein Lehrling oder ein Mitarbeiter bereit, dir Auskunft darüber zu geben, was in den Vorjahren abgefragt wurde und auf welche Kenntnisse besonders großer Wert gelegt wird.
Überprüfe dann selbstkritisch, inwieweit du über diese Kenntnisse verfügst. Schließe deine Wissenslücken durch intensives Üben. Übungsmaterial bietet unter anderem die Agentur für Arbeit an.

3. Beim Test

Beachte in der Testsituation vor allem Folgendes:
- Lies dir die Aufgabenstellungen sorgfältig durch.
- Löse zunächst die Aufgaben, die du sicher beherrscht.
- Halte dich nicht zu lange mit der Lösung einer Aufgabe auf.
- Bleibe ruhig! Die Zeit zum Lösen der Aufgaben ist häufig sehr knapp kalkuliert. So wollen die Arbeitgeber sehen, wie die Bewerber in stressigen Situationen reagieren. Die Bedingungen sind aber für alle Bewerber gleich.

203-2

BEACHTE
Unter dem Webcode befindet sich eine Linkliste zu Aufgaben aus Berufseingangs–tests.

4. Literatur

Besorge dir Literatur zu Bewerbungsschreiben und Einstellungstests. Du kannst auch im Internet nachschauen, wie man sich richtig bewirbt und was man unbedingt beachten muss.

Berufseingangstest Mathematik problemlos, Cornelsen Verlag.
Blickpunkt Beruf Einstellungstests, Deutscher Sparkassenverlag.
Lehrstellenreport Nr. 1 Test-Training, Volksbanken und Raiffeisenbanken.
Orientierungshilfe zu Auswahltests, Bundesanstalt für Arbeit.

Auf dem Weg in die Berufswelt

Eingangsdiagnose

204-1

BEACHTE
Die Aufgaben können unter dem Webcode auch als Arbeitsblatt ausgedruckt werden. So können sie anschließend direkt korrigiert werden.

Löse die folgenden Aufgaben ganz in Ruhe in deinem Heft. Löse die Aufgaben ohne Taschenrechner und Formelsammlung.

Grundkenntnisse

I Grundrechenarten

1 Berechne.
a) $308 + 9930$
b) $704 - 187$
c) $409 \cdot 814$
d) $48656 : 8$
e) $34 + 66 \cdot 2$
f) $(462 - 228) : 26$
g) $1440 : 32 - 470 \cdot 3$

II Maße und Massen

2 Berechne.
a) $30\,mm =$ ____ cm
b) $0,6\,km =$ ____ m
c) $7\,kg\ 500\,g =$ ____ kg
d) $35\,kg =$ ____ t
e) $2\,h\ 10\,min =$ ____ min
f) $2,5\,m^2 =$ ____ cm^2
g) $20\,cm^3 =$ ____ mm^3

3 Gib die Maßeinheit an.
a) Die Handfläche beträgt ungefähr 1 ____.
b) Eine Seitenfläche eines normalen Spielwürfels beträgt ungefähr 1 ____.

III Brüche und Dezimalbrüche

4 Wandle um.
a) Wandel $\frac{7}{25}$ in einen Dezimalbruch um.
b) Wandle $0,25$ in einen Bruch um.

5 Berechne.
a) $\frac{2}{3} + \frac{2}{9}$
b) $2,35 - 1\frac{2}{5}$
c) $\frac{4}{15} \cdot \frac{5}{8}$
d) $1,988 : 0,7$
e) $2,5 + 3\frac{1}{4} \cdot 5,8$
f) $\frac{23}{30} - \frac{3}{5}$

IV Prozentrechnung

6 Wandle um.
a) Wandle $8\,\%$ in einen Dezimalbruch um.
b) Schreibe $0,3$ als Prozentzahl.
c) Schreibe $\frac{8}{10}$ als Prozentzahl.

7 Berechne.
a) $7\,\%$ von $800\,€$
b) $20\,\%$ von $600\,kg$
c) 7 von 25 Autos
d) $6\,\%$ sind 240 Schüler, $100\,\%$ sind…
e) $2000\,€$ werden 8 Monate zu $3\,\%$ angelegt.
f) Nach einer Reduzierung um $20\,\%$ kostet die CD $12\,€$.
g) $120\,€$ werden angelegt. Nach einem Jahr sind es $126\,€$.
Wie hoch war der Zinssatz?

V Dreisatz

8 Ein Heft kostet $0,39\,€$. Wie viel kosten sechs Hefte?

9 Drei Schokoriegel kosten $2,25\,€$. Wie viel kosten neun Schokoriegel?

10 Ein Maler benötigt $8\,h$ für eine Arbeit. Wie viel Stunden benötigen zwei Maler?

11 Bei einer Geschwindigkeit von $120\,\frac{km}{h}$ benötigt ein Auto $4\,h$. Wie lange benötigt ein Lkw mit $80\,\frac{km}{h}$?

12 Bei einem Ausflug zahlen 26 Teilnehmer je $14,50\,€$. Wie viel zahlt jeder Teilnehmer, wenn nur 25 Personen mitfahren?

13 Ein Teich wird mit vier Pumpen in $3\frac{1}{2}$ Stunden leer gepumpt. Wie lange dauert es, wenn fünf Pumpen im Einsatz sind?

Auf dem Weg in die Berufswelt

VI Flächen- und Körperberechnungen

14 Der Flächeninhalt eines Rechtecks beträgt $51\,cm^2$. Seite a ist 6 cm lang. Bestimme b.

15 Bestimme den Umfang eines Kreises mit $r = 3$ cm. ($\pi \approx 3{,}14$)

16 Bestimme das Volumen eines Quaders mit $a = 5\,m$, $b = 6\,m$ und $c = 9\,m$.

17 Bestimme den Oberflächeninhalt eines Würfels mit der Kantenlänge $a = 10\,cm$.

18 Die Kantenlänge eines Würfels wird verdoppelt. Wie ändert sich sein Volumen?

19 Ein gleichseitiges Dreieck hat einen Umfang von 12 cm. Berechne den Flächeninhalt.

VII Algebra

20 Vereinfache den Term.
$3a + 8b + 7a - 5b$

21 Vereinfache den Term.
$7(2x + 5) - (6 - 3x)$

22 Löse die Gleichung nach x auf.
a) $3x + 5 = 5x - 9$
b) $5x - 13 = 5 - 4x$

23 Jens ist doppelt so alt wie Daniel. Zusammen sind sie 27 Jahre alt. Stell eine Gleichung auf und löse sie.

24 Die Differenz aus dem Fünffachen einer Zahl und 87 ist 43. Bestimme die Zahl. Stell eine Gleichung auf und löse sie.

Verarbeitungskapazität

VIII Ergebnisse schätzen

25 Überschlage und schätze die Ergebnisse.
a) $7541 + 5823 + 8751$
　①22089　②22115　③19115
　④19089　⑤25085
b) $2 \cdot 3 \cdot 4 \cdot 5$
　①12　②120　③234
　④2345　⑤12345
c) $38 \cdot 125 + 19 \cdot 125 + 43 \cdot 125$
　①125　②1250　③12500
　④38125　⑤381943
d) Wie alt bist du ungefähr (in Stunden)?
　①135 h　②1350 h　③13500 h
　④135000 h　⑤1350000 h

IX Zahlenfolgen und Figurenreihen

26 Ergänze um drei Zahlen bzw. Figuren.
a) 2, 5, 8, 11, ___, ___, ___
b) 45, 43, 49, 47, 53, ___, ___, ___
c) 2, 5, 7, 12, 19, ___, ___, ___
d) 4, 12, 7, 21, 16, 48, ___, ___, ___
e)

X Kopfgeometrie

27 Welcher der vier Körper links kann aus der Faltvorlage rechts gebildet werden?

28 Welches der fünf Zeichen passt nicht in die Zeichenfolge?
a)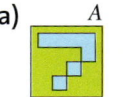
　A　　B　　C　　D　　E

b)
　A　　B　　C　　D　　E

29 Wie viele Flächen hat der Körper insgesamt?
a) 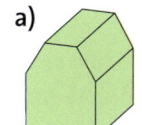　b)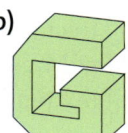

Auf dem Weg in die Berufswelt

Training

Grundkenntnisse

HINWEIS
Weitere Aufgaben zu den Bereichen dieser Seite findest du in den Büchern „Zahlen und Größen NRW (ZAG)" 5 und 6:
▶ *Grundrechenarten, ZAG 5 ab den Seiten 83 und 137*
▶ *Maße und Massen, ZAG 5 ab Seite 39*
▶ *Brüche und Dezimalbrüche, ZAG 5 ab Seite 63 und ZAG 6 ab den Seiten 119 und 139*

I Grundrechenarten

1 Berechne.
a) 7 546 + 53 805 + 1 929
b) 18 024 + 256 + 20 147 + 2 308
c) 15 748 − 8 952
d) 205 801 − 58 942
e) 14 987 − 2 547 − 8 835

2 Berechne.
a) 7 294 · 917   b) 40 802 · 5 810
c) 45 027 · 2 065   d) 3 024 : 4
e) 14 399 : 7   f) 78 012 : 12

3 Berechne. Beachte die Rechenregeln.
a) 1 364 : 31 − 225 · 4
b) 655 − 14 · (37 + 85) + 216 : (199 − 187)
c) (132 + 68) · 17 + 21 · (437 − 77) − 230

4 Rechne vorteilhaft.
a) 86 + 573 + 207 − 36   b) 25 · 7 · 4 · 5
c) 277 : 7 − 137 : 7   d) 27 · 24 + 27 · 76

5 Beachte genau die Reihenfolge der Rechenschritte.
a) 147 + 105 · 23 + 64
b) (147 + 105) · 23 + 64
c) 147 + 105 · (23 + 64)
d) (147 + 105) · (23 + 64)
e) 678 − 246 : 6 − 38
f) (678 − 246) : (6 − 38)

II Maße und Massen

6 Rechne in die angegebene Einheit um.
a) 14 dm (cm)   b) 14,6 m (dm)
c) 7,8 km (m)   d) 54 mm (dm)
e) 8 500 g (kg)   f) 2,8 t (kg)
g) 4 kg 50 g (g)   h) 2 h (min)
i) 12 min (s)   j) $2\frac{1}{4}$ h (min)

7 Rechne um.
a) in Minuten: 3 600 s, 2 520 s
b) in Stunden und Minuten: 24 000 s

8 Schreibe in der angegebenen Einheit.
a) 2 m² (dm²)   b) 6 000 mm² (cm²)
c) 0,5 km² (m²)   d) 5 ha (m²)
e) 3 m³ (dm³)   f) 2 m³ 50 dm³ (m³)
g) 1 280 cm³ (ℓ)   h) 0,3 m³ (ℓ)

III Brüche und Dezimalbrüche

9 Wandle in einen Dezimalbruch um.
a) $\frac{7}{10}$ b) $\frac{47}{100}$ c) $\frac{33}{1000}$
d) $\frac{1}{2}$ e) $\frac{3}{5}$ f) $\frac{12}{2}5$
g) $\frac{17}{20}$ h) $3\frac{7}{50}$ i) $12\frac{3}{8}$

10 Berechne.
a) 0,3 + 2,4   b) 3,9 + 4,71
c) 5,1 − 3,8   d) 2,05 − 0,5
e) 8,6 · 6,3   f) 0,9 · 6
g) 21,44 : 8   h) 3,048 : 6
i) 1,9 : 0,5   j) 3,0228 : 0,12
k) 9 : 3,6 + 4,8   l) 2,6 + 3,4 · 0,8
m) 53,2 − 9 − 8,07   n) 1,44 : (0,9 + 0,3) : 0,6

11 Berechne und kürze das Ergebnis, falls möglich.
a) $\frac{2}{7} + \frac{4}{7}$ b) $\frac{1}{9} + \frac{5}{9}$ c) $\frac{13}{24} + \frac{5}{24}$
d) $\frac{2}{5} + \frac{2}{10}$ e) $\frac{3}{4} + \frac{1}{5}$ f) $\frac{5}{9} + \frac{1}{12}$
g) $\frac{2}{9} + \frac{9}{10}$ h) $1\frac{1}{2} + 3\frac{5}{8}$ i) $\frac{7}{8} - \frac{5}{8}$
j) $\frac{5}{12} - \frac{1}{4}$ k) $\frac{4}{9} - \frac{5}{18}$ l) $\frac{7}{15} - \frac{1}{6}$
m) $5\frac{7}{8} - 3\frac{1}{6}$ n) $7\frac{1}{2} - 3\frac{5}{6}$ o) $6\frac{4}{5} + 3$

12 Berechne. Kürze, falls möglich.
a) $\frac{2}{7} \cdot \frac{3}{5}$ b) $\frac{3}{8} \cdot \frac{4}{5}$ c) $\frac{5}{6} \cdot \frac{9}{10}$
d) $1\frac{1}{4} \cdot 6$ e) $2\frac{1}{2} \cdot 3\frac{1}{4}$ f) $3\frac{3}{4} \cdot 4\frac{3}{5}$

13 Berechne. Kürze, falls möglich.
a) $\frac{1}{3} : \frac{1}{6}$ b) $\frac{4}{9} : \frac{5}{18}$ c) $\frac{2}{5} : \frac{3}{7}$
d) $1\frac{2}{5} : \frac{3}{19}$ e) $1\frac{4}{5} : 2\frac{1}{2}$ f) $\frac{15}{16} : 27$

14 Berechne.
a) $\frac{3}{4} - \frac{1}{5} \cdot \frac{3}{4}$ b) $\frac{3}{4} \cdot \frac{2}{3} + \frac{1}{4} \cdot \frac{2}{3}$
c) $(\frac{2}{3} + \frac{5}{6}) : \frac{5}{12}$ d) $7 : (\frac{7}{5} - \frac{21}{28})$

206

Auf dem Weg in die Berufswelt

IV Prozentrechnung

15 Berechne den Prozentwert.
a) 8 % von 200 kg
b) 25 % von 120 m
c) 20 % von 15 000 Stimmen
d) 15 % von 1200 Schülern
e) 4,75 % von 5 000 €
f) 138 % von 2540 ℓ

16 Bestimme den Prozentsatz.
a) 38 Aufgaben von 50 Aufgaben
b) 8 m von 25 m
c) 138 Punkte von 200 Punkten
d) 45 kg von 375 kg
e) 12 Minuten von einer Stunde
f) 9 von 24 Schülern

17 Berechne den Grundwert.
a) 25 % sind 8 kg
b) 16 % sind 32 m
c) 8 % sind 14 Punkte
d) 23 % sind 184 Schüler
e) 37,5 % sind 937,5 €
f) 12,1 % sind 2 h 1 min

18 Bei einer Produktion sind 3 % Ausschuss angefallen. Wie viele von 6 400 Artikeln sind nicht zu gebrauchen?

19 Ute will sich ein Fahrrad für 300 € kaufen. Es fehlen ihr noch 240 € an der Gesamtsumme. Wie viel Prozent sind das?

20 Eine Versicherung zahlt Herrn Moll bei einem Unfallschaden von insgesamt 1800 € nur 85 %.
a) Wie viel Euro zahlt die Versicherung an Herrn Moll?
b) Wie viel Euro muss Herr Moll noch selbst bezahlen?

21 Der Preis für einen Tisch wurde von 255 € auf 224,40 € reduziert.
a) Auf wie viel Prozent ist der Preis des Tisches gesenkt worden?
b) Um wie viel Prozent ist der Preis gefallen?

22 Ein Sportler hat seinen Wettkampf mit 5 123 Punkten beendet. Das sind 94 % der Höchstpunktzahl. Wie viele Punkte waren zu erreichen?

23 Eine Reparatur kostet 470 €. Auf diese Kosten werden 19 % Mehrwertsteuer erhoben.
a) Wie viel Euro entspricht die Mehrwertsteuer?
b) Wie viel Euro kostet die Reparatur einschließlich Mehrwertsteuer (Endpreis)?

24 Nach einer 7%igen Mieterhöhung müssen 660,19 € Miete gezahlt werden. Wie viel Miete musste vor der Erhöhung bezahlt werden?

25 Frau Klein bekommt beim Kauf eines Mantels 6 % Rabatt. Sie zahlt jetzt für den Mantel noch 219,02 €.
Gib den alten Preis des Mantels an.

26 Franz erhält für sein Spareguthaben, das mit 3,5 % verzinst wurde, 7 € Zinsen. Wie hoch war das Spareguthaben?

27 Wie viel Zinsen bringt ein Kapital von 4 000 € bei einem Zinssatz von 4,5 % in 9 Monaten?

V Dreisatz

28 Welche der folgenden Zuordnungen können proportional oder antiproportional sein?
Begründe und gib gegebenenfalls notwendige Bedingungen an.
a) Alter → Körpergröße
b) Schriftgröße → Zeilen pro Seite
c) Anzahl der Eiskugeln → Preis
d) Anzahl der Lkw → Zeit, um 50 m³ Sand zu liefern
e) Anzahl der 1-Euro-Stücke → Masse
f) Anzahl der Colaflaschen → Zuckergehalt
g) Anzahl der Rasenmäher → Zeit, um einen Rasenplatz zu mähen
h) Seitenlänge eines Quadrats → Umfang
i) Geschwindigkeit → Dauer einer Fahrt

HINWEIS
Weitere Aufgaben zu den Bereichen dieser Seite findest du in den Büchern „Zahlen und Größen NRW (ZAG)" 5, 6 und 7:
▶ *Prozentrechnung, ZAG 5 ab Seite 195 oder ZAG 6 ab Seite 59 und ZAG 7 ab Seite 105*
▶ *Dreisatz, ZAG 7 ab Seite 53*

Auf dem Weg in die Berufswelt

HINWEIS
Weitere Aufgaben zum Dreisatz findest du im Buch „Zahlen und Größen NRW (ZAG)" 7 ab Seite 53.

29 Gib Beispiele aus dem Alltag an.
a) Je größer ___ , desto größer ___
b) Je größer ___ , desto kleiner ___
c) Verdoppelt sich ___ , so verdoppelt sich auch ___
d) Wenn sich ___ halbiert, so verdoppelt sich ___

30 Welche der folgenden Zuordnungen sind proportional oder antiproportional?

a)
x	0	1	2	3	4
y	0	4	8	12	16

b)
x	0	1	2	3	4
y	2	3	4	5	6

c)
x	1	2	3	4	5
y	2	5	8	11	14

d)
x	1	2	3	4	6
y	24	12	8	6	4

e)
x	2	4	5	12	15
y	1	2	$2\frac{1}{2}$	6	$7\frac{1}{2}$

31 Sind die Aussagen richtig oder falsch?
a) Proportionale Zuordnungen sind produktgleich.
b) Antiproportionale Zuordnungen sind quotientengleich.
c) Bei proportionalen Zuordnungen gehört zum Doppelten der Ausgangsgröße das Doppelte der zugeordneten Größe.
d) Der Graph einer proportionalen Zuordnung ist eine Halbgerade durch den Ursprung.

32 Ergänze die Tabellen so, dass eine proportionale Zuordnung vorliegt.

a)
x	1	2	3	4	5
y	6				

b)
x	1	2	3	4	5
y		1,5			

c)
x	$\frac{1}{2}$	1	$1\frac{1}{2}$	2	$2\frac{1}{2}$
y		8			

33 Ergänze die Tabelle im Heft, sodass eine antiproportionale Zuordnung vorliegt.

a)
x	1	2	3	4	5
y	180				

b)
x	1	2	3	4	5
y		30			

c)
x	1	2	4	5	8
y				16	

34 850 g Fleisch kosten 8,33 €. Gib den Preis für 1 kg Fleisch an.

35 Ein Pkw verbraucht auf einer Strecke von 45 km 3,6 ℓ Benzin. Wie hoch ist der Benzinverbrauch auf 100 km?

36 Ein Vater benötigt bei einer Schrittweite von 75 cm für einen Weg 620 Schritte. Wie groß ist die Schrittweite seiner Tochter, die für die gleiche Strecke 930 Schritte benötigt?

37 Ein Mieter muss für 20 m³ Wasser einschließlich Nebenkosten 46 € bezahlen. Wie viel zahlt ein anderer Hausbewohner für 25 m³ Wasser?

38 Bei einer Durchschnittsgeschwindigkeit von 120 $\frac{km}{h}$ benötigt Herr Meyer für die Strecke Nürnberg–Lübeck $5\frac{1}{2}$ Stunden. Wie lange benötigt ein Lkw mit einer Durchschnittsgeschwindigkeit von 80 $\frac{km}{h}$ für die gleiche Strecke?

39 Herr Bleistein hat 15 m² Wandfläche in seinem Bad gekachelt und dafür insgesamt 675 Kacheln benötigt. In der Küche möchte er auf einer insgesamt 4 m² großen Wandfläche die gleiche Kachelsorte verwenden.

40 150 Taschenrechner kosten 1 723,50 €. Die Klasse 9c hat 28 Taschenrechner bestellt. Wie viel muss die Klasse 9c bezahlen?

41 Der Futtervorrat einer Hundepension reicht 21 Tage für 15 Hunde. Wie lange reicht er für 18 Hunde?

VI Flächen- und Körperberechnungen

42 Ein Rechteck ist 90 m lang und 55 m breit. Berechne den Flächeninhalt und gib den Umfang an.

43 Der Umfang eines Rechtecks beträgt 28 cm und die Breite 6 cm. Bestimme die Länge und den Flächeninhalt des Rechtecks.

44 Eine quadratische Fläche hat eine Größe von 4 ha.
a) Wie viel m² sind das?
b) Gib die Seitenlänge in m an.

45 Eine rechteckige Fläche, die 3,5 m lang und 2,8 m breit ist, soll mit quadratischen Fliesen ausgelegt werden.
a) Wie viel cm² hat die Rechteckfläche?
b) Wie viele Fliesen braucht man, wenn jede Fliese 49 cm² groß ist?

46 Ein Kreis hat einen Radius von 3 cm. Berechne den Umfang und die Fläche des Kreises.

47 Ein 5 m langes und 3 m breites quaderförmiges Schwimmbecken enthält 30 000 ℓ Wasser.
a) Rechne die Wassermenge in m³ um.
b) Wie hoch steht das Wasser im Becken?

48 Ein zylinderförmiges Glas hat einen Durchmesser von 6 cm und ist 7 cm hoch.
a) Berechne das Volumen des Glases.
b) Wie lang muss ein Strohhalm mindestens sein, damit er aus dem Glas herausragt und man gut aus ihm trinken kann?

49 Welcher Körper hat das größere Volumen?
a) Quader mit $a = 3$ cm, $b = 4$ cm und $c = 5$ cm oder Würfel mit $a = 4$ cm
b) Zylinder mit $d = h = 10$ cm oder Würfel mit $a = 10$ cm
c) Pyramide mit quadratischer Grundfläche und $a = h = 5$ cm oder Kegel mit $d = h = 6$ cm

VII Algebra

50 Vereinfache.
a) $7x + 12 - 5x + 23$
b) $4a - 5b + 12a - 9b - 10a$
c) $7(3x - 12)$
d) $(3a + 10)(3a - 7)$
e) $2(3x + 5) + 3(7 - 8x)$
f) $8x - (3x + 9) + 4(5x - 13)$
g) $(3x + 4)(4x - 8)$

51 Löse die folgenden Gleichungen.
a) $x + 12 = 3x + 8$
b) $7t - 9 = 4t + 15$
c) $y - 11 - 10y = 29 - 7y$
d) $\frac{1}{4}v + 7 = \frac{1}{3}v + 6$
e) $2s + 5 - (s + 3) = 11$
f) $3(4 - 3x) + 112 = -5(x - 8)$

52 Die Summe aus dem Siebenfachen einer Zahl und 5 ist –37. Wie heißt die Zahl?

53 Die Summe von drei Zahlen ist 357. Die erste Zahl ist doppelt so groß wie die zweite Zahl. Die dritte Zahl ist halb so groß wie die zweite Zahl. Wie lauten die drei Zahlen?

54 Addiere zu einer Zahl 5, multipliziere die Summe mit 2 und subtrahiere von diesem Produkt 16, so erhältst du ebenso viel, als wenn du von der Zahl 12 subtrahierst und die Differenz verfünffachst. Wie lautet die Zahl?

55 Robert ist 13 Jahre älter als Enno. Zusammen sind sie 35 Jahre alt. Wie alt sind beide?

56 Mutter, Vater und Sohn sind zusammen 86 Jahre alt. Die Mutter ist 3-mal so alt wie ihr Sohn. Der Sohn ist 26 Jahre jünger als der Vater.
a) Wie alt ist der Sohn?
b) Wie alt sind der Vater und die Mutter?

57 Ein 2 m langes Brett soll in die gleiche Anzahl von Brettchen mit je 1 cm, 2 cm und 5 cm Länge zersägt werden.
a) Wie viele Brettchen gibt es von jeder Sorte?
b) Gib die Gesamtzahl der Brettchen an.

> **HINWEIS**
> Weitere Aufgaben zu den Bereichen dieser Seite findest du in den Büchern „Zahlen und Größen NRW (ZAG)" 6, 7, 8 und 9:
> ▶ Flächen- und Körperberechnung, ZAG 6 ab Seite 73, ZAG 8 ab Seite 71 und ZAG 9 ab den Seiten 109 und 133
> ▶ Algebra, ZAG 7 ab Seite 167 und ZAG 8 ab den Seiten 5 und 37

Auf dem Weg in die Berufswelt

HINWEIS
Weitere Aufgaben zu den Bereichen dieser Seite findest du in den Büchern „Zahlen und Größen NRW (ZAG)" 5, 7 und 8:
▶ Algebra, ZAG 7 ab Seite 167 und ZAG 8 ab den Seiten 5 und 37
▶ Ergebnisse Schätzen, ZAG 5 ab Seite 35
▶ Zahlenfolgen und Figurenreihen, ZAG 5 ab Seite 23

58 Eine 40 m² große Terrasse wird mit quadratischen Platten mit 20 cm Länge ausgelegt. Wie viele Platten sind nötig?

59 Drei Personen teilen sich 3360 € im Verhältnis 3 : 4 : 5. Die Gesamtsumme wird zunächst in 12 Teile geteilt. Person A erhält 3 Anteile, Person B 4 Anteile und Person C 5 Anteile.
a) Wie viel Euro beträgt ein Anteil?
b) Wie viel Euro erhält Person C?

60 In einem Dreieck ist der Winkel β um 60° größer als der Winkel α. Der Winkel γ ist 4-mal so groß wie der Winkel α.
a) Wie groß ist der Winkel α?
b) Wie groß ist der Winkel β bzw. γ?

61 Löse die folgenden Gleichungssysteme.
a) $y = 7x - 21$
   $y = 4x - 12$
b) $x + y = 19$
   $y = x + 1$
c) $2x + 2y = 8$
   $-2x + 3y = 12$
d) $2x + y = -1$
   $8x + 4y = 7$

Verarbeitungskapazität

VIII Ergebnisse schätzen

62 Finde das Ergebnis durch Schätzen oder durch einfache rechnerische Überlegungen.
a) 794 + 559
   ① 1293   ② 1243
   ③ 1343   ④ 1353
b) 18035 – 8233
   ① 9802   ② 9808
   ③ 10802   ④ 10808
c) 98 · 3587
   ① 3526   ② 35126
   ③ 351526 ④ 3515126
d) 3796 : 4
   ① 949   ② 949,5
   ③ 824   ④ 824,5

63 Finde das Ergebnis durch Schätzen.
a) 3596 + 3654 + 3584
   ① 9834   ② 9837
   ③ 10834   ④ 10837
b) 245 · 23 + 245 · 77
   ① 24500   ② 24523
   ③ 245100 ④ 2452377
c) $\sqrt{39204}$
   ① 98   ② 198
   ③ 1098   ④ 10098
d) 9 · 10 · 11 · 12 · 13
   ① 1540   ② 15440
   ③ 154440 ④ 1544440
e) $\frac{120}{4} \cdot \frac{330}{3}$
   ① $\frac{3960}{12}$ ② $\frac{3300}{3}$ ③ 3300 ④ $\frac{13200}{4}$

64 Schätze die Ergebnisse der folgenden Aufgaben unter Verwendung runder Zahlen.
a) 345 · 28
b) 52100 · 0,04
c) 0,045 · 0,24
d) 1144 : 52
e) 489,3 : 0,028
f) 0,28 : 0,039

65 Schätze die Ergebnisse unter Verwendung runder Zahlen.
a) Ein Flug über 4900 km dauerte 6,5 h. Wie viel km wurden pro Stunde ungefähr zurückgelegt?
b) Die Miete für ein Restaurant beträgt 20,50 € pro m². Schätze die ungefähre Höhe der Miete bei 110 m².
c) 30 Flaschen einer bestimmten Weinsorte kosten 177 €. Wie viel Flaschen der gleichen Weinsorte erhält man ungefähr für 500 Euro?

IX Zahlenfolgen und Figurenreihen

66 Ergänze die fehlende Zahl in der Folge.
a) 12, 17, 22, 27, ___
b) 12, 13, 15, 18, 22, ___
c) 16, 12, 17, 13, 18, ___
d) 19, 17, 20, 16, 21, 15, ___
e) 3, 8, 15, 24, 35, ___
f) 5, 3, 6, 3, 9, 5, ___
g) 1, 4, 9, 16, ___
h) 5, 6, 11, 17, 28, ___

67 Eines der fünf Zeichen passt nicht in die Zeichenfolge. Gib den Buchstaben an.

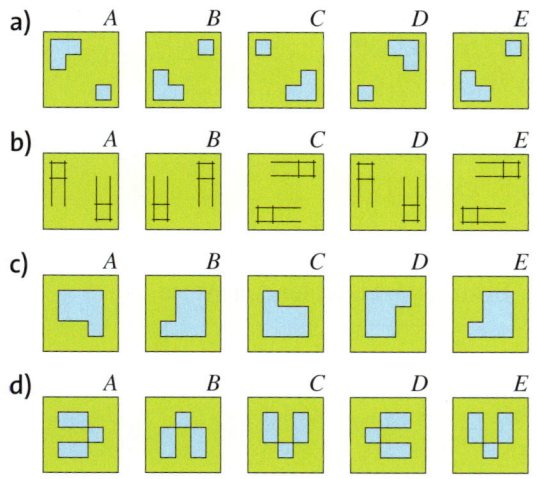

68 Ergänze passend zu der jeweiligen Reihe die fünfte Figur.

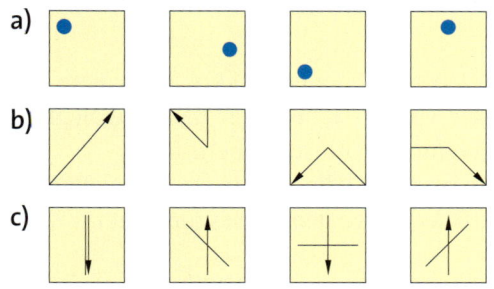

X Kopfgeometrie

69 Welcher der vier Körper kann aus der Faltvorlage rechts gebildet werden?

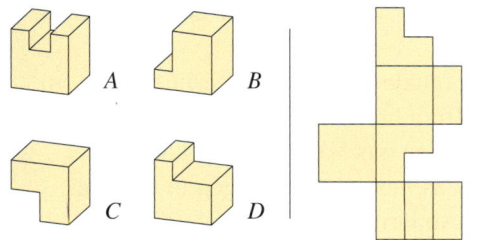

70 Wie viele Flächen hat der gezeichnete Körper? Zähle auch die nicht sichtbaren Flächen mit.

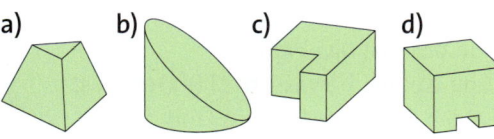

71 In der Zeichnung befindet sich links die perspektivische Darstellung eines Körpers und rechts daneben das zugehörige Netz. Ordne jeder mit einer Zahl gekennzeichneten Kante (schwarz) oder Fläche (rot) des Körpers den entsprechenden Buchstaben im Netz zu.

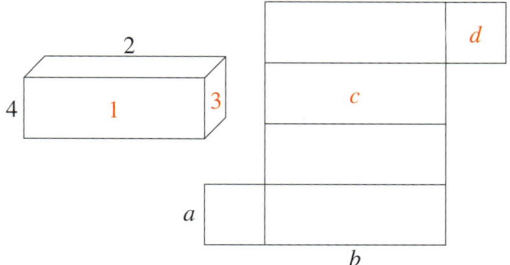

72 Alle Würfel haben die gleichen 6 verschiedenen Zeichnungen auf ihren Würfelseiten. Diese sind in unterschiedlicher Lage auf jedem der vier Würfel zu finden.

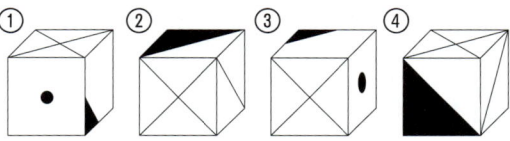

Die folgenden Würfel entsprechen jeweils einem Würfel oben in veränderter Lage. Ordne zu.

73 Von welcher Seite aus wird die Figur jeweils betrachtet? Gib den Buchstaben an.

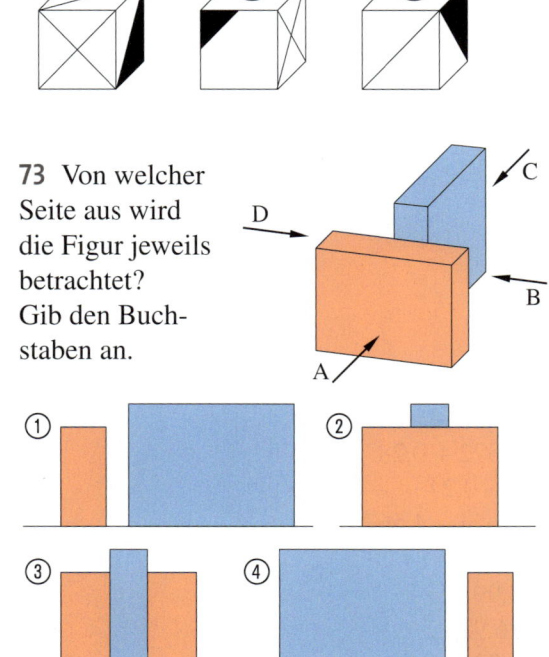

HINWEIS
Weitere Aufgaben zu den Bereichen dieser Seite findest du in den Büchern „Zahlen und Größen NRW (ZAG)" 5, 7 und 8:
▶ *Zahlenfolgen und Figurenreihen, ZAG 5 ab Seite 23*
▶ *Kopfgeometrie, ZAG 7 ab Seite 119 und ZAG 9 ab Seite 153*

Auf dem Weg in die Berufswelt

Test

HINWEIS
Bei diesem Test wird – wie beim richtigen Einstellungstest auch – der mathematische Bereich nicht mehr angegeben, damit man beim Lösen der Aufgabe keine Vorinformationen hat.

 212-1

BEACHTE
Die Aufgaben können unter dem Webcode auch als Arbeitsblatt ausgedruckt werden. So können sie anschließend direkt korrigiert werden.

1 Berechne.
a) 358 401 + 58 942
b) 59 602 − 5 897
c) 1 582 + 5 407 + 418 + 93
d) 2 305 · 6 187
e) 210 126 : 6
f) 65 042 : 17
g) 13 + 7 · 3
h) 139 − (39 + 25)

2 Die 306 Schülerinnen und Schüler sowie 8 Lehrer einer Gesamtschule wollen ein Theaterstück besuchen.
In einem Bus können 52 Personen transportiert werden. Wie viele Busse müssen bestellt werden?

3 Rechne in die angegebene Einheit um.
a) 12 cm (mm)
b) 800 cm (dm)
c) 3,5 km (m)
d) 150 m (km)
e) 6 000 kg (t)
f) 450 g (kg)
g) 7 t 50 kg (kg)
h) 3 kg 50 g (kg)
i) 7 € 4 ct (€)
j) 2 € (ct)
k) 7 min (s)
l) 540 min (h)
m) 1 h (s)
n) 0,6 h (min)

4 Berechne und kürze das Ergebnis, falls dies möglich ist.
a) $\frac{5}{11} + \frac{3}{11}$
b) $\frac{5}{9} - \frac{2}{9}$
c) $\frac{5}{12} + \frac{1}{6}$
d) $8\frac{1}{2} - 5\frac{1}{6}$
e) $\frac{5}{6} + \frac{3}{8}$
f) $3\frac{3}{4} - 1\frac{7}{8}$
g) $\frac{3}{5} \cdot \frac{2}{7}$
h) $\frac{3}{4} \cdot 6$
i) $\frac{9}{14} \cdot \frac{7}{36}$
j) $1\frac{2}{3} \cdot 1\frac{4}{5}$
k) $\frac{6}{11} : 3$
l) $12 : \frac{3}{4}$
m) $\frac{1}{4} : \frac{3}{8}$
n) $2\frac{5}{11} : 1\frac{4}{5}$

5 Berechne.
a) 18,36 + 16,4
b) 3,572 + 0,28
c) 2 − 0,24
d) 7,654 − 4,567
e) 4,25 · 0,87
f) 8,99 · 12
g) 16,92 : 3
h) 1,221 : 0,6

6 Ergänze die fehlenden Zahlen in den Zahlenfolgen.
a) 57, 61, 65, 69, ___, ___, ___
b) 76, 73, 70, 67, ___, ___, ___
c) 10, 7, 14, 11, 22, ___, ___, ___
d) 13, 15, 19, 25, 33, ___, ___, ___
e) 5, 15, 7, 21, 13, ___, ___, ___
f) 3, 5, 8, 13, 21, 34, ___, ___, ___

7 Bestimme die fehlenden Werte.

	$p\%$	G	W
a)	50 %	700 €	
b)	9 %	600 kg	
c)	56 %	1 350 m	
d)		80 Schüler	20 Schüler
e)		300 €	12 €
f)	5 %		13 t
g)	34 %		85 Stück

8 Herr Wassenberg hat 8 000 € mit einem Zinssatz von 4,5 % bei einer Bank angelegt.
a) Berechne die Zinsen für ein Jahr.
b) Wie hoch sind die Zinsen im Folgejahr? Berücksichtige den Zinseszinseffekt.

9 Bei der Bürgermeisterwahl erhielt Herr Knickfeld 53 % der Stimmen. Damit wurde er von 9 858 Bürgern gewählt.
a) Wie viele Bürger haben bei der Wahl ihre Stimme abgegeben?
b) Gegenkandidat Mittermayer erhielt 5 896 Stimmen. Berechne den Prozentsatz.

10 Ein quaderförmiges Aquarium ist 50 cm lang, 30 cm breit und 40 cm hoch.
a) Berechne das Volumen des Aquariums. Gib das Fassungsvermögen in Liter an.
b) Das Aquarium ist zu 95 % mit Wasser gefüllt. Wie viel Wasser ist enthalten?

11 Ein Landwirt besitzt ein rechteckiges Feld. Das Feld hat einen Flächeninhalt von 27 000 m² und ist 300 m lang.
a) Wie breit ist das Feld?
b) Eine Anlage bewässert 21 000 m² des Feldes. Wie viel Prozent sind das?

12 Bei Bäckermeister Reffeling kostet ein Brötchen 0,24 €. 10 Brötchen verkauft er zum Sonderpreis von 2,10 €.
a) Mona kauft drei Brötchen. Wie viel Geld muss sie bezahlen?
b) Mona zahlt mit einer 1-€-Münze. Wie viel Geld erhält sie von der Verkäuferin zurück?
c) Herr Kleinen hat für 5,40 € Brötchen gekauft. Wie viele Brötchen hat er dafür erhalten?

13 An einer Großbaustelle sind 15 Arbeiter für ein Unternehmen tätig. Der Chef schätzt, dass die Arbeiten in 21 Tagen erledigt sind. Wie viele Arbeiter muss er an der Baustelle beschäftigen, wenn die Arbeit in 14 Tagen beendet sein muss?
Runde das Ergebnis sinnvoll.

14 Ein Kreis hat einen Umfang von 94,25 cm.
a) Berechne seinen Radius.
b) Bestimme den Flächeninhalt des Kreises.
c) Besitzt ein Kreis mit doppeltem Radius den doppelten Umfang (den doppelten Flächeninhalt)?

15 Ein Dreieck hat die Seitenlängen $a = 14$ cm, $b = 11{,}5$ cm und $c = 8$ cm. Ist das Dreieck rechtwinklig? Begründe deine Meinung.

16 Löse die folgenden Gleichungen.
a) $15x + 48 = 20x - 12$
b) $3(4x + 6) = 2(8x - 3)$
c) $5x - (6 - 3x) = 18$

17 Ein Hotel hat 42 Zimmer. In Einzel- und Doppelzimmern stehen insgesamt 66 Betten. Wie viele Einzel- und wie viele Doppelzimmer hat das Hotel?

18 Inas Vater ist drei Jahre älter als ihre Mutter. Zusammen sind sie 99 Jahre alt. Bestimme das Alter von Inas Vater.

19 Ein Ehepaar ist zusammen 80 Jahre alt. Der Mann ist 4 Jahre älter als die Frau.

20 Finde das Ergebnis durch Schätzen.
a) $1\,895 + 5\,865 + 3\,584$
　①$9\,344$　　②$9\,345$
　③$11\,344$　④$11\,345$
b) $7\,215 - 217$
　①$6\,992$　　②$6\,998$
　③$7\,002$　　④$7\,008$
c) $17 \cdot 45 - 7 \cdot 45$
　①$100$　　　②$450$
　③$1\,045$　　④$1\,450$
d) $997 \cdot 1002$
　①$8\,994$　　②$98\,994$
　③$998\,994$　④$9\,998\,994$

21 Eines der fünf Zeichen passt nicht in die Zeichenfolge. Gib dessen Buchstaben an.
a)
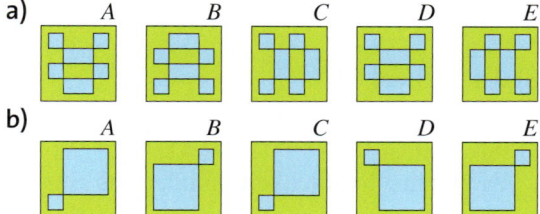
b)
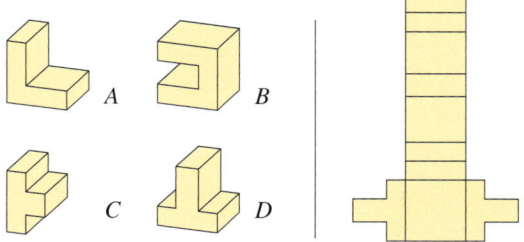

22 Welcher der vier Körper kann aus der Faltvorlage rechts gebildet werden?

23 Wie viele Flächen hat der gezeichnete Körper? Zähle auch die nicht sichtbaren Flächen mit.
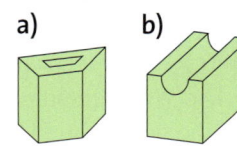

24 Welche drei Figuren sind gleich?
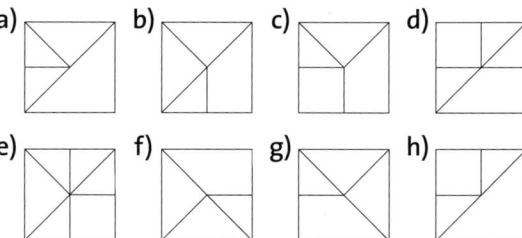

Zweistufige Zufallsexperimente

a

1
3 · 2 = 6
Es gibt 6 Kombinationen.

2
a) N = Niete, K = Kleingewinn, H = Hauptgewinn

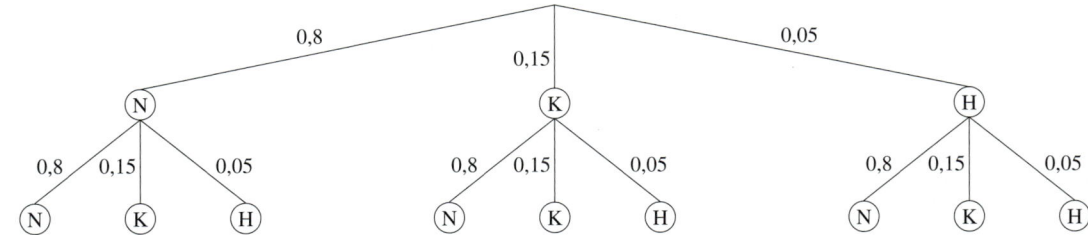

b) 0,8 · 0,8 = 0,64
Die Wahrscheinlichkeit, zwei Nieten zu ziehen, beträgt 64 %.
c) 0,8 · 0,05 + 0,15 · 0,05 + 0,05 (0,8 + 0,15 + 0,05) = 0,0975 = 9,75 %
Die Wahrscheinlichkeit, mindestens einen Hauptpreis zu ziehen, beträgt 9,75 %.

3
a)

b) $\frac{5}{8} \cdot \frac{5}{8} = \frac{25}{64} \approx 39,1\%$
Die Wahrscheinlichkeit für zwei grüne Kugeln beträgt 39,1 %.
c) $\frac{5}{8} \cdot \frac{3}{8} + \frac{3}{8} \cdot \frac{5}{8} = \frac{15}{32} \approx 46,9\%$
Die Wahrscheinlichkeit beträgt 46,9 %.
d) $\frac{3}{8}(\frac{3}{8} + \frac{5}{8}) + \frac{5}{8} \cdot \frac{3}{8} = \frac{39}{64} \approx 60,9\%$
Die Wahrscheinlichkeit für mindestens eine gelbe Kugel beträgt 60,9 %.

4
a)

b) $\frac{1}{3} \cdot \frac{1}{2} = \frac{1}{6} \approx 16,7\%$
Die Wahrscheinlichkeit für zweimal Rot beträgt 16,7 %.
c) $\frac{2}{3}(\frac{1}{2} + \frac{1}{2}) + \frac{1}{3} \cdot \frac{1}{2} = \frac{5}{6} \approx 83,3\%$
Die Wahrscheinlichkeit beträgt 83,3 %.

d) Bei Glücksrad 2 muss die Wahrscheinlichkeit für Rot $\frac{3}{4}$ = 75 % ($\frac{1}{3} \cdot \frac{3}{4} = \frac{1}{4}$ = 25 %) betragen.
Also muss Rot einen Winkel von 270° ($\frac{3}{4} \cdot 360°$ = 270°) einschließen.

b

1
30 · 29 : 2 = 435 Es gibt 435 Möglichkeiten, die Reihenfolge spielt keine Rolle.

3
Eine Urne enthält zwei gelbe und zwei grüne Kugeln. Es werden zwei Kugeln ohne Zurücklegen gezogen.
P(Grün; Grün) = $\frac{1}{6} \approx 16,7\%$
P(Grün; Gelb) = $\frac{1}{3} \approx 33,3\%$
P(Gelb; Grün) = $\frac{1}{3} \approx 33,3\%$
P(Gelb; Gelb) = $\frac{1}{6} \approx 16,7\%$

Lineare Gleichungssysteme

a

1
a) $P(-1|-5)$, $Q(2,5|2)$
c) $S(\frac{8}{3}|\frac{7}{3})$
b)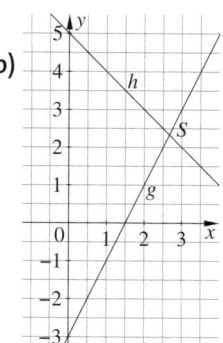

2
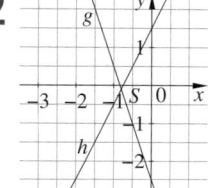 $S(-0,8|-0,1)$

3
a) $x = 11$ und $y = 2$ b) $x = 8$ und $y = 3$
Begründung: individuell

4
I $x + y = 24$ II $x + 2y = 40$
$x = 8$ und $y = 16$
Es gibt 8 Einzel- und 16 Doppelzimmer.

5
I $x + y = 38$ II $2x + 4y = 100$
$x = 26$ und $y = 12$
Es befinden sich 26 Gänse und 12 Schweine in dem Stall.

6
a) I $x + y = 350$ II $3x + 5y = 1380$
$x = 185$ und $y = 165$
Es wurden 185 Karten für Schüler und 165 Karten für Erwachsene verkauft.
b) Die Einnahmen hätten sich um 165 € erhöht.

b

1
a) Nullstelle von $g(x)$: $x = -0,5$;
Nullstelle von $h(x)$: $x = -1,5$
b) 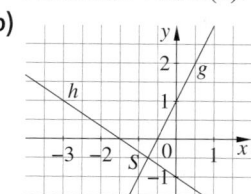   c) $S(-0,75|-0,5)$

2
I $y = \frac{1}{2}x + 3$
II $y = \frac{1}{4}x + 1$
Schnittpunkt $S(-8|-1)$

3
c) $x = 5$ und $y = 2$ d) $x = 3$ und $y = 2$

4
a) I $x + y = 18$ II $x + 2y = 30$
$x = 6$ und $y = 12$
Es gibt 6 Einzel- und 12 Doppelzimmer.
b) I $x + y = 6$ II $2x + 4y = 18$
$x = 3$ und $y = 3$
Gleichzeitig können 3 Einzel und 3 Doppel gespielt werden.

5
I $\frac{a+c}{2} \cdot h = 100 \Rightarrow \frac{a+c}{2} \cdot 10 = 100$
II $c = a - 2$ $a = 11$ und $c = 9$
Die parallelen Seiten sind 11 cm und 9 cm lang.

6
a) Für 2 500 Exemplare entstehen Kosten von 52 500 €.
b) Ab einer Stückzahl von 3 077 Exemplaren erzielt der Verlag einen Gewinn.
c) Es müssen 3 500 Exemplare verkauft werden.

Ähnlichkeit

a

1
a) Zwei Figuren heißen zueinander ähnlich, wenn sie durch maßstäbliches Vergrößern oder Verkleinern auseinander hervorgehen.
b) Zwei Dreiecke sind zueinander ähnlich, wenn sie in der Größe von zwei Winkeln übereinstimmen.

2
Die neuen Maße sind:
a) $a = 4\,\text{cm}$, $b = 6\,\text{cm}$
b) $a = 1{,}5\,\text{cm}$, $b = 1\,\text{cm}$

3
$\frac{x}{3{,}8} = \frac{5{,}4}{8{,}1}$
$x \approx 2{,}533\,\text{cm}$

4
a)

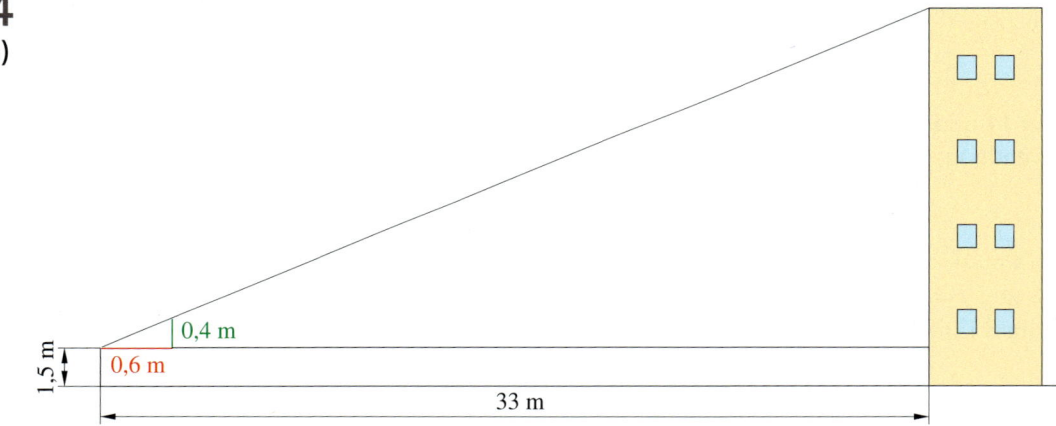

b) $\frac{0{,}4}{0{,}6} = \frac{(x - 1{,}5)}{33}$
$x = 23{,}5\,\text{m}$

5
a) $b = 1{,}42\,\text{m}$, $c = 0{,}71\,\text{m}$
b) b ist 41,8 % von h,
c ist 20,9 % von h.
c) Der Balken ist etwa 7,96 m lang.

b

2
Die neuen Maße sind:
a) $a = 6\,\text{cm}$, $b = 4{,}5\,\text{cm}$
b) $a = 2{,}4\,\text{cm}$, $b = 1{,}6\,\text{cm}$

3
$\frac{4{,}3}{2{,}5} = \frac{(4{,}3 + x)}{7{,}6}$
$x = 8{,}772\,\text{cm}$

5
a) $\frac{168}{161} = \frac{x}{96}$
$x \approx 100{,}17\,\text{m}$
b) $3 \cdot 100{,}17 \approx 300{,}52\,\text{m}$

■ Satz des Pythagoras

a

1
a) 10 b) 0 c) 2,06 d) 1,206 e) 5 f) 0,6

2
a) $c \approx 18{,}36$ b) $a \approx 10{,}78$ c) $b \approx 7{,}38$

3
Da $h^2 = p \cdot q$ und $c = q + p = 6\,\text{cm}$ gelten, gibt es unter anderem die Lösungen:
- $q = 1\,\text{cm}$ und $p = 5\,\text{cm}$ $h = \sqrt{5}\,\text{cm}$
- $q = 2\,\text{cm}$ und $p = 4\,\text{cm}$ $h = \sqrt{8}\,\text{cm}$
- $q = 3\,\text{cm}$ und $p = 3\,\text{cm}$ $h = 3\,\text{cm}$

4
Die Diagonale e hat die Länge
$\sqrt{65}\,\text{cm} \approx 8{,}06\,\text{cm}$.

5
$\sqrt{75^2 - 15^2} \approx 73{,}48$
Die Seile wurden in 73,48 m Höhe befestigt.

6
$\sqrt{80^2 + 18^2} = 82$
Das Seil ist 82 m lang.

7
$\sqrt{4{,}85^2 - 2{,}575^2} \approx 4{,}11$
Der Graben ist 4,11 m tief.

8
a) Die Flächendiagonale e ist
$\sqrt{2a^2} \approx 12{,}73\,\text{cm}$ lang.
b) Die Raumdiagonale d ist
$\sqrt{e^2 + a^2} \approx 15{,}59\,\text{cm}$ lang.

b

4
Die Seitenlänge beträgt $a = \sqrt{\frac{450}{2}}\,\text{cm} = 15\,\text{cm}$.
Der Flächeninhalt ist $A = a^2 = 225\,\text{cm}^2$.

5
$\sqrt{(r + 12{,}70)^2} \approx 12{,}72$
Miriam kann 12,72 km weit sehen.

6
Das Seil ist 104,9 m lang.

7
Das Bruchstück ist etwa 2,79 m lang, also ist die Bruchstelle in Höhe von etwa 1,71 m.

8
a) Die Kante a ist etwa 12,99 cm lang.
b) Da $e = \sqrt{2a^2}$ und $d^2 = e^2 + a^2$, gilt auch
$d^2 = 3a^2$ und somit $d = a\sqrt{3}$.

■ Vom Vieleck zum Kreis

a

1
a) Falsch, die Summe beträgt 540°.
b) Wahr, denn $\frac{540°}{5} = 108°$.

2

	r	d	u	A
a)	3,9 cm	**7,8 cm**	**24,5 cm**	**47,78 cm²**
b)	**1,05 dm**	2,1 dm	**6,6 dm**	**3,46 dm²**
c)	**0,16 cm**	**0,32 cm**	0,1 dm = **1 cm**	**0,08 cm²**
d)	**126,16 m**	**252,32 m**	**792,7 m**	5 ha = **50 000 m²**
e)	7,1 cm	**14,2 cm**	**44,61 cm**	**158,37 cm²**
f)	**15 mm**	30 mm	**94,25 mm**	**706,86 mm²**

3 $r = 2{,}39$ m, $A = 17{,}95$ m²

4
a) $A \approx 28{,}56$ m² $- 6{,}93$ m² $= 21{,}63$ m²
   $u = 2 \cdot 6{,}8$ m $+ 4{,}2$ m $+ 2{,}1$ m $\cdot \pi \approx 24{,}4$ m
b) $A \approx 1\,236{,}24$ m² $+ 2\,884{,}26$ m² $= 4\,120{,}5$ m²
   $u = 2 \cdot 20{,}4$ m $+ 2 \cdot \pi \cdot 30{,}3$ m $\approx 231{,}2$ m

5

	r	α	b
a)	9 cm	90°	**14,14 cm**
b)	**5 cm**	72°	6,3 cm
c)	4 cm	**269,3°**	18,8 cm
d)	5 cm	180°	**15,71 cm**
e)	**5,39 cm**	135°	12,7 cm

b

1
a) Wahr, denn $\frac{360°}{8} = 45°$.
b) Wahr, da ein Neuneck 1 260° hat und $\frac{1260°}{9} = 140°$.

3 $r = 50$ km

4
a) $A \approx 100{,}8$ cm² $- 6{,}6$ cm² $= 94{,}19$ cm²
   $u = 12$ cm $+ 8{,}4$ cm $+ 6{,}5$ cm $+ 2{,}9$ cm
   $+ \frac{1}{2} \cdot \pi \cdot 5{,}5$ cm
   $\approx 36{,}96$ cm
b) $A \approx 2\,048$ mm² $+ 320$ mm² $+ 2\,770{,}88$ mm²
   $= 5\,138{,}88$ mm² $= 51{,}39$ cm²
   $u = 64$ mm $+ 32$ mm $+ 42$ mm $\cdot \pi + 37{,}7$ mm
   $\approx 265{,}6$ mm

5

	r	α	b	A
a)	7 cm	45°	**5,5 cm**	**19,24 cm²**
b)	**9 cm**	72°	11,3 cm	**50,9 cm²**
c)	6 m	**40,11°**	4,2 cm	12,6 m²
d)	**6,74 cm**	85°	10 cm	**142,72 cm²**
e)	4,5 cm	**76,39°**	6 cm	**63,62 cm²**

■ Zylinder

a

1

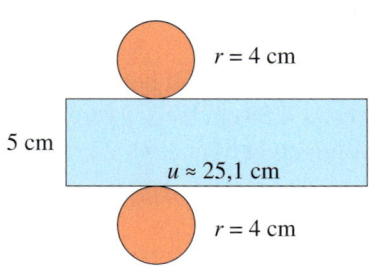

b

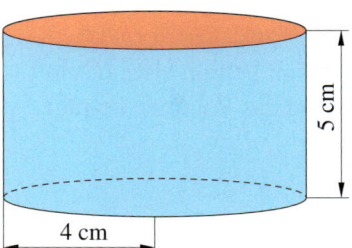

Zeichnung nicht maßstabsgetreu

2
a) $A_M \approx 201{,}06\,\text{cm}^2$, $A_O \approx 301{,}59\,\text{cm}^2$
b) $A_M \approx 15{,}08\,\text{dm}^2$, $A_O \approx 21{,}36\,\text{dm}^2$
c) $A_M \approx 43{,}98\,\text{m}^2$, $A_O \approx 69{,}12\,\text{m}^2$

2
a) $A_M \approx 2412{,}74\,\text{cm}^2$, $A_O \approx 8846{,}73\,\text{cm}^2$
b) $A_M \approx 43{,}98\,\text{cm}^2$, $A_O \approx 63{,}22\,\text{cm}^2$
c) $A_M \approx 28{,}59\,\text{m}^2$, $A_O \approx 105{,}56\,\text{m}^2$

3
$d = 10\,\text{cm} \geq r = 5\,\text{cm}$, $h = 12\,\text{cm}$
$A_O \approx 2 \cdot \pi \cdot 5 \cdot (5 + 12)\,\text{cm}^2 = 534{,}07\,\text{cm}^2$

3
$A_O \approx 559{,}53\,\text{cm}^2$, 15 % von A_O sind
$83{,}93\,\text{cm}^2$, also $643{,}46\,\text{cm}^2$ benötigt.

4
a) Im Maßstab 1:25 sind die Maße $h = 11{,}2\,\text{cm}$, $d = 4\,\text{cm}$.
b) $A_M \approx 2 \cdot \pi \cdot 0{,}5 \cdot 2{,}8 = 8{,}8\,\text{m}^2$
c) $A = 0{,}841\,\text{m} \cdot 0{,}595\,\text{m} \approx 0{,}5\,\text{m}^2$, $A_M : A \approx 17{,}6$
Theoretisch passen also 17 Plakate auf die Litfaßsäule, aber dabei werden die Abmessungen der Plakate noch nicht berücksichtigt.
Hochkant passen $3 \cdot 4 = 12$ Plakate. Quer passen $5 \cdot 3 = 15$ Plakate.

5
a) $V = (\pi \cdot 5^2 \cdot 8)\,\text{cm}^3 \approx 628{,}32\,\text{cm}^3$
b) $V = (\pi \cdot 40^2 \cdot 30)\,\text{cm}^3 \approx 150796\,\text{cm}^3$

5
a) $V = (\pi \cdot 16^2 \cdot 14)\,\text{cm}^3 \approx 11259{,}47\,\text{cm}^3$
b) $V = (\pi \cdot 9^2 \cdot 7{,}5)\,\text{cm}^3 \approx 1908{,}52\,\text{cm}^3$

6
a) $m = \pi \cdot 3^2 \cdot 6 \cdot 7{,}4\,\text{g} \approx 1255{,}4\,\text{g}$
b) $m = \pi \cdot 10^2 \cdot 250 \cdot 7{,}4\,\text{g} \approx 581{,}2\,\text{kg}$

6
$r_i = 20\,\text{mm}$, $r_a = 25\,\text{mm}$, $h = 10000\,\text{mm}$
$\geq m = 79{,}85\,\text{kg}$

7
a) $V \approx 231{,}22\,\text{cm}^3$, $A_O \approx 624{,}3\,\text{cm}^2$
b) $V \approx 175{,}21\,\text{cm}^3$, $A_O \approx 1195\,\text{cm}^2$

7
a) $V \approx 193{,}96\,\text{cm}^3$, $A_O \approx 581{,}89\,\text{cm}^2$
b) $V \approx 65{,}97\,\text{cm}^3$, $A_O \approx 446{,}42\,\text{cm}^2$

8
$m \approx 4239{,}37\,\text{g} = 4{,}24\,\text{kg}$

9
a) Zeichnung siehe Buch
b) $V_Q = 147\,\text{cm}^3$, $V_Z \approx 11\,\text{cm}^3$, $V \approx 136\,\text{cm}^3$
c) $m \approx 136 \cdot 2{,}72\,\text{g} = 369{,}92\,\text{g}$

Pyramide, Kegel, Kugel

a

1
Der Oberflächeninhalt beträgt etwa 65 cm², die Höhe 3,1 cm und das Volumen beträgt etwa 26 cm³.

2
Der Oberflächeninhalt beträgt etwa 35,34 dm²; das Volumen beträgt etwa 13,69 dm³.

3
Der Oberflächeninhalt beträgt etwa 17 203,36 mm²; das Volumen beträgt etwa 212 174,8 mm³.

4
Individuelle Zeichnung.

5
a) Das Volumen beträgt 276 cm³.
b) Die Mantelfläche beträgt etwa 69,97 cm².

6
a) Der Radius beträgt etwa 2,31 cm.
b) Der Radius würde etwa 1,84 cm betragen.

7
$V \approx 8\,181{,}23\,cm^3$
$m \approx 22\,089\,g \approx 22\,kg$

b

1
Der Oberflächeninhalt beträgt etwa 52,66 cm², h_a ist etwa 4,58 cm lang, h_K etwa 4,1 cm und das Volumen beträgt etwa 22 cm³.

2
Der Oberflächeninhalt beträgt etwa 46,40 cm², das Volumen etwa 20,94 cm³.

3
a) Der Radius beträgt etwa 4,15 cm.
b) Der Oberflächeninhalt beträgt ca. 216,72 cm².

4
Individuelle Zeichnung.

5
Der Körper besteht aus einem Kreiskegel und einem Prisma.
$V \approx 10{,}28\,cm^3$
$A_O \approx 39{,}05\,cm^2$

Lösungen zum Training

Seite 195   Zweistufige Zufallsexperimente

1. ②, ③ und ④ können als zweistufige Zufallsexperimente interpretiert werden. Bei ① handelt es sich um ein einstufiges und bei ⑤ um ein dreistufiges Zufallsexperiment.

2. a) 20 % der Fehler werden vom 1. Kontrolleur nicht entdeckt, 25 % der Fehler entdeckt der 2. Kontrolleur nicht. Also wird ein Fehler mit einer Wahrscheinlichkeit von $0{,}2 \cdot 0{,}25 = 0{,}05 = 5\,\%$ nicht entdeckt.
   b) Beide Kontrolleure müssten mit einer Zuverlässigkeit von 90 % Fehler entdecken, da $0{,}1 \cdot 0{,}1 = 0{,}01 = 1\,\%$.

3. a)
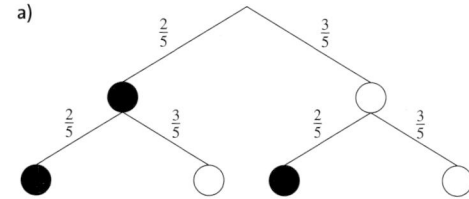
   b) $P(\text{Schwarz; Schwarz}) = \frac{2}{5} \cdot \frac{2}{5} = \frac{4}{25} = 16\,\%$
      Die Wahrscheinlichkeit beträgt 16 %.
   c) $100\,\% - 16\,\% = 84\,\%$ Die Wahrscheinlichkeit für mindestens eine weiße Kugel beträgt 84 %.
   d) Ja, sie verändern sich, da die Anzahl der weißen und schwarzen Kugeln in der Urne nicht gleich groß ist.

4. individuell verschieden
   Beispiel: Zwei Glücksräder
   Erstes Glücksrad: 10 % Rot, 40 % Gelb, 50 % Grün
   Zweites Glücksrad: 50 % Rot, 50 % Gelb
   Hauptpreis: 2 × Rot
   Trostpreis: 2 × Gelb

5. a) $8 \cdot 2 = 16$ Es gibt 16 Kombinationsmöglichkeiten.
   b) $5 \cdot 3 = 15$ Es gibt 15 Kombinationsmöglichkeiten.
   c) $8 \cdot 7 : 2 = 28$ Es gibt 28 Kombinationsmöglichkeiten, wenn die Reihenfolge der Saftsorten keine Rolle spielt und die verwendeten Säfte verschieden sind.
   d) $49 \cdot 48 = 2352$ Möglichkeiten, wenn die Reihenfolge eine Rolle spielt und $2352 : 2 = 1176$ Möglichkeiten, wenn die Reihenfolge der Kugeln egal ist.

6. individuell verschieden
   Beispiel: Ziehen ohne Zurücklegen aus einer Urne mit zwei grünen und einer gelben Kugel.

7. individuell verschieden
   a) Beispiel: Ziehung aus einer Urne mit einer weißen und vier schwarzen Kugeln mit Zurücklegen
   b) Beispiel: Ziehung aus einer Urne mit drei weißen und vier schwarzen Kugeln ohne Zurücklegen

8. a) $\frac{1}{4} \cdot \frac{1}{4} = \frac{1}{16} = 6{,}25\,\%$
   b) $\frac{1}{4} \cdot \frac{1}{4} + \frac{1}{4} \cdot \frac{3}{4} + \frac{3}{4} \cdot \frac{1}{4} = \frac{7}{16} = 43{,}75\,\%$
      Mit einer Wahrscheinlichkeit von 43,75 % wurde mindestens eine Aufgabe richtig beantwortet.
   c) Bei zehn Antwortmöglichkeiten, von denen genau eine richtig ist, liegt die Wahrscheinlichkeit, beide Fragen durch Raten zu lösen, bei genau 1 %.

Seite 196   Lineare Gleichungssysteme

1. a) P und R sind Lösungen der linearen Gleichung.
   b) $A(-2|22)$, $B(7|4)$, $C(3|12)$, $D(3{,}5|11)$
   c)
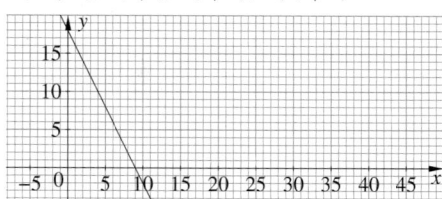
   d) individuell verschieden; z. B. Auf einem Bauernhof leben Kühe und Hühner. Insgesamt sind es 36 Tiere.

2. a) $f(x) = -0{,}25x + 3$ b) $g(x) = -0{,}5x - 0{,}5$
   c) $h(x) = -2x + 5$ d) $i(x) = -2x + 3$
   e) $N_f(12|0)$ $N_g(-1|0)$ $N_h(2{,}5|0)$ $N_i(1{,}5|0)$

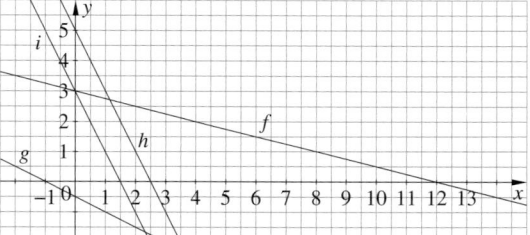

3. a) $S(1|0{,}5)$ b) $S(4|0)$
   c) $S(3|-2)$ d) $S(0{,}8|-0{,}8)$

4. a) $x = 5$ und $y = 4$ b) $x = 6$ und $y = 9$
   c) $x = 7$ und $y = 3$ d) $x = 10$ und $y = 0$
   e) keine Lösungen   f) $x = 5$ und $y = 3$
   g) unendlich viele Lösungen   h) $x = 3$ und $y = 2$

5. I $2x + 2y = 30$, II $y = 5x$, also $x = 2{,}5$ cm und $y = 12{,}5$ cm
   Das Rechteck hat einen Flächeninhalt von 31,25 cm².

6. a) I $x + y = 20$, II $0{,}8x + 1{,}2y = 19{,}2$,
      also $x = 12$ und $y = 8$
      Er kauft 12 Marken zu 0,80 € und 8 zu 1,20 €.
   b) I $10x + 15y = 32{,}5$, II $y = x + 0{,}5$
      also $x = 1$ und $y = 1{,}5$
      Eine rote Marke kostet 1,50 €.

7. a) I $x + 24y = 929$, II $x + 30y = 1115$
      also $x = 185$ und $y = 31$
      Die Anmeldegebühr betrug 185 €, eine Fahrstunde kostete 31 €.
   b) $185 + 31x = 250 + 29x$, also $x = 32{,}5$
      Ab 33 Fahrstunden ist diese Fahrschule günstiger.

8. I $0{,}05x + 0{,}08y = 3600$, II $0{,}06x + 0{,}07y = 3540$
   also $x = 24\,000$ € und $y = 30\,000$ €
   Die Kapitalbeträge betrugen 24 000 € und 30 000 €.

9. I $x + y + z = 71$
   II $5x = 6y$
   III $z = y - 9$ Die Zahlen heißen 30, 25 und 16.

Seite 197 Ähnlichkeit

1 a) Maßstab 1:2

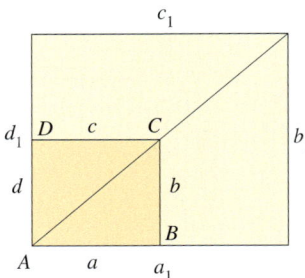

b) Maßstab 1:2   c) Maßstab 1:2

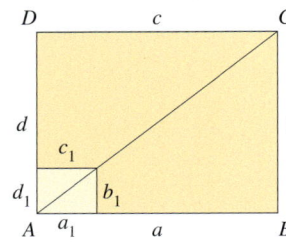 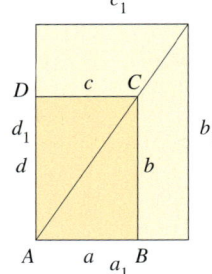

2 $\frac{x}{3} = \frac{9}{6}$, also $x = 4{,}5$

3 Es gilt: $\frac{x}{37} = \frac{0{,}4}{0{,}8}$, also $x = 18{,}5$; $18{,}5 + 1{,}5 = 20$
Das Gebäude hat eine Höhe von 20 m.

4 a) Es gilt: $\frac{x}{368{,}03 - 1{,}50} = \frac{0{,}8}{0{,}4}$, also $x = 733{,}06$
Die Entfernung müsste 733,06 m betragen.
b) Es gilt: $\frac{x}{207{,}53 - 1{,}50} = \frac{0{,}8}{0{,}4}$, also $x = 733{,}06$
Die Entfernung müsste 412,06 m betragen.
c) Man müsste näher herantreten. Da der Arm kürzer und der Stock länger ist, wird der Winkel zwischen Arm und Blickrichtung größer. Um die Turmspitze zu sehen, muss man dann näher herantreten.

5 $7353 \text{ m} : 87 \approx 84{,}52 \text{ m}$
Der Zug wäre als HO-Modell 84,52 m lang.

6 x ist die Seitenlänge des großen Quadrates, dann gilt nach dem Strahlensatz: $\frac{x}{8{,}5} = \frac{2}{4}$, also $x = 4{,}25$.
Das Quadrat hat einen Flächeninhalt von $4{,}25^2 \text{ cm}^2 \approx 18{,}06 \text{ cm}^2$.

7 Es gibt verschiedene Streckzentren.

a)

Streckzentrum	Punkt → Bildpunkt
A	$N \to S_1$, C, $F \to L$, $M_2 \to M_1$, $T \to M$, $M \to B$
B	$O \to S_2$, C, $G \to K$, $M_2 \to M_1$, $N \to M$, $M \to A$
M	$T \to A$, $P \to S_1$, $N \to B$, $Q \to S_2$

b) individuell verschieden
c) individuell verschieden

Seite 198 Satz des Pythagoras

1 Alle Dezimalbrüche von 44,3 bis 45,5 ergeben beim Wurzelziehen das gerundete Ergebnis 6,7.

2 a) $15 < \sqrt{250} < 16$ b) $31 < \sqrt{1000} < 32$
c) $17 < \sqrt{305} < 18$ d) $70 < \sqrt{5000} < 71$

3 ① $x = \sqrt{2^2 + 3^2} = \sqrt{13}$
② $x = \sqrt{7^2 - 5^2} = \sqrt{24}$
③ $x = \sqrt{3^2 - 2^2} = \sqrt{5}$
④ $x = \sqrt{4^2 + 2^2} = \sqrt{20}$ und $y = \sqrt{(\sqrt{20})^2 + 2^2} = \sqrt{24}$

4 a) $c = 10$ cm b) $b = 8$ cm c) $a \approx 8{,}9$ cm
d) $c = 25$ mm e) $b \approx 8{,}5$ m f) $a \approx 35{,}9$ cm
g) $a = 9{,}6$ cm h) $b = 288$ mm

5 a) ja b) ja c) nein d) nein

6 Nein, nur eine Strecke von 36,37 cm.

7 a) $c^2 = f^2 + e^2$ b) $f^2 + g^2 = b^2$
c) $b^2 = (e+g)^2 - c^2$ d) $a^2 = d^2 + (e+g)^2$
e) $e = \sqrt{c^2 - f^2}$ f) $d = \sqrt{a^2 - (e+g)^2}$

8 a) $\sqrt{1^2 + 1^2} = \sqrt{2}$; $a = \sqrt{2}$ cm
$\sqrt{(\sqrt{2})^2 + 1^2} = \sqrt{3}$; $b = \sqrt{3}$ cm
$\sqrt{(\sqrt{3})^2 + 1^2} = \sqrt{4}$; $c = \sqrt{4}$ cm
$\sqrt{(\sqrt{4})^2 + 1^2} = \sqrt{5}$; $d = \sqrt{5}$ cm

b) Sie erinnert an ein Schneckenhaus und die Längen der roten Strecken sind Quadratwurzeln natürlicher Zahlen, wobei sich ihr Radikand immer um 1 erhöht.
c) Zeichenübung; $\sqrt{17}$ cm $\approx 4{,}1$ cm

9 $(\frac{d}{2})^2 = (\frac{\sqrt{50^2 + 50^2}}{2})^2 = \frac{5000}{4} = 1250$
$\sqrt{h^2 + (\frac{d}{2})^2} = \sqrt{110^2 + 1250} = \sqrt{13350} \approx 115{,}5$
Die Schenkel sind 115, 5 cm lang.

10 6371 km $+ 25$ m $= 6371{,}025$ km
$\sqrt{6371{,}025^2 - 6371^2} \approx 17{,}848$
Der Kapitän kann 17,848 km weit schauen.

11

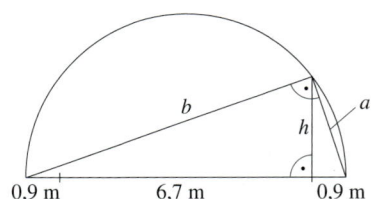

Es gelten folgende Gleichungen:
I $a^2 = h^2 + 0{,}9^2$
II $b^2 = h^2 + 7{,}6^2$
III $8{,}5^2 = a^2 + b^2$
I und II einsetzen in III ergibt:
$8{,}5^2 = h^2 + 0{,}9^2 + h^2 + 7{,}6^2$
$h^2 = \frac{8{,}5^2 - 0{,}9^2 - 7{,}6^2}{2} = \frac{13{,}68}{2} = 6{,}84$
$h \approx 2{,}62$
Auf das Höhenbegrenzungsschild muss eine Höhe von 2,60 m geschrieben werden.

Seite 199 Vom Vieleck zum Kreis

1. a) z. B. Verkehrszeichen „Vorfahrt achten"
   b) z. B. quadratischer Tisch
   c) z. B. Pentagon in Washington
   d) z. B. Stoppschild

2. a) 25,13 cm b) 40,84 mm c) 12,25 dm
   d) 6,28 mm   e) 32,67 m   f) 42,10 dm

3. a) $u = \frac{3}{4} \cdot 2 \cdot \pi \cdot 7{,}2\,m + 2 \cdot 7{,}2\,m$
      $= 33{,}93\,m + 14{,}4\,m = 48{,}33\,m$
   b) $s^2 = (7{,}2\,m)^2 + (7{,}2\,m)^2 = 103{,}68\,m$, also $s = 10{,}18\,m$
      $u = 33{,}93\,m + 10{,}18\,m = 44{,}11\,m$

4. a) $d = 3{,}82\,cm$, $r = 1{,}91\,cm$
   b) $u = 10\,dm$, $d = 3{,}18\,dm$, $r = 1{,}59\,dm$
   c) $u = 12\,cm$, $d = 3{,}82\,cm$, $r = 1{,}91\,cm$
   d) $u = 300\,m$, $d = 95{,}49\,m$, $r = 47{,}75\,m$
   e) $u = 15\,m$, $d = 4{,}77\,m$, $r = 2{,}39\,m$

5. a) $A = 69{,}40\,mm^2$ b) $A = 19{,}63\,m^2$
   c) $A = 12{,}57\,cm^2$ d) $A = 12{,}57\,cm^2$
   e) $A = 8{,}04\,dm^2$ f) $A = 29{,}22\,km^2$

6. a) $r = 1{,}53\,m$ b) $r = 5{,}11\,cm$
   c) $r = 1{,}49\,ha$

7. a) $d \approx 16\,cm$, $u \approx 50{,}27\,cm$, $A \approx 201{,}06\,cm^2$
   b) $r \approx 8{,}5\,mm$, $u \approx 53{,}41\,mm$, $A \approx 226{,}98\,mm^2$
   c) $r \approx 0{,}37\,dm$, $d \approx 0{,}73\,dm$, $A \approx 0{,}42\,dm^2$
   d) $r \approx 1{,}26\,km$, $d \approx 2{,}52\,km$, $u \approx 7{,}93\,km$
   e) $r \approx 79{,}79\,m$, $d \approx 159{,}58\,m$, $u \approx 501{,}33\,m$

8. $r \approx 250\,m$, $A \approx 196\,350\,m^2 = 19{,}635\,ha$

9. $u \approx 28{,}90\,m$ Es sind mehr als 16 Personen nötig.

10. $u = 6 \cdot 70\,cm = 420\,cm$, $d = 133{,}7\,cm$

11. Mini: $A = 314{,}16\,cm^2$, Maxi: $A = 706{,}86\,cm^2$
    Die Fläche der Maxipizza ist mehr als doppelt so groß als die der Minipizza, während der Preis nur um ca. 51 % steigt und nicht einmal um das Doppelte. Bei der Maxipizza bekommt man mehr für sein Geld.

12. a) $b \approx 5{,}4\,cm$, $A \approx 12{,}8\,cm^2$
    b) $d \approx 12{,}8\,m$, $\alpha \approx 67{,}1°$
    c) $d \approx 294{,}7\,dm$, $A \approx 6629{,}9\,dm^2$
    d) $d \approx 13{,}9\,m$, $\alpha \approx 160{,}2°$

13. $A = 1576{,}33\,m^2 - 88{,}25\,m^2 = 1488{,}08\,m^2$
    $1488{,}08\,m^2 \cdot 1{,}15 = 1711{,}29\,m^2$ (inkl. Verschnitt)
    $1711{,}29 \cdot 135\,€ \approx 231\,024{,}15\,€$

14. a) $A = 913{,}6\,cm^2$
    b) $A = 69{,}4\,cm^2$

Seite 200 Zylinder

1. Beispiele: Litfasssäule, Zigarette, Salzstange, …

2. a) Maßstab 1:5   b) Maßstab 1:5

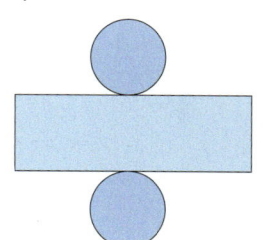

3. $A_M = 78{,}5\,cm^2$

4. a) $A_O = 377{,}0\,cm^2$, $V = 549{,}8\,cm^3$
   b) $A_O = 99{,}0\,m^2$, $V = 74{,}6\,m^3$
   c) $A_O = 3652{,}1\,cm^2$, $V = 12\,370{,}0\,cm^3$
   d) $A_O = 115{,}36\,dm^2$, $V = 339{,}29\,dm^3$

5. a) $h = 3{,}0\,cm$, $A_O = 552{,}9\,cm^2$, $V = 603{,}2\,cm^3$
   b) $h = 9{,}0\,dm$, $A_M = 113{,}1\,dm^2$, $V = 113{,}1\,dm^3$
   c) $r = 1{,}3\,m$, $A_M = 33{,}5\,m^2$, $A_O = 44{,}1\,m^2$
   d) $h = 17{,}5\,mm$, $A_M = 4090{,}4\,mm^2$, $A_O = 12\,785{,}3\,mm^2$

6. Nur dann, wenn $2r = r^2$ gilt, also wenn $r = 2$ LE beträgt.

7. a) Maßstab 1:5   b) Maßstab 1:5

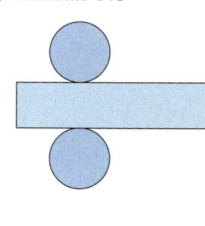

8. a) Das Volumen vervierfacht sich.
   b) Das Volumen verdoppelt sich.
   c) Das Volumen verachtfacht sich.
   d) Das Volumen halbiert sich.

9. a) $V = 125{,}7\,cm^3$
   b) $V_{5\text{ Kerzen}} = 628{,}3\,cm^3$, $h = 12{,}5\,cm$

10. Beispiele: ① $r = 4\,cm$, $h = 19{,}89$,
    ② $r = 5\,cm$, $h = 12{,}73\,cm$ ③ $r = 6\,cm$, $h = 8{,}84\,cm$

11. a) Zeichenübung
    b) A_O (mit Verschnitt) $= 207{,}3\,cm^2 \cdot 1{,}23 \approx 255\,cm^2$
    c) $V = 226{,}2\,cm^3$, also sind $26{,}2\,cm^3$ nicht gefüllt, das sind 11,6 %
    d) $s = \sqrt{(6\,cm)^2 + (8\,cm)^2} = 10\,cm$
       Der Strohhalm sollte also länger als 10 cm sein, damit er nicht in die Dose rutschen kann.

12. a) $V = 53\,014{,}38\,cm^3$ b) ca. 37,1 kg

13. a) Ein Stamm wiegt etwa 1583,4 kg.
    b) Er darf also maximal 7 (bzw. $7\frac{1}{2}$) Stämme aufladen.

14. a) $V = 659{,}7\,cm^3$, $A_O = 571{,}8\,cm^2$
    b) $V = 245{,}2\,m^3$, $A_O = 338{,}9\,m^2$

Seite 201 Pyramide, Kegel, Kugel

1.
	a	s	h	h_a
a)	6 cm	12 cm	**11,2 cm**	**11,6 cm**
b)	**15,8 cm**	**15,1 cm**	10,2 cm	12,9 cm
c)	**11,3 cm**	11,4 cm	**8,1 cm**	9,9 cm
d)	15 cm	**29,0 cm**	**27,0 cm**	28 cm

2. a) $V = 15,4 \, m^3$
   b) $V = 2508 \, cm^3 = 2,508 \, dm^3$
   c) $V = 160 \, cm^3$

3. a) $A_M = 270,56 \, cm^2$, $A_O = 349,77 \, cm^2$
   b) $h_a = 15,18 \, m$, $A_M = 437,15 \, m^2$, $A_O = 644,51 \, m^2$
   c) $a = 29,46 \, cm$, $A_M = 1119,55 \, cm^2$, $A_O = 1987,55 \, cm^2$
   d) $a = 20 \, cm$, $A_M = 512,4 \, cm^2$, $A_O = 912,4 \, cm^2$

4.
	a	b	h	V
a)	58 mm	93 mm	26 mm	**46 748 mm³**
b)	125 cm	244 cm	**13,8 cm**	140 000 cm³
c)	**12,5 m**	12 m	12 m	600 m³
d)	138 dm	**81,5 dm**	167 dm	625 824 dm³

5. a) $V = 583,3 \, cm^3$
   b) $h = 8,7 \, cm$, $V = 226,7 \, cm^3$
   c) $r = 11,2 \, mm$, $V = 1309,0 \, mm^3$
   d) $h = 32,1 \, m$, $V = 6584,0 \, m^3$

6. a) $s = 17,7 \, cm$, $A_M = 278,3 \, cm^2$, $A_O = 356,9 \, cm^2$, $V = 445,1 \, cm^3$
   b) $r = 15 \, mm$, $s = 25 \, mm$, $A_M = 1178,1 \, mm^2$, $A_O = 1885,0 \, mm^2$, $V = 4712,4 \, mm^3$
   c) $r = 11,2 \, cm$, $A_M = 526,9 \, cm^2$, $A_O = 919,6 \, cm^2$, $V = 1309,0 \, cm^3$
   d) $r = 4 \, cm$, $A_M = 113,1 \, cm^2$, $A_O = 163,4 \, cm^2$, $h = 8,1 \, cm$, $V = 135,1 \, cm^3$

7. a) $V = 212,2 \, cm^3$, $A_O = 172,0 \, cm^2$
   b) $V = 1098,1 \, dm^3$, $A_O = 514,7 \, dm^2$

8. a) $d = 30,3 \, cm$ b) $d = 1,6 \, m$
   c) $d = 3,8 \, cm$ d) $d = 1,6 \, m$

9. a) $A_O = 201,1 \, cm^2$
   b) $r = 2,8 \, cm$
   c) $r = 5,7 \, cm$

10. $V_{Kugel} \approx 4188 \, cm^3 > V_{Pyramide} \approx 333 \, cm^3 > V_{Kegel} \approx 262 \, cm^3$

11. $\frac{V_{Kegel}}{V_{Kugel}} = \frac{\pi \cdot 50^2 \cdot 100}{0{,}75 \cdot \pi \cdot 1{,}5^3} = 18\,518{,}5$

    Vom reinen Volumen her würden maximal 18 518 Kugeln hineinpassen, durch Hohlräume sind es aber deutlich weniger Kugeln.

Lösungen zu „Auf dem Weg in die Berufswelt"

Seite 204   Eingangsdiagnose

Grundkenntnisse

I Grundrechenarten

1. a) 10 238 b) 517 c) 332 926
   d) 6 082 e) 166 f) 9
   g) –1 365

II Maße und Massen

2. a) 3 cm b) 600 m c) 7,5 kg
   d) 0,035 t e) 130 min f) 25 000 cm²
   g) 20 000 mm³

3. a) 1 dm² b) 1 cm²

III Brüche und Dezimalbrüche

4. a) $\frac{28}{100} = 0,28$ b) $\frac{25}{100} = \frac{1}{4}$

5. a) 8/9 b) 0,95 = 19/20 c) 1/6
   d) 2,84 e) 21,35 f) 1/6

IV Prozentrechnung

6. a) 0,08 b) 30 % c) 80 %

7. a) W = 56 € b) W = 120 kg
   c) p % = 28 % d) G = 4 000 Schüler
   e) Z = 40 € f) G = 15 €
   g) p % = 5 %

V Dreisatz

8. 0,39 € · 3 = 2,34 € Sechs Hefte kosten 2,34 €.

9. 2,25 € · 3 = 6,75 € Neun Schokoriegel kosten 6,75 €.

10. 8 h : 2 = 4 h Zwei Maler benötigen 4 h.

11. $120 \frac{km}{h} \cdot 4 \, h : 80 \frac{km}{h} = 6 \, h$
    Der LKW benötigt 6 h.

12. 26 · 14,5 € : 25 = 15,08 €.
    Bei 25 Teilnehmern zahlt jeder 15,08 €.

13. 3,5 h · 4 : 5 = 2,8 h = 2 h 48 min
    Fünf Pumpen benötigen 2 h 48 min.

VI Flächen- und Körperberechnungen

14. b = 8,5 cm

15. u = 18,84 cm

16. V = 270 cm³

17. A_O = 600 cm²

18. Das Volumen wird achtmal so groß.

19. Seitenlänge a = b = c = 4 cm; h ≈ 3,5 cm; A ≈ 6,9 cm²

VII Algebra

20. 10 a + 3 b

21. 17 x + 29

22. a) x = 7 b) x = 2

23. x + 2x = 27; x = 9
    Daniel ist 9 Jahre und Jens ist 18 Jahre alt.

24. 5x – 87 = 43
    x = 26

Verarbeitungskapazität

VIII Ergebnisse Schätzen

25. a) ① 22 115 b) ② 120
    c) ③ 12 500 d) ④ 135 000 h

IX Zahlenfolgen und Figurenreihen

26. a) 2, 5, 8, 11, **14**, **17**, **20**
    b) 45, 43, 49, 47, 53, **51**, **57**, **55**
    c) 2, 5, 7, 12, 19, **31**; **50**; **81**
    d) 4, 12, 7, 21, 16, 48, **43**; **129**; **124**
    e)

X Kopfgeometrie

27. Körper A

28. a) Zeichen A b) Zeichen D

29. a) Der Körper hat 8 Flächen.
    b) Der Körper hat 16 Flächen.

Lösungen zu „Auf dem Weg in die Berufswelt"

Seite 206 **Training**

Grundkenntnisse

I Grundrechenarten

1. a) 63 280 b) 40 735
   c) 6 796 d) 146 859
   e) 3 605

2. a) 6 688 598 b) 237 059 620
   c) 92 980 755 d) 756
   e) 2 057 f) 6 501

3. a) −856 b) −1 035
   c) 10 730

4. a) 830 b) 3 500
   c) 20 d) 2 700

5. a) 2 626 b) 5 860
   c) 9 282 d) 21 924
   e) 599 f) −13,5

II Maße und Massen

6. a) 140 cm b) 146 dm
   c) 7 800 m d) 0,54 dm
   e) 8,5 kg f) 2 800 kg
   g) 4 050 g h) 120 min
   i) 720 s j) 135 min

7. a) 60 min; 42 min b) 6 h 40 min

8. a) 200 dm² b) 60 cm²
   c) 500 000 m² d) 50 000 m²
   e) 3 000 dm³ f) 2,05 m³
   g) 1,28 ℓ h) 300 ℓ

III Brüche und Dezimalbrüche

9. a) 0,7 b) 0,47
   c) 0,033 d) 0,5
   e) 0,6 f) 0,48
   g) 0,85 h) 3,14
   i) 12,375

10. a) 2,7 b) 8,61
    c) 1,3 d) 1,55
    e) 54,18 f) 5,4
    g) 2,68 h) 0,508
    i) 3,8 j) 25,19
    k) 7,3 l) 5,32
    m) 36,13 n) 2

11. a) $\frac{6}{7}$ b) $\frac{2}{3}$
    c) $\frac{3}{4}$ d) $\frac{3}{5}$
    e) $\frac{19}{20}$ f) $\frac{23}{36}$
    g) $1\frac{11}{90}$ h) $5\frac{1}{8}$
    i) $\frac{1}{4}$ j) $\frac{1}{6}$
    k) $\frac{1}{6}$ l) $\frac{3}{10}$
    m) $2\frac{17}{24}$ n) $3\frac{2}{3}$
    o) $9\frac{4}{5}$

12. a) $\frac{6}{35}$ b) $\frac{3}{10}$
    c) $\frac{3}{4}$ d) $7\frac{1}{2}$
    e) $8\frac{1}{8}$ f) $17\frac{1}{4}$

13. a) 2 b) $1\frac{3}{5}$
    c) $\frac{14}{15}$ d) $8\frac{13}{15}$
    e) $\frac{18}{25}$ f) $\frac{5}{144}$

14. a) $\frac{3}{5}$ b) $\frac{2}{3}$
    c) $3\frac{3}{5}$ d) $10\frac{10}{13}$

IV Prozentrechnung

15. a) W = 16 kg
    b) W = 30 m
    c) W = 3 000 Stimmen
    d) W = 180 Schüler
    e) W = 237,5 €
    f) W = 3 505,2 ℓ

16. a) p % = 76 %
    b) p % = 32 %
    c) p % = 69 %
    d) p % = 12 %
    e) p % = 20 %
    f) p % = 37,5 %

17. a) G = 32 kg
    b) G = 200 m
    c) G = 175 Punkte
    d) G = 800 Schüler
    e) G = 2 500 €
    f) G = 16 h 40 min

18. Es sind 192 Artikel nicht zu gebrauchen.

19. Ute fehlen noch 80 % des Betrags.

20. a) Die Versicherung zahlt 1 530 €.
    b) Er muss noch 270 € zahlen.

21. a) Der Preis wurde auf 88 % reduziert.
    b) Der Preis ist um 12 % gefallen.

22. Es waren 5 450 Punkte zu erreichen.

23. a) Die Mehrwertsteuer entspricht 89,30 €.
    b) Die Reparatur kostet insgesamt 559,30 €.

24. Vorher mussten 617 € Miete gezahlt werden.

25. Der Mantel kostete vorher 233 €.

26. Sein Sparguthaben betrug 200 €.

27. Das Kapital bringt 135 € Zinsen.

V Dreisatz

28 a) nicht proportional, da man unterschiedlich schnell wächst.
b) antiproportional, je größer die Schrift desto weniger Zeilen passen auf eine Seite
c) proportional (soweit es keine Rabatte bei mehreren Kugeln gibt), je mehr Kugeln, desto höher der Preis
d) antiproportional, je mehr LKW, desto weniger Zeit benötigen sie
e) proportional, da jede Münze gleich viel wiegt
f) nicht proportional, da der Zuckergehalt (Anteil des Zuckers im Getränk) nicht steigt sondern gleich bleibt
g) antiproportional, je mehr Rasenmäher mähen, desto schnelle kann eine Fläche gemäht werden
h) proportional, je länger die Seite, desto größer der Umfang
i) antiproportional, je höher die Geschwindigkeit, desto kürzer ist die Fahrt für eine gleich lange Strecke, sofern keine Pausen eingelegt werden

29 individuell verschieden; Beispiele
a) Je größer der Kreis ist, desto größer ist sein Umfang.
b) Je größer ein Eimer, desto kleiner die Anzahl der Schüttungen, um eine Badewanne zu füllen.
c) Verdoppeln sich die verkauften Karten, so verdoppeln sich auch die Einnahmen.
d) Wenn sich die Anzahl der Arbeiter halbiert, so verdoppelt sich die benötigte Zeit.

30 a) proportional
b) nicht proportional und nicht antiproportional
c) nicht proportional und nicht antiproportional
d) antiproportional
e) proportional

31 a) falsch
b) falsch
c) richtig
d) richtig

32 a)
x	1	2	3	4	5
y	6	12	18	24	30

b)
x	1	2	3	4	5
y	0,75	1,5	2,25	3	3,75

c)
x	$\frac{1}{2}$	1	$1\frac{1}{2}$	2	$2\frac{1}{2}$
y	4	8	12	16	20

33 a)
x	1	2	3	4	5
y	180	90	60	45	36

b)
x	1	2	3	4	5
y	60	30	20	15	12

c)
x	1	2	4	5	8
y	80	40	20	16	10

34 Ein kg Fleisch kostet 9,80 €.

35 Auf 100 km verbraucht der Pkw 8 ℓ.

36 Die Schrittweite der Tochter beträgt 50 cm.

37 Der andere Hausbewohner zahlt 57,50 €.

38 Ein Lkw benötigt 8 h 15 min.

39 Er benötigt für die Küche 180 Kacheln.

40 Ein Taschenrechner kostet 11,49 €.

41 Für 18 Hunde reicht der Vorrat 17,5 Tage

VI Flächen- und Körperberechnungen

42 $u = 290$ m; $A = 4950$ m^2

43 Länge $b = 8$ cm; $A = 48$ cm^2

44 a) $A = 40\,000$ m^2 b) $a = 200$ m

45 a) $A = 98\,000$ cm^2 b) Man benötigt 2000 Fliesen.

46 $u \approx 18,85$ cm; $A \approx 28,27$ cm^2

47 a) $V = 30$ m^3 b) 2 m

48 a) $V \approx 197,9$ cm^3 b) Der Strohhalm muss mindestens 9,3 cm lang sein. Günstig wäre z. B. eine Länge von 12 cm.

49 a) Würfel b) Würfel c) Kegel

VII Algebra

50 a) $2x + 35$ b) $6a - 14b$
c) $21x - 84$ d) $9a^2 + 9a - 70$
e) $-18x + 31$ f) $25x - 61$
g) $12x^2 - 8x - 32$

51 a) $x = 2$ b) $t = 8$
c) $y = -20$ d) $v = 12$
e) $s = 9$ f) $x = 21$

52 $7x + 5 = -37$
$x = -6$
Die Zahl heißt -6.

53 $2x + x + \frac{1}{2}x = 357$
$x = 102$
Die erste Zahl ist 204, die zweite 102 und die dritte 51.

54 $(x + 5) \cdot 2 - 16 = (x - 12) \cdot 5$
$x = 18$
Die gesuchte Zahl ist 18.

55 $x + (x + 13) = 35$;
$x = 11$
Enno ist 11 Jahre und Robert ist 24 Jahre alt.

56 a) $3x + x + (x + 26) = 86$
$x = 12$
Der Sohn ist 12 Jahre alt.
b) Der Vater ist 38 Jahre und die Mutter ist 36 Jahr alt.

57 a) $x + 2x + 5x = 200$
$x = 25$
Von jeder Sorte erhält man 25 Brettchen.
b) Es sind insgesamt 75 Brettchen.

Lösungen zu „Auf dem Weg in die Berufswelt"

58 $40\,m^2 = 400\,000\,cm^2$
Es sind mindestens 1 000 Platten nötig.

59 a) Ein Anteil beträgt 280 €.
b) Person C erhält 1 400 €.

60 a) Der Winkel α hat eine Größe von 20°.
b) Die Winkel β und γ haben jeweils eine Größe von 80°.

61 a) $x = 3, y = 0$ **b)** $x = 9, y = 10$
c) $x = 0, y = 4$ **d)** keine Lösung

Verarbeitungskapazität

VIII Ergebnisse schätzen

62 a) ④ 1 353 **b)** ① 9 802
c) ③ 351 526 **d)** ① 949

63 a) ③ 10 834 **b)** ① 24 500
c) ② 198 **d)** ③ 154 440
e) ③ 3 300

64 a) $9\,660 \approx 10\,000$ **b)** $2\,084 \approx 2\,000$
c) $0{,}0108 \approx 0{,}01$ **d)** $22 \approx 20$
e) $17\,475 \approx 17\,000$ **f)** $7{,}179487 \approx 7$

65 a) ca. 750 km/h **b)** ca. 2 100 €
c) ca. 85 Flaschen

IX Zahlenfolgen und Figurenreihen

66 a) 32 **b)** 27
c) 14 **d)** 22
e) 48 **f)** 20
g) 25 **h)** 45

67 a) E **b)** B
c) E **d)** C

68 a)  b) c)

X Kopfgeometrie

69 C

70 a) 5 **b)** 8
c) 2 **d)** 10

71 $1 - c;\ 2 - b;\ 3 - d;\ 4 - a$

72 ① B,
② kann B sein,
③ kann A oder C sein,
④ A, kann auch B oder C sein

73 ① B; ② A; ③ C; ④ D

Seite 212 Test

1. a) 417 343 b) 53 705
   c) 7 500 d) 14 261 035
   e) 35 021 f) 3 826
   g) 34 h) 75

2. Sechs Busse reichen gerade nicht, demnach müssen sieben Busse bestellt werden

3. a) 120 mm b) 80 dm
   c) 3 500 m d) 0,15 km
   e) 6 t f) 0,45 kg
   g) 7 050 kg h) 3,05 kg
   i) 7,04 € j) 200 ct
   k) 420 s l) 9 h
   m) 3 600 s n) 36 min

4. a) $\frac{8}{11}$ b) $\frac{1}{3}$
   c) $\frac{7}{12}$ d) $3\frac{1}{3}$
   e) $1\frac{5}{24}$ f) $1\frac{7}{8}$
   g) $\frac{6}{35}$ h) $4\frac{1}{2}$
   i) $\frac{1}{8}$ j) 3
   k) $\frac{2}{11}$ l) 16
   m) $\frac{2}{3}$ n) $1\frac{4}{11}$

5. a) 34,76 b) 3,852
   c) 1,76 d) 3,087
   e) 3,6975 f) 107,88
   g) 5,64 h) 2,035

6. a) … 73, 77, 81
   b) … 64, 61, 58
   c) … 19, 38, 35
   d) … 43, 55, 69
   e) … 39, 31, 93
   f) … 55, 89, 144

7. a) $W = 350$ €
   b) $W = 54$ kg
   c) $W = 756$ m
   d) $p\% = 25\%$
   e) $p\% = 4\%$
   f) $G = 260$ t
   g) $G = 250$ Stück

8. a) Die Zinsen für ein Jahr betragen 360 €.
   b) Im Folgejahr betragen die Zinsen 376,2 €.

9. a) Es haben 18 600 Bürger ihre Stimme abgegeben.
   b) Gegenkandidat Mittermayer erhielt etwa 31,7 % der Stimmen.

10. a) $V = 60 000$ cm^3 = 60 ℓ
    b) Es befinden sich 57 ℓ Wasser im Aquarium.

11. a) Das Feld ist 90 m lang.
    b) Die Anlage bewässert etwa 77,8 % des Feldes.

12. a) Mona muss 72 ct bezahlen.
    b) Sie erhält 28 ct zurück.
    c) Er hat 25 Brötchen gekauft.

13. Es müssen 23 Arbeiter tätig sein.

14. a) $r = 15$ cm
    b) $A = 706{,}9$ cm^2
    c) Bei doppeltem Radius verdoppelt sich auch der Umfang, aber der Flächeninhalt vervierfacht sich.

15. Das Dreieck ist rechtwinklig, da der Satz des Pythagoras gilt, wobei a die Hypotenuse ist.

16. a) $x = 12$ b) $x = 6$ c) $x = 3$

17. I $x + y = 42$
    II $x + 2y = 66$
    $x = 18, y = 24$
    Das Hotel hat 18 Einzel- und 24 Doppelzimmer.

18. $x + (x + 3) = 99$
    $x = 48$
    Die Mutter ist 48 Jahre alt, der Vater ist 51 Jahre alt.

19. $x + (x + 4) = 80$
    $x = 38$
    Die Frau ist 38 Jahre alt, der Mann ist 42 Jahre alt.

20. a) ③ 11 344
    b) ② 6 998
    c) ② 450
    d) ③ 998 994

21. a) B
    b) D

22. D

23. a) 10
    b) 8

24. b), f) und g)

Stichwortverzeichnis

A
Ähnlichkeit 58; 78
Additionsverfahren 42; 54

B
Basiswinkel 112; 132
Baumdiagramm 8; 22
Beweis 90; 98
– direkter 90; 98
– indirekter 91
Bild 64; 78
Bildlänge 64; 78
binomische Formeln 80

D
Dichte 140; 144; 168
direkter Beweis 90
dynamische Geometrie-Software 62 f.

E
Einsetzungsverfahren 38; 54
Eliminierungsverfahren 45
Ereignis 12; 22
Ergebnis 8; 12; 22
Euklid 100
– Höhensatz 100
– Kathetensatz 100

F
Flächeninhalt
– des Kreises 120; 132
– des Kreisrings 120; 132
Funktion 26; 30; 54
– fallend 30
– konstante 32
– lineare 26; 30; 54
– steigend 30
Funktionenplotter 46
Funktionsgleichung 26; 30; 54
Funktionsgraph, linearer 26; 30; 54

G
Gaußsches Eliminierungsverfahren 45
geordnetes Paar 8; 22
Gleichsetzungsverfahren 38; 54
Gleichungen, lineare 26; 54
Gleichungssystem 34; 54
Goldener Schnitt 210
Grundfläche 62; 182

H
Hauptähnlichkeitssatz 58; 78
Höhensatz 100; 108
Hohlkugel 172

Hohlzylinder 144; 152
– Masse 144; 152
– Oberfläche 144; 152
– Volumen 144; 152
Hypotenuse 94; 108

I
indirekter Beweis 91
Inkreis 112
Intervallschachtelung 88; 108
irrationale Zahlen 88; 108

K
Kathete 94; 108
Kathetensatz 100; 108
Kegel 156
– gerader 156
– Mantelfläche 164; 182
– Mantellinie 164; 182
– Masse 168; 182
– Oberfläche 164; 182
– schiefer 156
– Schrägbild 156; 182
– Volumen 168; 182
Koeffizient 188
Kongruenz 58; 78
Kreis 116; 132
– Flächeninhalt 120; 132
– Umfang 116; 132
Kreisausschnitt 118
Kreisring, Flächeninhalt 120; 132
Kreissektor 118
Kreisumfang 116; 132
Kreiszahl π 116; 132
Kugel 172; 182
– Masse 172; 182
– Oberfläche 172; 182
– Volumen 172; 182

L
Laplace-Experiment 8; 22
lineare Funktion 26; 30; 54
lineare Gleichungen 26; 54
lineares Gleichungssystem 34; 54

M
Mantelfläche 136; 152; 160; 164; 182
– Kegel 164; 182
– Pyramide 160; 182
– Zylinder 136; 152
Masse 140; 144; 152; 168; 172
Mittelpunktswinkel 112; 132

N
Nullstelle 30; 54

O
Oberfläche 136; 144; 152; 160; 164; 172; 182
- Hohlzylinder 144; 152
- Kegel 164; 182
- Kugel 172; 182
- Pyramide 160; 182
- Zylinder 136; 152

Original 64; 78
Originallänge 64; 78

P
Pi (π) 116; 132
Pfadregel 12; 22
Pyramide 156; 182
- gerade 156
- Mantelfläche 160; 182
- Masse 168; 182
- Oberfläche 160; 182
- quadratische 156
- regelmäßige 156
- schiefe 156
- Schrägbild 156; 182
- Volumen 168; 182

Pythagoräische Zahlentripel 96
Pythagoras 94; 108

Q
Quadratwurzeln 82; 108
- addieren 82; 108
- dividieren 84
- multiplizieren 82; 108
- subtrahieren 82; 108

Quadratzahlen 82; 108
Quadrieren 82; 83; 84
- einer Zahl 82; 108
- eines Bruchs 83
- eines Produkts 84

R
Radikand 82
Radius 116; 132
rationale Zahlen 88; 108
rechtwinkliges Dreieck 94; 108
reelle Zahlen 88; 108
regelmäßiges Vieleck 112; 132

S
Satz des Pythagoras 94; 108
Satz des Thales 98
Schrägbild 140; 152; 156
- Kegel 156; 182
- Pyramide 156; 182
- Zylinder 140; 152

Steigung 30; 54
Strahlensätze 68; 78
Strahlensatzfigur 68; 78
Strecken teilen 70
Streckungsfaktor k 64; 78
Streckungszentrum 64; 78
Summenregel 12; 22

T
Thales 98

U
Umkreis 112
unendlicher Dezimalbruch 88; 108

V
Vergrößerung 64; 78
Verkleinerung 64; 78
Vieleck, regelmäßiges 112; 132
Volumen 140; 152; 168; 172; 182
- Hohlzylinder 144; 152
- Kegel 168; 182
- Kugel 172; 182
- Pyramide 168; 182
- Zylinder 140; 152

W
Wahrscheinlichkeit 8; 12; 22
Wertetabelle 26
Winkelsumme 112; 132
Wurzelziehen 82

Y
y-Achsenabschnitt 30; 54

Z
Zahlen 88
- irrationale 88; 108
- rationale 88; 108
- reelle 88; 108

Zahlensysteme 92
zentrische Streckung 62; 64; 78
Zufallsexperimente 8; 22
- abhängig 9
- strukturgleich 13
- unabhängig 9

Zuordnung 26
Zylinder 136; 152
- Mantelflächeninhalt 136; 152
- Masse 140; 152
- Schrägbild 140; 152
- Oberflächeninhalt 136; 152
- Volumen 140; 152

Bildverzeichnis

Fotos:
Titelbild Corbis/zefa
5 Corbis
6 Cornelsen Verlag/Heike Dallmann
7 Wikimedia Commons/MichaelFrey (Gummibärchen)
10 BildArt/Volker Döring, Hohen Neuendorf
11 Cornelsen Verlagsarchiv
16 let's make a deal, Los Angeles
17 DER SPIEGEL, Hamburg
18/1 Avenue Images, Hamburg
18/2 Parabel Verlag
19 pixelio.de/Gundula Kerekes
55 Superbild, P. Capon
57 Corbis
58 Grimm's GmbH, Hochdorf
59 Cornelsen Verlagsarchiv
60 Volker Döring
61 (2) Volker Döring
63 Volker Döring
66 Jens Schacht, Düsseldorf
67 artur/Dirk Robbers
68 FAN/Zoom
71 Martina Verhoeven, Uedem
72 NaturBild, Harald Lange
73 Cornelsen Verlagsarchiv
74 Cornelsen Verlagsarchiv
75 GNU/Wikipedia
76 (3) NASA/JPL. Gov.
76/4 Deutsches Zentrum für Luft- und Raumfahrt, Presse- und Öffentlichkeitsarbeit, Köln, R. Schmidt, T. Kutter
79 picture-alliance/ZB/Peter Zimmermann
81 Volker Döring
82 Jens Schacht
84 Cornelsen Verlagsarchiv/Heike Dallmann
85 Jens Schacht
86/1 Wilhelm Kienberger, Lechbruck
86/2–4 Cornelsen Verlagsarchiv/Heike Dallmann
87/1 Jens Schacht
87/2 HG Mauritius images; Hanser Verlag, München
93/1 Angela Thomas- Schmid, Zürich/ MARTA, Herford/ VG Bild-Kunst, Bonn 2008
93/2 Deutsches Museum, München
93/3 akg-images, Berlin
94/1, 3 Ines Knospe, Waterkuhl
94/2 Exploratorium Potsdam e. V./ Dr. Axel Werner
96 Cornelsen Verlagsarchiv
97/1–2 Jens Schacht
98 bildarchiv preußischer kulturbesitz/ SMB
101/1 Cornelsen Verlagsarchiv
101/2 Torsten Feltes, Berlin
102/1 Wikipedia/GNU/Captain Blood
102/2 Wikipedia/GNU/Rosario Van Tulpe
102/3 Wikipedia/GNU/Ch. Eckert 2003
103 Jens Schacht
105 Iveco Magirus AG, Ulm
106 digistock.de
109 Bildagentur-online/Lescourret
113 WILDLIFE/B. Cole
114/1 Google Earth
114/2 EU Brüssel/Pressebild
115 Torsten Feltes
117/1 GNUWikipedia/Gengiskanhg
117/2 Transglobe Agency, Hamburg, T. Krüger
119 Cornelsen Verlagsarchiv
121 Transglobe Agency, Hamburg, J. Schilgen
123 GNU/Wikipedia
124 akg-images
126/127 (3) mpi/Jürgen Burkhardt
127/2 images.de/Schulten
128 Postbank/Pressebild
130 Corbis
133 Corbis/ Morris
136 Torsten Feltes
137 (2) J. Schacht
138/1 Jens Schacht
138/2 Volker Döring
139 Volker Döring
140 Torsten Feltes
141 Volker Döring
144 picture-alliance/dpa/Patrick Pleul
145 GNU wikipedia
146/1 Miniatur Wunderland Hamburg
146/2 Torsten Feltes
146/3 Leuchttuerme.de/Thomas Solmecke
147 FreeLens Pool/Siegfried Kuttig
148 commons.wikimedia/ Guido Gerding
149/1 Cornelsen Verlagsarchiv
149/2 EZB Frankfurt am Main
150/1 Cornelsen Verlagsarchiv
150/2 Corbis/Bettmann Archives
153 arturimages
156 Axel Seedorf/Creative Commons
157/1 dpa, Frankfurt/Main
157/2 Hans Börner GmbH. Nauheim
157/3 Axel Seedorf/Creative Commons
157/4 www.buetrido.de
157/5 Wikipedia/GNU/S. Möller
158/1, 2 Burg Ludwigstein, Witzenhausen
160 artur/Dirk Robbers
162/1 www.vanglas.nl
164 Kunst- und Ausstellungshalle der Bundesrepublik Deutschland, Bonn: (Peter Oszvald)
165 RMB Dieter Hauck
167/1–4 Udo Wennekers, Goch
167/5–6 Matthias Hamel, Berlin
168/1 Axel Seedorf/Creative Commons
168/2–5 Matthias Hamel
170/1 Tetra Pak Deutschland GmbH
170/2 Matthias Felsch, Berlin
171 Räthgloben 1917 Verlags GmbH, Markranstädt
172 NASA.JPL.Gov.
173 Cornelsen Verlagsarchiv
174 Mauritius/Rossenbach
175/1 Mauritius/Vidler – c/o Key Photos
175/2 Mauritius/Vidler
175/3 Mauritius /Phototake
176/1 Cornelsen Verlagsarchiv
176/2 Corel Library
177 Cornelsen Verlagsarchiv
178/1 Herbert Strohmeyer, Aachen
178/2 Patrick Merz, Mühlhausen/ Kraichgau
179 NASA. Alexander Chernov
180/1 Tropical Island/Pressebild
180/2 Helga Lade Fotoagentur, Frankfurt am Main
184 www.wikipedia.org/Damian Yerrick
185/1 Volker Döring
185/2 Cornelsen Verlagsarchiv
186/1 Cornelsen Verlagsarchiv
186/2–3 Architekturbüro Michael Merenmies, Berlin
188 Cornelsen Verlagsarchiv/Peter Hartmann
189 BFM/Deutsche Post AG/Philatelie
190/1 Bridgeman Art Library, London/ Berlin
190/2 Foto Blume, Bernd Blume
191/1 Cornelsen Verlagsarchiv/Sabine Storm
191/2 Horst Herzig Fotodesign, Groß-Gerau
191/3 OKAPIA, Peter Arnold
192/1 Jürgen J. Kiefer, Schliengen
192/2 Wimbledon/Pressebild Ltd.
194 www.sportunterricht.de
196/1, 2 Cornelsen Verlagsarchiv
200 Cornelsen Verlagsarchiv
202 Jens Schacht
203 commons.wikimedia/ MichaelFrey

Illustrationen: Roland Beier, Berlin
Technische Zeichnungen, Gafiken:
Christian Görke, Berlin
Ulrich Sengebusch, Geseke

Bildrecherche: Peter Hartmann

Trotz intensiver Bemühungen konnten möglicherweise nicht alle Rechteinhaber ausfindig gemacht werden. Bei begründeten Ansprüchen wenden sich Rechteinhaber bitte an den Verlag.

Rot + Gelb = Orange?

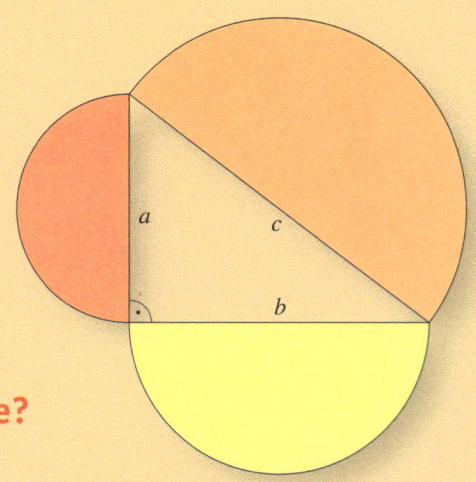

Sind der rote und der gelbe Halbkreis zusammen so groß wie der orangefarbene Halbkreis? Der Satz des Pythagoras sagt zumindest, dass im rechtwinkligen Dreieck die Fläche der Quadrate über den beiden Katheten so groß ist wie die Fläche des Quadrats über der Hypotenuse: $a^2 + b^2 = c^2$.

Gilt der Satz des Pythagoras auch für Halbkreise?

Der Flächeninhalt eines Kreises ist bekanntermaßen $A_K = \pi \cdot r^2$.
Geht man statt vom Radius vom Durchmesser aus, lautet die Formel $A_K = \frac{1}{4} \cdot \pi \cdot d^2$.
Ein Halbkreis ist nur halb so groß: $A_{HK} = \frac{1}{8} \cdot \pi \cdot d^2$.

In der Abbildung stellen a, b und c die Durchmesser der Kreise dar. Es gilt also:
$A_{HKrot} = \frac{1}{8} \cdot \pi \cdot a^2$ und $A_{HKgelb} = \frac{1}{8} \cdot \pi \cdot b^2$ und $A_{HKorange} = \frac{1}{8} \cdot \pi \cdot c^2$

Durch eine Äquivalenzumformung ist leicht gezeigt, dass der Satz des Pythagoras auch auf andere zueinander ähnliche Flächen über den Katheten und der Hypotenuse übertragen werden kann:

$$a^2 + b^2 = c^2 \qquad | \cdot \tfrac{1}{8} \cdot \pi$$
$$\tfrac{1}{8} \cdot \pi \cdot (a^2 + b^2) = \tfrac{1}{8} \cdot \pi \cdot c^2$$
$$\tfrac{1}{8} \cdot \pi \cdot a^2 + \tfrac{1}{8} \cdot \pi \cdot b^2 = \tfrac{1}{8} \cdot \pi \cdot c^2$$

Bei einem rechtwinkligen Dreieck ist die Summe der Flächeninhalte der Halbkreise über den Katheten gleich dem Flächeninhalt des Halbkreises über der Hypotenuse.

Kann man den Satz des Pythagoras auf gleichseitige Dreiecke übertragen?

Der Flächeninhalt eines gleichseitigen Dreiecks hängt nur von der Grundseite ab.
Sei a die Grundseite eines gleichseitigen Dreiecks. Dann gilt: $A = \frac{1}{2} \cdot a \cdot h$.
Im gleichseitigen Dreieck kann man h durch den Satz des Pythagoras bestimmen:

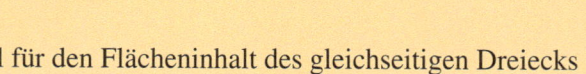

$$(\tfrac{a}{2})^2 + h^2 = a^2 \qquad |-(\tfrac{a}{2})^2$$
$$h^2 = a^2 - (\tfrac{a}{2})^2 \qquad |\text{Klammer auflösen}$$
$$h^2 = a^2 - \tfrac{a^2}{4} \qquad |\text{zusammenfassen}$$
$$h^2 = \tfrac{3}{4} a^2 \qquad |\text{Wurzel ziehen}$$
$$h = \sqrt{\tfrac{3}{4} a^2} \qquad |\text{vereinfachen}$$
$$h = \tfrac{1}{2}\sqrt{3}\, a$$

Eingesetzt in die Formel für den Flächeninhalt des gleichseitigen Dreiecks ergibt sich:
$A = \frac{1}{2} \cdot a \cdot \frac{1}{2}\sqrt{3}\, a = \frac{1}{4}\sqrt{3}\, a^2$

Die Formel gilt für alle drei gleichseitigen Dreiecke, die an den Seiten des rechtwinkligen Dreiecks anliegen. Also kann man den Satz des Pythagoras auf beiden Seiten mit $\frac{1}{4}\sqrt{3}$ multiplizieren und man erhält folgende Gleichung für gleichseitige Dreiecke:
$\frac{1}{4}\sqrt{3}\, a^2 + \frac{1}{4}\sqrt{3}\, b^2 = \frac{1}{4}\sqrt{3}\, c^2$

Der Satz des Pythagoras gilt nicht nur für Quadrate, Halbkreise und gleichseitige Dreiecke, sondern für alle ähnlichen Figuren am rechtwinkligen Dreieck.